普通高等教育"十二五"规划教材

轧钢工艺学

主 编 包喜荣 陈 林
副主编 定 巍 龚志华 王晓东

北 京
冶金工业出版社
2024

内 容 简 介

本书是为高等院校材料成型类、冶金及材料类专业编写的教材。本书内容简明扼要，重点突出，内容编排与钢材生产实践紧密联系，体现了材料成型专业高等教育特色。

全书共 4 篇 21 章，主要讲授型材、线材、板材、带材、管材这五大类钢材轧制工艺的核心专业知识，且反映最新轧制技术发展成就，内容包括轧制工艺基础、型线材生产工艺、板带材生产工艺、钢管生产工艺四部分内容。根据教学需要每章附有导读及思考题，以供读者学习之用。

本教材专业适应性强，可作为高等院校材料成型专业为钢铁企业培养急需的一线技术应用型人员的专业教材，也可作为生产、科研和设计部门的工程技术人员的参考书。

图书在版编目（CIP）数据

轧钢工艺学 / 包喜荣，陈林主编. —北京：冶金工业出版社，2013.10
（2024.8 重印）
　　普通高等教育"十二五"规划教材
　　ISBN 978-7-5024-6380-9

　　Ⅰ.①轧…　Ⅱ.①包…　②陈…　Ⅲ.①轧钢学—高等学校—教材
Ⅳ.①TG33

中国版本图书馆 CIP 数据核字（2013）第 245377 号

轧钢工艺学

出版发行	冶金工业出版社	电　话	（010）64027926
地　址	北京市东城区嵩祝院北巷 39 号	邮　编	100009
网　址	www.mip1953.com	电子信箱	service@ mip1953.com

责任编辑　李培禄　美术编辑　吕欣童　版式设计　孙跃红
责任校对　卿文春　责任印制　禹　蕊
三河市双峰印刷装订有限公司印刷
2013 年 10 月第 1 版，2024 年 8 月第 6 次印刷
787mm×1092mm　1/16；18.75 印张；453 千字；284 页
定价 **45.00** 元

投稿电话　（010）64027932　投稿信箱　tougao@cnmip.com.cn
营销中心电话　（010）64044283
冶金工业出版社天猫旗舰店　yjgycbs.tmall.com
（本书如有印装质量问题，本社营销中心负责退换）

前　言

　　《轧钢工艺学》是根据材料成型及控制工程专业教学计划和"轧钢工艺学"课程教学大纲的要求编写的。结合编者多年的教学经验，本教材阐明了型材、线材、板材、带材、管材各类钢材的成型工艺基本知识和技能，注重分析钢材生产工艺及其设备。通过本教材的学习，可培养学生具备一定的制订、调整及执行轧钢工艺制度的能力，为今后从事材料成型和轧钢车间设计工作奠定必要的基础。

　　本教材从钢材的应用角度出发，抓住"工艺—知识、技能—应用"这条主线来编写教材，以典型钢材的生产线为载体贯穿每一工艺环节，使轧钢工艺的基本理论知识变得条理清楚、环环相扣、有机统一，易于接受和掌握。同时根据专业岗位能力明确教材内容，突出实践性强的特点，并在教材中加入有趣的现场案例，使抽象的工艺理论知识形象化，形成鲜明的理论与实际、知识与能力紧密结合的特色。

　　作为教学用书，本书力求内容简明扼要，利于教师组织教学。强调知识的系统性、连续性和深入浅出，同时利于学生不断主动建构知识，发现知识之间的联系。本书知识结构科学合理，理论体系完整，内容有序、连贯及精简，保证重点，剔除了与专业能力联系不大的、陈旧的、重复的、过深的理论知识，增加新知识与注重实践环节，这正是本教材的特色所在。

　　本教材知识面广、综合性强、适用范围广，可作为国内高等院校材料成型专业必备教材，作为其他相关专业如冶金、材料等专业的选读教材，也可供有关研究生、教师及工程技术人员参考。其适用教学学时数为64~72学时，使用时可结合各专业的具体情况进行调整，有些内容可供学生自学。为加深理解和学用结合，每章都附有思考题。

　　本教材由内蒙古科技大学包喜荣和陈林担任主编，内蒙古科技大学定巍、龚志华和王晓东担任副主编。本教材共4篇21章，参加本书编写的有：包喜荣（第4篇）、定巍（第2篇第4~7章）、龚志华（第3篇）、王晓东（第1篇，第4篇第20、21章）、北京航空制造工程研究所孟强（第2篇第8章），全书由陈林教授主审，包喜荣统筹。本书的编著得到了内蒙古科技大学"轧钢工艺学"重点课程建设项目及教材建设基金项目的大力支持，同时感谢郭瑞华提供第2篇初稿，对袁露、王凤辉等同学的稿件录入工作表示感谢。

　　由于编者水平有限，时间仓促，书中缺点在所难免，恳切希望读者提出批评和指正。

编　者

2013年6月

目　录

第 1 篇　轧制工艺基础

第 2 篇　型线材生产及孔型设计

第 3 篇　板带生产工艺

第 4 篇　钢管生产工艺

轧制工艺基础

1　轧材种类及其生产工艺流程

[本章导读]

　　了解轧材种类及各类轧材生产工艺流程。

1.1　轧材的种类

　　国民经济各部门所需的各种金属轧材达数万种之多。按金属与合金种类的不同，可分为各种钢材以及有色金属与合金轧材；按轧材断面形状尺寸的不同，又可分为各种规格的板带材、型线材、管材及特殊品种轧材等。

1.1.1　按材质分类

　　钢材是应用最广泛的轧材，按钢种不同可分为普通碳素钢材、优质碳素钢材、低合金钢材及合金钢材等。合金钢体系包括了合金结构钢、弹簧钢、易切削钢、滚动轴承钢、合金工具钢、高速钢、耐热钢和不锈钢八大钢类。随着生产和科学技术的发展，新的钢号钢种不断出现，尤其是普通低合金钢及立足于我国资源的新合金钢种发展极为迅速。现在我国已初步建立了自己的普通低合金钢体系，产量已占钢总产量的10%以上。

　　在有色金属及合金轧材中，应用较广的主要是铝、铜、钛等及其合金的轧材，其价格要比钢材昂贵。纯铝强度较低，要加入其他合金元素制成铝合金才能做结构材料使用。一般轧制铝合金可分为铝（L）、硬铝（LY）、超硬铝（LC）、防锈铝（LF）及特殊铝（LT）等数种；也可按热处理特点不同，分为可热处理强化的铝合金和不可热处理强化的铝合金这两大类，每类又各有很多不同的合金系。铝合金的比强度大，某些铝合金的比强度及比刚度可赶上甚至超过了钢。铜及其合金一般可分为紫铜、普通黄铜、特殊黄铜、青铜及白铜（铜镍合金）等。它们具有很好的导电、导热、耐蚀及可焊等性能，故和铝材一样广泛应用于各部门。钛及钛合金的力学性能和耐蚀性能高，比强度和比刚度都很大，因而是航空、航天、航海、石油化工等工业部门中极有发展前途的结构材料。

1.1.2　按断面形状分类

轧材按断面形状特征可分为板带材、型线材及管材等几大类。板带材是应用最广泛的轧材。板带钢占钢材的比例在各工业先进国家多达 50%~60% 以上。有色金属与合金的轧材主要也是板带材。板带钢也可作为原料来生产弯曲型钢、焊接型钢和焊接钢管等产品。

型线钢材主要采用轧制方法生产，一般占总钢材的 30%~35%。按其断面形状可分为简单断面型钢和复杂或异型断面型钢，简单断面型钢在横断面周边上任意点做切线一般不交于断面之中，如图 1-1a 所示；复杂断面型钢品种更为繁多，如图 1-1b 所示。按生产方法又可分为轧制型钢、弯曲型钢、焊接型钢，图 1-1c 为焊接型钢。而用纵轧、横旋轧或楔横轧等特殊轧制方法生产的各种周期断面或特殊断面钢材，可分为螺纹钢（又称为带肋钢筋）、竹节钢、犁铧钢、车轴、变断面轴、钢球、齿轮、丝杠、车轮和轮箍等。

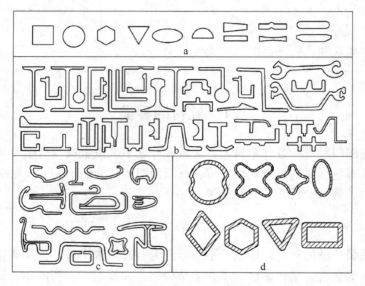

图 1-1　部分型材和管材示例

a—简单断面型钢；b—复杂断面型钢；c—弯曲型钢；d—异型管材

有色金属及其合金一般熔点较低，变形抗力也较低，而尺寸和表面要求较严，故其型材、棒材及管材（坯）绝大多数采用挤压方法生产，仅在生产批量较大，尺寸及表面要求较低的中、小规格的棒材、线坯和简单断面的型材时，才采用轧制方法生产。

钢管一般多用轧制方法或焊接方法与拉伸方法生产。钢管用途很广泛，约占总钢材的 8%~10%。钢管断面一般为圆形，但也有多种异型管材及变断面管，如图 1-1d 所示。钢管按制造方法可分为无缝管、焊接管及冷加工管（冷轧或冷拔）等。

轧制是生产钢材最主要的方法，其生产效率高、质量好、金属消耗少、生产成本低，最适合于大批量生产。随着科学技术的进步和社会对金属材料需求量的增加，轧材品种必将日益扩大。

1.2　轧钢生产系统及生产工艺流程

1.2.1　钢材生产系统

传统生产方法以模铸钢锭为原料，用初轧机或开坯机将钢锭轧成各种规格的钢坯，然后再通过成品轧机轧成各种钢材。这种传统的生产方法随着连续铸钢技术的发展，现在已基本被淘汰。

近30年来连续铸钢技术得到迅猛发展，与模铸相比，连续铸钢将钢水直接铸成一定断面形状和规格的钢坯，省去了铸锭、初轧等多道工序，大大简化了钢材生产工艺流程，提高了金属的收得率，并节约能源，便于自动化连续化生产，显著降低生产成本，改善劳动条件，提高劳动生产率。同时连铸坯的偏析也较小，外形更规整，提高了钢材质量。其生产工艺流程示意见图1-2。连续铸钢与一般模铸生产过程的比较见图1-3。连铸工艺的明显优点促使其得到了迅速发展。各类连铸机所生产的铸坯断面尺寸范围见表1-1。到2005年中国的连铸比已经达到97.9%，以后几年一直保持在97%左右，达到世界先进水平。

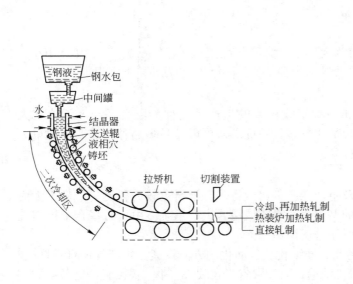

图1-2　连续铸钢生产工艺流程图　　　　图1-3　模铸与连铸过程比较

表1-1　各类连铸机生产的铸坯断面尺寸（mm×mm）

机　型	最大断面	最小断面	经常生产断面
板坯	300×2640（美国，大湖） 310×2500（日本，水岛）	130×250	（180×700）～（300×2000）
（中）薄板坯	150/90×1680	100/50×900	130/70×1250/1600
大方坯	600×600（日本，和歌山）	200×200	（250×250）～（450×450） （240×280）～（400×560）
小方坯	160×180	55×55	（90×90）～（150×150）

续表 1-1

机　型	最大断面	最小断面	经常生产断面
圆坯	ϕ450mm	ϕ100mm	ϕ200～300mm
异型坯	工字形：460×460×120 中空坯：ϕ400/100mm	椭圆形：120×140	

　　一般在组织生产时，根据原料来源、产品种类以及生产规模的不同，将连铸机与各种成品轧机配套设置，组成各种轧钢生产系统。而每一生产系统的车间组成、轧机配置及生产工艺过程又是千差万别的。因此，在这里只能举几种较为典型的例子，大致说明一般钢材的生产过程及生产系统的特点。考虑到我国从传统铸锭生产方式进步到现代连铸坯生产方式的时间并不很长，而且世界上还有不少发展中国家暂时保有着传统铸锭生产方式，故仍有必要给出传统铸锭的轧钢生产工艺流程图。

1.2.1.1　板带钢生产系统

　　板带钢生产采用先进的连续轧制方法，生产规模很大。例如，一套现代化的宽带钢热连轧机年产量可达 300 万～600 万吨。采用连铸坯作为轧制板带钢的原料是现代连铸技术发展的必然趋势，很多工厂的连铸比已达 100%。但特厚板生产往往采用将重型钢锭压成的坯料作为原料。近十年来薄板坯连铸连轧工艺生产规模多在 50 万～300 万吨之间，以年产 80 万～200 万吨者居多，可称为板、带生产的中、小型系统。

1.2.1.2　型钢生产系统

　　型钢生产系统规模往往不大，分为大型、中型和小型这三种生产系统。一般年产 100 万吨以上为大型系统；年产 30 万～100 万吨为中型系统；而年产 30 万吨以下则为小型系统。

1.2.1.3　混合生产系统

　　一个钢铁企业内同时生产板带钢、型钢或钢管的生产系统称为混合系统。无论在大型、中型或小型的企业中，混合系统都比较多，其优点是可以满足多品种的需要。但单一的生产系统却有利于产量和质量的提高。

1.2.1.4　合金钢生产系统

　　由于合金钢的用途、钢种特性及生产工艺都比较特殊，材料也较为稀贵，产量不大而产品种类繁多，故常属中型或小型的型钢生产系统或混合生产系统。由于有些合金钢塑性较低，故开坯设备除轧机以外，有时还采用锻锤。

　　现代化的轧钢生产系统向着大型化、连续化、自动化的方向发展，生产规模日益增大。但应指出，近年来大型化的趋向已日见消退，而投资省、收效快、生产灵活且经济效益好的中、小型钢厂在很多国家（如美国、日本及很多发展中国家）中却得到了较快的发展。

　　一般碳素钢、低合金钢和合金钢的典型生产工艺流程，如图 1-4 及图 1-5 所示。

1.2.2　碳素钢材的生产工艺流程

　　碳素钢的生产工艺流程一般可分为四个基本类型：

　　（1）采用连铸坯作为原料。其特点是不需要大的开坯机，无论是钢板或型钢一般多是一次加热轧出成品，或不经加热直接轧出成品。显然此生产工艺是先进的，也是当今最主流的生产工艺，现已得到广泛的应用。

　　（2）采用铸锭的大型生产系统的工艺过程。其特点是必须有强大的初轧机或板坯轧机，一般采用热锭装炉及二次甚至三次加热轧制方式。

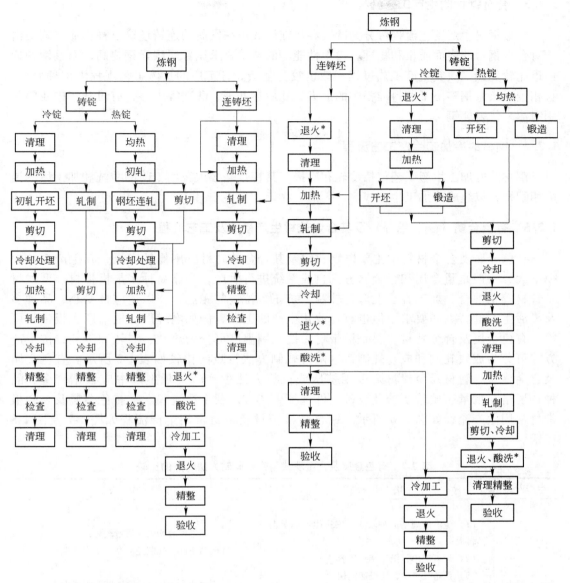

图 1-4 碳素钢和低合金钢的一般生产工艺流程
（带 * 号的工序有时可以略去）

图 1-5 合金钢的一般生产工艺流程
（带 * 号的工序有时可以略去）

（3）采用铸锭的中型生产系统的工艺过程。其特点是一般有 $\phi650 \sim 900\mathrm{mm}$ 二辊或三辊开坯机，通常采用冷锭作业（现在也有采用热装的）及二次（或一次）加热轧制方式，这种工艺流程不仅用来生产碳素钢材，也常用以生产合金钢材。

（4）采用铸锭的小型生产系统的工艺过程。其特点是通常在中、小型轧机上用冷的小钢锭经一次加热轧制成材。

所有采用铸锭的生产工艺都是落后的，已经或将要遭到淘汰。但不管是哪一种类型，其基本工序都是：原料准备（清理）—加热—轧制—冷却精整处理。

1.2.3　合金钢材的生产工艺流程

合金钢材生产工艺流程可分为冷锭和热锭以及正在发展的连铸坯这三种作业方式。由于对合金钢材的表面质量和物理、力学性能等的技术要求比普通碳素钢要高，而且钢种特性也比较复杂，故其生产工艺过程一般也较为复杂。各工序的具体工艺规程因钢种而异，且相较于碳素钢多出了原料准备中的退火、轧后热处理、酸洗等工序，有时开坯中还要采用锻造来代替轧钢。

1.2.4　钢材的冷加工生产工艺流程

钢材的冷加工生产工艺包括冷轧和冷拔，其特点是必须有加工前的酸洗和加工后的退火相配合，以组成冷加工生产线。

1.2.5　有色金属（铜、铝等）及其合金轧材生产系统及工艺流程

有色金属及合金材料中主要以铜、铝及其合金的轧材应用比较广泛，其生产系统规模不大，一般是重金属和轻金属分别自成系统进行生产，产品品种多是板带材、型线材及管材等相混合，加工方法上多是轧制、挤压、拉拔等相混合，以适应批量小、品种多及灵活生产的特点和要求。但也有专业化生产的工厂，例如电缆厂、铝箔厂、板带材厂等。有色金属及合金轧材主要是板带材，按轧制温度可分为热轧、温轧和冷轧；按生产方式可分为成块轧制和成卷轧制，这两种轧制方法特点的比较如表1-2所示。有色金属及合金型材、管材乃至棒材则多用挤压或拉拔方法生产。实际生产中应根据合金、品种、规格、批量、质量要求及设备条件选择生产方法及生产流程。重有色金属及合金板带材常用生产流程如图1-6所示。铝合金板箔材及带材常用生产流程如图1-7及图1-8所示。

表 1-2　有色金属及合金块式与带式轧制方法特点的比较

生产方式	块　式　法	带　式　法
生产特点	（1）生产的规格品种较多，安排生产的灵活性较大； （2）设备简单，操作调整较容易； （3）设备投资少，建设速度快； （4）轧制速度低，劳动强度大； （5）产品切头、切尾几何废料损失大，成品率低； （6）中间退火和剪切次数多，生产工序增多	（1）产品性能较均匀，质量较好； （2）成品率高，轧制速度高，生产周期短，生产效率高，生产成本低； （3）机械化自动化程度高，劳动强度小； （4）可轧宽而薄的板带材，且断面尺寸较均匀； （5）设备较大，较复杂； （6）投资大，建设周期长
适用范围	（1）适用于产量小，板宽在1m以下的工厂； （2）铸锭主要采用铁模铸造，也可以采用半连续铸造，铸锭尺寸及质量小	（1）适用于产品较大，产品要求较高的工厂，板宽可在1m以上； （2）采用半连续铸造锭坯

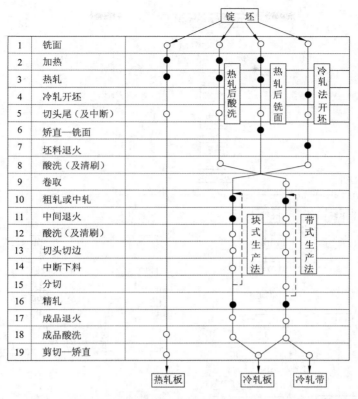

图 1-6　板带材常用的生产流程图（重有色金属及合金）
●—常采用的工序；○—可能采用的工序；– – –—可能重复的工序

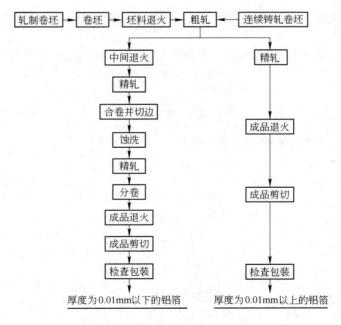

图 1-7　铝箔一般常用的生产流程

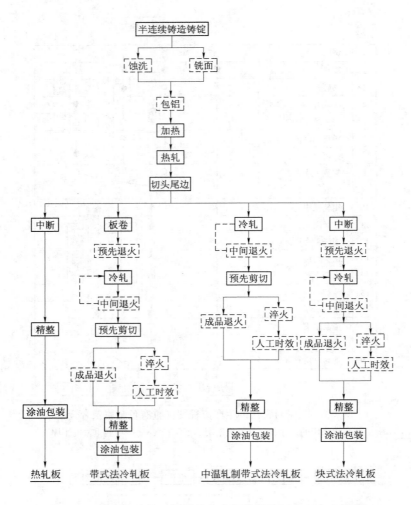

图 1-8   用半连续锭坯轧制铝合金板带材常用的生产流程图
实线—常采用的工序；虚线—可能采用的工序

思 考 题

1-1 轧材种类有哪些，各类轧材生产工艺流程如何？

2 轧制生产工艺过程及其制订

[本章导读]

　　掌握轧制生产工艺过程制订依据；明确产品标准及技术要求的概念；熟悉金属与合金的加工特性；掌握轧材生产各基本工序及其对产品质量的影响。

　　由锭或坯轧制成符合技术要求的轧材的一系列加工工序的组合称为轧制生产工艺过程。组织轧制生产工艺过程目的是为了获得符合质量要求或技术要求的产品，同时也要努力提高产量及降低成本。因此，如何能优质、高产、低成本地生产出合乎技术要求的轧材是制定生产工艺过程的总任务和总依据。

　　为了生产出符合技术要求的产品，必须充分掌握金属与合金的内在特性，尤其是加工工艺特性及组织性能变化特性，即其固有的内在规律。然后，利用这些规律，采取有效的工艺手段，并正确地制订生产工艺过程，才能达到生产出符合技术要求的产品的目标。

2.1 轧材产品标准和技术要求

　　轧材的技术要求是制订轧制生产工艺过程的首要依据。在制订生产工艺过程时，不论采取哪种加工方式和选用什么工序，都必须保证产品质量达到相应的技术要求，产品才能具有较高的使用价值。

　　轧材的技术要求是为了满足使用上的需要而对轧材提出的在规格和技术性能，包括形状、尺寸、表面状态、力学性能、工艺性能、物理化学性能、金属内部组织和化学成分等方面的要求。它是由使用单位按用途的要求提出，再结合当时实际生产技术水平可能性和生产的经济性来制订。轧材的技术要求有一定的范围，并且随着生产技术水平的提高，这种要求及其可能满足的程度也在不断提高。轧制工作者的任务就是不断提高生产技术水平来尽量满足轧材在使用上的更高要求。

　　为便于钢材的使用和生产，需要制定统一的产品技术标准，所以技术要求体现为产品的标准。产品的技术标准，按照其制定权限和使用范围可以分为国家标准（GB）、专业标准（ZB）、部标准（YB，原冶金工业部标准）、企业标准等。轧材的产品标准一般包括有品种（规格）标准、技术条件、试验标准及交货标准等方面的内容。

　　品种标准主要规定轧材形状和尺寸精度方面的要求。形状要正确，不能有断面歪扭、长度上弯曲不直和表面不平等缺陷。尺寸精确度是指可能达到的尺寸偏差的大小，它不仅会影响到使用性能，而且与节约金属材料也有很大关系。生产中应尽可能做到负公差轧制，即在负偏差范围内轧制，实质上相当于对轧制精度的要求提高了一倍，这样自然要节约大量金属，并且能减轻金属结构重量。但是需要经过加工处理的轧材（例如工具钢）则常按正偏差交货。

产品技术要求除品种规格要求以外，还有表面质量、钢材性能、组织结构及化学成分等，有时还包括某些试验方法和试验条件等。

产品表面质量直接影响到轧材的使用性能和寿命。产品要求表面缺陷少、表面光整平坦而洁净。最常见的表面缺陷有表面裂纹、结疤、重皮和氧化铁皮等。造成表面缺陷的原因是多方面的，与铸锭（坯）、加热、轧制及冷却都有关系。因此要在整个生产过程中加以注意。

轧材性能的要求主要是对轧材的力学性能、工艺性能（弯曲、冲压、焊接性能等）及特殊物理化学性能（磁性、抗腐蚀性能等）的要求。其中最常见的是力学性能（强度性能、塑性和韧性等），有时还要求硬度及其他性能。这些性能可以由拉伸试验、冲击试验及硬度试验等来确定。

屈服点或屈服强度（σ_s 或 $\sigma_{0.2}$）表示开始塑性变形的抗力，抗拉强度 σ_b 代表材料在断裂前强度的最大值。这是用来计算结构强度的基本参数。屈强比值（σ_s/σ_b）对于钢材的用途有很大意义。此比值越小，表示应力超过 σ_s 时钢材的使用可靠性越高，但太小又使金属的有效利用率较低；若此比值很高，则说明钢材塑性差，不能作很大的变形。根据经验数据，随结构钢用途的不同，屈强比一般在 0.65～0.75 之间。

轧材使用时还要求有足够的塑性和韧性。塑性指标有断后伸长率和断面收缩率。断后伸长率包括拉伸时均匀变形和局部变形这两个阶段的变形率，其数值依试样长度而变化，而断面收缩率为拉伸时的局部最大变形程度，它与试样的长度及直径无关，因此，断面收缩率能更好地表明金属的真实塑性，故建议按断面收缩率来测定金属的塑性。在实际工作中由于测定断后伸长率较为简便，故断后伸长率仍是最广泛使用的指标，有时也要求断面收缩率。材料的冲击韧性（α_K 值及脆性转变温度）以试样折断时所耗之功表示，它是对金属内部组织变化最敏感的质量指标，反映了高应变率下抵抗脆性断裂的能力或抵抗裂纹扩展的能力。金属内部组织的微小改变，在静力试验中难以显出，而对冲击韧性却有很大影响。当变形速度极大时，要想测得应力-应变曲线非常困难，因而往往采用击断试样所需的能量来综合地表示高应变率下金属材料的强度和塑性。由于促使强度提高的因素往往不利于塑性和韧性，欲使材料强度和韧性都得到提高，即提高其综合力学性能，就必须使材料具有细小晶粒组织结构。

轧材性能主要取决于轧材的组织结构及化学成分，因此，在技术条件中规定了化学成分的范围，有时还提出金属组织结构方面的要求，例如，晶粒度、轧材内部缺陷、杂质形态及分布等。生产实践表明，钢的组织是影响钢材性能的决定因素，而钢的组织又主要取决于化学成分和轧制生产工艺过程，因此通过控制工艺过程和工艺制度来控制钢材组织结构状态，通过对组织结构状态的控制来获得所要求的使用性能是我们轧制工作者的重要任务。

产品标准中还包括验收规则和需要进行的试验内容，包括做试验时的取样部位、试样形状和尺寸、试验条件和试验方法。此外，还规定了轧材交货时的包装和标志方法以及质量证明书等的内容。某些特殊的轧材在产品标准中还规定了特殊的性能和组织结构等附加要求以及特殊的成品试验要求等。

各种轧材根据用途的不同都有各自不同的产品标准或技术要求。由于各种轧材不同的技术要求，再加上不同的材料特性，便决定了它们不同的生产工艺过程和生产工艺特点。

2.2　金属与合金的加工特性

为了正确制定轧材的生产工艺过程和规程，必须深入了解轧材加工特征，即其固有的内在规律。下面以钢为主叙述与生产工艺过程和规程有关的加工特性。

2.2.1　塑性

纯金属和固溶体有较高的塑性，单相组织比多相组织的塑性高，而杂质元素和合金元素愈多或相数愈多，尤其是有化合物存在时，一般都使塑性降低（稀土元素等例外），尤其是硫、磷、铜及铅锑等易熔金属更为有害。因此，一般纯铁和低碳钢的塑性最好。含碳愈高，塑性愈差；低合金钢的塑性也较好，高合金钢的塑性一般较差。

钢的塑性一方面取决于金属的本性，主要与组织结构中变形的均匀程度，即与组织中相的分布、晶界杂质的形态与分布等有关，同时也与钢的再结晶有关，再结晶开始温度高、速度慢，往往表现出塑性差；另一方面，塑性还与变形条件，即与变形温度、变形速度、变形程度及应力状态有关，其中变形温度影响最大，故必须了解塑性与温度的变化规律，掌握适宜的热加工温度范围。此外，在较低的变形速度下轧制，或采用三向压应力较强的变形过程，如采用限制宽度和包套轧制等，都有利于金属塑性的改善。

2.2.2　变形抗力

一般地说，有色金属及合金的变形抗力比钢的要低，随着合金含量的增加，变形抗力将提高。由金属学原理可知，凡能引起晶格畸变的因素都使变形抗力增大。合金元素尤其是碳、硅等元素的增加使铁素体强化。合金元素，尤其是形成稳定碳化物的元素，在钢中一般都能使奥氏体晶粒细化而使钢具有较高的强度。合金元素还通过影响钢的熔点和再结晶温度与速度，通过相的组成及化合物的形成，以及通过影响表面氧化铁皮的特性等来影响变形抗力。在这里还要指出，当高温时，由于合金钢一般熔点都较低，因而合金钢的高温变形抗力可能大为降低，例如，高碳钢、硅钢等在高温时甚至比低碳钢还要软。

2.2.3　导热系数

随着钢中合金元素和杂质含量的增多，导热系数几乎没有例外地都要降低。碳素钢的导热系数一般在摄氏零度时为 $\lambda_0 = 40.8 \sim 60.5 \mathrm{W/(m \cdot K)}$，合金钢 $\lambda_0 = 15.1 \sim 40.8 \mathrm{W/(m \cdot K)}$，高合金钢 $\lambda_0 < 23.3 \sim 25.6 \mathrm{W/(m \cdot K)}$。由此可见，随合金元素增多，导热系数显著地降低。钢的导热系数还随温度而变化，一般是随温度升高而增大，但碳钢在大约800℃以下随温度升高而降低。铸造组织比轧制加工后的组织导热系数要小。故在低温阶段，尤其是对钢锭铸造组织进行加热和冷却时，应该特别小心谨慎。此外，合金钢的导热系数愈低，则在铸锭凝固时冷却愈加缓慢，因而使枝晶愈加发达和粗大，甚至横穿整个钢锭，这种组织称为柱状晶或横晶。这种柱状晶组织可能本身并不十分有害，但由于不均匀偏析较重，当有非金属夹杂或脆性组织成分存在时，则塑性降低，轧时易开裂，故在制订工艺规程时应加注意。

2.2.4　摩擦系数

合金钢的热轧摩擦系数一般都比较大，因而宽展也较大。这可能主要是因为这些合金钢中大都含有铬、铝、硅等元素。含铬高的钢形成黏固性的氧化铁皮，使摩擦系数增加，宽展加大。同样含铝、硅的钢的氧化铁皮也较黏而软，因而摩擦系数也较大。但与此相反，含铜、镍和高硫的钢则使摩擦系数降低。合金钢的摩擦系数和宽展的这种变化，在拟订生产工艺过程和制定压下规程时必须加以考虑。

2.2.5　相图形态

合金元素在钢中影响铁碳合金相图的形态，影响奥氏体的形成与分解，因而影响到钢的组织结构和生产工艺过程。例如，铁素体钢和奥氏体钢都没有相变，因而不能用淬火的方法进行强化，也不能通过相变改变组织结构，而且在加热过程中晶粒往往容易粗大。碳素钢及普通低合金钢一般皆属于珠光体钢，不可能是马氏体、奥氏体或铁素体钢。其实碳素钢也可以说是一种合金钢，碳也有升高相图中 A_1 点和降低 A_3 点的作用，所以高碳钢的生产工艺特性一般相近于合金钢，而低合金钢则与碳素钢相接近。由此可见，了解一种相图变化规律和特点，是制订好该种钢的生产工艺过程及规程的必要基础。

2.2.6　淬硬性

合金钢往往较碳素钢易于淬硬或淬裂。除钴以外，合金元素一般皆使奥氏体转变曲线往右移，亦即延缓奥氏体向珠光体的转变，降低钢的临界淬火速度。这样对于塑性较差的钢也就很容易产生冷却裂纹（冷裂或淬裂）。由于合金钢容易淬硬和淬裂，因而在生产过程中便常采取缓冷、退火等工序，以消除应力及降低硬度，以便于清理表面或进一步加工。

2.2.7　对某些缺陷的敏感性

某些合金钢比较倾向于产生某些缺陷，如过热、过烧、脱碳、淬裂、白点、碳化物不均等。这些缺陷在中碳钢和高碳钢中也都可能产生，只不过是某些合金钢由于合金元素的加入对于某些缺陷更为敏感。例如，不同成分及用不同方法冶炼的钢的过热敏感性也不相同。一般说来，钢中合金元素增多，可在不同程度上阻止晶粒长大，尤其是铝、钛、铌、钒、锆等元素有强烈抑止晶粒长大的作用，故大多数合金钢比碳素钢的过热敏感性要小。但是，碳、锰、磷等由于能扩大奥氏体区，却往往有促使晶粒长大的趋势。又如含碳较高的钢，其脱碳倾向性也较大。钢中含少量的铬有利于阻止脱碳，但硅、铝、锰、钨却起着促进脱碳的作用。所以通常在硅钢片生产中能利用脱碳退火的方法来降低含碳量，而在生产弹簧钢 60Si2Mn 时则更要注意防止脱碳。白点是分布在钢材内部的一种特殊形式的微细裂纹。碳素钢只有在钢材断面较大（如重轨、轮箍等）且含锰、碳量较高时，才易形成白点。通常对白点敏感性大的钢种多为中合金钢，尤其是合金元素含量在 8% 左右的钢，由于氢的扩散聚集条件适中，钢的组织应力也大，故白点生成的几率较大。必须注意，白点不是在轧制时形成，而是在冷却时产生的，或冷却后当时尚不能发现，要到存放一定时间后才出现。任何能促使钢中氢气析出扩散的工序，例如长期的加热、退火、缓冷等，都会减轻或防止白点形成。

以上只是列举几种值得注意的主要钢种特性。实际上各种钢的具体特性都不相同，故在制定其生产工艺过程中必须对其钢种特性作详细调查或实验研究，求得必要的参数，作为制订生产工艺规程的依据。

2.3 轧材生产各基本工序及其对产品质量的影响

根据产品的技术要求和合金的特性所确定的各种轧材的生产工艺流程虽然各不相同，但其最基本的工序都不外是原料的选择及准备、加热、轧制、冷却与精整和质量检查等工序。

2.3.1 原料的选择及准备

一般常用的原料为铸锭、轧坯及连铸坯三种，近年来中、小型企业还开始采用压铸坯。各种原料的优劣比较如表2-1所示。通过比较可知，采用连铸坯是发展的方向，现正在迅速推广；而以钢锭为原料的老方法，除某些钢种以外，已处于淘汰之势。

表2-1　轧（钢）材所用各种原料的比较

原料	优 点	缺 点	适用情况
铸锭	不用初轧开坯，可独立生产	金属消耗大，成材率低，不能中间清理，压缩比小，缩折重，质量差，产量低	无初轧和开坯机的中、小型企业
轧坯	可用大锭，压缩比大且能中间清理，故钢材质量好，成材率比用扁锭高，钢种不受限制，坯料尺寸规格可灵活选择	需要初轧开坯，使工艺和设备复杂化，使消耗和成本增高，比连铸坯金属消耗大得多，成材率小得多	大型企业钢种品种较多及规格特殊的钢坯，可用横轧方法生产厚板
连铸坯	不用初轧，简化生产过程及设备，使成材率提高金属节约6%~12%以上，并大幅度降低能耗和成本约10%，比初轧坯形状好，缺尺少，成分均匀，坯重量可大，生产规模可大可小，节省投资及劳动力，易于自动化	目前尚只是用于镇静钢，钢种受一定限制，压缩比也受一定限制，不太适用于生产厚板，受结晶器限制规格难以灵活变化，连铸工艺掌握较难	适用于大中小型联合企业品种较简单的大批量生产，受压缩比限制，适用于生产不太厚的板带钢
压铸坯	金属消耗少，成坯率可95%以上，质量比连铸坯还好，设备简单，投资少，规格变化灵活性大	生产能力较低，不太适合于大企业大规模生产，连续自动化较差	适用于中小型企业，特殊钢生产

原料种类、尺寸和重量的选择，不仅要考虑其对产量和质量的影响（例如考虑压缩比及终轧温度对性能、质量及尺寸精度的影响），而且要综合考虑生产技术经济指标的情况及生产的可能条件。为保证成品质量，原料应满足一定技术要求，尤其是表面质量的要求。因而原料一般要进行表面清理，并且对于合金钢锭往往在清理之前还要进行退火。

采用连铸坯也是近代无缝钢管生产技术的重要发展趋向。用连铸还直接轧管可使钢管成本降低15%以上。生产实践和专门试验证实，连铸坯的内部质量是较好的，内部非金属夹杂、化学成分偏析和铸造组织缺陷比用普通钢锭轧成的管坯少。连铸坯直接轧管的主要技术问题是如何解决钢管外表面质量问题，目前主要是从提高冶炼和连铸技术，改进穿孔方法及加强管坯质量检查和表面清理等几方面着手。

原料表面存在的各种缺陷（结疤、裂纹、夹渣、折叠等），如果不在轧前加以清理，轧制中必将不断扩大，并引起更多的缺陷，甚至影响钢在轧制时的塑性与成型。因此，为了提高钢材表面质量和合格率，对于轧前的原料和轧后的成品，都应该进行仔细的表面清理，特别是对合金钢要求应更加严格。因而合金钢在铸锭以后一般是采取冷锭装炉作业，让钢锭完全冷却，以便仔细进行表面清理，在清理之前往往要进行退火处理以降低表面硬度。至于碳素钢和低合金钢则尽量采用热装炉，或在轧前利用火焰清理机进行在线清理，或暂不作清理而等待轧制以后对成品一并进行清理。近代由于炼钢和连铸技术的进步，使铸坯可不经清理而直接采用连铸连轧方式生产。

原料表面清理的方法很多。对碳素钢一般常用风铲清理和火焰清理；对于合金钢，由于表面容易淬硬，一般常采用砂轮清理或机床刨削清理（剥皮）等。根据情况某些高碳钢和合金钢也可采用风铲或火焰清理，但在火焰清理前往往要对钢坯进行不同温度的预热。每种清理方法都有各自的操作规程。

2.3.2　原料的加热

在轧钢之前，要将原料进行加热，其目的在于提高钢的塑性，降低变形抗力及改善金属内部组织和性能，以便于轧制加工。这就是说，一般要将钢加热到奥氏体单相固溶体组织的温度范围内，并使其有较高的温度和足够的时间以均化组织及溶解碳化物，从而得到塑性高、变形抗力低、加工性能好的金属组织。金属的加热是工艺过程的一个主要工序。加热设备和加热制度的好坏对提供生产能力和改善产品质量有着直接的影响。加热工艺的确定主要在于加热制度的选择以及燃料选择、炉型结构和辅助设备选择。加热制度包括加热温度、加热速度、装炉温度、加热时间等。

一般为了更好地降低变形抗力和提高塑性，加工温度应尽量高一些好。但是高温及不正确的加热制度可能引起钢的强烈氧化、脱碳、过热、过烧等缺陷，降低钢的质量，导致废品。因此，钢的加热温度主要应根据各种钢的特性和压力加工工艺要求，从保证钢材质量和产量出发进行确定。

加热温度应依钢种不同而不同。对于碳素钢，最高加热温度应低于固相线 $100 \sim 150℃$（图2-1）；加热温度偏高，时间偏长，会使奥氏体晶粒过分长大，引起晶粒之间的结合力减弱，钢的力学性能变坏，这种缺陷称为过热。过热的钢可以用热处理方法来消除其缺陷。加热温度过高，或在高温下的时间过长，金属晶粒除长得很粗大外，还使偏析夹杂富集的晶粒边界发生氧化或熔化，在轧制时金属经受不住变形，往往发生碎裂或崩裂，有

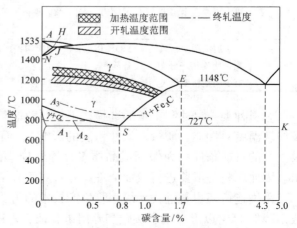

图2-1　钢的加热、轧制温度与铁碳相图的关系

的直接受碰撞而碎裂，这种缺陷称为过烧。过烧的金属无法进行补救，只能报废。过烧实质上是过热的进一步发展，因此防止过热即可防止过烧。随着钢中含碳量及某些合金元素的增多，过烧的倾向性亦增大。高合金钢由于其晶界物质和共晶体容易熔化而特别容易过烧。过热敏感性最大的是铬合金钢、镍合金钢及含铬和镍的合金钢。某些钢的加热及过烧温度如表 2-2 所示。

表 2-2　某些钢的加热与过烧理论温度

钢　　种	加热温度/℃	过烧温度/℃	钢　　种	加热温度/℃	过烧温度/℃
碳素钢 $w(C)=1.5\%$	1050	1140	硅锰弹簧钢	1250	1350
碳素钢 $w(C)=1.1\%$	1080	1180	镍钢 $w(Ni)=3\%$	1250	1370
碳素钢 $w(C)=0.9\%$	1120	1220	镍铬钢 $w(Ni, Cr)=8\%$	1250	1350
碳素钢 $w(C)=0.7\%$	1180	1280	铬钒钢	1250	1350
碳素钢 $w(C)=0.5\%$	1250	1350	高速钢	1280	1380
碳素钢 $w(C)=0.2\%$	1320	1470	奥氏体镍铬钢	1300	1420
碳素钢 $w(C)=0.1\%$	1350	1490			

此外，加热温度愈高（尤其是在 900℃ 以上），时间愈长，炉内氧化性气氛愈强，则钢的氧化愈剧烈，生成氧化铁皮愈多。氧化铁皮除直接选成金属损耗（烧损）以外，还会引起钢材表面缺陷（如麻点、铁皮等），造成次品或废品。氧化严重时，还会使钢的皮下气孔暴露和氧化，经轧制后形成发裂。钢中含有铬、硅、镍、铝等成分会使形成的氧比铁皮致密，它有保护金属及减少氧化的作用。加热时钢的表层所含碳量被氧化而减少的现象称为脱碳。脱碳使钢材表面硬度降低，许多合金钢材及高碳钢不允许有脱碳发生。加热温度越高，时间越长，脱碳层越厚；钢中含钨和硅等也促使脱碳发生。

确定加热速度时，必须考虑钢的导热性。这对于合金钢和高碳钢坯（尤其是钢锭）更加显得重要。很多合金钢和高碳钢在 500~600℃ 以下塑性很差。如果突然将其装入高温炉中，或者加热速度过快，则由于表层和中心温度差过大所引起的巨大热应力，加上组织应力和铸造应力，往往会使钢锭中部产生"穿孔"开裂的缺陷（常伴有巨大响声，故常称为"响裂"或"炸裂"）。因此，加热导热性和塑性都差的钢种，例如高速钢、高锰钢、轴承钢、高硅钢、高碳钢等，应该放慢加热速度，尤其是在 600~650℃ 以下要特别小心。加热到 700℃ 以上的温度时，钢的塑性已经很好，就可以用尽可能快的速度加热。应该指出，大的加热速度不仅可提高生产能力，而且可防止或减轻某些缺陷如氧化、脱碳及过热等。允许的最大加热速度，不仅取决于钢种的导热性和塑性，还取决于原料的尺寸和外部形状。显然，尺寸愈小，允许的加热速度愈大。此外，生产上的加热速度还常常受到炉子的结构、供热的能力及加热条件所限制。对于普碳钢之类的多数钢种，一般只要加热设备许可，就可以采用尽可能快的加热速度。但是，不管如何加热，一定要保证原料各处都均匀加热到所需要的温度，并使组织成分较为均匀化，这也是加热的重要任务。如果加热不均匀，不仅影响产品质量，而且在生产中往往引起事故，损坏设备。因此，一般在加热过程中往往分为三个阶段，即预热阶段（低温阶段）、加热阶段（高温阶段）及均热阶段。在低温阶段（700~800℃ 以下）要放慢加热速度以防开裂；到 700~800℃ 以上的高温阶段，可进行快速加热。达到高温带以后，为了使钢的各处温度均匀化及组织成分均匀化，而需在高温带停留一定时间，这就是均热阶段。应该指出，并非所有的原料都必须经过这样三个阶段，这要看原料的断面尺寸、钢种特性及入炉前的温度而定。例如，加热塑性较好的低碳钢，即可由室温直接快速加热到高温；加热冷钢锭往往低温阶段要长，而加热冷钢坯则可以用较短的低温阶段，甚至直接到高温阶段加热。

为了提高加热设备的生产能力及节省能源消耗，生产中应尽可能采用热装炉的操作方式。热锭及热坯装炉的主要优点是：（1）充分利用热能，提高加热设备的生产能力并节省能耗，降低成本；根据实测，钢锭温度每提高 50℃，即可提高均热炉生产能力约 7%；（2）热装时由于减少了冷却和加热过程，钢锭中内应力较少。热锭装炉的主要缺点是钢锭表面缺陷难以清理，不利于合金钢材表面质量的提高。对于大钢锭、大钢坯以及碳素钢或低合金钢，应尽量采用热锭或热坯装炉；对于小钢锭（坯）及合金钢，一般采用冷装炉。此外，锭如果是只经一次加热轧成品（往往是小钢锭），不能进行钢坯的中间清理时，一般也往往采用冷锭装炉，以便清理钢锭的表面缺陷，提高钢材表面质量。近年，在连铸坯轧制生产中采用了“连铸—连轧”工艺，这对节约能耗，降低成本很有成效。

原料的加热时间长短不仅影响加热设备的生产能力，同时也影响钢材的质量，即使加热温度不过高，也会由于时间过长而造成加热缺陷。合理的加热时间取决于原料的钢种、尺寸、装炉温度、加热速度及加热设备的性能与结构。原料热装炉时的加热时间往往只占冷装时所需加热时间的 30% ~ 40%，所以只要条件可能，应尽量实行热装炉，以减少加热时间，提高产量和质量。这里，热装炉应是指在原料入炉后即可进行快速加热的原料温度下装入高温炉内。一般碳钢的热装温度取决于其含碳量，含碳量大于 0.4% 者，原料表面温度一般应高于 750 ~ 800℃；若含碳量小于 0.4%，则表面温度可高于 600℃。允许不经预热即可快速加热的热装温度则取决于钢的成分及钢种特性。一般含碳及合金元素愈多，则要求热装温度愈高。关于加热时间的计算，用理论方法目前还很难满足生产实际的要求，现在主要还是依靠经验公式和实测资料来进行估算。例如，在连续式炉内加热钢坯时，加热时间 $t(h)$ 可用下式估算：

$$t = CB$$

式中 B——钢料边长或厚度，cm；

       C——考虑钢种成分和其他因素影响的系数（表 2-3）。

表 2-3   各种钢的系数 C 值

钢 种	碳素钢	合金结构钢	高合金结构钢	高合金工具钢
C	0.1 ~ 0.15	0.15 ~ 0.20	0.1 ~ 0.15	0.15 ~ 0.20

加热设备除初轧及厚板厂采用均热炉及室状炉以外，大多数钢板厂和型钢厂皆采用连续式炉，钢管厂多采用环形炉。近年兴建的连续式炉多为步进式的多段式加热炉，其出料多由抽出机来执行，以代替过去利用斜坡滑架和缓冲器进行出料的方式，可减少板坯表面的损伤和对辊道的冲击事故。过去采用的热滑轨式加热炉虽然和步进式炉一样能大大减少水冷黑印，提高加热的均匀性，但它仍属推钢式加热炉，其主要缺点是板坯表面易擦伤和易于翻炉，这样使板坯尺寸和炉子长度（炉子产量）受到限制，而且炉子排空困难，劳动条件差。采用步进式炉可避免这些缺点，但其投资较多，维修较难，且由于支梁妨碍辐射，使板坯或钢坯上下面仍有一些温度差。而热滑轨式没有这些缺点。这两种形式的加热

炉，其加热能力可高达 150～300t/h。

2.3.3 钢的轧制

轧钢工序的两大任务是精确成型及改善组织和性能，因此轧制是保证产品质量的一个中心环节。

在精确成型方面，要求产品形状正确、尺寸精确、表面完整光洁。对精确成型有决定性影响的因素是轧辊孔型设计（包括辊型设计及压下规程）和轧机调整。变形温度、速度规程（通过对变形抗力的影响）和轧辊工具的磨损等也对精确成型产生很重要的影响。为了提高产品尺寸的精确度，必须加强工艺控制，这就不仅要求孔型设计、压下规程比较合理，而且也要尽可能保持轧制变形条件稳定，主要是温度、速度及前后张力等条件的稳定。例如，在连续轧制小型线材和板带钢时，这些工艺因素的波动直接影响到变形抗力，从而影响到轧机弹跳和辊缝的大小，影响到厚度的精确。这就要求对轧制工艺过程进行高度的自动控制。只有这样，才可能保证钢材成型的高精确度。

在改善钢材性能方面有决定影响的因素是变形的热动力因素，这其中主要是变形温度、速度和变形程度。

（1）变形程度与应力状态对产品组织性能的影响。所谓变形程度主要体现在压下规程和孔型设计，因此，压下规程、孔型设计也同样对性能有重要影响。一般说来，变形程度愈大，三向压应力状态愈强，对于热轧钢材的组织性能更为有利，因为：1）变形程度大、应力状态强有利于破碎合金钢锭的枝晶偏析及碳化物，即有利于改变其铸态组织。在珠光体钢、铁素体钢及过共析碳素钢中，其枝晶偏析等还比较容易破坏；而某些马氏体、莱氏体及奥氏体等高合金钢钢锭，其柱状晶发达并有稳定碳化物及莱氏体晶壳，甚至在高温时平衡状态就有碳化物存在，这种组织只依靠退火是无法破坏的，就是采用一般轧制过程也难以完全击碎。因此，需要采用锻造和轧制，以较大的总变形程度（愈大愈好）进行加工，才能充分破碎铸造组织，使组织细密，碳化物分布均匀；2）为改善力学性能，必须改造钢锭或铸坯的铸造组织，使钢材组织致密。因此对一般钢种也要保证一定的总变形程度，即保证一定的压缩比。例如，重轨压缩比往往要达数十倍，钢板也要在 5～12 倍以上；3）在总变形程度一定时，各道变形量的分配（变形分散度）对产品质量也有一定影响。从产量、质量观点出发，在塑性允许的条件下，应该尽量提高每道的压下量，并同时控制好适当的终轧压下量。在这里，主要的是考虑钢种再结晶的特性，如果是要求细致均匀的晶粒度，就必须避免落入使晶粒粗大的临界压下量范围内。

（2）变形温度或轧制温度对产品组织性能的影响。轧制温度规程要根据有关塑性、变形抗力和钢种特性的资料来确定，以保证产品正确成型不出裂纹、组织性能合格及能消耗少。轧制温度的确定主要包括开轧温度和终轧温度的确定。钢坯生产时，往往并不要求一定的终轧温度，因而开轧温度应在不影响质量的前提下尽量提高。钢材生产往往要求一定的组织性能，故要求一定的终轧温度。因而，开轧温度的确定必须以保证终轧温度为依据。开轧温度由于从加热炉到轧钢机的温度降，一般比加热温度还要低一些。钢的加热、轧制温度与铁碳相图的关系见图 2-1。

轧制终了温度因钢种不同而不同，它主要取决于产品技术要求中规定的组织性能，如果该产品可能在热轧以后不经热处理就具有这种组织性能，那么终轧温度的选择便应以获得所需要的组织性能为目的。在轧制亚共析钢时，一般终轧温度应该高于 A_{r1} 线约 50 ~ 100℃，以便在终轧以后迅速冷却到相变温度，获得细小的晶粒组织。若终轧温度过高，则会得到粗晶组织和低的力学性能。反之，若终轧温度低于 A_{r3} 线，则有加工硬化产生，使强度提高而伸长率下降。究竟终轧温度应该比 A_{r3} 高出多少？这在其他条件相同的情况下主要取决于钢种特性和钢材品种。对于含 Nb、Ti、V 等合金元素的低合金钢，由于再结晶较难，一般终轧温度可以提高（例如大于 950℃）；如果采用控制轧制或进行形变热处理，其终轧温度可以从大于 A_{r3} 到低于 A_{r3}，甚至低于 A_{r1}，这主要取决于钢种特性。

如果亚共析钢在热轧以后还要进行热处理，终轧温度可以低于 A_{r3}。例如，连轧薄板生产即往往如此。但一般总是尽量避免在 A_{r3} 以下的温度进行轧制。

轧制共析钢时热轧的温度范围较窄，即奥氏体较窄，其终轧温度应不高于 SE 线（图 2-1）。否则，在晶粒边界析出的网状碳化物就不能破碎，使钢材的力学性能恶化。若终轧温度过低，低于 SK 线，则易于析出石墨，呈现黑色断口。这因为渗碳体分解形成石墨需要两个条件：一是缓慢冷却以满足渗碳体分解所需时间；二是钢的内部有显微间隙或周围介质阻力小，以满足石墨形成和发展时钢的密度减小和体积变化的要求。终轧温度过低，有加工硬化现象，且随变形程度增加，显微间隙也增加，这就为随后缓冷及退火时石墨的优先析出和发展创造了条件。因此过共析钢的终轧温度应比 SK 线高出 100 ~ 150℃。

（3）变形速度或轧制速度对产品组织性能的影响。变形速度或轧制速度主要影响到轧机的产量，因此，提高轧制速度是现代轧机提高生产率的主要途径之一。但是，轧制速度的提高受到电机能力、轧机设备及其强度、机械化、自动化水平以及咬入条件和坯料规格等一系列设备和工艺因素的限制。要提高轧制速度，就必须改善这些条件。轧制速度或变形速度通过硬化和再结晶的影响也对钢材性能质量产生一定的影响。此外，轧制速度的变化通过摩擦系数的影响，还经常影响到钢材尺寸精确度等质量指标。总的说来，提高轧制速度不仅有利于产量的大幅度提高，而且对高质量、降低成本等也都有益处。

1960 年以来大力发展所谓"控制轧制"工艺，它是严格控制非调质钢材的轧制过程，运用变形过程热动力因素的影响，使钢的组织结构与晶粒充分细化，或使在一定碳含量时珠光体的数量减少，或通过变形强化诱导有利夹杂沉淀析出，从而提高钢的强度和冲击韧性，降低脆性转变温度，改善焊接性能，以获得具有很好综合性能的优质热轧态钢材。根据轧制中细化晶粒方法的不同，可分为再结晶控制轧制、未再结晶控制轧制和两相区轧制三种。再结晶控制轧制是在 γ 区间使轧制变形和再结晶不断交替发生，让奥氏体晶粒随温度降低而逐步细粒化，在重结晶后得到细小的铁素体晶粒；未再结晶控制轧制是对某种成分的钢，在 γ 区内一定温度（难再结晶的温度）以下轧制，虽经大变形量而再结晶难以发生，未再结晶的奥氏体晶粒内形成形变带，显著增加了相变后铁素体的形核率，相变后得到极其细小的铁素体晶粒，从而大大提高钢的综合性能；两相区控制轧制，即在 A_3 以下、A_1 以上的奥氏体和铁素体两相区温度范围内进行轧制，未相变的奥氏体晶粒内形成更多的变形带，大幅度地增加了相变后铁素体晶粒的形核率；另外，已相变的铁素体晶粒在变形时，在晶内形成了亚结构。两相区轧制与奥氏体单相区轧制相比，钢材的强度有很大的提高，低温韧性也有很大的改善。但两相区轧制可能会产生织构，使钢板在厚度方向的强度降低。

合金钢锭开坯除采用轧制方法以外，有时还采用锻造方法。一般常在钢锭塑性很差、初生脆性晶壳及柱状晶严重时、或者在车间没有较大的开坯机时，采用锻造方法进行开坯。合金钢之所以往往利用锻造开坯，有以下主要原因：

（1）锻造时再结晶过程进行得比较充分。锻造的操作速度一般很慢，全锭锻打一遍需较长的时间，因而有充分的时间进行再结晶恢复过程。由于塑性差的高合金钢再结晶温度往往较高及再结晶速度往往较低，故这一点对塑性的恢复便非常有利。除此以外，在锻造时还可以多次回炉加热以提高塑性，比轧制时要灵活得多。

（2）锻造时三向压应力状态一般较轧制时要强，这也有利于塑性。还可以采用圆弧形或菱形锤头，像轧制时的孔型一样，以防止自由宽展所形成的锻裂缺陷。

（3）在锻造过程中发现裂纹等缺陷时便于及时铲除掉，而轧制时则不能铲除，只能任其自由发展扩大。此外，锻打时还可连续不断地进行翻钢，使各部分都能受到加工，有利于提高成型质量。

（4）用于锻造的钢锭，其锥度可大到 4.5% 以上，亦即钢锭锥度不像轧制所用钢锭一样受到限制。因而为了改进合金钢锭质量便可采用较大的锥度，这对于高合金钢来说尤其重要。

因此，对于低塑性合金钢锭的开坯往往采用锻造的方法。而在钢锭经过开坯以后，组织已较致密，塑性大有提高，一般便可比较顺利地进行轧制。由于锻造生产力低且劳动条件差，故应尽量以轧制来代替。

2.3.4　钢材的轧后冷却与精整

如前所述，对于某种钢在不同的冷却条件下会得到不同的组织结构和性能，因此，轧后冷却制度对钢材组织性能有很大的影响。实际上，轧后冷却过程就是一种利用轧后余热的热处理过程。实际生产中就是经常利用控制轧制和控制冷却的手段来控制钢材所需要的组织性能。显然，冷却速度或过冷度，对奥氏体转化的温度及转化后的组织要产生显著的影响。随着冷却速度的增加，由奥氏体转变而来的铁素铁-渗碳体混合物也变得愈来愈细，硬度也有所增高，相应地形成细珠光体、极细珠光体及贝氏体等组织。

对于某些塑性和导热性较差的钢种，在冷却过程中容易产生冷却裂纹或白点。白点和冷裂的形成原因并不完全相同，前者的形成虽然是钢中内应力（组织应力）的存在，但主要是由于氢的析出和聚集；而后者却主要是由于钢中内应力的影响。钢的冷却速度愈大，导热性和塑性愈差，内应力愈大，则愈容易产生裂纹。凡导热性差的钢种，尤其是高合金钢如高速钢、高铬钢、高碳钢等，都特别容易产生冷裂。但如前所述，这些高合金钢却并不易产生白点。

根据产品技术要求和钢种特性，在热轧以后应采用不同的冷却制度。一般在热轧后常用的冷却方式有水冷、空冷、堆冷、缓冷等数种。钢材冷却时不仅要求控制冷却速度，而且要力求冷却均匀，否则容易引起钢材扭曲变形和组织性能不均等缺陷。

钢材在冷却以后还要进行必要的精整，例如，切断、矫直等，以保证正确的形状和尺寸。钢板的切断多采用冷剪。钢管多用锯切，简单断面的型材多用热剪或热锯，复杂断面多用热锯、冷锯或带异型剪刃的冷剪。钢材矫直多采用辊式矫直机，少数也有采用拉力或压力矫直机的。各类钢材采用的矫直机形式也各不一样。按照表面质量的要求，某些钢材有时还要酸洗、镀层等。按照组织性能的要求，有时还要进行必要的热处理或平整。某些产品按要求还可有特殊的精整加工。

2.3.5　钢材质量的检查

生产工艺过程和成品质量的检查，对于保证成品质量具有很重要的意义。现代轧钢生产的检查工作可分为熔炼检查、轧钢生产工艺过程的检查及成品质量检查三种。熔炼检查和轧钢过程的检查主要应以生产技术规程为依据，特别应以技术规程中与质量有密切关系的项目作为检查工作的重点。

现代轧机的自动化、高速化和连续化使得有必要和有可能采用最现代化的检测仪器，例如，在带钢连轧机上采用 X 射线或 γ 与 β 射线对带钢厚度尺寸进行连续测量等。依靠这些连续检测信号和数学模型，对轧机调整乃至轧件温度调整，实现全面的计算机自动控制。

对钢材表面质量的检查要予以特别注意，为此要按轧制过程逐工序地进行取样检查。为便于及时发现缺陷，在生产流程线上近代采用超声波探伤器及 γ 射线探伤器等对轧件进行在线连续检测。

最终成品质量检查的任务是确定成品质量是否符合产品标准和技术要求。检查的内容取决于钢的成分、用途和要求，一般包括化学分析、力学和物理性能检验、工艺试验、低倍组织及显微组织的检验等。产品标准中对这些检查一般都作了规定。

2.4　制订轧制产品生产工艺过程的举例

以滚珠轴承钢为例来进一步说明制订钢材生产工艺过程和规程的步骤和方法。

滚珠轴承钢的主要技术要求为：

（1）滚珠轴承钢应具有高而均匀的硬度和强度，没有脆弱点或夹杂物，以免加速轴承磨损。

（2）钢材表面脱碳层必须符合规定的要求，例如，$\phi5 \sim 15mm$ 的圆钢脱碳层深度应小于 0.22mm，$\phi100 \sim 150mm$ 者应小于 1.25mm。

（3）尺寸精度要符合一定的标准；表面质量要求较高，表面应光滑干净，不得有裂纹、结疤、麻点、刮伤等缺陷。

（4）化学成分。滚珠轴承钢（GCr9、GCr15、GCr15MnSi）一般含碳量为 $w(C) = 0.95\% \sim 1.05\%$，含铬量为 $w(Cr) = 0.6\% \sim 1.5\%$，含铬低时含碳高。例如 GCr15 成分为：$w(C) = 0.95\% \sim 1.05\%$，$w(Mn) = 0.2\% \sim 0.4\%$；$w(Si) = 0.15\% \sim 0.35\%$；$w(Cr) = 1.30\% \sim 1.65\%$；$w(S) \leqslant 0.020\%$；$w(P) \leqslant 0.027\%$。

（5）在钢材组织方面，显微组织应具有均匀分布的细粒状珠光体，钢中碳化物网状组织不得超过规定级别，钢中碳化物带状组织也不得超过规定级别，低倍组织必须无缩孔、气泡、白点和过烧、过热现象，中心疏松、偏析和夹杂物级别应小于一定级别等。

滚珠轴承钢的钢种特性主要为：

（1）滚珠轴承钢属于高碳的珠光体铬钢，钢锭浇铸和冷却时容易产生碳和铬的偏析，因此钢锭开坯前应采用高温保温或高温扩散退火。

（2）导热性和塑性都较差，变形抗力低，与碳钢相差不多，故应缓慢加热升温，以防炸裂。

（3）脱碳敏感性和白点敏感性都较大，也易于产生过热和过烧。

（4）轧后缓慢冷却时，有明显的网状碳化物析出，过冷度不同，碳化物析出的温度也不同。一般在终轧温度低于800℃时，碳化物开始析出，且随轧件的延伸而被拉长为带状组织。

（5）热轧摩擦系数比碳素钢要大，因而宽展也大。

根据滚珠轴承钢的技术要求和钢种特性来考虑它的生产工艺过程和规程。滚珠轴承钢主要是轧成圆钢，且大部分为冷拉钢，因而对于其表面质量的要求很严格。考虑到这一点，轧制时便以采用冷锭装炉加热较为合适（或热装炉时须经热检查及热清理），这样在装炉之前可以进行细致的表面清理，从而可使钢材表面质量得到改善。

钢坯在清理之前要进行酸洗。可采用砂轮清理或风铲清理。由于导热性差，不宜用火焰清理冷钢坯。为了减少碳化物偏析，如前所述可以在钢锭开坯前采用高温保温或高温扩散退火。考虑到扩散退火需时间太长，在经济上不合算且产量低，故以采用高温保温为宜，即加热到高温阶段给予较长保温时间。

轴承钢的加热必须小心，此钢容易脱碳，而对于脱碳的技术要求又很严格，并且还易于过热过烧（开始过烧温度约1220～1250℃），因而钢锭加热温度不应超过1180～1200℃。钢锭由于轴心带疏松且有低熔点共晶碳化物存在，所以更易于过烧。钢坯经轧制后尺寸变小，更易脱碳，应使加热温度更低一些。故小型钢坯加热温度不应高于1000～1100℃。

要制定轧制规程，便应依据滚珠轴承钢的塑性和变形抗力的研究资料以及对轧后金属组织性能的要求，去设计孔型和压下规程及确定轧制温度规程。开坯可以采用轧制或锻造。由于滚珠轴承钢有相当高的塑性，在各轧制道次中可采用很大的压下量。滚珠轴承钢的变形抗力与碳钢差不多，摩擦系数为碳钢的1.25～1.35倍，宽展也约比碳钢大20%。在设计孔型和压下规程时应该考虑到这些特点，要采用适当的孔型（例如箱形孔型与菱形孔型），以便于去除氧化铁皮，并借助合理的孔型设计来减少轧制过程中可能产生的表面缺陷。

滚珠轴承钢轧制后不应有网状碳化物存在。终轧温度愈高，在高碳钢中析出的网状渗碳体便愈粗大，因此终轧温度应该尽可能低一些。如果开轧温度比较高，则为了保证较低的终轧温度，可在送入最后1～2道之前，稍作停留以降低温度。但若终轧温度过低，例如低于800℃时，碳化物开始析出，且随轧件的延伸而被拉长为带状组织，这也是不允许的。此外，终轧道次的压下量也应较大，以便更好地使碳化物分散析出，防止网状碳化物形成，同时也能细化晶粒。

在许多情况下，尤其当轧制大断面钢材时，甚至在较低的终轧温度下也可能在最后冷却时产生网状碳化物。这时冷却速度很为重要，冷却速度愈大，网状碳化物愈少。为此，应使钢材尽可能地快速冷却到大约650℃的温度。

由于有白点敏感性，故轧后钢材应该在快冷到650℃后便进行缓冷。缓冷之后，进行退火以降低硬度，便于以后加工；然后进行酸洗，清除氧化铁皮，以便于检查和清理，并提高表面质量。

综上所述。可将滚珠轴承钢的生产工艺过程归纳为：

钢锭→清理→加热→轧制→切断------------------------------------→缓冷→退火→酸洗→检查清理
　　　　　　　　　↓　　　　　　　　　　　　　　　　　　　　　↑
　　　　　　　　　→锻造→缓冷→酸洗→清理→加热→轧制→切断

思 考 题

2-1　轧制生产工艺过程遵循什么原则？

2-2　何谓产品标准、技术要求？

2-3　金属与合金的加工特性如何？

2-4　轧材生产各基本工序有哪些？

3　连续铸造与轧制的衔接工艺

[本章导读]

　　掌握连铸与轧制的衔接工艺。

　　钢铁生产工艺流程正在朝着连续化、紧凑化、自动化的方向发展。实现钢铁生产连续化的关键之一是实现钢水铸造凝固和变形过程的连续化，亦即实现连铸—连轧过程的连续化。连铸与轧制的连续衔接匹配问题包括产量的匹配、铸坯规格的匹配、生产节奏的匹配、温度与热能的衔接与控制以及钢坯表面质量与组织性能的传递与调控等多方面的技术，其中产量、规格和节奏匹配是基本条件，质量控制是基础，而温度与热能的衔接调控则是技术关键。

3.1　钢坯断面规格及产量的匹配衔接

　　连铸坯的断面形状和规格受炼钢炉容量、轧机组成及轧材品种规格和质量要求等因素的制约。铸坯的断面和规格应与轧机所需原料及产品规格相匹配，并保证一定的压缩比（见表3-1），具体匹配见表3-2和表3-3。

表 3-1　各种产品要求的压缩比

最终产品	无缝钢管	型　材	厚　板	薄　板
连铸坯	连铸圆坯	连铸方坯	连铸板坯	连铸板坯
满足产品力学性能所要求的压缩比	1.5～3.2	3.0	2.5～4.0	3.0
有一定安全系数的最小压缩比	4.0	4.0	4.0	4.0
目前用户使用的压缩比	≥4.0	≥8	≥4.0	≥35

表 3-2　铸坯的断面和轧机的配合

轧机规格		铸坯断面/mm×mm
高速线材轧机		方坯：（100×100）～（150×150）
400/250mm 轧机		方坯：（90×90）～（140×140）；矩形坯：<100×150
500/350mm 轧机		方坯：（100×100）～（180×180）；矩形坯：<150×180
650mm 轧机		方坯：（140×140）～（180×180）；矩形坯：<140×260
中厚板轧机	2300mm 轧机	板坯：（140～140）×（700～1000）
	2450mm 轧机	板坯：（140～140）×（700～1000）
	2800mm 轧机	板坯：（150～250）×（900～2100）

轧 机 规 格		铸坯断面/mm×mm
中厚板轧机	3300mm 轧机	板坯：（150~350）×（1200~2100）
	4200mm 轧机	板坯：（150~350）×（1200~1600）
热轧带钢轧机	1450mm 轧机	板坯：（50~200）×（700~1350）
	1700mm 轧机	板坯：（60~350）×（700~1600）
	2030mm 轧机	板坯：（70~350）×（900~1900）

表 3-3　铸坯的断面和产品规格的关系

铸坯断面/mm×mm×(mm)	最终产品规格
≥200×2000 板坯；（60~150）×1600 薄板坯	厚度 4~76mm 板材；厚度 1.0~12 mm 板材
250×300 大方坯	56kg/m 钢轨
460×400×120 工字梁铸坯	可轧成 7~30 种不同规格的平行翼缘的工字钢
240×280 矩形坯	热轧型钢 DINI1025I 系列的工字梁 I400
225×225 方坯	热轧型钢 DINI1025I 系列的工字梁 I300
194×194 方坯	热轧型钢 DINI1025I$_{PB}$ 系列的工字梁 I200
260×310 矩形坯	热轧工字梁系列 I$_{PB}$ 系列的 I$_{PB}$260
100×100 方坯	热轧 DIN1025 系列工字梁 I120
560×400 大方坯	轧 ϕ406.4mm 无缝钢管
（250×250）~（300×400）铸坯	轧 ϕ21.3~198.3mm 无缝管
180×180　18/8 不锈钢方坯	先轧成 ϕ100mm 圆坯，再轧成 ϕ6mm 仪器用钢丝

　　铸机的生产能力应与炼钢及轧钢的能力相匹配。为实现连铸与轧制过程的连续化生产，应使连铸机生产能力略大于炼钢能力，而轧钢能力又要略大于连铸能力（例如约大 10%），才能保证产量的匹配关系。

3.2　连铸与轧制衔接模式及连铸—连轧工艺

　　从温度与热能利用着眼，生产中连铸与连轧两个工序的衔接模式一般有如图 3-1 所示的 5 种类型。方式 1′ 为连续铸轧工艺，铸坯在铸造的同时进行轧制。方式 1 成为连铸坯直接轧制工艺（CC—DR），高温铸坯不需进行加热炉加热，只略经补偿加热即可直接轧制。方式 2 成为连铸坯直接热装轧制工艺（CC—DHCR 或 HDR），也可称为高温热装炉轧制工艺。方式 3 和方式 4，铸坯温度仍保持在 A_3 甚至 A_1 线以下温度装炉，也可称为低温热装工艺（CC—HCR）。方式 2、3、4 皆须入正式加热炉加热，故亦可统称为连铸坯热装（送）轧制工艺。方式 5 即为常规冷装炉轧制工艺。可以这样说，在连铸机和轧机之间无正式加热炉缓冲工序的称为直接轧制工艺；只有加热炉缓冲工序且能保持连续高温装炉生产节奏的称为直接（高温）热装轧制工艺；而低温热装工艺，则常在加热炉之前还有缓冷坑或保温炉缓冲，即采用双重缓冲工序，以解决铸、轧节奏匹配与计划管理问题。从金属学角度考虑，方式 1 和方式 2 都属于铸坯热轧前基本无相变的工艺，其所面临的技术难点和问题也大体相似，即：它们都要求从炼钢、连铸到轧钢实现有节奏的均衡连续化生产。故我国常统称方式 1（1′）和方式 2 两类工艺为连铸—连轧工艺（CC—CR）。

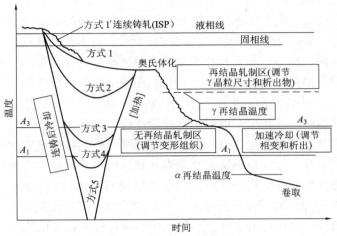

图 3-1　连铸与轧制的衔接模式

连铸坯热送热装和直接轧制工艺的主要优点是：（1）利用连铸坯冶金热能，节约能源消耗；（2）提高成材率，节约金属消耗；（3）简化生产工艺流程，减少厂房面积和运输各项设备，节约基建设投资和生产费用；（4）大大缩短生产周期，从原料炼钢到轧出成品仅需几个小时，直接轧制时从钢水浇铸到轧出成品只需十几分钟，增强生产调度及流动资金周转的灵活性；（5）提高产品的质量。大量生产实践表明，由于加热时间短，氧化铁皮少，CC—DR 工艺生产的钢材表面质量要比常规工艺的产品好得多。CC—DR 工艺由于铸坯无加热炉滑道冷却痕迹，使产品厚度精度也得到提高。同时能利用连铸连轧工艺保持铸坯在碳氮化物等完全固溶状态下开轧，将会更有利于微合金化及控制轧制控制冷却技术作用的发挥，使钢材组织性能有更大的提高。

实现连铸—连轧即 CC—DR 和 CC—DHCR 工艺的主要技术关键包括：（1）高温无缺陷铸坯生产技术；（2）铸坯温度保证与输送技术；（3）自由程序（灵活）轧制技术；（4）生产计划管理技术；（5）保证工艺与设备可靠性的技术等多项综合技术。但其中在连铸与轧制两工序之间最明显、最直观的衔接技术还是铸坯温度保证与输送技术。

3.3　铸坯温度保证技术

提高铸坯温度主要靠充分利用其内部冶金热能，其次靠外部加热。后者虽属常用手段，但因时间短，其效果不太大，故一般只用做铸坯边角部补偿加热的措施。保证铸坯温度的技术主要是在连铸机上争取铸坯有更高、更均匀的温度（保留更多的冶金热源和凝固潜热），在输送途中绝热保温及补偿加热等，即：

（1）争取铸坯保持更高更均匀的温度，用液芯凝固潜热加热表面的技术。以前多考虑钢坯的连铸过程，为了可靠地进行高效率生产，自然要充分冷却铸坯以防拉漏；现在则又要考虑在连铸之后直接进行轧制，因此为了保证足够的轧制温度，就不能冷却过度。温度控制中这两个矛盾的方面给连铸连轧增加了操作和技术上的难度。在保证充分冷却以使钢坯不致拉漏的前提下，应合理控制钢流速度和冷却制度以尽量保证足够的轧制温度。

在连铸机上尽量利用来自铸坯内部的热能主要靠改变钢流速度和冷却制度来加以控制。由于改变钢流速度要受到炼钢能力配合和顺利拉引的限制，故变化冷却制度（冷却方法、流量及分布等）便成为控制钢坯温度的主要手段。日本的一些钢厂在二冷段上部采取强冷以防鼓肚和拉漏，在中部和下部利用缓冷或喷雾冷却对凝固长度进行调整，在水平部分利用液芯部分对凝固的外壳进行复热，并利用连铸机内部的绝热进行保温。这就是"上部冷却，下部缓冷，利用水平部液芯进行凝固潜热复热"的冷却制度。通过采用这种制度及保温措施，可使板坯出连铸机时的温度比一般连铸大约高180℃。

为了使铸坯在其凝固终点处具有较高的表面温度，必须将铸坯完全凝固的时刻控制在连铸机冶金长度的末端，否则铸坯从完全凝固处到铸机末端区这一区间还要降温。为了将铸坯的完全凝固终点控制在铸机的末端，可采用电磁超声波检测的方法（EMUST）。采用此种检测方法可以±0.5m的精度将铸坯的完全凝固终点控制在铸机的末端处。

液芯尾端在板坯宽度中心处通常呈凸形，但为保证板坯边部的高温，该液芯尾端两侧应呈凸起形。因此，专家对二次冷却方案进行了专门的研究。该方案的要点是，不对板坯的边部喷水，以使其保持较高的温度。

在不采用直接轧制工艺的常规连铸中，板坯的边角部温度远比中心部低。为了保证铸坯边角部温度较高且均匀，在二冷段对宽度方向的冷却也进行了控制，即在容易冷却的边部减少冷却水量，在中部适当加大水量，用不均匀的人工冷却来抵偿不均匀的自然冷却。同时还使板坯中部冷却区段的宽度与其总宽度之比保持一定。这样，由于板坯宽度变化引起的边部温度差也就可以消除。但边角部的温度只靠液芯复热尚不能满足要求。还必须在铸机下部乃至切断机前后，另外采用板坯边角部温度补偿器和绝热罩才能得到所要求的边角部温度，从而使板坯各处温度达到均匀，以满足直接轧制的要求。

（2）连铸坯的输送保温技术。在连铸生产过程中，为了减少铸坯边角部的散热，在二次冷却区的后面对铸坯的两侧采取了保温措施，即用保温罩将铸坯的两侧罩起来。经采用保温措施后，铸坯两侧表面的温度达到1000℃以上。

为防止连铸坯在连铸机外部的运送过程中的散热降温，可使用固定保温罩和绝热辊道，所谓绝热辊道是指用绝热材料包覆了50%表面的辊道，它可以防止因辊道传热而引起的铸坯散热。近年来，为了满足直接轧制的温度要求，还研制了可以迅速将定尺高温板坯从连铸机运往热带轧机的板坯运输保温车。表3-4为连铸板坯从连铸机到带钢厂运输距离超过1000m时的辊道和运输车方案进行的比较。由于运输车可使板坯边部在高温绝热箱内得到均热，因此，对于远距离连铸—连轧工艺，运输车优于辊道。

表3-4   在板坯运距超过1000m时辊道和运输车的比较

项　　目	辊　　道	运　输　车
运输速度/m·min⁻¹	最高：90 平均：70	最高：250 平均：200
距离/m	1000	1000
时间/min	14.5	5

项　目	辊　道	运　输　车
绝热效果（传热系数 h）/kJ·(m²·h·℃)⁻¹	平均：$h=81×4.18$	平均：$h=10×4.18$
距板坯边部40mm处的温降/℃	平均：-180	平均：-4
板坯剪切断面的温降	大	小
氮化铝沉淀	有	无

（3）铸坯边部补偿加热技术，可采用如下几种技术：

1）连铸机内绝热技术已被广泛采用，以提高板坯边部温度，这种绝热技术与烧嘴加热技术相结合，就可以防止板坯边部过分冷却。该项技术对必须严格控制氮化铝（AlN）沉淀的钢种特别有效。另外，与常规连铸相比其板坯边部温度提高约200℃。

2）在火焰切割机附近采用板坯边部加热装置。如果在火焰切割前对铸态的板坯加热，则其边部可被来自板坯中间部分的热量有效加热，从而防止氮化铝在边部沉淀，而且其纵向、横向温度的不均匀分布可得到缓解。另外，热轧前的边部加热效率也得到提高，而且包括火焰切割前后板坯边部加热所需能量在内的总能耗还可降低，因此可以缩短边部加热系统的长度。板坯边部可以采用电磁感应加热或煤气烧嘴加热，两种方法的比较见表3-5。电磁感应加热装置开关快速灵便、加热快、效率高、操作维修方便、环境污染少、铁皮损失小，在CC—DR工艺中最适于用作板坯边部补偿加热器。这种感应补偿加热器由三个电磁感应线圈组成，它们分别安装在铸坯边部的上面、侧面和下面，当感应电流通过线圈时所产生的热量可高效率地加热铸坯的边角部。此法加热铸坯边角部非常灵便，可按照所需要的温度进行加热。使用这种电磁感应加热装置，可在铸坯的输送速度为4m/min的情况下，使铸坯的边角部平均升温110℃以上。煤气烧嘴加热系统需要较小的设备，在远距CC—DR工艺中，该系统也能适用于板坯边部温度下降较大而要求输入较高热量的情况。

3）方、圆坯连铸连轧（CC—DR）工艺中也成功地采用了电磁感应加热技术。

（4）铸坯加热（均热）技术。连铸连轧工艺将连铸和轧制这两大生产工序联成一体，但由于这两个工序存在固有的不匹配不协调因素，如温度、速度、节奏、产量及换辊和设备故障造成的事故等，因此必须在两工序之间设置一个衔接段，以协调解决这些不匹配因素，才能顺利实现连铸连轧工艺。采用加（均）热炉是最有效、最常用的衔接设备，其作用主要为：

1）铸坯的升温和均温。必须将铸坯均匀加热到要求的轧制温度以上才能连轧。

2）铸坯的储存和铸轧工序之间的缓冲。在换辊和出事故时提供足够的缓冲时间。

3）物流协调作用。连铸速度一般较低，如薄板坯连铸速度一般只有4～6m/min，而热轧机入口速度可达606m/min以上，加热炉可协调铸轧之间的物流速度，特别是采用二流或多流连铸共轧机配置时，就更是非用大加热炉不可。因此加热炉便大大提高了连铸—连轧生产的柔性度和铸坯温度的稳定均匀度而得到广泛的应用。

近代在CC—DHCR工艺中采用的加热炉主要有辊底隧道式和步进式加热炉这两种。对于中等厚度（100～150mm）以上的板坯以采用步进式加热炉为宜，而对于薄（50～90mm）板坯则以辊底式为宜，实际此时也只能采用辊底式，因板坯较长（40～60m），步进式炉的宽度根本放不下。此外对于板坯、方坯和圆坯还可以采用电磁感应加热炉加热，其优点如表3-5所示，这是一种值得推广和应用的高效加热方式。

表3-5 感应加热和煤气烧嘴加热的比较

项 目	感应加热	煤气烧嘴加热
设 备		
加热时间、效率	短时加热（快），效率高	在高温下加热时间长（慢），效率低
加热控制方法	通过铁心配置和功率控制	通过煤气燃烧控制
对板坯宽度变化的灵活性	通过铁心配置控制	通过煤气火焰控制
对切割断面加热	不利	有利
维护、修炉（换炉）	方便、快	不方便、慢
操作	开、停快速灵便	开停缓慢不便
环境、空气污染（NO_2）	无污染、环境干净、劳动条件好	污染较重，劳动条件较差
氧化铁皮损失	小	较大

思 考 题

3-1 连铸机连铸—连轧工艺与传统模铸热轧工艺比较有何优越性？

3-2 连铸与轧制的衔接模式及主要关键技术有哪些？

3-3 试依据轴承钢的主要技术要求与钢种特性，分析拟定其生产工艺过程。

第2篇

型线材生产及孔型设计

近20年来，我国的钢铁工业得到了长足的发展，不仅产量稳居第一，产品结构也发生了重大的变化。1996~2005年型线材（长材）比例一直在50%以上，随着国家经济建设的发展，2007年下降到47.4%，在"十一五"规划末期的2010年，型材比重降至44.7%，但仍是型线材比重最高的国家，现阶段型线材依然是我国钢铁工业生产中的一个主要生产领域。

伴随着产品结构的调整，型线材生产的产品结构在过去20年也发生了很大的变化。首先是H型钢生产和使用得到迅猛发展，预计2015年我国对热轧H型钢的需求量将达到1300万~1400万吨，H型钢的迅猛发展导致普通型钢的使用量萎缩，使得我国的中、小型型钢生产技术发展缓慢，目前国内主要型钢生产基地仍采用20世纪60年代设备，轧机仍采用胶木瓦的三辊轧机，横列式或跟踪式布置。

随着我国高铁建设的大发展，带动铁路用钢需求近年来保持持续旺盛，其中重轨钢需求每年300万吨以上。为满足高铁发展用钢新需求，国内重轨企业纷纷引进国外先进设备和技术，完成了重轨生产线的现代化改造和重轨钢系列新产品的开发。目前我国钢轨产量已占世界钢轨总产量的一半，近几年我国钢轨出口量在40万~50万吨/年，净出口20万~30万吨/年。

受到我国经济高速发展的影响，近几年线材生产线越建越多，产量快速增长，装备也越来越先进，尤其是近十几年新上的生产线，很多都装备了当时世界上最先进的设备和工艺。设备上追求高速、单线、无扭、微张力组合，在产品上追求高精度、高品质、大盘重等特点。目前，我国已成为世界上拥有高速线材生产线最多、产量最大的国家。

4　型钢生产概述

+-·

[本章导读]

本章主要对型钢产品种类、型钢生产方式、型钢轧机类型以及布置形式进行了介绍。通过对型钢产品种类以及生产方式和轧机类型可以总结出型钢生产的基本特点即：型钢产品种类多，断面复杂差异大，为了满足不同型钢产品生产的需要，型钢生产工艺复杂，轧机及布置形式多样。

+-·

4.1　型钢产品种类

型钢断面形状复杂，品种规格繁多，同一断面的型钢也存在很多不同规格型号，目前型钢产品多达上万种。因此，型钢品种规格在不同场合下分类各有所不同。一般有以下几种分类方法：按用途可分为常用型钢（方钢、圆钢、扁钢、角钢、槽钢、工字钢等）和专用型钢（钢轨、钢桩、球扁钢等）；按断面大小可分为大、中、小型型钢和线材；按生产方法可分为轧制型钢、弯曲型钢、焊接型钢和用特殊方法生产的各种周期断面或特殊断面钢材。但最能反映产品特点的是按其断面形状分类，按断面形状不同可将型钢产品分为：简单断面型钢和复杂断面或异型断面型钢，前者的特点是过其横断面周边上任意点做切线一般不交于断面之中。

4.1.1　简单断面型钢

具体如下：

（1）圆钢。应用很广的钢材之一。其规格大小以直径的毫米数表示，如图 4-1a 所示。圆钢直径范围一般在 5 ~ 350mm。其中规格较小的小圆钢称为线材，以盘条供货，多用于建筑、包装、拉制钢丝、制造钢绳、铁钉、电线等金属制品；直径在 10 ~ 40mm 的小圆钢可成盘条供货或切成定尺长以直条成捆供应，被称为棒材，常用作建筑结构钢筋、制作螺栓及各种机械零件，直径在 40 ~ 350mm 的圆钢，经锻、冲和车削等制作成各种机械零件，也可作为坯料轧制成无缝钢管。

（2）方钢。其规格用边长的毫米数表示，如图 4-1b 所示。方钢边长范围一般为 4 ~ 250mm，多用于制造机械零件。

（3）扁钢。其规格用厚度和宽度的毫米数表示，如图 4-1c 所示。如 8mm×200mm 扁钢，表示扁钢的厚度为 8mm，宽度为 200mm。扁钢规格范围一般为（3 ~ 60）mm×（10 ~ 240）mm。扁钢多用作薄板坯、焊管坯等，弹簧扁钢则用于汽车、拖拉机、铁路车辆制造。

（4）六角钢。其规格用六角形内切圆直径的毫米数表示，如图 4-1d 所示。直径范围为 7 ~ 80mm，主要用于采矿钻杆、凿岩钢钎及制造螺母等。

（5）三角钢。其规格用边长的毫米数表示，如图 4-1e 所示。边长范围为 9 ~ 30 mm，多用于制造锉刀等。

（6）角钢。角钢可分为等边角钢和不等边角钢，如图 4-1f 所示。等边角钢的规格以边长毫米数表示。如 5 号角钢，表示边长为 50mm，等边角钢边长范围为 20 ~ 250mm。不等边角钢的规格分别以长边长与短边长的毫米数表示，长边的边长为 25 ~ 250mm。短边的边长为 16 ~ 165mm。角钢广泛用于各种金属结构、桥梁、机械制造及造船等。

其他还有弓形钢（图 4-1g）、椭圆钢（图 4-1h）等。

4.1.2　复杂断面型钢

具体如下：

（1）工字钢。其规格用腰高的毫米数表示，如图 4-2a 所示。工字钢的称号（或标号）

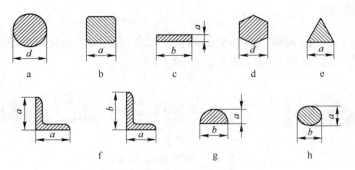

图 4-1　简单断面型钢

a—圆钢；b—方钢；c—扁钢；d—六角钢；e—三角钢；f—角钢；g—弓形钢；h—椭圆钢

用腰高的"1/10"表示，如工字钢腰高为 200mm，其称号为 20 号工字钢。工字钢的规格范围为 80～630mm。工字钢被广泛用于建筑、桥梁和其他金属结构。

（2）H 型钢。其规格用腰高的毫米数表示，如图 4-2b 所示。规格范围为 80～1200mm，它可以分为宽翼缘 H 型钢、窄翼缘 H 型钢和 H 型钢桩，分别用 HK、NZ 和 HU 表示，如腰高为 120mm 宽翼缘 H 型钢其标号为 HK120。H 型钢常用于要求承载能力大、截面稳定性好的大型桥梁、高层建筑、重要设备、高速公路等。

（3）槽钢。其规格用腰高的毫米数表示，如图 4-2c 所示。槽钢的称号与工字钢相同，用腰高的"1/10"表示，规格范围为 50～400mm。它用于建筑结构、车辆制造等。

（4）T 字钢。其规格用腿宽的毫米数表示，如图 4 –2d 所示。其称号用腿宽的"1/10"表示，规格范围为 20～400mm，它用于金属结构、飞机制造等。

（5）钢轨。其规格用单位长度的重量来表示，kg/m，如图 4-2e 所示。5～30kg/m 的钢轨为轻轨，用于矿山；33～75kg/m 的钢轨称为重轨，用于铁路；80～120kg/m 的钢轨称为吊轨，主要用于起重机、吊车等。

（6）Z 字钢。其规格用高度的毫米数表示，如图 4-2f 所示。规格范围为 60～310mm，用于结构件、铁路车辆制造等。

其他还有专用型钢如钢桩（图 4-2g）、钢轨接头处的接板和垫板（图 4-2e）、窗框钢等。

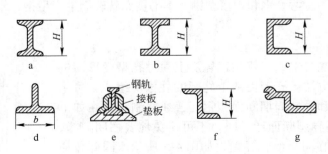

图 4-2　复杂断面型钢

a—工字钢；b—H 型钢；c—槽钢；d—T 字钢；e—钢轨；f—Z 字钢；g—钢桩

4.1.3 周期断面型钢

在同一根钢材上，沿轴线方向断面的形状、尺寸呈周期性变化的型钢称之为周期断面型钢，如犁铧钢，变断面轴、螺纹钢等，如图4-3所示。

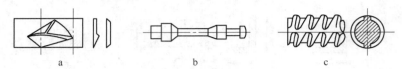

图4-3   周期断面型钢

a—犁铧钢；b—变断面轴；c—螺纹钢

周期断面型钢能代替一部分机械加工生产的构件坯，因而能减少机械加工量，节约金属，是很有发展前途的钢材。另外，还有用特殊轧制方法生产的特殊型钢或钢材，如火车上使用的车轮钢（图4-4a）、轮箍钢（图4-4b）、环形件及钢球等。

为满足国民经济各部门的需要，型钢的品种规格日益增多扩大。目前普遍重视开发经济断面型钢和高精度型材。所谓经济断面型钢，指其断面形状类似普通型钢，但

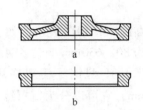

图4-4   特殊断面型钢材示例

a—车轮钢；b—轮箍钢

壁薄，断面金属分配更合理，重量轻且截面模数大，既省金属，又有较大的承载能力，便于拼装组合，如H型钢（亦称平行宽缘工字钢）是各国正在大力发展中的一种型材。所谓高精度型材，指其二次加工余量极少，或轧后可直接代替机械加工零件使用的轧材，如汽轮机叶片，各种冷轧、冷拔的型材。现在，国外已开发一种高精度轧制系统，不仅能进行盘条、棒材的高精度轧制，而且能使复杂断面型材在保持公差范围内的同时保证断面形状的准确性。

4.2   型钢的生产方式

轧制生产型钢具有生产规模大、效率高、能量消耗少、成本低等优点，因此被广泛使用，是型钢生产的最主要方式。除了轧制生产型钢之外，还有采用冷弯以及焊接生产型钢的方式，分别称之为冷弯型钢和焊接型钢。本书重点就轧制生产型钢介绍如下。

4.2.1 普通轧制法

普通轧制法是在二辊或三辊型钢轧机上通过孔型变形而进行型钢生产的轧制方法。孔型由两个轧辊的轧槽所组成，可生产一般简单、复杂和纵轧周期断面型钢。普通轧制法存在如下不足：（1）当轧制异型断面产品时，不可避免地要用闭口槽，此时轧槽各部分存在明显的辊径差，如图4-5所示。因此普通轧制法无法轧制凸缘内外侧平行的经济断面型钢，如H型钢。（2）轧辊直径还限制着所轧制型钢的凸缘高度，辊身长度限制

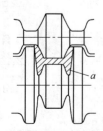

图4-5   闭口槽与辊径差

着可轧的轧件宽度，如轧制 60 号以上的工字钢和大型钢桩等就比较困难。（3）由于辊径差以及不均匀变形存在，引起孔型内各部分金属的相对附加流动，从而在轧制时能耗增加，孔型磨损加快，成品内部产生较大的残余应力，影响轧制产品质量。尽管如此，由于这种轧制方法设备比较简单，故目前大多数型钢轧机仍然采用。

4.2.2　多辊轧制法

多辊轧制法的特点是：轧槽由两个以上轧辊所组成，从而减少了闭口槽的不利影响，辊径差亦减小，可轧出凸缘内外侧平行的经济断面型钢，轧件凸缘高度可以增加，还能生产普通轧制法不能生产的异型断面型钢产品，轧制精度高，轧辊磨损均匀而慢，能量消耗和轧件残余应力均减小，如四辊万能轧机轧制 H 型钢即属于这一类。采用多辊轧法轧制角钢、槽钢和 T 字钢的成型过程如图 4-6 所示。

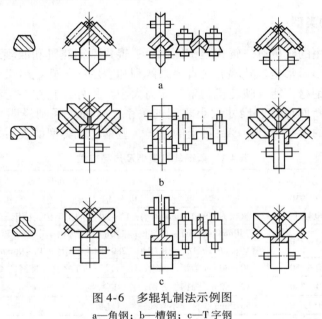

图 4-6　多辊轧制法示例图
a—角钢；b—槽钢；c—T 字钢

4.2.3　热弯轧制法

热弯轧制法的前半部分是将坯料轧成扁带或接近成品断面的形状，然后在后继孔型中趁热弯曲成型。可在一般轧机或顺列布置的水平-立式轧机上生产，如图 4-7 所示，并可轧制一般方法得不到的弯折断面型钢。

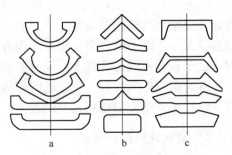

图 4-7　热弯轧制法成型示例
a—异半环件；b—角钢；c—槽钢

4.2.4　热轧—纵剖轧制法

这种方法的特点是将较难轧制的非对称断面产品先设计成对称断面，或将小断面产品设计成并联形式的大断面产品，以提高轧机生产能力，然后在轧机上或冷却后用圆盘剪进行纵剖，当改变图中圆盘剪的剖切位置时，可得到两个不同尺寸的型钢产品。

4.2.5　热轧—冷拔（轧）法

这种方法可生产高精度型钢产品，其产品力学性能和表面质量均高于一般热轧型钢，精度可达 5~7 级，可直接用于各种机械零件。此生产方法可提高工效、减少金属消耗，特别适用于改造旧有轧制方法，进行小批量多品种的生产。其方法是先热轧成型，并留有冷加工余量，然后经表面处理（酸洗、碱洗、水洗、烘干），除润滑剂后冷拔或轧制成材。

4.3　型钢轧机的类型和布置形式

4.3.1　型钢轧机的类型

型钢轧制所使用的轧机有二辊式型钢轧机、三辊式型钢轧机和四辊式万能轧机等。型钢轧机类型和其大小通常是按轧辊名义直径来区别和表示的。轧辊名义直径大小表明它能够轧制多大规格的钢材，能反映轧机的生产能力大小。另外，它在一定程度上反映出轧辊大小与生产的产品断面形状、尺寸大小之间的关系，这种关系则说明了生产过程的合理性。根据轧机辊径的大小与其生产品种上的差异，型钢轧机类型如表 4-1 所示。

表 4-1　型钢轧机类型及产品范围

轧机名称	轧辊直径/mm	轧制产品范围
轨梁轧机	750~950	33kg/m 以上重轨，20 号以上的工字钢、槽钢
大型轧机	650 以上	直径为 80~150mm 圆钢；12~20 号的工字钢、槽钢；18~30kg/m 轻轨
中小型开坯机	450~750	(40mm×40mm)~(150mm×150mm) 钢坯（方、矩、异）；直径为 50~100mm 管坯；(6.5~18)mm×(240~280)mm 薄板坯；40~90mm 方钢、圆钢
中型轧机	350~650	40~80mm 圆钢、方钢；12 号以下的工字钢、槽钢，160mm 以下 H 型钢
小型轧机	250~350	10~40mm 圆钢、方钢、异形断面钢材；小角钢和小扁钢
线材轧机	250 以下	5~9mm 线材（不含高速线材轧机）

由表 4-1 可以看出，同类轧机的辊径有很大的波动范围，这与轧机的布置形式有关。因此，对型钢轧机的正确称呼或命名，一般应标明轧辊直径、布置形式与名称。只标明轧辊直径大小，既不能表明轧机生产能力的高低，亦难以显示出轧机布置的特征。若辊径相同，由于布置不同可能属于不同的类型轧机。

各类型钢轧机均有一个合适的产品规格范围，在一定范围里，轧机的生产率高，产品质量好，设备能力均得到充分的发挥。

4.3.2　型钢轧机布置形式

根据轧机的相对排列位置和轧件在轧制过程的不同方式，型钢轧机的布置形式通常有横列式、顺列式（跟踪式）、棋盘式、连续式和半连续式等，如图 4-8 所示。轧机的排列形式不同，轧机的生产率、产品质量、轧制过程的机械化、自动化的程度以及经济效益等皆不同。

（1）横列式。横列式是由 1 台或 2 台电机带动一架或几架的轧钢机横向排列。同一列轧机的轧辊转速相同，轧制速度基本一致。为提高轧机生产率，一般采用穿梭交叉轧制或活套轧制方式，三辊式轧机组成上下两轧制线，机架或机列中可进行上下交叉轧制。由轧机所排列数不同可分为单机架（图4-8a）、一列式（图4-8b）、二列式（图4-8c）、多列式（图4-8d）。

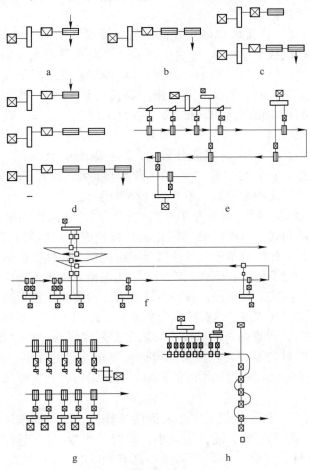

图 4-8　型钢轧机的布置形式

a—单机架；b——列式；c—二列式；d—多列式；e—顺列式；f—棋盘式；g—连续式；h—半连续式

　　横列式的主要优点是设备简单，投资少，上马快；每架可轧若干道，变形灵活，适应性强；由于穿梭轧制，轧机调整方便；可生产较复杂断面的产品；技术操作简便等。

　　横列式的缺点为：1）产品尺寸精度不高，品种规格范围受限制。由于横列式布置，换辊一般须在机架的上部进行，多采用开口式或半闭式机架；又因每架安排孔数较多，轧辊辊身长度较长，故整个轧机刚性不高，不但影响产品精度，而且难以轧制宽度较宽的产品。由于交叉轧制，引起辊缝值的波动，也影响产品尺寸精度。2）轧制中，同一列轧机轧制速度不能调，轧件需要横移，造成轧制时间和间隙时间较长，轧件温降大，轧件长度受到限制，严重影响产品质量和产量。3）这类轧机布置不易实现机械化、自动化，劳动强度大，能耗高。

　　由于投资小，现有的各类型钢轧机布置中，横列式还较普遍。因设备陈旧技术落后，今后将有目的地进行改造，尤其是小型和线材生产中有计划、有步骤地淘汰。

（2）顺列式（跟踪式）。顺列式布置是轧机一架接一架按轧制道次顺序纵向排列，轧件依次通过各机架，轧制道次等于机架数，机架与机架间不构成连轧关系，如图 4-12e 所示。轧机可采用二辊式。它的出现解决了横列式布置中各列辊径与转速对各道断面变化的轧制条件不相适应的矛盾。

顺列式的优点为：1）各架轧机采用不同的轧制速度，即随轧件长度的增加而提高，具有轧制时间短，横移次数少，温降少，生产率高，能耗少等特点。国外先进的大型型钢轧机选用这种布置形式，年产量可达 160 万吨。2）各架轧机之间不存在连轧关系，一架轧一道，没有交叉或多条轧制的情况，并采用闭口式机架，刚性大，因此轧机调整简便，能生产断面形状复杂和尺寸精度高的钢材。3）各机架间互不干扰，较易实现机械化和自动化。

此类轧机布置的缺点是：1）轧机的台数多；2）机架间的距离大，占用较长的厂房，给前后机组协调操作带来一定的困难；3）同时设备重量大，投资多，建厂慢。

因此顺列式适用生产大中型型钢，不宜生产小型钢材。

（3）棋盘式。棋盘式布置特点是介于横列式和顺列式之间，如图 4-8f 所示。前面机架的轧件较短时选用顺列式，后面机架（精轧机）布置成两个横列，各架轧机互相错开，两列轧辊转向相反，各架轧机可单独传动或两架成组传动，轧件在机架间靠斜辊道横移。

棋盘式的优点是：它不但具有顺列式的优点，还因精轧机布置集中，从而使操作协调方便，缩短了厂房。棋盘式的缺点是：设备重量较大，投资多，建厂慢；又因机架间要用斜辊移钢，间隙时间比顺列式多。这类轧机布置紧凑，适用于中小型型钢生产。

（4）连续式。连续式布置是指轧机按轧制顺序排列成纵列，机架数目等于轧制道次，一根轧件可在数架内同时轧制，连轧机架间遵循秒流量相等的原则，如图 4-8g 所示。轧机采用二辊式或二辊平—立交替组成不同的机组，各机组内的轧机可采用单独传动或集体传动。

连续式的优点为：1）各架轧机轧辊的转速随轧件的长度增加按比例增加，轧制速度快，轧机紧密排列，间隙时间短，轧件温降小，故产品质量好，产量高，能耗和成本低；对轧制小规格（如棒材、线材）和轻型薄壁产品有利。2）轧件长度不受机架间距的限制，在保证轧件头尾温差不超过允许值前提下，可尽量增大坯料的重量，使轧机产量和金属收得率提高。3）机械化、自动化程度高，劳动强度低，生产环境好。

这类轧机布置的缺点为：1）保证各架金属秒流量相等的原则，机架间容易产生拉钢或堆钢现象，所以调整技术要求高，轧件断面形状和尺寸不易控制，轧件品种比较单一。2）连续式轧制机架间采用微张力轧制，要求自动化程度和调整精度高，机械和电气的设备较为复杂。3）投资大、投产慢。

连续式广泛使用在小型及线材轧机上，随着控制技术的发展，目前已成功实现了 H 型钢和中型型钢的连轧。

（5）半连续式。半连续式是介于连续式和其他形式的组合，如图 4-8h 所示。其中一种粗轧为连续式，精轧为横列式；另一种粗轧为横列式或其他形式，精轧为连续式。前者的半连续式的出发点是考虑在粗轧阶段轧件断面简单且对成品质量影响不大，所以可在连续式轧机上轧制，而在接近成品的最后几道，为保证产品断面形状和尺寸的精确，则放在横列式或棋盘式轧机上轧制，这样既发挥了连轧机上的特点，也具备横列式或棋盘式的长处。但这种布置形式粗轧机组与精轧机组的生产能力往往不平衡，连轧机组生产潜力受到限制。这类轧机虽然基建投资较大、投资较慢，但对现有的横列式或棋盘式轧机的改造是一种较有效方式。在一些小型和线材生产车间采用复二重式，也属半连续式的一种，现已基本淘汰，如图 4-9 所示。它采用交流电机经联合减速箱、人字齿轮机座传动两组二辊轧机的方式，轧件在前后两架中实行连轧，在相邻两组机架间用正围盘进行活套轧制，省去了反围盘。其设备布置比较紧凑，调整较为方便。现主要问题是由于多根轧制，辊跳值不一，产品精度难以提高，轧件经正围盘转向 180°，使轧制速度的提高受到限制。

半连续式常用于线材、小型和合金钢轧制，是除连续式以外的各类轧机改造的一种途径。

典型的型钢轧机的布置形式主要有以上五种，究竟选用哪种形式比较合理，主要由车间产品种类、生产规模而定。一般来说，生产轨梁大型钢材，常用横列式和顺列式兼万能轧机；中小型钢材，采用横列式、顺列式和连续式；线材和简单断面小型钢材及棒材一般选用半连续式或连续式。

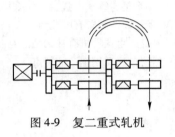

图 4-9　复二重式轧机

4.4　型钢生产的特点

型钢生产有如下特点：

（1）产品断面比较复杂。除方、圆、扁等简单断面的产品外，大多数都是复杂断面的产品，在轧制过程中给金属在孔型内的变形带来如下影响：1）在轧制过程中存在严重的不均匀变形；孔型各部存在明显的辊径差；非对称断面在孔型内受力，变形不均；断面各部分接触轧辊和变形的非同时性；某些产品在轧制过程中存在热弯变形等，从而使孔型内金属变形规律复杂化。另外，由于孔型的限制宽展和强度展宽作用，展宽量难以精确计算。而轧件各部温度、变形量、与辊面的相对速度差的不同，使前滑、力能参数的计算要比钢板困难得多。同时轧机调整、导卫装置设计和安装亦较为复杂。2）由于断面复杂，轧后冷却收缩不均，造成轧件内部残余应力和成品形状、尺寸的变化。3）由于断面复杂，在连轧时，不能像线棒材和带材那样产生较大的活套，也不能用较大的张力轧制。

（2）产品品种多。除少数专业化型钢轧机外。大多数轧机都进行多品种规格的生产，因此造成轧辊储备量大、换辊频繁、导卫装置数量多、管理工作比较复杂。

（3）轧机类别多。采取哪种轧机和生产方式、布置方式，需视生产品种、规模及产品技术条件而定。一般将轧机分为大批量、专业化轧机和小批量、多品种轧机两类，以便发挥各类轧机之所长。专业化轧机包括 H 型钢轧机、重轨轧机、线材轧机以及特殊型钢轧机等。这几种轧机由于产品专业化，批量大，其配套需用专用设备。其优点是：轧机作业率及设备利用率高，技术容易熟练，易于实现机械化、自动化，对提高产量和质量以及劳动生产率、降低生产成本均有好处。专业化轧机一般采用连续式或半连续式轧机。

思　考　题

4-1　型钢产品按断面形状分哪几类?

4-2　常用型钢产品有哪些,规格如何表示?

4-3　型钢生产方式有哪几种,各有什么特点?

4-4　型钢轧机如何分类,可分为哪几类?

4-5　型钢轧机的布置形式有哪几种?

4-6　什么是横列式布置,有什么特点,常用在哪种类型的轧机上?

4-7　什么是顺列式布置,有什么特点,常用在哪种类型的轧机上?

4-8　什么是连续式布置,有什么特点,常用在哪种类型的轧机上?

4-9　半连续式布置有哪些组合方式?

4-10　复二重式轧机有什么特点?

4-11　请描述型钢生产的特点。

5 型 钢 生 产 工 艺

[本章导读]

按照型钢断面的特点，本章分别对大中型型钢、中小型型钢以及棒线材的生产工艺进行了介绍。通过本章的学习，要求能够掌握型钢生产工艺流程，了解各种断面尺寸型钢生产特点，掌握各种断面尺寸型钢的生产工艺。

5.1 型钢轧制的工艺流程

随着轧制产品质量要求的提高、品种范围的扩大以及新技术、新设备的应用，组成轧制工艺过程的各个工序会有相应的变化，但是整个轧钢生产工艺流程总是还是由以下几个基本工序组成：

（1）坯料准备：包括表面缺陷的清理，表面氧化铁皮的去除和坯料的预先热处理等。

（2）坯料加热：热轧生产工艺过程中的重要工序。

（3）钢的轧制：是整个轧钢生产工艺过程的核心。坯料通过轧制完成变形过程。轧制工序对产品的质量起着决定性作用。

轧制产品的质量要求包括产品的几何形状和尺寸精确度、内部组织和性能以及产品表面质量三个方面。制定轧制规程的任务是，在深入分析轧制过程特点的基础上，提出合理的工艺参数，达到上述质量要求并使轧机具有良好的技术经济指标。

（4）精整：轧钢生产工艺过程中的最后一个工序，也是比较复杂的一个工序。它对产品的质量起着最终的保证作用。产品的技术要求不同，精整工序的内容也大不相同。精整工序通常包括钢材的切断或卷取、轧后冷却、矫直、成品热处理、成品表面清理和各种涂色等诸多具体工序。

5.2 大型型钢生产

5.2.1 大型型钢品种

热轧大型型钢的品种很多，按断面形状可分为简单断面形状和复杂断面形状两种。经常轧制的品种有以下几种：（1）圆钢，直径大于100mm称为大型圆钢，圆钢断面形状虽然简单，但是其中某些产品的正、负偏差要求很严格，断面椭圆度过大或沿长度方向上断面尺寸波动都会直接影响钢材精度。（2）方钢，边长尺寸大于100mm称为大型方钢。（3）角钢，等边角钢中18～25号为大型角钢；不等边角钢中18/12～25/20号为大型不等边角钢。（4）工字钢，其中20～63号为大型工字钢。（5）槽钢，18～45号为大型槽钢。

5.2.2　大型型钢轧机的布置形式

大型轧机和轨梁轧机的布置形式是多种多样的。由于轧机的排列方式不同,产品质量、轧机生产率、车间机械化和自动化程度以及经济效益等方面也有所差异。大型轧机与轨梁轧机在布置形式方面基本相同,现以轨梁轧机的布置形式说明如下。

5.2.2.1　一列式轨梁轧机

通常是由 3~4 架三辊式轧机组成,其中成品机架也有用二辊式的。轧辊直径为 800~950mm,常用一个或两个直流电机驱动。用两个电机驱动时,成品机架单独用一个电机驱动,如图 5-1a 所示。

这种布置形式的缺点:(1) 没有可逆式开坯机,因此只能依靠初轧机和钢坯连轧机供应方坯、矩形坯和异形坯,而初轧车间又要担负其他车间的钢坯供应任务并要考虑初轧车间的产量,所以就不能完全按轨梁车间的合理要求供应钢坯,这就限制了轨梁轧机的潜力充分发挥;(2) 在轧制时,为了可靠地咬入轧件和不使轧件抛出太远,要求咬入和抛出轧件时要降低轧辊转速。但由于只有一个电机驱动各机架轧辊转动,所以在交叉轧制时不能按各轧制道次速度要求来调整各机架轧辊的转速,这不仅会降低轧机产量,同时也影响产品质量和轧制精度;(3) 由于机架(轧制道次)少且无开坯机,所以轧制产品的种类和规格受到限制。

尽管这种轧机有以上缺点,但因建厂快,所以在产品种类不多,并且产量要求不高的情况下可以采用。

5.2.2.2　二列式轨梁轧机

通常第一列为辊径以 900~950mm 的二辊可逆式开坯轧机,用直流电动机驱动,轧机的构造基本与 1150 初轧机相似;第二列由三机架组成,其中前两架为辊径 800~850mm 的三辊式轧机,由一台直流电动机驱动,另一架是二辊式成品轧机,轧辊直径为 750~800mm,由一台直流电机单独驱动,其布置形式如图 5-1b 所示。

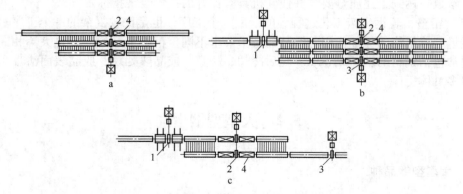

图 5-1　横列式轨梁轧机的布置形式

a——列式;b—二列式;c—三列式

1—二辊可逆式开坯轧机;2—三辊式轧机;3—二辊式轧机;4—升降台

这种轧机的优点是:(1) 与一列式轨梁轧机比较起来其投资虽然稍大,但其产量却能增加30%~40%;(2) 由于设有专用的开坯机,仅要求初轧机供应简单的大断面钢坯,因此，不仅满足了轨梁轧机的多品种供坯要求，同时也有利于扩大轨梁轧机的产品种类和规格及充分发挥初轧机的生产能力；（3）由于成品轧机由一台电动机单独驱动，不仅在轧辊转速调整上有较大的灵活性，并且增大了第二列轧机的传动能力。

由于二列式轨梁轧机有上述优点，所以在横列式轨梁轧机中，是一种比较典型的形式。

5.2.2.3 三列式轨梁轧机

这种布置形式的轧机除把精轧机单独另成一列布置外，其他情况与二列式轨梁轧机完全相同，见图5-1c。这种布置的优点是第二列最后一个机架轧出的轧件不经横移而直接送入第三列的成品机架，故厂房的跨间可以窄些。但这种布置也有缺点，即：第二机列至第三机列的距离长达80m，这就增加了厂房的长度。并且由于后两列轧机间距过大，对轧机的调整和事故的处理都非常不方便。因此，这种布置形式一般不采用。

5.2.2.4 顺列式布置

把轧钢机沿车间纵向布置成相互平行的1～3条直线的布置方式称为顺列式布置，如图5-2所示。每架轧机单独转动。且每架只轧一道，机架之间不形成连轧。

这种布置形式的优点是：（1）每架轧机的轧制速度可单独调整，使轧机能力得以充分发挥，先进的大型型钢轧机采用这种布置，年产量可达160万吨以上；（2）由于每架只轧一道，轧辊L/D值在1.5～2.5的范围内，且机架多采用闭口式，因此轧机刚度大，产品尺寸精度高；（3）由于各架轧机互不干扰，故机械化、自动化程度高，调整亦比较方便。其缺点是：（1）轧机布置比较分散。由于不实行连轧，故随轧件延伸，而机架间距加大，厂房增长。因此轧件温降较大，不适于轧薄壁的产品；（2）机架数目多，投资大，建厂周期长。为了弥补上述不足，近来的H型钢轧机虽多采用顺列式布置，但实行可逆轧制，从而减少了机架数目和厂房长度。

5.2.2.5 半连续式万能轧机

这类轧机由一架可逆式开坯机、一架万能式精轧机和若干组中间机组组成。每一组中间机组由一架万能式轧机和一架轧边机组成。万能式轧机的立辊不转动，为被动辊，其轴线与水平辊的轴线位于同一垂直平面。图5-3为半连续式万能钢梁轧机，有两个可逆式中间机组，第一个中间机组为粗轧机组，为控制开坯机所供坯料的腿高，将轧边机座置于万能机座之前；第二个中间机组为中轧机组，为保证腿高，将轧边机座置于万能机座之后。

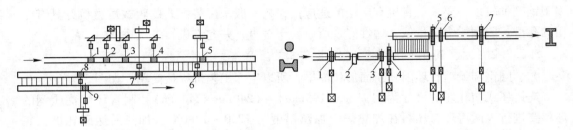

图5-2 500顺列式布置大型轧机
1～4—600轧机；5～9—500轧机

图5-3 半连续万能轧机
1—二辊可逆式开坯机；2—热锯；3，4—粗轧机组；5，6—中轧机组
（5为万能机架，6为轧边机架）；7—万能精轧机组

5.2.2.6　连续式万能轧机

长期以来，用连续式轧机生产型钢的发展速度比较慢，特别是大型和轨梁轧机更是如此。但是，近年来万能式钢梁轧机和轧制技术有了很大发展，日本水岛厂在 1972 年实现了两台万能轧机的连续轧制。之后在君津厂又出现了全连续（开坯机、粗轧机组不连续）的 H 型钢轧机，引起了世界的注意。该机组共有 15 架轧机，组成形式如图 5-4 所示。

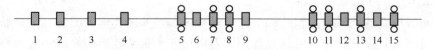

图 5-4　连续式 H 型钢机组

1—开坯机；2~4—粗轧机组；5~9—中轧机组；10~15—精轧机组

5.2.3　大型型钢生产工艺

5.2.3.1　钢梁生产工艺特点

大型钢梁与钢轨可在同一类轧机上生产。由于钢梁不必进行热处理，所以钢梁生产的工艺过程较钢轨简单。其生产工艺特点如下：

（1）要求坯料与产品之间有合理的形状和尺寸关系。钢梁生产的重要特点是品种多样，规格广泛，因此要正确选择坯料，处理好坯料与产品之间的相互关系。坯料的选择不仅要满足轧机产量要求，还要满足产品的成型要求。为适应这种生产情况，在钢梁生产车间一般要建立开坯机，它对调整坯料的断面形状、尺寸能起很大作用。既能发挥初轧机的生产能力，又利于扩大轨梁生产车间生产品种范围；生产大规格钢梁多采用异型坯；H 型钢生产需用特殊轧机或经过改造的普通轧机。

（2）轧制温度范围较宽。钢梁多半是建筑用钢，大多采用低碳钢轧成，因此塑性较好。钢梁的开轧温度一般大于 1150℃，终轧温度则在 800~850℃ 之间。

（3）冷却与矫直的精整工序较为简单。因钢梁终轧了后不需进行热处理，故精整工序较简单。工字钢是双轴向对称断面型材，轧后冷却均匀，在冷却过程中一般不会产生弯曲，即使有弯曲也很小。一般可以不经过矫直工序。槽钢、角钢都是单轴向不对称断面型材，轧后冷却不均，冷却后朝着金属较多、温度较高的方向弯曲，因此必须进行矫直。

矫直除采用辊式矫直机进行矫直外，有时还用立式或卧式压力机进行侧向弯曲矫直。因型钢品种较多，要求矫直机有广泛的适应性，故一般采用装配式的辊式矫直机并具有专用的孔型。因钢梁含碳量低，塑性好，所以易于矫直，并允许进行二次矫直。

5.2.3.2　方、圆钢和无缝管坯的生产工艺流程

方、圆钢和无缝管坯因其断面形状简单，所以生产工艺过程最简单，如图 5-5 所示。

连铸坯或初轧坯的尺寸为（195mm×195mm）~（240mm×240mm）轧制管坯和优质钢的坯料要进行表面清理。坯料在加热炉中加热温度为 1250~1280℃，加热后送到轧机上轧制，开轧温度一般不低于 1140℃。在一列式轧机轧制 5~11 道；在二列式轧机上，开坯机轧制 5~7 道，第二列轧机轧制 5~9 道。终轧温度不低于 850℃。

轧制后的钢材在热锯机上锯成 4~6m 的定尺，然后在成品的端面上打印，打印后的

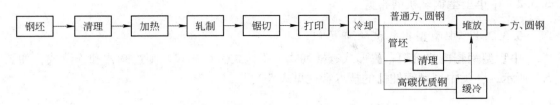

图 5-5　方、圆钢生产工艺流程图

钢材送到收集台架上，并收拢在一个槽形架内，最后经吊车成捆地吊往格架上放置和冷却。

冷却后的管坯，还要用吊车吊到清理台架上，用风铲或火焰清理表面缺陷，然后再成捆堆放。需要清理的一般低合金钢，可用火焰清理，然后堆放自然冷却。对于有特殊要求的方、圆钢在清理之前要进行矫直酸洗。优质方、圆钢经锯切打印后，从收集台架上用吊车吊入缓冷坑中进行缓冷，缓冷后再用吊车吊进成品库，成捆堆放。

5.2.3.3　其他异型材的生产工艺流程

其他异型材，由于不要求热处理，所以生产工艺也比较简单，如图 5-6 所示。

图 5-6　钢梁生产工艺流程

连铸坯或初轧坯在加热炉中加热至 1200 ~ 1280℃，然后送往轧机上轧制。开轧温度不低于 1150℃。在二列式轧机上，开坯机轧制 5 ~ 7 道，第二列轧机轧制 5 ~ 9 道。若在一列式轧机上轧制时，其轧制道次共需 9 ~ 11 道，终轧温度不低于 800℃。

轧制后的钢材送到热锯机上锯成 6 ~ 19m 的定尺，然后送到冷却台架上冷却至 50℃ 以下，送到辊式矫直机矫直，然后再送到压力矫直机上进行侧弯补矫。矫直后运往检查台上进行检查评级，并在钢材的断面上打印，然后用吊车吊至成品库堆放。

5.2.3.4　H 型钢和重轨的生产工艺流程

H 型钢和重轨钢体现了大、中型型钢生产的最先进的工艺，本书将专门在第 6 章对 H 型钢和重轨钢的生产进行详细介绍。

5.3　中小型型钢生产

5.3.1　中小型型钢的品种和规格

中小型型钢的品种包括非合金钢和低合金钢的简单断面形状和异型断面钢材，以及合金钢的简单断面型材。利用纵轧、斜轧、横轧或楔横轧等热轧方式可产生出不同形状的周期断面型材，如犁铧钢、轴承套、变断面轴等。

5.3.2 中小型型钢轧机的布置

5.3.2.1 中型型钢轧机的布置

中型型钢轧机的机架布置形式有横列式、跟踪式、布棋式、半连续式和连续式，如图5-7所示，各类中型型钢轧机的技术特征见表5-1。

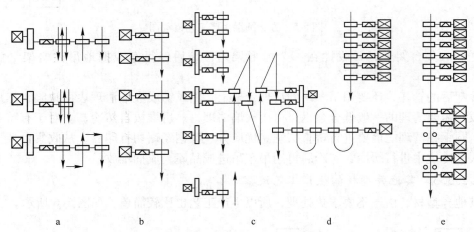

图 5-7　中型型钢轧机的布置形式
a—横列式；b—跟踪式；c—布棋式；d—半连续式；e—连续式

表 5-1　中型型钢轧机的技术特征

| 轧机形式 | 工作机架 | | | | 机架数目 | 坯料尺寸 | | 精轧机轧制速度 /m·s⁻¹ |
| | 粗轧机 | | 精轧机 | | | 断面尺寸 /mm×mm | 长度 /mm | |
	形式	轧辊直径/mm	形式	轧辊直径/mm				
横列式 650	三辊	640~690	三辊	630~685	3	250×250	1.2~1.5	3.2
650	三辊	640~690	三辊	630~685	4	250×250	1.2~2.7	3.2
500~550	三辊	640~690	三辊	500~585	4	200×200	1.2~2.7	2.5~3.5
450	三辊	450~650	三辊	435~470	4~5	200×200	1.2~3.6	2.5~4.3
400	三辊	400~610	三辊	400~430	4~5	200×200	1.2~1.5	2.5~4.5
360	三辊	360~570	二辊	350~370	6~7	170×170	1.1~1.9	5.5~8.7
350 跟踪式与布棋式组合布置	二辊	400~420	二辊	350~370	9~13	150×150	4~6	8.0~12.0
半连续式 350	二辊	420~530	二辊	350~380	9~13	180×180	4~6	8.0~12.0
粗轧为横列式 370	三辊	520~570	二辊	350~370	7~8	120×120	1.5~3.1	5.0~8.0
三辊开坯 350	三辊	540~620	二辊	350~380	12~14	200×250	4~8	9.0~12.0
连轧机 300~530	二辊	370~560	二辊	360~400	13~17	150×150	8~12	12~16
400~450	二辊	600~640	二辊	430~540	14~17	200×200	8~12	8.5~14
300 焊管坯	二辊	430~600	二辊	260~330	14~16	(8~10) × (200~400)	4~12	8.0~9.5

（1）横列式布置。横列式轧机曾得到广泛应用，目前在我国一些中小型轧钢机上仍在使用。横列式中型轧机由于生产能力低，主要工艺过程的机械化水平低，不易自动控制，难以保证轧件尺寸精度及轧件的性能，以及所轧的轧件比较短等原因，目前国外已经不再新建这种形式的轧机。

（2）顺列式布置。在连续式型钢轧机出现之前，曾建成三线平行的跟踪式（也叫顺列式）、布棋式布置的中型轧机。轧机为水平-水平、水平-立式轧机，各架轧机顺序布置在 2~3 个平行纵列中，轧机单独传动，每架只轧一道，不形成连轧。

这种布置方式的优点是：由于每架轧机仅轧一道次，轧辊 L/D 比值在 1.5~2.5，机架多采用闭口式，所以轧机刚度大，产品精度高。由于不形成连轧，各架互不干扰，调整方便，转速可调，能充分发挥轧机能力。其缺点为：轧机布置分散，机架间距大，生产线长，厂房较长；轧件温降大，因而仅适用于大中型轧机；机架数目多，投资大，易形成劈头，引起咬入困难等。

而布棋式布置是跟踪式和横列式的结合，即前几架粗轧机组因轧件短而采用跟踪式，后面精轧机组采用两列交叉横列式布置，采用穿梭轧制方式。这种轧机布置紧凑，适用于中小型型钢生产。

（3）半连续布置式。半连续中型型钢轧机得到迅速发展，根据其连轧部分的位置不同，有不同的组合形式，主要有：1）安装有二辊或三辊开坯，为了提高轧机的生产能力，将粗轧机组建成 4~9 架二辊连轧机，精轧机组建成各机架连轧，在精轧机组前仍保持有一列横列式轧机。2）粗轧机组为连续式轧钢机组，随后布置成横列式或跟踪式，形成半连续轧机。

（4）连续式布置。连续式中型型钢轧机有稳定实用的调工作辊转速的自动控制系统，因而能够轧制出圆钢、方钢、扁钢、螺纹钢筋、角钢、槽钢和工字钢。近年来，已经在连续式中型轧机上开发出一系列薄壁经济断面型材（槽钢、工字钢和汽车轮圈等）的轧制工艺，从技术上解决了轧制薄壁经济断面型材的终轧温度问题。

连续式中型型钢轧机具有很高的轧制速度，可达 16m/s，工艺过程实现机械化和自动化控制，具有很高的生产能力。连续式中型轧机的缺点是轧制型钢的品种范围比较窄。

5.3.2.2　小型型钢轧机的布置

精轧机架轧辊直径为 250~350mm 时称为小型型钢轧机，在个别情况下，根据所轧产品、品种、尺寸规格，将 300~350mm 辊径的轧机也称为中小型轧机。有时小型型钢轧机又能生产出一部分线材产品，因而又称为小型线材轧机，这主要取决于所轧制的产品。

小型型钢轧机按其轧机布置方式分为横列式、半连续式和连续式。国外也有跟踪式与布棋式组合成的 300 小型轧机。小型轧机的主要技术性能如表 5-2 所示。

（1）横列式小型轧机。横列式型钢轧机大多用一台主电机带动一架至数架三辊式水平轧机。为了提高轧制精度和精轧机架的轧制速度，将精轧机架单独由一台主电机带动。在一架轧机上可以进行多道次穿梭轧制。可生产断面较为复杂的产品，操作比较简单，适应性强，品种更换较灵活。中小型轧机轧件从下轧制线向上轧制线传送多采用双层辊道（或升降台），可以实现上下轧制线的交叉轧制。在电机和轧辊强度允许的条件下，同架或同列轧机可实现数道同时过钢或多根并列轧制。小型轧机可以采用围盘，实现活套轧制。

表 5-2　小型轧机的主要技术性能

| 轧机形式 | 工作机架 | | | | 机架数目 | 坯料尺寸 | | 精轧机轧制速度 /m·s^{-1} |
| | 粗轧机组 | | 精轧机组 | | | 断面尺寸 /mm×mm | 长度 /mm | |
	形式	轧辊直径 /mm	形式	轧辊直径 /mm				
横列式 330	三辊	450~550	二辊	320~330	7~10	170×170	1.1~2.8	3.9~5.8
300	三辊	460~550	二辊	300~330	6~10	125×125	1.2~2.5	4.4~6.2
280	三辊	450~530	二辊	280~300	8~10	150×150	1.4~3.4	4.7~7.5
250	三辊	410~520	三辊	240~300	7~10	150×150	1.2~2.5	5.8~8.2
800×2/250×5	三辊	300~330	三辊	240~300	7	(90×90)~(60×60)	1.2~2.4	3.2~5.8
250	三辊	240~300	三辊	240~300	5	60×60	1.2	3.2~5.8
半连续式：精轧为250横列机组	二辊	350~420	二辊	250~270	11~13	120×120	6.0~9.5	8.5~10.5
精轧机组为连续300	三辊和二辊	300~530	二辊	300~320	8~13	(120×120)~(90×90)	1.2~4.5	8.5~12.0
连续式 350	二辊	400~430	二辊	350~375	10~12	120×120	8.0~10.0	12.0~15.0
300	二辊	385~460	二辊	300~320	13~15	110×110	9.0~10.0	13.0~18.0
	二辊	400~550	二辊	300~320	17	(120×120)~(100×100)	12.0	13.0~20.0
250	二辊	330~380	二辊	240~280	15~17	80×80	10~12.0	15.0~25.0

　　为了提高横列式轧机的产量，保证轧件的终轧温度及首尾温差而采取速度分级措施，形成二列式、多列式横列式轧机。产品规格愈小，轧机列数也愈多，轧制速度愈快。横列式小型轧机在我国型钢生产中仍占重要地位，并且不断进行改造，以促使轧机产量、钢材质量和精度的提高。

　　（2）半连续小型轧机。半连续式小型轧机的布置形式各有不同，主要有：1）由三辊开坯、粗轧机组和连轧机组组成；2）粗轧为连轧机组与横列式组成；3）粗轧机组为连轧与棋盘式组成；4）粗轧和精轧机组为连轧，中间机组为横列式组成等。

　　由连续式粗轧机组和横列式组成的半连续小型轧机的缺点是：横列式机组限制了轧制速度，不易实现机械化，影响轧机的技术经济指标。但是，对轧制多品种小型型材时，变化品种较为灵活，因而这种轧机在国内仍有一定规模，也是改造横列式轧机的一种模式。

　　采用三辊轧机开坯，粗轧机组，既可以是跟踪式，也可以由双机架连轧组成，精轧机组为连续式组成半连续型钢轧机，有利于提高精轧机轧制速度，减小温降，对提高轧件精度是有利的，这种布置在国内采用得比较多，特别是用于轧制小型棒材和焊管坯较为合适，而轧机的产量受到三辊开坯的限制。

　　（3）连续式小型轧机。连续式小型轧机具有高的生产能力，机械化和自动化程度高，其缺点是品种比较单一，设备多，投资大。

5.4 棒 材 生 产

棒材属于小型型钢的范畴。主要产品是圆钢和螺纹钢筋,生产能力可达75万吨/年以上。成材率一般在95%以上,是专业化生产车间。棒材轧机经历了从单机架、横列式、棋盘式、跟踪式、半连续式和全连续式的发展过程。目前全连续式小型棒材连轧机则是生产棒材的主要形式。连续式小型棒材轧机的轧制速度通常为15~22m/s,最高可达36mm/s。

5.4.1 棒材生产特点

现代化连轧小型棒材生产线的特点为:

(1) 以长尺连铸坯为原料,采用步进炉加热,并尽可能实现热送热装。成材率高,能耗低。

(2) 大多数生产线为单线无扭轧制,即轧机平—立交替布置,从而使生产事故减少。

(3) 中、精轧机采用短应力线、高刚度轧机,成品尺寸精度提高。

(4) 采用切分轧制。切分轧制可以减少轧制道次,降低能耗,提高小规格的机时产量。通常小规格的机时产量只有大规格的一半,但却占市场需要的一半以上。通过切分轧制技术,使轧机能力与加热炉能力匹配。

(5) 采用控制轧控制冷却技术。通过低温轧制实现晶粒细化或通过轧后热处理提高强度。尤其是轧后在线热处理技术。螺纹钢轧后经水冷装置穿水冷却,利用轧件高温快速淬火,中心余热回火,使钢材表面形成回火马氏体组织,心部形成细化的、珠光体组织,从而提高了钢材的综合力学性能,同时减少二次氧化铁皮量。

(6) 采用直流电机传动及过程计算机控制。由于直流电机调速范围大,响应快,速度稳定,计算机可以控制生产中的各个环节,在粗中轧过程中实现了微张力轧制,中、精轧通过活套,实现了无张力轧制,为保证产品尺寸精度创造了条件。

(7) 采用长尺冷却,精整工序机械化、自动化。现代化小型棒材生产线上,冷床长度一般为120m左右,轧件上冷床之前用飞剪切感热倍尺。提高了定尺率和成材率。

棒材可通过计数器按根数打捆,为负公差轧制创造了好的条件。棒材生产的基本工艺流程:连铸坯→加热→除鳞→(焊接)→轧制→(水冷)→切倍尺→空冷→切定尺→检查、修磨→打捆→称重→出厂。

5.4.2 棒材生产中的先进技术

5.4.2.1 无头轧制技术

所谓无头轧制工艺是指将钢坯两端焊接起来,轧制一根无限长的钢坯。采用无头轧制技术可以消除钢坯之间的时间间隔,消除轧件的切头切尾,避免生产线上的短尺/短尾或线材盘卷头尾修剪,还可以按用户的需要生产不同重量的盘卷,减少咬钢次数,能降低堆钢的可能性,减少了停机时间,使设备受的冲击减少,降低设备维护和备件的需求,延长消耗件寿命,能大大提高产量降低成本。

无头轧制的工艺流程为:经加热炉加热后的连铸坯通过夹送辊送入除鳞机去除氧化铁皮,当前一根钢坯的尾部和后一根钢坯的头部达到焊接区时,对焊机启动,直至其速度与钢坯的速度相同，然后由对焊机的夹紧装置夹住两钢坯的头尾，加热钢坯的对焊部，直至它们熔化，随后将两端强力挤压在一起，完成焊接，焊机返回原位置。焊接程序的选择取决于被焊接材料的钢种和钢坯温度。对于 130mm×130mm 的钢坯焊接周期大约 25s（纯闪光时间 7s）。当焊接过程一结束，液压驱动的毛刺清除机就会自动地清除焊接区所有毛刺，使钢坯恢复原形，然后送入轧机进行轧制。当下一根钢出炉后再进行下一循环，从而实现无头轧制。

5.4.2.2　切分轧制技术

所谓切分轧制，就是在轧制过程中把一根轧件利用孔型将一根轧件轧成具有两个或两个以上相同形状的并联轧件，再利用切分设备或轧辊辊环将并联轧件沿纵向切分成两个或两个以上的单根轧件。

切分轧制技术与传统单线轧制相比，主要优点有：

（1）在轧钢主要设备相同的条件下，可以采用较大断面的原料或在相同原料断面情况下，减少轧制道次，进而可以减少新建或改建的厂房面积，减少设备投资。

（2）减少坯料规格，提高小断面轧件产量。用同一坯料、同样道次、轧制不同规格的成品，大大简化了坯料规格和孔型设计，并使轧机生产不同品种时负荷均匀，产量达到最大。

（3）降低能耗。切分轧制由于使用的钢坯断面大，相应使加热炉的产量高，同时大断面铸坯易于热装和直接轧制，可以使加热炉燃料消耗下降。同时获得同样断面轧件切分时道次少，温降小，变形功少，消耗的电能大幅度降低。切分轧制由于总伸长量小，轧制成品长度减短，温降小，钢坯的出炉温度可适当降低，节省燃料。

（4）提高轧机生产率。切分轧制可大幅度缩短轧制节奏，提高轧机的小时产量。

（5）降低成本。由于节能、生产能力提高以及轧制道次减少，轧辊消耗减少，可降低生产成本。

（6）改变孔型结构，变不对称产品为对称产品。

（7）不同规格产品的生产能力基本均衡。采用切分工艺可以使多种规格产品的轧制能力基本相等，同时，对于轧钢工序来说，可使加热炉、轧机、冷床及其他辅助设备的生产能力充分发挥。

（8）使电机负荷分配合理，在多品种生产的轧机上，电机功率一般按大规格设计，对小规格产品电机处于轻负荷运转状态。采用切分轧制，可加大轧制小规格产品的电机负荷，使其效率趋于最佳。

切分轧制的方法有：

（1）辊切法。在轧制过程中把一根轧件利用切分孔型直接切成两根或两根以上的单根轧件。此法不需切分设备，但对轧辊要求高且增加换辊次数。

（2）圆盘剪切分法：在并联轧件出口处安装一台圆盘剪，用以纵切轧件。由于圆盘剪的剪刀是互相重合的，切分时轧件容易产生扭转、影响质量。

（3）切分轮切分法。切分轮是一对从动轮安装在机架的出口处，靠轧件剩余摩擦力剪切轧件。适用于装在连轧机上非终轧道次。

（4）导板切分法。在出口下导板上装一把切刀，用以切开轧件。

（5）火焰切分法。在轧件出口处用火焰切割机切开轧件，此法切分质量好，但金属损失大，氧气耗量大。

切分轧制技术可分为一切二、一切三和一切四等不同类型。目前二切分和三切分已成为螺纹钢筋的标准工艺，现趋向于采用四切分轧制工艺。切分轧制孔型系统如图5-8所示。

5.4.2.3 控制冷却技术

棒材生产的主要产品有热轧圆钢和建筑用螺纹钢。对于热轧圆钢，为满足机加工性能要求，空冷即可，而对于建筑用螺纹钢，为了提高抗拉强度，需要采用轧后控制冷却方法。常用的是淬火+自回火工艺（简称 QTB）。所谓淬火+自回火工艺是指：首先对轧件进行表面淬火，然后利用轧材内部余热进行自回火的过程。

按照 QTB 工艺，棒材离开最后一道机架后，进入一个由三个阶段组成的控冷阶段。这三个阶段为：

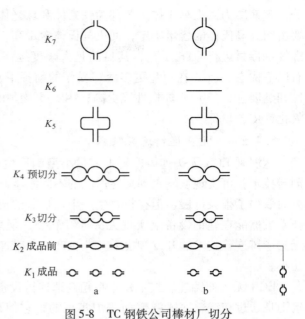

图 5-8　TC 钢铁公司棒材厂切分
轧制孔型系统示意图
a—三线切分孔型系统（用于 $\phi12mm$、$\phi14mm$）
b—两线切分孔型系统（用于 $\phi12mm$、$\phi14mm$、
$\phi16mm$、$\phi18mm$、$\phi20mm$）

第一阶段：表面淬火阶段。棒材离开终轧机架后，进行剧烈的水冷，使轧件表面冷却速度超过马氏体形成的临界冷却速度，在棒材表面形成马氏体，这一过程在位于轧机出口侧的水冷线中进行。在此阶段内，棒材表面形成马氏体，芯部仍为奥氏体。此阶段结束后，在棒材截面上，显微组织由三相构成：一定厚度的原始马氏体表面层，中间环状区由奥氏体、贝氏体和少量马氏体的混合物组成，马氏体含量由外向内逐渐降低。芯部仍然是奥氏体。马氏体层的深度由这一阶段中冷却的持续时间决定。马氏体层越深，最终产物的力学性能越高。

第二阶段：自回火阶段。棒材离开水冷线之后，表面处于空冷状态，芯部的热量以热传导的方式传至淬冷的表面，表面的马氏体进行自回火，得到回火马氏体，从而使棒材在保持高屈服强度的条件下获得足够高的韧性。在此阶段中，中间层的奥氏体转变为贝氏体。在此阶段最后得到的显微组织包括三部分：表面层是一定深度的回火马氏体，中间环区是贝氏体、少量奥氏体、回火马氏体的混合物，芯部是未转变的奥氏体。此阶段内自回火的持续时间由第一阶段中淬火过程和棒材直径决定。

第三阶段：最后的冷却阶段，在冷床上进行。主要是棒材芯部未转变的奥氏体进行转变，得到铁素体与珠光体的混合物，或者是珠光体与贝氏体的混合物。这主要受化学成分、棒材直径、终轧温度等因素影响。

总结以上三个阶段可知，QTB 工艺主要包括棒材的冷却、棒材内部的热传导（自回火）和棒材内部的组织转变。棒材经 QTB 工艺处理后，其内部显微组织可近似看成两部分，表面层为回火马氏体，芯部为铁素体和珠光体。棒材的拉伸性能、棒材的屈服强度主要由回火马氏体的含量决定，回火马氏体含量高，则拉伸性能好，屈服强度越高。对轧后螺纹钢棒材进行 QTB 工艺，其目的是大幅度提高力学性能，特别是屈服强度。该工艺具有以下优点：（1）在避免更多冷却操作的前提下，使屈服强度显著提高；（2）优越的塑性和延展性；（3）使焊接性能提高；（4）更均匀的力学性能；（5）良好的弯曲性能；（6）氧化铁皮含量低。

5.4.2.4　无头连铸连轧技术

达涅利 ECR 无头连铸连轧工艺是小型钢厂生产特殊钢和普碳钢长材产品领域的一项创新技术，可实现从钢水到最终产品的不间断生产。目前，板带产品生产技术在连铸连轧方面取得了很大进展，但在长材生产中最显著的成就是无头焊接轧制技术。无头焊接轧制技术虽然能在轧钢设备上实现无头连续轧制，但炼钢厂仍不能实现连续供坯。随着 ECR 无头连铸连轧技术的开发和投入工业生产，板带产品和长材产品生产技术之间的差距正在缩小。

ECR 无头连铸连轧技术建立在超高速连铸设备与轧钢设备的直接热连接基础上。热连接则是通过在线辊底式隧道均热炉实现的，它使来自连铸设备的方坯能够实现不间断轧制，使从钢水到最终产品的整个工艺流程实现不间断生产。具有创新意义的无头连铸连轧设备可极大地缩短从订单到最终产品发货之间的供货周期，最短供货周期可小于 4h。

采用 ECR 无头连铸连轧技术后，轧制生产计划可根据炼钢厂正在生产的钢种和连铸生产安排确定，可在同一浇次中生产出不同规格的批量长材产品。这一生产过程要求轧机设备具有极高的操作灵活性，能够在同一浇次中，根据生产计划的变动和安排，"适时"调整轧制设定参数。

ECR 无头连铸连轧生产线配备多套机械手，实现具有创新意义的完全自动化控制而不需要任何人工干预的超高速轧制程序调整，改变轧机轧制规格所用时间不超过 5min。整个更换时间（不包括维修时间）不超过 10min。先进的自动控制系统可实现从钢水到最终轧制产品全套设备的自动设定和自动控制，其中包括在线热处理设备、程序调整，以及从中间包到棒材打捆存放和发运场地的产品监视和跟踪。

ECR 无头连铸连轧工艺有如下优点：具有更高的设备生产能力和设备利用率；可提高材料收得率，降低能源消耗；由于采用先进的计算机自动控制系统，可有效控制从钢水到最终产品的各个生产环节，确保最终产品质量稳定，并获得良好的力学/技术性能、尺寸精度、内部和表面质量；减少半成品处理量；缩短从订货到最终成品发货的供货周期（可小于 4h）。

ECR 无头连铸连轧生产不仅适用于普通钢种，而且适用于特殊钢的生产。无头连铸连轧生产也可应用在高速线材生产中。

5.4.2.5　棒材成卷生产技术

棒材成卷技术是生产成卷棒材的创新工艺，通过无扭卷取方式，可将热轧圆钢、扁钢和方钢卷取成高质量超紧凑的大型盘卷。经过卷取的盘卷可作为"无需处理的轧材"直接送入下游冷加工作业线，可提高设备效率、金属收得率和设备生产能力，显著降低生产成本。

把棒材成卷机与无头焊接工艺的优点结合起来，将使棒材生产成本降低，提高产量，改善产品质量，是棒材生产具有代表性的先进技术。

5.5 线材生产

线材是型钢生产中的一个重要组成部分，随着轧制技术的快速发展，现代化线材生产被称之为高速线材生产，为了现实线材的高速生产，很多新技术新装备被采用，在第 7 章将对高速线材生产做详细介绍。本节简要介绍线材的品种和对线材质量要求。

5.5.1 线材的品种

线材是热轧材中断面最小的一种。按其断面形状分为圆形、方形、六角形、螺纹圆形和棒形等，其中主要以圆形和螺纹圆形为主。热轧线材一般是指直径为 4.6 ~ 9mm 的材料。高速无扭线材轧机出现以后，将其规格扩大到直径 13 ~ 22mm。一些带有卷材作业线的高速线材轧机能生产断面直径 20 ~ 60mm 的卷材，一般称作盘条。

线材的钢种较多，有普通碳素钢、优质低碳钢、焊条用钢、优质中碳钢、碳素弹簧钢、碳素工具钢、合金结构钢、合金弹簧钢、铬轴承钢、合金工具钢、高速工具钢、不锈耐酸钢、电热合金钢和耐热合金钢等。其中主要以碳素钢和低合金钢为主。在合金钢厂的线材轧机上，多以生产合金钢为主。

随着轧制技术的快速发展，以及新式、高精度、高速度轧机的出现，终轧速度不断提高，为增加线材的盘重创造了有利条件，目前已出现盘重已经超过 3t 的盘卷。线材的盘重增大和直径的减小，不仅减少了二次加工工序，降低了成本，提高了产量和作业率，并使金属收得率得到提高，因轧件咬入不顺而造成的事故减少，并且有助于轧机自动化水平的提高。

5.5.2 线材质量的要求

线材产品的质量要求主要有外形及尺寸精度、化学成分、表面质量、内部质量、微观组织及力学性能等。

（1）产品的形状及尺寸精度要求。提高轧制线材的外形和尺寸精度具有重大经济意义，既可以减小超差废品，提高成材率，又可以为下道工序（如拉拔、冷轧）提供优质原料。

近年来，为了提高线材精度，在精轧机之后，成圈前安装有规圆设备，能将线材断面尺寸偏差控制在 ±0.05mm。由于实际使用对线材并不都要求有很高的断面尺寸精度，因此在实际生产中为合理使用轧辊轧槽和分别满足各种断面尺寸精度的需要，通常将线材断面尺寸精度控制在 ±(0.1 ~ 0.3)mm，断面椭圆度不大于断面尺寸总偏差的 80%。

（2）线材表面质量要求。按有关标准对线材的表面质量进行检验。对线材表面缺陷、脱碳层深度、氧化铁皮厚度等均有一定要求；表面不得有裂缝、折叠、结疤、夹杂等缺陷，只允许有轻微的划痕；对冷微用硬线材和琴丝钢用线表面质量要求更加严格，一般要经酸洗后进行检查。

（3）线材微观组织和性能的要求。根据钢种和用途的不同对金相组织及力学性能有不同的要求，这些要求在有关标准中有明确规定。钢的微观组织与性能受化学成分、轧制工艺制度、轧后的控制冷却制度及热处理制度影响显著。例如，某些金属制品要求 P、S 有害元素含量低，含碳波动值应限制在 0.05% 以下；钢的低倍组织应符合一定标准；对化学成分偏析和非金属夹杂的大小与分布亦有较高要求；特别是保持通条线材的金相组织和性能基本均匀一致是极其重要的，这就要求轧制工艺稳定，将线材的头、中和尾部的温差及冷却速度严格地控制在一定范围之内。保证盘卷成盘后，盘卷内外圈的温度及冷却速度基本一致，以获得组织和性能均匀一致的盘条。

思 考 题

5-1 型钢生产主要有哪些工序？

5-2 轧制的原料有哪几种，常采用哪种？

5-3 钢坯加热的目的是什么？

5-4 加热温度如何确定？

5-5 加热过程中可能产生的加热缺陷有哪些，产生的原因各是什么？

5-6 常见的轧制方法有哪几种？

5-7 钢材精整的目的是什么，精整主要包括哪些工序，各工序的主要作用是什么？

5-8 哪些产品采用剪切，哪些产品采用锯切，为什么？

5-9 大型和轨梁轧机有哪几种布置形式，各有何特点？

5-10 钢梁生产有哪些特点？

5-11 中小型型钢车间主要生产哪些产品？

5-12 中型型钢轧机有哪几种布置形式？

5-13 小型型钢轧机有哪几种布置形式？

5-14 叙述现代化棒材生产的工艺流程。

5-15 现代化棒材生产中有哪些先进技术？

5-16 什么是无头轧制技术，有何优点？

5-17 什么是切分轧制技术，有何优点？

5-18 建筑用螺纹钢的控制冷却机理是什么？

5-19 对线材产品有哪些质量要求？

6　H 型钢和钢轨生产

　　H 型钢和钢轨是大中型型钢的典型产品，在国民经济建设中有重要作用，也是大中型型钢生产先进技术的代表。本章重点对 H 型钢的生产工艺进行了介绍，尤其是如何根据 H 型钢生产特点选择 H 型钢的生产工艺进行了阐述。对于钢轨的生产，本章对钢轨种类及断面特点进行了分析，并详细介绍了钢轨的生产工艺和孔型系统，在此基础上，结合我国主要的生产特点对基于连铸大方坯断面的坯料进行钢轨生产进行了专门介绍，并根据钢轨的使用特点，对钢轨轧后的矫直、残余应力处理以及热处理工艺进行了重点介绍。

6.1　H 型钢生产

6.1.1　H 型钢的种类

　　根据使用要求及断面设计特性 H 型钢可以分为两大类：一类是作为梁型建筑构件用的 H 型钢，另一类是做柱型（或桩型）建筑构件的 H 型钢。作为梁型构件的 H 型钢，高度与腿宽之比为（2:1）~（3:1），其规格一般为（100mm×50mm）~（900mm×300mm）。作柱形构件的 H 型钢，其高度与腿宽之比为 1:1，其规格一般为（100mm ×100mm）~（400mm ×400mm）。目前世界上所产 H 型钢的主要规格和腿宽种类见表 6-1。H 型钢高度 80~1100mm，腿宽 46~454mm，腰厚 29~78mm，单重 6~1086kg/m。

表 6-1　典型 H 型钢的种类和规格

国别	标准	种类	公称尺寸（高度×腿宽）/mm×mm	单重/kg·m⁻¹	断面力学特性值			
					W_x/cm³	I_x/cm	W_y/cm³	I_y/cm
德国	DIN	梁型	（80×46）~（600×200）	6~122	20~3070	3.24~24.3	3.69~308	1.05~4.66
		柱型	（100×100）~（1000×300）	20.4~314	89.9~12890	4.16~40.1	33.5~1090	2.53~6.38
日本	JIS	梁型	（100×50）~（900×300）	9.3~286	37.5~10900	3.98~27.0	5.91~1040	1.12~6.56
		柱型	（100×100）~（400×400）	17.2~605	76.5~12000	4.24~19.7	26.7~4370	2.49~11.1
美国	USS	梁型	（127×127）~（932×423）	27.5~446.5	8.53~1110	2.13~15.2	3~156	1.26~3.83
		柱型	（127×127）~（569×454）	27.5~1086.2	8.53~1280	2.13~8.18	3~527	1.26~4.69
中国	GB	梁型	（100×50）~（900×300）	9.54~286	38.5~10900	3.98~37	5.96~1040	1.11~6.56
		柱型	（100×100）~（400×400）	17.2~605	76.5~12000	4.18~19.7	26.7~4370	2.47~11.1
		桩型	（200×200）~（500×500）	56.7~261	503~6070	8.35~21.4	167~1840	4.85~11.4

6.1.2　H 型钢的特点

材料力学的研究表明，衡量一个截面经济性、合理性的标志是这个截面的断面模数和惯性半径，因为这两个数值是衡量一个截面抗弯与抗扭能力的主要指标。

从 $M \leqslant W[\sigma]$ 公式可知，具有相同单重、不同截面的材料，其截面模数大的，则抗弯曲变形能力大，反之则小。同样，从 $M \leqslant \dfrac{J_p}{r}[\tau]$ 公式可知，具有相同单重、不同截面的材料，其惯性半径越大，则抗扭能力越大，反之则小。从节约金属的角度来讲，无论梁型还是柱型钢，在截面模数相同的条件下，单重越轻就越节约金属。综上所述，H 型钢具有如下特点：

（1）H 型钢比普通工字钢力学性能好，相同单重时截面模数大。这说明 H 型钢比普通工字钢（1NP）抗弯能力大，如 IPE270H 型钢与 INP240 普通工字钢相比，抗弯能力大 32%，截面模数 W_x 大 75cm³，与我国 220 普通工字钢相比，W_x 大 104cm³。图 6-1 为具有相同单重的 H 型钢与工字钢断面性能比较。可以看出，H 型钢比普型工字钢截面模数大，抗弯能力亦大。

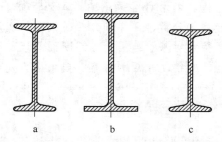

图 6-1　具有相同单重的 H 型钢与工字钢断面性能比较
a—INP240，$G = 36.2$kg/m，$W_x = 354$cm³，$W_y = 41.7$cm³；
b—IPE270，$G = 36.1$kg/m，$W_x = 429$cm³，$W_y = 62.2$cm³；
c—GB706—65 220，$G = 36.4$kg/m，$W_x = 325$cm³，$W_y = 42.7$cm³

（2）H 型钢截面设计比普通工字钢合理，在承受相同载荷的条件下，H 型钢比普型工字钢可节约金属 10%～15%，在建筑上用 H 型钢可使结构减轻 30%～40%，在桥梁上可减重 15%～20%，这在国民经济建设中将会收到巨大的经济效果。具有相同断面模数的德国（IPE）H 型钢与我国（GB）普通工字钢的比较见表 6-2。高度相同的 H 型钢与普通工字钢截面几何特性比较见表 6-3。从表 6-3 可看出具有相同高度的 H 型钢比普通工字钢单重轻，抗弯能力大。

表 6-2　具有相同断面模数的德国 H 型钢与我国普通工字钢比较

品　种	断面模数/cm³	断面尺寸/mm⁴	单重/kg·m⁻¹	节约金属/%
GB12b	77.5	126×74×5×8.4	14.2	9.15
IPE140	77.3	140×73×4.7×6.9	12.9	
GB22b	325	270×112×9.5×4.8	36.4	15.65
IPE240	324	240×120×6.2×9.8	30.7	
GB40b	1140	400×144×12.5×16.5	73.8	10.16
IPE400	1160	400×180×8.6×13.5	66.3	
GB45b	1500	450×152×13.5×18	87.4	11.21
IPE450	1500	450×190×9.4×14.6	77.6	
GB56b	2446	560×168×14.5×21	115	7.83
IPE550	2440	550×210×11.1×17.2	106	

表6-3 H型钢（IPE）和普通工字钢（GB）截面积几何特性比较

断面高度 /mm	种类	断面面积 /cm²	单重 /kg·m⁻¹	W_x /cm³	W_y /cm³	W_x/G /cm³·kg⁻¹·m	W_y/G /cm³·kg⁻¹·m
100	工字钢	14.3	11.2	49.0	9.72	4.375	0.868
	H型钢	10.3	10.3	34.2	5.79	4.222	0.715
200	工字钢	35.5	27.9	237	31.5	8.495	1.129
	H型钢	28.5	22.4	194	28.5	8.66	1.272
360	工字钢	76.3	59.9	875	81.2	14.607	1.355
	H型钢	72.7	57.1	904	123	15.812	2.154
500	工字钢	119	93.6	1860	142	19.872	1.517
	H型钢	116	90.7	1930	214	21.278	2.359
450	工字钢	102	80.4	1430	114	17.786	1.414
	H型钢	98.8	77.6	1500	176	19.329	2.268

（3）H型钢具有造型美观、加工方便、节约工时等优点。H型钢具有平行的腿部，各种不同规格的H型钢可以很方便地组合成许多不同形状和尺寸的构件，而这往往是普型工字钢很难达到的。H型钢便于进行各种机械加工和焊接作业，这不仅可节约钢材，而且可以大大缩短建设周期。H型钢在高层建筑、高速公路、飞机停机坪、导弹发射架等巨型建筑上所体现出的经济效果更加显著。

6.1.3 H型钢的轧制方法

H型钢的轧制方法按历史顺序，可大致分为：（1）利用普通二辊或三辊式型钢轧机的轧制法；（2）利用一架万能轧机的轧制法；（3）利用多机架万能轧机的轧制法。

6.1.3.1 普通二辊或三辊式型钢轧机轧制H型钢

这是一种最古老的生产H型钢的方法，第一根H型钢就是采用这种方法轧成的。这种轧制方法大多采用生产普通工字钢的直轧法、斜轧法和弯腰对角轧法生产工艺。其中最典型的是1876年德·步伊涅所采用的斜轧与直轧混合法，用这种方法轧出了80mm×80mm的H型钢。

这种轧制方法只能轧制小规格的H型钢。由于斜配孔型导卫装置复杂，轧机调整不易控制，故生产效率不高，质量也不稳定，最大缺点是不能生产中等规格以上的宽腿H型钢。

为能在普通二辊或三辊式轧机上轧出宽而薄的腿部，人们还采用在成品机架上专门设置立辊的方法来轧制H型钢（这实际上是万能轧机的前身），因为立辊可以垂直加工腿部，这样可轧出腿部较长的H型钢。也有的采用在普通二辊或三辊式轧机上装置立辊框架的办法，进行轧边轧腿。

6.1.3.2 一架万能轧机轧制H型钢

这种轧制方法的孔型设计与轧制普通工字钢时的孔型设计相同。它的主要特点是利用二辊式开坯机和两架三辊式轧机进行粗轧，用一架万能轧机进行精轧。这种方法的缺点是轧辊磨损快且不易恢复，一次轧出量少，更不适合轧制多种尺寸的H型钢。

6.1.3.3　多架万能轧机轧制 H 型钢

用多机架万能轧机轧制 H 型钢，这种方法在世界上已获得普遍采用，具体方法有格林法、萨克法、杰·普泼法等。

（1）格林法。格林法的主要特点是采用开口式万能孔型，腰部和腿部的加工是在开口式万能孔型中同时进行的。为有效地控制腿高和腿部加工的质量，格林认为立压必须作用在腿端，故把腿高的压缩放在与万能机架一起连轧的二辊式机架中进行。目前世界各国的轧边机多采用格林法。

采用格林法轧制 H 型钢其工艺大致如下：用初轧机或二辊式开坯机把钢锭轧成异形坯，然后把异形坯送往万能粗轧机和轧边机进行往复连轧，并在万能精轧机和轧边机上往复连轧成成品。格林法在进行立压时只是用水平辊与轧件腿端接触（腰部与水平辊不接触），这可使轧件腿端始终保持平直。这种方法其立辊多为圆柱形，而水平辊两侧略有斜度，在荒轧机组中，水平辊侧面有约 9% 的斜度，在精轧机组中水平辊侧面有 2%~5% 的斜度，不过精轧机组水平辊侧面斜度应尽量小，才能轧出平行的腿部。

（2）萨克法。萨克法采用闭口式万能孔型，在此孔型中腿是倾斜配置的，为能最后轧出平直腿部，必须在最后一道中安置圆柱立辊的万能机架。萨克法的立压与格林法不同，它是把压力作用在腿宽方向上，而这容易引起轧件的移动，尤其是在闭口孔型中常常会因来料尺寸的波动，造成腿端凸出部分容易往外挤出形成耳子，影响成品质量。

萨克法的孔型如图 6-2 所示。在萨克法中的粗轧万能孔型，其水平辊侧面可采用较大斜度，这样可减少水平辊的磨耗，同时由于立辊是采用带锥度的，故可对腰腿同时进行延伸系数很大的压缩。这样可减少轧制道次和万能机架数量，有利于节约设备投资。

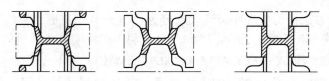

图 6-2　萨克法轧制 H 型钢孔型图示意图

萨克法的主要工艺流程是：采用一架二辊式开坯机，将钢锭轧成具有工字形断面的异形坯，然后将异形坯送到由四辊万能机架和二辊立压机架所组成的可逆式连轧机组中进行粗轧，最后在一架万能机架上轧出成品。荒轧机组水平辊侧面斜度为 8%，中间机组水平辊侧面斜度为 4%，在精轧万能机架中才将轧件腿部轧成平直，成品工字钢腿部斜度为 1.5% 左右。

（3）杰·普泼法。杰·普泼法综合了格林法和萨克法的优点，即吸收了萨克法斜配万能孔型一次可获得较大延伸和格林采用立压孔型便于控制腿宽的加工这两大优点。杰·普泼法的主要特点是荒轧采用萨克法斜配万能孔型，精轧采用格林法开口式万能孔型，在精轧万能轧机上首先用圆柱立辊和水平辊把腿部压平直，然后立辊离开，仅用水平辊压腿端，最后在第二架精轧万能轧机上用水平辊和立辊对轧件进行全面加工。其工艺流程是：采用一架二辊可逆开坯机与两架串列布置的万能机架进行轧制，在第一个万能机架中把异形坯轧成图 6-3②所示形状，这架万能机架的水平辊带有 7% 的斜度，立辊锥度也为 7%。在精轧万能轧机中，因工字钢品种的不同，孔型斜度也不一样，一般为 1.5%~9%。在轧件通过第二个万能机架第一道次时，首先用柱形立辊把轧件腿部轧平直，然后在返回道次中立辊离开，仅用水平辊直压腿端。在最后一架万能轧机上用水平辊和立辊对轧件进行全面加工成形，见图6-5。

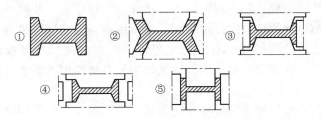

图6-3 杰·普泼法轧制H型钢孔型原理图

①~⑤—轧制道次

6.1.4 H型钢的生产工艺

6.1.4.1 H型钢生产工艺流程

为生产出质量好、成本低的H型钢，首先需要确定一个合理的生产工艺流程。目前各主要H型钢厂所采用的工艺流程如图6-4所示。一般小号H型钢多选用方坯，大号H型钢多选用异形坯，方坯和异形坯可用连铸坯，也可由初轧直接供给。

现代化的H型钢厂都采用计算机控制。一般是三级控制系统，第一级用于生产组织管理，采用大型计算机进行DDC控制（直接数字控制）；第二级是对生产过程的控制，即程序控制，程序控制计算机一般分两线控制，一线控制热轧作业区，一线控制精整作业区；第三级是对每道工序的控制，包括对加热、轧制、锯切等工序的控制，一般采用微型机进行控制。各工序

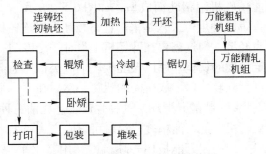

图6-4 H型钢生产工艺流程示意图

微型机反映的生产信息通过中间计算机反映给各自的程序控制机，经程序控制机汇总分析后反映给中央控制机，中央控制机再根据生产标准要求发出下一步调整和控制的指令。

总之，由于计算机反应迅速，可以对产品质量信息及时进行收集、处理，因此计算机控制是进行生产工艺控制的最佳手段。

6.1.4.2 现代H型钢生产工艺

近几十年来，随着连铸技术的进步和在线计算机控制轧制自动化程度的提高，H型钢生产工艺也日益成熟。根据所采用的坯料、所采用的孔型系统和轧机种类的不同，可以有多种不同的工艺组合，目前H型钢生产工艺共有五种可供选择。

第一种生产工艺是采用传统的钢锭作原料。首先在初轧机上把钢锭轧成矩形坯或方坯，然后将这些矩形坯或方坯加热后送到开坯机轧制。开坯机有两种不同的孔型系统，即闭口式孔型与开口式孔型。在闭口式孔型中，材料变形均匀，但这需要较多的孔型个数和较长的辊身长度。基于这种原因，闭口式孔型广泛应用于生产中等断面的型钢，而开口式

孔型则主要应用于生产具有更大腰宽和腿宽的大断面型钢。若欲采用闭口式孔型轧制大号型钢，则需要两架开坯机才能在技术上取得令人满意的效果。钢坯在开坯机上被轧成似"狗骨头"状的异形坯，然后被送到由 1~2 架万能可逆粗轧机所组成的万能粗轧机组上轧制。万能轧机水平轧辊的辗轧和立辊的侧压，使异形坯腰厚进一步减薄，腿部变得更加尖扁。通常腿厚的压缩量比腰部厚度压缩量大，这可用在轧辊变形区轧件与轧辊接触长度来解释，因为从动立辊与轧件的接触长度比水平辊与轧件的接触长度要长。在万能精轧机架，轧件承受水平辊和立辊很小的压缩，以及轧边机对腿端部的矫正。这种生产工艺如图 6-5a 所示。

第二种生产工艺是采用连铸矩形坯。它与第一种生产工艺的不同之处，在于不需要初轧机，而且第二种工艺生产 H 型钢可以获得比第一种工艺更高的收得率、更好的成品质量和更好的经济效益。这种工艺唯一受到的限制是所生产 H 型钢腿较宽，因为所用连铸坯的厚度要受连铸机设备条件的限制。连铸坯在型钢厂的轧制工艺与第一种是相同的，具体可见图 6-5b。

第三种生产工艺是采用连铸异型坯。其优势是采用一种或少量几种连铸异型坯就可以生产全部尺寸的 H 型钢，这要在开坯机上采用宽展法才能达到，其孔型可用闭口式，也可用开口式。与前两种工艺相比，这种生产工艺的孔型数目更少。这种工艺的不足是受连铸异形坯腿宽的限制。开坯后的轧制工艺也与前两种方法相同，需经过万能粗轧机组粗轧和万能精轧机组精轧而成型，如图 6-5c 所示。

第四种生产工艺是采用连铸板坯，以连铸板坯为原料生产型钢比用初轧坯及连铸异形坯更为经济，但这需要在开坯机上设计一个专门孔型。这个孔型与轧钢轨的孔型类似，它具有一定角度的切楔，用以辗轧板坯形成类似"狗骨头"状的异形断面。为此板坯要首先在第一孔进行立轧，以形成所需的腿宽，然后在下一个异形孔中（开口孔或闭口孔均可）轧成类似"狗骨头"状的异形坯。这种生产工艺比前三种变形更均匀，其优点是仅用一台开坯机加万能粗轧机组加万能精轧机组就可以生产大号 H 型钢。在开坯机上还有一种改造工艺，就是开坯机采用一架万能板坯开坯机，利用其水平辊与立辊成一定角度所形成的侧压可直接轧出"狗骨头"状的异形断面。后面工序与第一种工艺相同，详细可见图 6-5d、e。

第五种生产工艺是采用具有很薄腰厚的连铸异形坯为原料。这种薄连铸异形坯已接近成品 H 型钢尺寸，因此它可以直接在万能机组上进行粗轧和精轧，而不再需要开坯机。在这种情况下，提高产量的方向是要求连铸机具有更高的铸速，能铸造出更薄的异形断面。其轧制特点是整个轧制过程变形更加均匀。这种生产工艺如图 6-5f 所示。

对于上述生产工艺，我们可以得出如下结论：

若以传统的初轧坯为原料，由于初轧坯为方形或矩形，与成品 H 型钢在外形上无几何相似性，其轧制工艺至少需要两个步骤。第一步首先在二辊式开坯机上将初轧坯轧成"狗骨头"状异形坯，这是必不可少的。但在这个二辊式开坯机的孔型上进行的切楔轧制，由于坯料外形与孔型无几何相似性，在轧制过程中，随着整个断面腿部及腰的形成，坯料即轧件不可避免地要受到剪应力的作用，同时产生金属的横向流动，即宽展。为减少因不均匀变形所造成的金属外形的破坏，应尽量在高温下采用每道小压下量来完成从初轧坯到"狗骨头"状异形坯的轧制过程，但这需要较多道次才能完成。

从异形坯到成品的轧制过程，受到轧件温度相对较低、金属塑性变差等条件的限制。

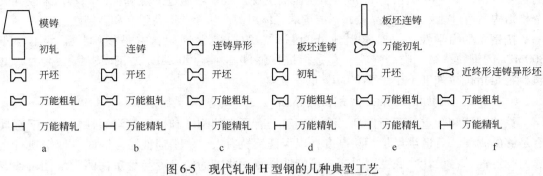

图 6-5   现代轧制 H 型钢的几种典型工艺

a—以钢锭为原料；b—以连铸矩形坯为原料；c—以连铸异型坯为原料；

d，e—以连铸板坯为原料；f—以近终型连铸异型坯为原料

首要的是要防止在轧制过程中产生横向金属流动，其办法是必须保证万能机架的驱动水平辊与从动立辊的直径比控制在 3∶1。同时在设计孔型和轧机调整时要保证轧件腿部与腰部的延伸一致，否则将会影响成品尺寸的准确和外形的完整。

若以异形初轧坯或板坯为原料轧制 H 型钢，则开坯机仍是不可缺少的，至于需要几架开坯机，则需根据产品范围选择，至少 1 架，多则 2~3 架。若以连铸薄异形坯为原料，由于其断面形状与成品断面最接近，则可以不要开坯机，而用万能轧机直接轧出成品，因此这种工艺轧钢设备投资最省，流程最短，是最具有发展潜力的新工艺。目前这种工艺存在的主要问题是如何提高连铸机铸速及产量，以与轧机能力相平衡。

6.2   钢轨的生产

6.2.1   钢轨种类及断面特性

6.2.1.1   钢轨的种类

根据用途的不同，现代钢轨可以分为三类：

（1）供矿山铁路用的轻轨，中国主要有 9kg/m、12kg/m、15kg/m、22kg/m、30kg/m 共 5 种，日本主要有 6kg/m、9kg/m、10kg/m、12kg/m、15kg/m、22kg/m 共 6 种。

（2）供客货运铁路用的重轨，中国铁路使用的重轨主要有 38kg/m、43kg/m、50kg/m、60kg/m、75kg/m 共 5 种，日本使用的重轨主要有 30kg/m、37kg/m、40kg/m、50kg/m、60kg/m 共 5 种。至于道岔轨，日本主要有 51.7kg/m、69.5kg/m、99.8kg/m 共 3 种，中国仅有 50At 和 60At 两种。

（3）供工厂吊车用的吊车轨，中国主要有 70kg/m、80kg/m、100kg/m、120kg/m 这 4 种规格。

根据钢种的不同，钢轨又可以分为碳素轨、合金轨和热处理轨三种。碳素轨主要以碳、锰两元素来提高强度、改善韧性。前苏联和美国多采用高碳、低锰类碳素轨，而欧洲、日本则采用高锰、中碳类碳素轨。合金轨则是以碳素轨为基础，添加适量合金元素如 V、Ti、Cr、Mo 等，从而提高钢轨的强度和韧性。北美和前苏联的合金轨多为 Cr-Mo 轨或 Cr-V 轨。我国

的合金轨则是 Re-Nb 轨和 V-Ti 轨。热处理轨主要是碳素轨通过加热和控制冷却，来改善其金相结构，通过热处理细化晶粒，形成细珠光体组织，从而获得高强度和高韧性。

按钢轨的力学性能，通常钢轨分为三类：第一类普通轨，它是指抗拉强度不小于800MPa 的钢轨；第二类高强轨，它是指抗拉强度不小于 900MPa 的钢轨；第三类为耐磨轨，它是指抗拉强度不小于 1100MPa 的钢轨。

6.2.1.2　钢轨断面特点和发展趋势

铁路车速和轴重的不断提高，要求钢轨具有更大的刚度和更好的耐磨性。为使钢轨具有足够的刚度，可适当增加钢轨高度，以保证钢轨有大的水平惯性矩。同时为使钢轨有足够的稳定性，在设计轨底宽度时应尽可能选择宽一些。为使刚度与稳定性匹配最佳，各国通常在设计钢轨断面时控制其轨高与底宽之比，即 H/B。一般 H/B 控制在 1.15 ~ 1.248。改进轨头断面设计也是提高刚度和耐磨性的方法之一。

早期钢轨的轨头断面，其踏面比较平缓，两侧采用半径较小的圆弧。直到 20 世纪五六十年代，人们在研究钢轨轨头剥离时，发现无论原设计的轨头外形如何，经列车车轮磨耗，轨顶踏面外形几乎全都呈圆形，而且两侧圆弧半径较大。经实验模拟发现，轨头剥离与轨头内圆角处轮轨接触应力过大有关。为减少钢轨剥离伤损，各国都对轨头圆弧设计进行了修改，以使塑性变形达到最小程度。

第一，各国在轨头踏面设计上遵循了这样一条原则：轨顶踏面圆弧尽量符合车轮踏面的尺寸，即采用了轨头在接近磨耗后的踏面圆弧尺寸，如美国的 59.9kg/m 钢轨，轨头圆弧就采用 $R254 ~ R31.75 ~ R9.52$；前苏联的 65kg/m 钢轨，轨头圆弧采用 $R300 ~ R80 ~ R15$；UIC 的 60kg/m 钢轨，轨头圆弧采用 $R300 ~ R80 ~ R13$。从上可以看出，现代钢轨轨头断面设计的主要特点是采用复曲线，三个半径。在轨头侧面则采用上窄下宽的直线型，直线斜度一般为（1：20）~（1：40）。在轨头下腭处多采用斜度较大的直线，其斜度一般为（1：3）~（1：4）。

第二，在轨头与轨腰过渡区为减少应力集中所造成裂缝，增加鱼尾板与钢轨间的摩擦阻力，在轨头与轨腰过渡区也采用复曲线，在腰部采用大半径设计。如 UIC 的 60kg/m 钢轨，其轨头与腰过渡区采用 $R7 ~ R35 ~ R120$。日本的 60kg/m 轨，其轨头与腰过渡区采用 $R19 ~ R19 ~ R500$。

第三，在轨腰与轨底过渡区，为实现断面平稳过渡，也采用复曲线设计，逐步过渡与轨底斜度平滑相连。如 UIC60kg/m 轨，是采用 $R120 ~ R35 ~ R7$；日本 60kg/m 轨，是采用 $R500 ~ R19$；中国的 60kg/m 轨，则是采用 $R400 ~ R20$。

第四，轨底底部全是采用平底，以使其断面有很好的稳定性。轨底端面均采用直角，然后用小半径圆角，一般采用 $R4 ~ R2$。轨底内侧多采用两组斜线设计，斜线斜度有的采用双斜度，也有的采用单斜度。如 UIC60kg/m 轨，是采用 1：2.75+1：14 双斜度。日本的 60kg/m 轨，则采用 1：4 单斜度。中国 60kg/m 轨采用 1：3+1：9 双斜度。

6.2.2　钢轨生产工艺

目前，世界上主要采用两种现代钢轨生产工艺：一种是长流程工艺；另一种是短流程工艺。

长流程工艺是以矿石为原料，经高炉、转炉冶炼，再经炉外精炼和真空脱气处理，有效控制成分和有害气体后，经连铸机铸成一定尺寸的钢坯，这些钢坯在步进式炉内加热到轧制温度后，被送到开坯机进行开坯形成钢轨雏形，然后在万能粗轧机组进行可逆多道次粗轧，最后在万能精轧机上轧出成品。成品钢轨在热状态下由热锯切成定尺后，送步进式冷床上冷却，然后送到中间仓库堆垛等待加工。钢轨冷加工过程是：首先将钢轨送到平立联合矫直机上进行矫直，对钢轨进行表面及内部质量检查（超声波及涡流探伤），然后对钢轨进行铣头、钻孔，最后对加工好的成品轨进行质量抽查和包装。长流程工艺如图 6-6 所示。

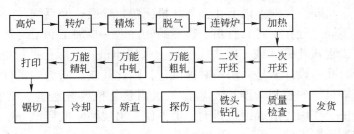

图 6-6　长流程钢轨生产工艺

短流程工艺是以废钢为主要原料，经电炉粗炼、LF 炉精炼、VD 炉脱气后送连铸机铸成所需尺寸的钢坯。其后部工艺与长流程相同。短流程工艺如图 6-7 所示。

比较两种工艺，我们不难发现两种工艺具有许多相同工序，如精炼、脱气、连铸、万能轧制等，这些正是现代钢轨生产工艺的主要特征。它体现了钢轨生产"三精"的基本要求，即精炼、精轧、精整。它所生产的钢轨不仅具有精确的断面尺寸，而且具有良好的内在质量。这些都是传统模铸加普通孔型法轧制工艺根本无法比拟的。随着连铸技术的进步，检测技术和自动化控制技术的结合，今后钢轨生产的最佳工艺将是：采用连铸异型坯，直接送万能轧机轧制，长尺冷却、长尺矫直，采用自动化在线检测（检查中心）等技术，流程更短，收得率更高，具体如图 6-8 所示。

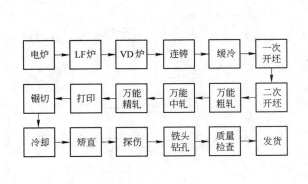

图 6-7　短流程钢轨生产工艺

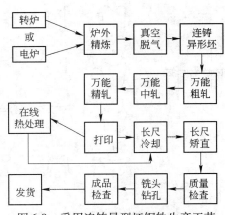

图 6-8　采用连铸异型坯钢轨生产工艺

6.2.3　钢轨孔型系统

钢轨孔型系统分为两类：一类为普通孔型系统；另一类为万能孔型系统。由于生产钢轨的坯料是采用连铸矩（方）形坯或横铸矩（方）形坯，矩形坯或方坯与成品钢轨断面形状上没有几何相似性，加上在钢轨整个轧制过程中其腿部处于拉缩变形，因此为保证成品腿高，就要求采用异形孔，首先切出高而宽的腿部，这是钢轨孔型设计中的一个关键。为此，无论是普通孔型法还是万能法，都必须先将矩形坯或方坯轧成近似钢轨外形的帽形。一般在轧成帽形的过程中变形是不均匀的，金属在轧辊的切楔作用下被强迫宽展形成宽而厚的腿部。为尽量减小不均匀变形，通常采用 3～5 个帽形孔，帽形孔配置在二辊式可逆开坯轧机上。粗轧轨形孔也多配置在二辊式可逆轧机上，轧件在粗轧轨形孔中变形，并逐渐接近成品钢轨断面尺寸。以上孔型与轧机配置，普通孔型系统与万能孔型系统基本是一样的。两者不同之处在于对具有初步轨形的轧件进一步加工和最终加工方法上。普通孔型法是继续在二辊式轧机（或三辊式轧机）上采用闭口式轨形孔进行中轧和精轧，最后轧出成品，由于其孔型设计多是采用不对称设计，因此其成品断面的对称性不理想，其轨高、底宽、腹高等尺寸的控制精度也不高，工人调整轧机要凭经验，常常还会因孔型磨损，对轧件产生楔卡作用，造成钢轨腿尖加工不良，出现圆角或粗糙等缺陷。有关孔型法轧制钢轨的孔型系统图见图 6-9。

　　万能法孔型系统的孔型设计则要考虑均匀变形，对称设计。初具轨形的轧件，在万能孔中其腰部承受万能孔机上下水平辊的切楔作用，其头部和腿部的外侧承受万能轧机立辊侧压垂直作用。为确保钢轨头和腿的宽度和侧面形状，还要在轧边机的立轧孔内，对其轨头和轨底侧面进行立轧加工。这样的孔型系统可以保证钢轨从粗轧形孔到成品孔轧件的变形是均匀的、对称的，各部分金属的延伸也接近相同，这就大大提高了钢轨断面尺寸的精度和外形的规范。万能法孔型系统见图 6-10。万能法轧制钢轨是法国钢铁集团哈亚士厂1973 年首先开发成功并获取专利的，后又被日本、巴西、南非、美国、澳大利亚等国采用。现万能法轧制钢轨已被世界认同，这是生产高精度钢轨的最好工艺。

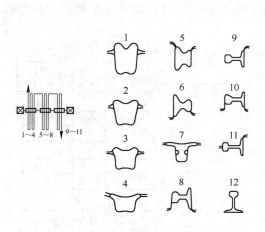

图 6-9　孔型法轧制钢轨的孔型系统

1～12—轧制道次

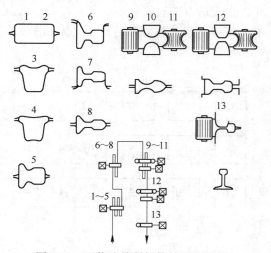

图 6-10　万能法轧制钢轨的孔型系统

1～13—轧制道次

6.2.4　钢轨的热处理

6.2.4.1　钢轨热处理工艺分类

钢轨热处理工艺按其原理可分为三大类。

（1）淬火加回火工艺（QT工艺）。它是把钢轨加热到奥氏体化温度，然后喷吹冷却介质，让钢轨表面层急速冷却到马氏体相变温度以下，然后进行回火。其组织为回火马氏体（也叫索氏体），这是一种传统的轧后热处理工艺，它可以提高钢轨硬度和强度，改善钢轨抗疲劳和耐磨耗性能。但这种工艺存在如下缺陷：淬火后钢轨弯曲度大，需要对其进行补充矫直，在淬火的轨头断面上有时出现因贝氏体而引起的硬度塌落。这种淬火+回火工艺按加热方法又可分为以下两种：

1）感应加热轨头淬火工艺。通过电感应加热，使钢轨加热到 A_{c3} 以上50℃，然后空冷到750℃，喷吹压缩空气，使钢轨冷却到500℃左右，进行自热回火。这种工艺生产稳定，对环境无污染，生产方式灵活，缺点是设备一次性投资大、能耗高。

2）整体加热整体淬火工艺。采用煤气对钢轨整体加热，然后在油中或温水中进行整体淬火，淬火后的钢轨要在450~500℃进行回火。这种工艺特点是产量高，淬火硬度均匀，可提高全断面钢轨的强韧性。

（2）欠速淬火工艺（SQ工艺）。它是把钢轨加热到奥氏体化温度后，用淬火介质缓慢冷却进行淬火，直接淬成淬火索氏体（不进行回火），即细微珠光体，其力学性能、抗疲劳性能、耐磨耗性均比由QT工艺得到的回火马氏体要好。这种欠速淬火工艺按加热方法也可分为三种：

1）感应加热欠速淬火工艺。如中国攀钢就是利用中频电流对钢轨全断面进行预热，再用中频电流对轨头加热到奥氏体化温度，然后喷吹压缩空气淬火，淬火速度1.2m/min。该工艺直接得到淬火索氏体，即细片状珠光体。

2）煤气加热欠速淬火工艺。采用煤气先将钢轨预热到450℃然后快速加热到奥氏体化温度，喷吹压缩空气将钢轨直接淬火成淬火索氏体，即细微珠光体。日本钢管的福山厂就是采用这种工艺。

3）利用轧制余热进行热处理的欠速淬火工艺。它是充分利用钢轨在轧制后有800~900℃的高温，直接对钢轨在专门的冷床上进行喷雾或压缩空气淬火。这是目前世界上最先进的热处理工艺，其最大优点是降低成本，节能但增加了生产技术管理难度，也存在淬火质量均匀性问题。

（3）控制轧制加在线热处理工艺（TMCP）。其主要工艺是：把钢坯加热到960~1100℃，降温到850~960℃左右进行轧制，其终轧和预终轧均是在万能轧机的孔型中进行，这种万能孔型给轨头很大变形性，约14%~16%。在轧后用水雾进行快速冷却到550~600℃，然后在空气中最终冷却。其轨头的金相组织是比普通热处理还要细微的珠光体，其力学性能为：屈服强度900~980MPa，抗张强度1280~1330MPa，伸长率10%~11%，断面收缩率33%~46%。但这种形变热处理要求有高刚度的轧机、高水平的控制技术和先进的检测设备，代表着钢轨热处理技术的发展方向。

6.2.4.2　钢轨钢热处理工艺的选择

A　钢种

钢轨钢的种类很多，但真正适合进行热处理的钢种主要是两大类：一类即高碳钢；一类是微合金钢；众所周知，碳是可以显著提高强度和硬度的元素，因为具有珠光体结构的钢轨钢，其性能取决于其组织的几何参数，即：珠光体团尺寸、渗碳片厚度和珠光体片间距。这三者又是与其碳含量的多少密切相关。从技术经济角度看，碳是相对便宜的，因此世界上大多数国家都选择碳素钢作为热处理用钢。各国对热处理用碳素钢的碳含量要求比轧制要高，一般碳含量控制在 0.75% ~ 0.82%，即以高碳钢为佳。为获得比碳素钢更好的韧性和更深的淬透性，不少国家在碳素钢基础上开发了微合金钢用于热处理，即在碳素钢中添加适量 V、Nb、Cr、Mo 等元素，利用这些元素的固溶强化、弥散强化和细化晶粒，来提高钢的强度和硬度。

B 钢轨热处理基本原理

根据铁-碳平衡图可知，对含碳量在 0.6% ~ 0.8% 的碳素钢而言，从高温轧制状态，靠自然缓慢冷却，尽管也能得到珠光体组织，但这样的珠光体是粗大的，强度和韧性的匹配也不是理想的。电镜观察得知：具有细微结构的珠光体比粗大珠光体具有更高的强度、韧性和耐接触疲劳特性，因此细化珠光体微观结构是获得高强韧性钢轨钢的有效途径。尤其是对具有片层状的珠光体钢轨钢，通过热处理可以显著改善其组织的微观结构，即减少珠光体片间距，减少渗碳片厚度，减少珠光体团尺寸。这三者的综合效应提高了珠光体钢轨钢的强度和韧性。珠光体钢的微观几何参数又是与加热温度、冷却速度有直接的关系，也就是说控制好热处理工艺参数，可以获得具有优良力学性能的钢轨。由铁-碳平衡图可知，钢轨钢从高温下经慢慢冷却全过程组织的变化为：首先变成奥氏体，随着继续冷却，奥氏体变成奥氏体加铁素体，在温度降到 723℃ 以下时，奥氏体则转变为铁素体和渗碳体，也叫珠光体，这是指钢在加热后经非常缓慢冷却时其组织的变化。如果冷却速度加快，其组织来不及转变，则将高温状态下的组织保留下来。从图 6-11 中的连续冷却转变曲线可以看出，当奥氏体从高温快速冷却并降到某一温度时，就全都转变成马氏体；若冷却速度缓慢些，就要产生贝氏体或珠光体。

C 钢轨钢热处理工艺参数的选择原则

为得到高强韧性的细珠光体组织，所需条件是钢轨的内部和表面都必须一起达到 900℃ 以上，同时要以 3 ~ 10℃/s 的冷却速度进行冷却。而冷却是从表面向内层扩散，内部冷却能力是不足的。热处理钢轨的质量，受冷却速度影响很大。许多实验研究表明：加热的温度梯度是主要影响因素。温度梯度越大，冷却速度就越大，即温度梯度意味着钢轨内部的热扩散量的大小。充分利用这种热扩散特点进行冷却，可以让钢轨从表面到内部都能得到所需的冷却速度。无论是采用喷雾冷却，还是采用喷压缩空气，都可以保证钢轨所需的冷却速度，图 6-12 所示为加热温度梯度与冷却速度的关系。曲线 1 是采用快速加热，得到较大的温度梯度分布，但淬透层浅；曲线 2 淬透层深，但在增加热量时，钢轨表面易出现过烧；曲线 3 延长加热时间（即缓慢加热），可保证淬透深度，但由于没有温度梯度，不能保证内部冷却速度，也就不能得到细珠光体组织。对曲线 1 和曲线 2 而言，均为一次加热。而曲线 6-12 中 4a、4b、4c 是一种二次加热中的预热曲线，它可以调整淬透深度，即先将钢轨头部预热到 500℃，然后再进行快速加热，这种快速加热在钢轨表面有较大的温度梯度，而且在钢轨内部又有 900℃ 以上的高温区，这样即可得到细珠光体组织，又可保证较深的淬透性。理想的二次加热曲线见图 6-12 中 4b。

冷却速度与组织的关系可以从图 6-13 看出。对碳素钢轨钢在从 900℃ 以上温度冷却时，在 800 ~ 550℃ 范围内，只要把冷却速度控制在 3 ~ 10℃/s 内，都可以得到细珠光体；

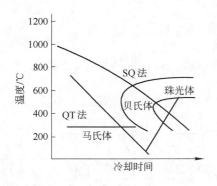

图6-11　C曲线和冷却曲线图

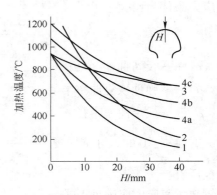

图6-12　加热温度、冷却速度与淬火层深度关系图

若冷却速度大于15℃/s则得到马氏体；在冷却速度低于3℃/s时，则得到粗大珠光体组织。对于低合金钢轨钢的冷却速度一般应控制在不大于5℃/s，否则会出现贝氏体组织。对Si-Mn-Cr系列钢轨钢宜采用2~3℃/s的冷却速度；对含Nb、V、Ti钢轨钢，宜采用3~4℃/s的冷却速度可防止马氏体生成；对含Mo钢轨钢宜采用1~2℃/s的冷却速度；对含Cu、Ni钢轨钢，宜采用1~3℃/s的冷却速度。

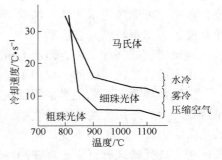

图6-13　加热温度与冷却速度的关系

　　无论是SQ还是QT法，热处理后钢轨的淬火层形状都是由三层结构组成的，即淬火层1、过渡层2和基体3。各层的组织和厚度随热处理方法的不同而异。如SQ法，第一层为细珠光体组织，厚度随奥氏体化温度和冷却速度变化而变化；第二层是在不完全奥氏体区域加热，由于快速加热产生部分粗大珠光体，第三层是在A_{c3}点以下加热，不发生相变，仍保留轧制中产生的原珠光体。

6.2.5　钢轨的矫直

　　钢轨由于断面各部厚度不同，其冷却速度也不同，加上金属从奥氏体向珠光体转变所引起的体积变化，均会引起钢轨弯曲。钢轨冷却后一般弯向头部。弯曲钢轨无法加工，也无法使用，因此在钢轨标准中各国均做出严格规定，即成品钢轨必须以平直状态交货。要达到平直状态就必须对钢轨进行矫直。

　　材料力学研究认为：钢轨的矫直过程是一个弹塑性变形的复杂过程。这一过程可看做两个阶段，即反向弯曲阶段和弹性恢复阶段。在反向弯曲阶段，钢轨受到外力和外力矩作用，产生弹塑性变形。在弹性恢复阶段，钢轨在存储于自身内的弹性变形能的作用下，力图恢复到原来的平衡状态。钢轨矫直就是要经过多次这样反向弯曲和弹性恢复的抗争，克服其内部反弹力矩，最后因屈服而达到平直。在钢轨矫直过程中，钢轨断面各部分受力不同，产生不同程度的变形。以其中性轴为界，在靠近中性轴附近多产生弹性变形，在远离中性轴处则产生塑性变形，见图6-14。具体塑性变形深远程度是受矫直压力决定的。钢轨矫直应力条件为：

$$\frac{1}{\rho_{反}} = \frac{1}{\rho_{弹}} + \frac{1}{\rho_{残}}$$ (6-1)

式中 $\rho_{反}$——反弯曲率半径；

   $\rho_{弹}$——弹性恢复曲率半径；

   $\rho_{残}$——残余曲率半径。

只有在 $\frac{1}{\rho_{残}}=0$ 时，才能实现 $\frac{1}{\rho_{反}} = \frac{1}{\rho_{弹}}$，则钢轨
才能被矫直。

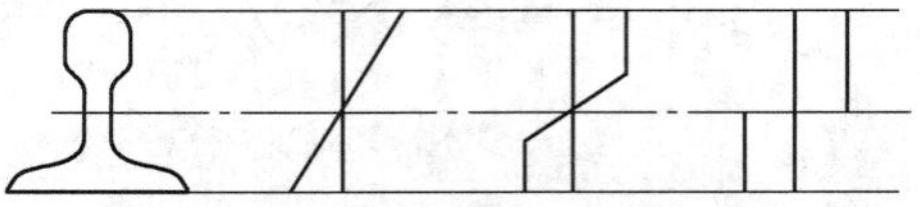

钢轨矫直应力应满足下式：

$$\sigma_s \leqslant \sigma_{矫} \leqslant \sigma_b$$ (6-2)

即矫直应力最小要等于被矫直轨钢的屈服强

纯弹性变形 弹塑性变形 纯塑性变形

图 6-14   钢轨矫直变形示意图

度，否则不可能产生永久的塑性变形。但矫直应力也不能过大，必须小于被矫钢轨钢的抗拉强度，否则钢轨就要被矫断。

钢轨矫直有三种工艺，即压力矫直工艺、辊式矫直工艺和拉伸矫直工艺。

压力矫直工艺速度低，仅用于对钢轨进行补充矫直。

钢轨常规矫直工艺主要采用辊式矫直工艺。在辊式矫直中又有大变形量矫直与小变形量矫直之分。采用大变形量矫直钢轨可以用较少的矫直辊对钢轨进行矫直，但往往使钢轨的残余应力较大。采用小变形量矫直，则需要较多的矫直辊，但钢轨的残余应力较小。实践证明，现代辊式矫直工艺存在两种弊病：一是造成钢轨残余应力大，过大的残余应力将会威胁列车的行车安全，减少钢轨寿命；二是辊矫工艺无法矫直每支钢轨的两端，为保证端头的平直度，还必须采用压力矫对端头进行补矫，即使这样，压力矫也很难使钢轨端头达到高速铁路对钢轨端头平直度（0.1mm/m）的要求。为什么要这样高的平直度精度呢？这是因为在高速条件下，在机车车轮作用下，钢轨和轨枕之间要产生振动，这种振动往往会造成行车事故，因此高速铁路用的钢轨要具有高的平直度精度和小的残余应力。

法国从 1976 年开始研究新的钢轨矫直工艺，到 1981 年发明了采用拉伸法矫直钢轨的新工艺。采用这种工艺，可以保证钢轨具有高的平直度精度和微小的残余应力。

拉伸矫直工艺是在钢轨两端施加大于被矫钢轨钢屈服强度的拉力，钢轨在拉力作用下，沿其长度方向伸长，伸长多少取决于平直度要求。这里的平直应是连续的平直，不能是断续或局部的。与辊矫工艺相比，拉伸矫直钢轨残余拉应力仅为辊式矫直的 1/10。拉伸矫直机设备能力为 10000 ~ 15000kN，可以矫直各种断面的钢轨，这样的拉力采用液压很容易实现。

由于钢轨在使用时要承受巨大的长度方向的拉力，这个拉力往往造成材料的早期疲劳和加速裂纹扩展。法国钢铁研究院的国家钢轨实验室专门对采用拉伸矫与辊矫工艺矫直的钢轨进行了疲劳检验对比。试验采用 UIC60kg/m 钢轨，其 σ_b 为 900MPa，以及 136RE 的合金轨，其 σ_b 为 1100MPa。对这两个钢种，拉伸矫直比辊式矫直，钢轨的裂纹扩展时间要延长 40% ~ 60%，且具有低的疲劳扩展速度。总的使用寿命，拉伸矫直钢轨增加 30% ~ 50%，其疲劳表面积增加 50% 以上，这就使钢轨寿命延长 40%，使钢轨更安全。经过拉伸矫直，UIC 耐磨轨屈服强度提高 70MPa，136RE 合金轨屈服强度提高 90MPa。对

于辊式矫直工艺，欲提高钢轨屈服强度是根本不可能的。

采用拉伸矫直其设备投资与辊矫大体相同，而拉伸矫直一次完成，无需再进一步补矫，这也就不需要压力矫正的设备投资了。拉伸矫直生产成本比辊矫低得多，仅需有一个钳口工段，换钳口时间比辊矫调整时间要少得多。各类钢轨通过拉伸矫直其屈服强度均可得到提高，这等于减少了钢轨钢的合金元素用量。如对高强轨，每提高屈服强度 80 ~ 100MPa，等于减少 0.7% Cr 或 1% Mn 或 0.25% Mo 或 0.12% V，这对降低钢轨钢的生产成本有重大意义。有关拉伸矫直钢轨的应力情况见图 6-15。

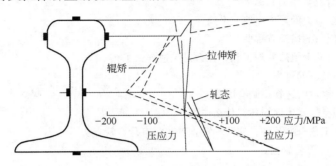

图 6-15　拉伸矫直钢轨应力水平示意图

6.2.6　钢轨中的残余应力

众所周知，钢材中残余应力的存在对钢材的使用性能尤其是疲劳性能有很大影响。钢材中残余应力的形成主要有三个途径：钢材在热轧或焊接后其断面的不均匀冷却、钢材组织发生相变、钢材受到矫直等冷加工。残余应力在钢材中常以不同的形态存在和表现，我们通常可把残余应力分为三类：第一类是受外力作用所引起的残余应力；第二类是由于组织变化所引起的残余应力；第三类是由晶粒之间的微观应力所引起的残余应力。钢材沿长度方向的残余应力可用公式 $\sigma_r = - E\varepsilon$ 表示。式中，E 为弹性模量，ε 为应变，负号表示残余应力方向与应变方向相反。

残余应力对钢材疲劳性能的影响可以用公式 $\sigma = \sigma_R \pm \sigma_r$ 表示。式中，σ 为钢材的实际强度，σ_R 为钢材疲劳强度，σ_r 为残余应力。从上式可以看出，当钢材中存在残余拉应力时，钢材的实际强度要小于其疲劳强度。国内外研究指出：造成钢材缺陷尖端的应力强度因子有三个：一是工作应力；二是残余应力；三是温度应力。当三者全为正值而叠加时，会造成金属的加速破坏。

降低钢轨残余应力的措施有：

（1）改进钢轨矫直工艺是降低钢轨残余应力的重要途径。实验测定，采用卧矫工艺可以比立矫减小钢轨残余应力水平 50 ~ 100MPa，而拉伸矫直又可比卧矫减小钢轨残余应力水平。

（2）采用全长淬火可以使轨头残余拉应力变为压应力，有利于提高钢轨疲劳寿命。

（3）对焊接轨采取焊后回火，可以减小轨头下腭处和腰部拉应力。

（4）对热轧钢轨要千方百计减小其矫前弯曲度，这也有利于减小矫直所造成的残余应力。

思　考　题

6-1　与普通工字钢相比，H 型钢有什么特点？

6-2　有哪 5 种 H 型钢生产工艺可供选择，生产 H 型钢时须注意哪些问题？

6-3　根据用途的不同，现代钢轨可以分为哪三类？

6-4　简述现代钢轨生产的长流程工艺和短流程工艺。

6-5　钢轨有哪几种轧制方法，各有何特点？

6-6　钢轨生产后，为什么要进行矫直？

6-7　请简述钢材中残余应力的形成主要三个途径。

6-8　降低钢轨中残余应力的措施有哪些？

6-9　什么是淬火加回火的钢轨热处理工艺，什么是欠速淬火工艺？

6-10　简述钢轨形变热处理的过程。

6-11　钢轨热处理工艺参数的选择原则有哪些？

6-12　重轨的轧后处理有哪些工序，各起什么作用？

6-13　钢轨生产的矫直工艺有哪几种，这几种矫直工艺各有什么特点？

6-14　简述 H 型钢生产的工艺流程。

6-15　简述重轨生产的工艺流程。

7 高速线材生产

[本章导读]
高速线材技术体现了型钢生产水平巨大的进步，代表着小型和棒线材生产的最高水平。线材的高速轧制是线材生产对工艺的基本要求，提高轧制速度不仅能提高生产速度，提高产量，而且能够解决线材生产中由提高盘重与降低线径带来的矛盾，提高产品质量。高速线材生产的出现源自于装备的进步，由于装备的进步，高线生产的另一个显著特点是能够实现在线控制轧制，这为高速线材生产线生产高附加值产品提供了保障，因此本章就高线生产的控制轧制及控制轧制的设备也进行了阐述。

7.1 高速线材轧机

从线材精轧机组的发展历史来看，一般轧机的最大轧制速度提高到40m/s以后，就无法再提高了。所谓高速轧机，一般是指最大轧制速度高于40m/s的轧机。

高速轧机的特点是：高速、单线、无扭、微张力、组合结构、碳化钨辊环和自动化。其产品特点是盘重大、精度高、质量好。

7.1.1 高速线材轧机的分类

高线轧机按每个机架的轧辊大小来划分，可分为大辊径（250~290mm）和小辊径（152~210mm）两种；按轧辊中心线相对于地平面布置的角度来划分，可分为15°/75°、45°、平-立辊交替二辊式等；按轧辊的支撑状况分，可分为双支点（三辊式和框架式）和悬臂式两种。而45°高速轧机，按机架间轧辊交汇位置不同，又分为侧交和顶交两种；按其传动结构不同，又分为外齿传动和内齿传动（克虏伯机型）两种。上述各种机型可概括为三辊式、45°、15°/75°和平—立交替式四种。

7.1.2 高速线材轧机

7.1.2.1 主轧机机型的种类

高速线材轧机的轧制速度、成品盘重和坯料断面在不断增大，对半成品和成品尺寸精度的要求在不断提高，为此，除了在工艺上更完善外，在粗、中、精轧机机型方面，出现了一系列与其相适应的进展。

国外高速线材轧机粗轧机类型较多，据资料报道，有摆锻式轧机、三辊行星轧机（简称PSW轧机）、三辊式Y型轧机、45°轧机、平—立辊交替布置的二辊轧机、紧凑式二辊轧机和水平二辊式粗轧机等机型。

中轧机（包括预精轧机组）机型也比较多，主要有三辊式 Y 型轧机、45°无扭轧机、水平二辊式轧机、双支点平—立交替布置的无扭轧机、悬臂平—立辊交替布置的无扭轧机这 5 种。

精轧机机型主要有 45°、15°/75°和平—立交替式等三种。

7.1.2.2　现代高速轧机技术的新进展

A　无扭精轧机组的发展趋势

从高速轧机的技术发展看，无论哪一家或哪一个机型，都在致力于轧制速度的提高。因为提高轧制速度可以使用大断面坯料，可以提高轧制效率，降低生产成本。为了适应高速度的要求，无扭精轧机组进行了改进，例如：

（1）降低机组重心，降低传动轴高度，减少机组的振动。为了降低传动轴高度，德马克机型原 45°侧交无扭精轧机组改成了 15°/75°侧交，传动轴向下旋转 30°，克虏伯机型原侧交 45°无扭精轧机组改成了平—立交替。摩根公司又推出了 V 形机组用于更高的轧制速度。45°侧交型上传动轴距基础平面太高，机组振动大、噪声大。振动是限制轧制速度再提高的主要因素，所以这种 45°侧交无扭机组有被淘汰的趋势。

（2）强化轧机，增加精轧机组的大辊径轧机数量。原标准型摩根无扭精轧机组由 10 架轧机组成。其中只有 2 架辊径为 8in（约 203.2mm）的轧机，现已发展到 8in（203.2mm）×5、6in（152.4mm）×5。为减少辊环的损坏，改径向固定为轴向固定，同时加大了机架中心距，在辊轴与润滑方面也都相应予以强化。

（3）改进轧机调整性能。为了适应高速度调整和控制调整的要求，高速线材轧机在精轧机组增设了辊缝传感器和数字显示器。

B　采用控温轧制与低温轧制

高速线材轧机，当轧制速度低于 75m/s 时基本上采用轧后控冷工艺；当轧制速度达到 75m/s 时，为了保证终轧温度，需要在精轧机前设水冷箱；当轧制速度进一步提高时在精轧机各架之间也增设了冷却喷嘴，这一措施能有效地降低终轧温度，从而减少了水冷段的事故。

实际生产和研究发现当轧制速度大于 10m/s 时，轧件是升温的，轧件温升随轧制速度的提高而增快，为了保证终轧温度、保证轧件在各机座按要求的组织状态加工，目前在轧速提高后强制水冷区有扩大到中轧的趋向，以实现中轧机在 950℃ 以下的未再结晶区对轧件进行变形量不小于 70% 的轧制，以获得小晶粒的产品。开轧温度太高对实现中轧机为细化晶粒的控温轧制非常不利。

为了实现晶粒细化，开发了低温轧制，将开轧温度降到 950℃。尽管降低轧制温度会增加轧制电能消耗，但可以节省加热炉的燃料消耗。由于加热节能大于电耗的增加，故低温轧制仍为节能措施；低温轧制还可以减少加热时生产的氧化铁皮，并可改变氧化铁皮中 FeO、Fe_2O_3、Fe_3O_4 的比例，使氧化铁皮容易脱落，有利于改善线材表面质量；实现低温轧制最主要的是控制加热温度，使晶粒不过分粗大，并可以实现精轧在 A_{r3} 与 A_{r1} 之间的两相区终轧，获得细小的铁素体晶粒，从而实现全过程的控轧。

C　高精度轧制设备

现代高速线材轧机的另一大进步就是不断提高产品精度，为了提高产品精度进行了多项改进，如减少轧制张力、提高轧机精度、减少扭转、改善导卫等。许多厂家生产的5.5mm 线材精度都可达±0.15mm，有的甚至达±0.10mm。为了满足市场对精密产品的要求，近几年在高速轧机上又采用了精密规圆机及精密轧机。目前推出的精密轧机有三架柯克斯（Kocks）三辊 Y 型轧机组成的，有三架二辊轧机织成的，也有两架二辊组成的高精度机组。三辊 Y 型轧机变形方式特殊，可使轧件全长保持高精度。两辊轧机用椭圆–圆孔型系减少压缩率也可获得高精度产品。

  D 粗轧机组的改进

为了适应直接使用连铸坯和提高轧制精度，粗轧机在提高轧机精度、控制张力、减少扭转和减少扭转刮伤方面做了许多工作。直接使用较大断面连铸坯的轧机其辊径都相应增大。为了减少剪头，前几道的减面率都不愿偏小，这要求使用大辊径轧机。粗轧机组机架数量不宜太多，轧 7 道次后切头较 9 道次后切头事故少得多。

7.2 高速线材生产工艺特点及流程

7.2.1 高速线材生产的工艺特点

高速线材生产的工艺特点可以概括为连续、高速、无扭和控冷，其中高速轧制是最主要的工艺特点。

7.2.1.1 高速轧制

高速轧制是高速线材生产的核心技术之一，它是针对以往各种线材轧机存在诸多问题，综合解决产品多品种规格、高断面尺寸精度、大盘重和高生产率的有效手段。只有高速才能解决大盘重线材轧制过程的温降问题。而精轧的高速度则要求轧制过程中轧件无扭转，否则轧制事故频发，轧制根本无法进行。因此高速必须无扭，所以高速无扭精轧是现代高速线材轧制的一个基本特点。

对无扭轧制来说，限制轧制速度的主要因素是设备。因此实现高速首要条件是设备的保障，精轧机、夹送辊以及吐丝机要能适应高速运转。近几年来为了达到更高的轧制速度，精轧机都在进行强化：提高轧机精度，增加辊轴尺寸，加大润滑油量，拉大轧机间距。

其次是在工艺上保证高速，包括原料质量、轧件精度、轧件温度的控制。高精度，高质量的轧件是保证不产生轧制故障的最根本条件。通常应保证进入精轧机的轧件偏差不大于±0.30mm。当成品精度要求小于±0.15mm 时，进入精轧的轧件偏差不应大于成品尺寸偏差的 2 倍。轧件偏差值是指轧件全长（包括头尾），特别是头部的最大偏差。头部不良引起的故障最多。要保证轧件精度，必须严格控制钢坯尺寸精度。钢坯尺寸的波动会影响轧件尺寸及机座间的张力，特别对粗轧前几道影响较大。为此近几年粗轧机组都采用单独传动，以便及时灵活地调节轧制速度，保证微张轧制。轧件温度也是影响高速轧制的重要因素，要保证轧件精度，必须保证轧件温度均匀稳定，所以要求加热温度均匀、控冷设施灵敏。

要保证轧件精度，轧机机座的刚度、精度都必须达到相当高的水平。值得注意的是生产线材的轧制压力不大，机件弹性变形量并不大，所以线材轧机的精度比刚度更重要，高刚度的追求应当适度。轧机的工装导卫是轧件质量的重要保证。导卫的精度与轧件头部的质量关系很大，要保证轧件头部的尺寸及形状必须从导卫入手。轧机间的张力对轧件精度影响极大，应尽可能实现无张力和微张力轧制。在预精轧必须实现无张力，在中轧和粗轧通常认为设置 3 个活套即可。合理的孔型系统选择也能有效提高轧件的精度，椭圆–圆孔型系统消差作用较好，近几年粗、中轧也尽可能地采用椭圆–圆孔型系统。

7.2.1.2　控制轧制及轧后控制冷却

高速线材生产必须实行控轧，这是人们对"高线"的又一认识。轧件在高速线材轧机精轧机组的总延伸系数约为 10，轧件出口速度最高达 140m/s，而其进口速度也不过 14m/s 左右。14 ~ 16m/s 仍属低速范围，通常小型轧机轧制速度达 18m/s。高速线材轧机精轧以前都是低速轧机。前文说过当轧制速度达到 10m/s 时，由于剧烈变形产生大量变形热，轧件温度不再下降，超过 10m/s 时轧件温度升高。高速线材轧机多道次逐次升温给生产工艺造成了重大影响。当轧制速度超过 75m/s 时，由于成品温度高，水冷段事故增多。轧制速度过高还会出现水冷段的冷却达不到控冷要求。所以在精轧前增加水冷箱，甚至全线增加水冷，实行控轧，降低开轧温度实行低温轧制。轧制中的大幅度降温与降低开轧温度，为在轧制过程中实现控制中、低碳钢线材的金相组织创造了非常有利的条件。开轧温度低，奥氏体晶粒小，还可使部分道次在未再结晶区轧制。低温轧制还是节能措施。

低温轧制目前实行得不多，主要受原轧机强度和电机能力的限制。

由于高速线材轧机以高速连续的方式生产大盘重的线材产品，终轧温度比普通线材轧机更高，采用传统的成盘自然冷却将使产品质量恶化。为避免传统成盘自然冷却造成的二次氧化严重、轧后线材的力学性能低并严重不均匀，高速轧机生产线材采用轧后控制冷却工艺。

控制冷却是分阶段控制精轧机轧出成品轧件的冷却速度，尽量降低轧件的二次氧化量，可根据钢的化学成分和使用性能要求，使散卷状态下的轧件从高温奥氏体组织转变成与所要求性能相对应的常温组织。

尽管轧后控制冷却工艺早已在某些线材轧机的生产中应用，但由于当时老式线材轧机的产品盘重都不大，自然成盘冷却问题尚不突出，而且用户对产品的要求也不太高，线材轧后控制冷却未被广泛采用，轧后控冷技术也没有得以完善。高速线材生产出现后，大盘重自然冷却使产品质量恶化的问题极为突出，这就使轧后控制冷却工艺被广泛采用，并随用户对产品日益提高的要求而逐渐完善。轧后控制冷却工艺已成为高速线材生产不可或缺的部分，是高速线材生产区别于老式线材生产的标志之一。

7.2.1.3　高速线材生产的质量控制

高速线材生产工艺灵活、控制手段齐全，适应线材品种、规格十分广泛，能生产各种高质量的线材。为了保证高速线材生产的质量，需要在几个方面加以控制：（1）保证原料质量。要求原料段具有原料检测、检查与清理修磨的手段，使投入的原料具有生产优质线材的条件。（2）采用步进式加热炉，以保证灵活的加热制度。（3）在单线生产时粗轧采用平—立机组，减小轧件刮伤。（4）尽可能使用滚动导卫及硬面轧辊，保证轧件表面质量。

7.2.2 高速线材生产的工艺流程

高速线材生产的工艺流程如图 7-1 所示。

钢坯存放：高速线材轧机所采用的钢坯通常较长，为便于存放和吊运，一般把钢坯顺仓库跨的长度方向成排地放在格架中。为避免钢坯混号，要按钢种分别存放。

钢坯质量检查：钢坯主要检查表面质量。碳素结构钢坯的检查多为人工目检；合金钢坯或特殊钢坯的检查多在表面除鳞后用涡流探伤检查。检查后合格钢坯投入生产，不合格钢坯将作处理。

钢坯称量：钢坯称量包括称重和测长。称重是轧机生产技术经济统计的需要；测长是为侧装步进式加热炉防跑偏对中系统提供控制信号；称重和测长又是物料跟踪系统所必需的输入参数。

钢坯加热：高速线材轧机均采用较低的开轧温度和相应的出炉温度。除特殊钢种外，碳素钢和合金钢依钢种不同开轧温度一般在 900～1050℃。之所以采用较低的开轧温度和出炉温度是基于高速线材轧机的粗轧和中轧机组的轧件温降小，而且轧件在精轧机组还

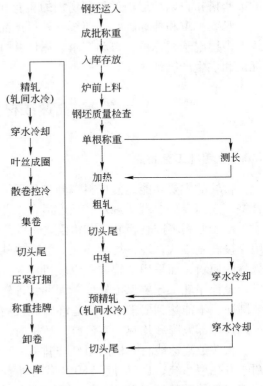

图 7-1 高速线材生产工艺流程

升温。降低加热温度可明显减少金属氧化损失和降低能耗。

钢坯热装：热装一直是一个诱人的工艺途径，但迄今为止在生产组织和技术上还有不少问题，主要原因是：供坯生产及线材生产的能力匹配，钢种及规格的对应，检修及工具更换时间的协调，故障处理时的缓冲，有缺陷钢坯的热态检查及清理，热装温度波动的控制对策等。正因为这些问题尚未圆满解决，热装工艺还处在小规模试验阶段，还不能作为主要工艺方式用于生产。

轧前除鳞：由于在高速线材轧机生产中，轧件至少要经过 19 道次以上的两个方向反复轧制压缩，钢坯加热时产生的氧化铁皮早已脱落干净，并在总延伸系数不低于 71 的延伸变形中彻底消除了氧化铁皮脱落斑痕，因而生产碳素结构钢在轧制前无需设置氧化铁皮清除工序和设施，亦不会因此产生产品表面质量问题。只有在生产合金钢等有特殊要求的产品时，才设置高压水除鳞设施。

轧后切头及切尾：由于高速无扭线材精轧机组是采用微张力轧制，在轧件头部及尾部失张段将出现断面尺寸大于公称断面尺寸偏差。失张段长度和张力值大小、机架间距以及精轧延伸系数成正比，同所要求公称断面尺寸偏差成反比。通常要特此超偏差段切除后交货。

线材盘卷的压紧捆扎：由于高速线材轧机所生产的线材多是大盘重产品，又经过控制

冷却在较低温度（一般低于400℃）集卷，盘卷较为膨松。成品盘卷要保证捆扎密实，外形规整，必须实行压紧捆扎。对于用线材作捆扎材料的、捆扎搭接部位不应有能造成钩挂的突起搭扣，以免运输过程刮伤别的盘卷和本盘卷搭扣刮断散包。

　　盘卷称重和挂标牌：高速线材轧机产品盘重较大，故均单盘称重，在现代化自动生产线上多用电子秤称重，自动记录、累计并打出标牌。标牌由人工绑挂在盘卷上，作为出厂标记和供生产统计用。

7.3　高速线材生产主要工艺特点

7.3.1　粗轧工艺特点

　　粗轧的主要功能是使坯料得到初步压缩和延伸，得到温度合适、断面形状正确、尺寸合格、表面良好、端头规矩、长度适合工艺要求的轧件。

　　由于原料不同，粗轧工艺也随之不同，但大多数高速线材轧机由于坯料很长不适于采用穿梭轧制方式，通常均为连轧。但有些轧机因选用的坯料断面范围较大，为了适应多种规格的原料，而采用二辊或三辊轧机作为开坯轧机。

　　设计粗轧工艺要保证轧件断面形状等轧制质量，也要保证轧件温度，但多道次的穿梭轧制往往不能达到要求，特别是坯料轧长后再送入粗、中轧机，头尾轧制温度差很大。为了减少尾部温降和均热，当没有开坯机时，可以在开坯机与粗轧机之间建保温均热炉。

　　大多数高速线材轧机的粗轧安排 6～7 个轧制道次。以前曾采用箱形—六角—方—椭圆—方孔型系统，自 20 世纪 80 年代开始普遍采用箱形—椭圆—圆孔型系统，一般粗轧平均道次延伸系数为 1.30～1.36（即平均道次减面率为23%～26.5%）。

　　为适应断面较大的连铸坯，一些早期建设的采用小断面钢坯的单线高速线材轧机用大变形量紧凑式轧机替代原来的粗轧机组，通常为 4 架或 6 架，多用无孔型平辊轧制，平均道次延伸系数达 1.52～1.66。在粗轧阶段，以合金钢为主的单线线材轧机多采用平—立交替轧机无扭轧制，而其他类型的轧机多采用二辊水平轧机扭转轧制。实际生产情况说明，除少数高合金钢以外的绝大多数钢种，用滚动扭转导卫进行扭转轧制，矩形断面大到 250mm×290mm，椭圆断面大到 160mm×110mm 都不存在扭裂问题。在粗轧阶段普遍采用微张力或低张力轧制，因为此时轧件断面尺寸较大，对张力不敏感，故而不需要设置活套实现无张力轧制。为保证成品尺寸的高精度，为保证生产工艺稳定和避免粗轧后工序的轧制事故，通常要求粗轧轧出的轧件尺寸偏差不大于±1mm。粗轧后的切头切尾工序是必要的。轧件头尾两端的散热条件不同于中间部位，轧件头尾两端温度较低，塑性较差；同时轧件端部在轧制变形时由于温度较低，宽展较大，同时变形不均造成轧件头部形状不规则，这些在继续轧制时都会导致堵塞入口导卫或不能咬入。为此在经过 6～7 道次粗轧后必须将端部切去。通常切头切尾长度在 70～200mm。

7.3.2　中轧及预精轧的工艺特点

　　中轧及预精轧的作用是继续缩减粗轧机组轧出的轧件断面，为精轧机组提供轧制成品线材所需要的断面形状正确、尺寸精确并且沿全长断面尺寸均匀、无内在和表面缺陷的中间料。

高速无扭线材精轧机组是以机架间轧辊转速比固定，通过改变来料尺寸和不同的孔型系统，以微张力连续轧制的方法生产诸多规格线材产品的。这种工艺装备和轧制方式决定了精轧的成品的尺寸精度与轧制工艺的稳定性有紧密的依赖关系。实际生产情况表明精轧6～10个道次的消差能力为来料尺寸偏差的50%左右，即要达到成品线材断面尺寸偏差不大于±0.1mm，就必须保证中轧及预精轧供料断面尺寸偏差值不大于±0.2mm。如果进入精轧机的轧件沿长度上的断面尺寸波动较大，不但会造成成品线材沿全长的断面尺寸波动，而且会造成精轧的轧制事故。为减少精轧机的事故，一般要求预精轧来料的轧件断面尺寸偏差不大于±0.3mm，而中轧轧出的相应轧件断面尺寸偏差不大于±0.5mm。

高速线材轧机发展初期，由于多采用较小断面的坯料，10机架精轧机组的中轧及预精轧为6个道次；而8机架精轧机组的中轧及预精轧通常为8个道次。现今为扩大产品规格范围，精轧机组都是10机架的，而且普遍采用较大断面的连铸坯为原料，中轧及预精轧已经基本定型为8个道次。

中轧及预精轧的平均道次延伸系数一般在1.28～1.34之间。为加大减面效率通常初始4个道次的平均道次延伸系数为1.32～1.35变形量，其余道次平均道次延伸系数为1.21～1.27。中轧及预精轧的最初4个道次，轧件断面较大，微张力的参与对轧件断面尺寸影响较小，同时轧制速度较低，张力控制较易实现。因此在中轧的前4个道次中普遍采用微张力轧制，对多线线材轧机采用微张力扭转轧制。中轧及预精轧的后2～4个道次，轧件断面较小，对张力已较敏感，轧制速度也较高，张力控制所必需的反应时间要求很短，采用微张力轧制对保证轧件断面尺寸精度和稳定性已难以奏效了。

在高速线材轧机问世之初，中轧的4个道次普遍采用微张力轧制，而后2个道次预精轧以两个180°水平活套和一个侧活套实现无张力轧制。采用180°水平活套是为了适应双线的预精轧对应两条单线精轧的设备布置。

生产实践说明，两个180°水平活套中有一个用于传送椭圆轧件的反围盘不易调整掌握，经常出现轧制事故。因此在20世纪60年代末70年代初建设的高速线材轧机用一组串列水平二辊式轧机代替2架横列式布置的预精轧机，在其前后各设一个180°水平活套来避免扭转活套轧制，力求工艺稳定。

有的高速线材轧机干脆取消了预精轧机，以6～8架水平二辊式轧机同粗轧机组及精轧机组相衔接，仅在精轧机前设置一个侧活套，在粗轧至中轧、中轧机架间采用微张力轧制。但上述两种工艺方式由于张力的参与和多条轧制，难以保证轧件断面形状正确，尺寸精度高相沿全长稳定。

鉴于这种情况，自20世纪70年代末期高速线材轧机中轧采用微张力轧制，预精轧采用单线无扭无张力轧制，对应每组粗轧机设置一组预精轧机，在预精轧机组前后设置水平侧活套，而预精轧道次间设置垂直上活套。这种工艺方式较好地解决了向精轧供料的问题。

实际生产情况说明，预精轧采用4道次单线无扭无张力轧制，轧制断面尺寸偏差能达到小于±0.2mm；而上述其他方式仅能达到±0.3～0.4mm。

20世纪80年代后期，出现了把高速无扭精轧机技术移用于预精轧，即用一组集体传动的无扭悬臂辊轧机实现短机架间距无扭微张力轧制，同样为了工艺稳定，辊环采用

76

高耐磨材料制作。这样的工艺和设备条件，改变规格是通过调整中轧来料断面实现的。预精轧采用这样的技术和装备能大幅度地减少基建投资，主要是节省电气及自动化系统的投资。

中轧及预精轧过去曾采用椭—方—椭—圆孔型系统，由于该孔型系统变形不均匀，孔型磨损不均，工艺欠稳定，对钢种变化的适应性差，近年已多采用椭—圆孔型系统了。

对于高速线材轧机，在中轧及预精轧阶段由于轧制速度已较高，轧件的变形热已大于轧件在轧制及运行过程中传导及辐射的散热量，轧件温度在此阶段开始升高，随轧速的增加轧件温度也急剧升高。为避免轧件由于温度过高金属组织与塑性恶化，造成成品缺陷，也为了防止轧件由于温度过高屈服极限急剧降低而过于软，软的小断面轧件在穿轧运行中易发生堆钢事故。在精轧轧出速度超过 85m/s 的线材轧机的预精轧阶段，有的就设置轧件水冷装置对运行中的轧件进行冷却降温。

为保证轧件在精轧的顺利咬入和穿轧，预精轧后轧件要切去头尾冷硬而较粗大的端部，切头长度一般为 500～700mm。当预精轧及其后步工序出现事故时，预精轧前的轧件应被阻断，预精轧机后的轧件要碎断，以防止事故扩大。

7.3.3　精轧的工艺特点

任何形式的现代高速线材精轧机组的生产工艺都是以固定道次间轧辊转速比，以单线微张力无扭转高速连续轧制的方式，通过椭—圆孔型系统中的 2～3 个轧槽，将预精轧供给的 3～4 个规格的轧件，轧成不同规格的成品。

固定道次间轧辊转速比是在单独调整速度传动动态性能已满足不了高速轧制条件的情况下，保证连续轧制正常的唯一可选择的途径。合理的孔型设计和精确的轧件尺寸计算，配合以耐磨损的轧槽，是保证微张力轧制和产品断面尺寸高精度的基础条件。

在高速无扭线材精轧机组中，保持成品及来料的金属秒流量差不大于 1%，是工艺设计的一个基本出发点，以此来保证成品尺寸偏差不大于 ±0.1mm。

高速无扭线材精轧机组均采用较小直径的轧辊，相对于老式线材精轧机所用的较大辊径，其轧制力及力矩较小，变形效率较高（即宽展小而延伸大），常给予较大变形量，一般平均道次延伸系数为 1.25 左右。

以椭—圆孔型系统轧制多规格产品，为使每个偶数道次均可作为成品道次，相邻偶道次即圆孔型间的轧制延伸系数为近似值，其间差异率不大于 1.1%。在相邻的椭孔及圆孔间变形分配上有两种做法：一种是椭孔变形较大、道次延伸系数为 1.27 左右；而圆孔变形较小，道次延伸系数为 1.23 左右，其指导思想在于以较小的变形保证圆孔轧出成品的尺寸精确性；另一种是椭孔变形较小，道次延伸系数为 1.22 左右，而圆孔变形较大，道次延伸系数为 1.28 左右，其依据的道理是圆孔限制宽度作用强，延伸效率高，金属无效的附加流动少，附加摩擦小，而单位延伸变形能耗低，当采用高耐磨材质的轧辊时，变形量的大小不是影响成品尺寸精度的主要因素。生产实践表明这两种变形量的分配在轧制稳定和产品尺寸的精度上并无差异。

高速无扭线材精轧机组为适应微张力轧制，机架中心距都尽可能小，以减轻微张力对轧件断面尺寸的影响。在短机架中心距的连续快速轧制中，轧件变形热造成的轧件温升远大于轧件对轧辊辊环、导卫和冷却水的热传导以及对周围空间热辐射所造成的轧件温降，其综合效应是在精轧过程中轧件温度随轧制道次的增加和轧速的提高而升高。当精轧速度超过 85m/s 之后轧件温度将升至 1100～1200℃，轧件的屈服强度值急剧降低至 10～30MPa，轧件刚性很低，在精轧道次间和出精轧后到吐丝机的穿越过程中稍有阻力即发生弯曲堆钢，甚至吐丝时未穿水冷却的头尾段因过于柔软而不规则成圈，无法收集。为适应高速线材精轧机轧件温度变化的特点，避免因轧件温度升高而发生事故，当精轧速度超过 85m/s 时，在精轧前和精轧道次间专门设置轧件水冷，使精轧轧出的轧件温度不高于 950℃。

精轧前及精轧道次间进行轧件穿水冷却，还用以实施对轧件变形温度的控制，是进行控轧的重要手段。

7.4　线材的控制轧制和控制冷却

7.4.1　线材控制轧制概况

随着线材轧制速度的提高，轧后控制冷却成为必不可少的一部分，但是控制轧制在线材中的应用是 20 世纪 70 年代后期才开始的。由于线材的变形过程由孔型所确定，要改变各道的变形量比较困难，轧制温度的控制主要取决于加热温度（即开轧温度），在无中间冷却的条件下，无法控制轧制过程中的温度变化。因此，在过去的线材轧制中控制轧制很难实现。

在第一套 V 型机组问世后，摩根公司在高速线材轧机上引入控温轧制技术 MCTR（Morgan controlled temperature rolling），即控制轧制或控温轧制。

控温轧制有以下优点：减少脱碳，控制晶粒尺寸，改善钢的冷变形性能，控制抗拉强度及显微组织，取消热处理及控制氧化铁皮。控温轧制有如下两种变形制度：

（1）二段变形制度。粗轧在奥氏体再结晶区轧制，通过反复变形及再结晶细化奥氏体晶粒；中轧及精轧在 950℃ 以下轧制，是在相的未再结晶区变形，其累计变形量为 60%～70%；在 A_{r3} 附近终轧，可以得到具有大量变形带的奥氏体未再结晶晶粒，相变以后能得到细小的铁素体晶粒。

（2）三段变形制度。粗轧在再结晶区轧制，中轧在 950℃ 以下的未再结晶区轧制，变形量为 70%。精轧在 A_{r3} 与 A_{r1} 之间的双相区轧制。这样得到细小的铁素体晶粒及具有变形带的未再结晶奥氏体晶粒，相变后得到细小的铁素体晶粒并有亚结构及位错。为了实现各段变形，必须严格控制各段温度，在加热时温度不要过高，避免奥氏体晶粒长大，并避免在部分再结晶区中轧制形成混晶组织，破坏钢的韧性。

一般采用降低开轧温度的办法来保证对温度的有效控制。根据现场应用控温轧制的经验，高碳钢（或低合金钢）、低碳钢的粗轧开轧温度分别为 900℃、850℃，精轧机组入口轧件温度分别为 925℃、870℃，出口轧件温度分别为 900℃、850℃。

低碳钢可在 800℃ 进入精轧机组精轧，常规轧制方案也可在较低温度下轧制中低碳钢材，以促使晶粒细化。中轧机组前加水冷箱可保证精轧温度控制在 900℃，而在精密轧机处轧制温度为 700～750℃，压下量为 35%～45%，以实现三阶段轧制。如能在无扭精轧机入口处将钢温控制在 950℃ 以下，粗中轧可以考虑在再结晶区轧制，这样可降低对设备强度的要求。

日本有的厂将轧件温度冷却至 650℃ 进入无扭精轧机组轧制，再经斯太尔摩冷却线，这样可得到退化珠光体组织，到球化退火时，退火时间可缩短 1/2。

7.4.2　线材轧后的控制冷却

7.4.2.1　线材控制冷却的提出

在线材生产过程中，轧制出来的线材产品必须从轧后的高温红热状态冷却到常温状态。线材轧后的温度和冷却速度决定了线材微观组织、力学性能及表面氧化铁皮数量，因而对产品质量有着极其重要的影响。所以，线材轧后如何冷却，是整个线材生产过程中产品质量控制的关键环节之一。

线材轧后的冷却方法归为两大类：一类是自然冷却；另一类是控制冷却。

在老式小型线材轧机上，由于轧制速度低，终轧温度不高（一般只有 750~850℃），且线卷盘重不大，所以热轧后盘卷通常是采用钩式或板链式运输机在自然环境中自然冷却。尽管这种冷却方式的冷却速度慢，但因盘卷小、温度低，故对整个线材盘卷的组织和性能影响不大。

随着线材轧机的发展，轧机的布置由复二重式转向半连续式和全连续式，这种变革使得线材的终轧速度和终轧温度都不断提高，盘重也不断增加。尤其是现代化的高速线材轧机，其终轧速度高达 100m/s 以上，终轧温度高于 1000℃，盘重也由原来的几十公斤增至几百公斤，甚至达到 2~3t。在这种情况下，再采用自然冷却方式，不仅使线材的冷却时间加长，厂房、设备增大，而且会加剧盘卷内外温差，导致冷却极不均匀，并将造成以下不良后果：

（1）金相组织不理想。晶粒粗大而不均匀，由于大量的先共析组织出现，亚共析钢中的自由铁素体和过共析钢中的网状碳化物增多，终轧温度高，冷却速度慢，使得晶粒十分粗大，这就导致了线材在以后的使用过程中和再加工过程中力学性能降低。

（2）性能不均匀。盘卷的冷却不均匀使得线材断面和全长上的性能波动较大，有的抗拉强度波动达 240MPa，断面收缩率波动达 12%。

（3）氧化铁皮过厚，且多为难以去除的 Fe_3O_4 和 Fe_2O_3。这是因为在自然冷却条件下，盘卷越重盘卷厚度越大，冷却速度越慢，线材在高温下长时间停留而导致严重氧化。自然冷却的盘条氧化损失高达 2%~3%，降低了金属收得率。此外，严重的氧化铁皮造成线材表面极不光滑，给后道拉拔工序带来很大困难。

（4）由于线材成卷堆冷，冷却缓慢，对于含碳量较高的线材来说，容易引起二次脱碳。

上述不良影响随着终轧温度的提高和盘重的增加而越加显著，而适当地控制线材冷却速度并使之冷却均匀，则能有效地减轻或消除这些影响。因此，对于连续式线材轧机，尤其是高速线材轧机，为了克服上述缺陷，提高产品质量，实现热轧后的控制冷却是必不可少的。所谓控制冷却，就是利用热轧后余热，以一定的控制手段控制其冷却速度，从而获得所需组织和性能的冷却方法。

随着高速线材轧机的发展，控制冷却技术得到不断的改进和完善，并且在实际应用中越来越显示出它的优越性。

7.4.2.2 线材控制冷却的工艺要求

线材轧后冷却的目的主要是得到产品所要求的组织与性能，使其性能均匀和减少二次氧化铁皮的生成量，为了减少二次氧化铁皮量，要求加大冷却速度。要得到所要求的组织和性能，则需根据不同品种，控制冷却工艺参数。

一般线材轧后控制冷却过程可分为三个阶段：第一阶段的主要目的是为相变作组织准备及减少二次氧化铁皮生成量。一般采用快速冷却，冷却到相变前温度，此温度称为吐丝温度。第二阶段为相变过程，主要控制冷却速度。第三阶段相变结束，除有时考虑到固溶元素的析出来用慢冷外，一般采用空冷。

按照控制冷却的原理与工艺要求，线材控制冷却的基本方法是：首先让轧制后的线材在导管（或水箱）内用高压水快速冷却，再由吐丝机把线材吐成环状，以散卷形式分布到运输辊道（链）上，使其按要求的冷却速度均匀风冷，最后以较快的冷却速度冷却到可集卷的温度进行集卷、运输和打捆等。

因此，工艺上对线材控制冷却提出的基本要求是能够严格控制轧件冷却过程中各阶段的冷却速度和相变温度，使线材既能保证性能要求，又能尽量地减少氧化损耗。

各钢种的成分不同，它们的转变温度、转变时间和组织特征各不相同。即使同一钢种只要最终用途不同，所要求的组织和性能也不尽相同。因此，对它们的工艺要求取决于钢种、成分和最终用途。

一般用途低碳钢丝和碳素焊条钢盘条一般用于拉拔加工。因此，要求有低的强度及较好的延伸性能。低碳钢线材硬化原因有两个，即铁素体晶粒小及铁素体中的碳过饱和。铁素体的形成是形核长大的过程，形核主要是在奥氏体晶界上。因此奥氏体晶粒大小直接影响铁素体晶粒大小，同时其他残余元素及第二相质点也影响铁素体晶粒形成。为了得到比较大的铁素体晶粒，就需要有较高的吐丝温度以及缓慢的冷却速度，先得到较大的奥氏体晶粒，同时要求钢中杂质含量少。

铁素体中过饱和的碳，可以以两种形式存在：一种是固溶在铁素体中起到固溶强化作用；另一种是从铁素体中析出起沉淀强化作用，两者都对钢的强化起作用。但对于低碳钢来说，沉淀强化对硬化的影响较小，因此必须使溶于铁索体中的过饱和碳沉淀出来。这个要求可以通过整个冷却过程的缓慢冷却得到实现。

所以对这两类钢的工艺要求是高温吐丝，缓慢冷却，以便先共析铁素体充分析出，并有利于碳的脱溶。这样处理的线材组织为粗大的铁素体晶粒，接近单一的铁素体组织。它具有强度低、塑性高、延性大的特点，便于拉拔加工。由于低碳钢的相变温度高，在缓慢冷却条件下，相转变结束后线材仍处于较高温度，所以相变完成后要加快冷却速度，以减少氧化铁皮生成和防止 FeO 的分解转变。

含碳量为 0.20% ~0.40% 的中碳钢，通常用于冷变形制造紧固件。对它们采用较慢的冷却速度，它们除能得到较高的断面收缩率外，还具有低的抗拉强度。这将有利于简化甚至省略冷变形前的初次退火或冷变形中的中间退火。有些中碳钢在冷镦时，既要求有足够的塑性，又要求有一定的强度。为满足所要求的性能，需用较高的吐丝温度得到仅有少量先共析铁素体的显微组织。如果中碳钢线材用于拉拔加工，利用风机鼓风冷却并适当提高运输机速度，将增加线材的抗拉强度。

对于含 0.35% ~0.55% 的碳素钢，为了保证得到细片状珠光体以及最少的游离铁素体，要求在 A_{r3} 和 A_{r1} 温度之间的时间尽可能短，以抑制先共析铁素体的析出。因此，此阶段要采用大的风量和高的运输速度，随后以适当的冷速，使线材最终组织由心部至表面都成为均匀的细珠光体组织，从而得到性能均匀一致的产品。对此，在冷却过程中保证线材心部和表面温度一致是相当重要的。

对于含 0.60% ~ 0.85% 的高碳钢，由于它靠近共析成分，所以希望尽量减少铁素体的析出而得到单一的珠光体组织。故要求采用较高的冷却速度，以强制风冷来抑制先共析相的析出，同时使珠光体在较低的温度区形成，这样就可得到细片小间距的珠光体—索氏体。这种组织具有优良的拉拔性能，适用于深拉拔加工。资料表明，对于含碳量为 0.70% ~ 0.75% 的碳素钢，经上述控制冷却后的 5.5mm 线材可直接拉拔到 1.2mm 侧面不断，而经铅浴淬火的同规格线材在未拉到该尺寸前就不能再拉拔了。

值得指出的是，碳含量在 0.30% 以上的线材容易产生表面脱碳，从而使线材表面硬度和疲劳强度降低，这是个不容忽视的问题。为了防止这类钢的表面脱碳，必须严格控制它们的终轧温度、吐丝温度以及高温停留时间。

从碳钢的各种恒温转变曲线可以看出，仅含有常规 Mn、Si 含量的所有碳素结构钢都可以在短时间内完成等温转变，一般在"鼻点"处从转变开始到转变终了也只有几秒钟的时间。但对于合金钢来说，情况则大不一样。实验研究表明，即使是加入少量的合金元素，也能显著地推迟转变。对含合金元素的低合金钢和合金钢，一般都要求以缓慢甚至极缓慢的速度冷却，尽管有些工艺条件满足不了这种苛刻的冷却速度要求而导致组织中出现一些硬度高的转变产物，但在重新处理和加工过程中不至于导致断裂。表 7-1 列出了部分钢种的用途、控冷目的和工艺要求。

表 7-1 部分钢种的用途、控冷目的和工艺要求

钢 种	控冷目的	达到目标	适合的组织	冷却特点	轧制要求	生产手段	成品用途
低碳软钢焊条钢（含 0.06% ~ 0.20% C）	提高拉拔性能	尽可能软化	铁素体 + 粗碳化物	均匀缓慢（也可中间快冷）	无特殊要求	斯太尔摩延迟冷却	制作玻璃钢丝、铁丝、钉子、焊条芯等
冷镦钢（含 0.20% ~ 0.50% C）	省去软化退火	尽可能软化	铁素体 + 珠光体（不含贝氏体）	缓慢冷却	奥氏体细化（低温终轧）	斯太尔摩缓慢或延迟冷却	螺丝、螺钉、铆钉、汽车紧固件、标准件
	简化球化退火	缩短球化时间	细珠光体 + 铁素体	控制急冷（水）+ 缓冷	低温终轧	EDC 法或斯太尔摩延迟冷却	
高碳钢弹簧钢（含 0.60% ~ 0.85% C）	省去铅浴淬火	高强度、高拉拔性、高韧性	平均相变温度 600℃ 以上的细珠光体–索氏体（少量的铁素体、不含贝氏体和马氏体）	轧后急冷 + 快冷（水冷 + 风冷）	奥氏体粗化（高温终轧）	斯太尔摩标准冷却或其他冷却	钢绳、预应力钢丝、应力钢绞线、弹簧等
				急冷（水）+ 保温	奥氏体晶粒大小取决于冷速	斯太尔摩延迟冷却	
轴承钢（全淬透）	简化或省去球化退火	缩短球化时间（得到球化退火组织）	细珠光体（索氏体）+ 非网状碳化物均匀析出	急冷（水）+ 保温	低温终轧	斯太尔摩延迟冷却或缓慢冷却	滚珠、滚柱轴承套圈等

钢　种	控冷目的	达到目标	适合的组织	冷却特点	轧制要求	生产手段	成品用途
低合金高强度钢（含 0.10% ~ 0.35% C）	省去离线淬火回火及拉丝中的热处理	高强度、高韧性	全部马氏体	急冷（水）	奥氏体粗化	直接淬火	高强度预应力钢筋
		高强度、高加工性	铁素体+细碳化物析出	快冷（水）+保温	低温终轧（未再结晶奥氏体）	EDC 或斯太尔摩延迟冷却	高强度螺栓
奥氏体不锈钢	省去固溶处理	软化、高耐磨性	粗奥氏体，无晶界碳化物	保温+急冷（水）	奥氏体粗化（高温终轧）	直接固溶处理	各种不锈钢制品

总之，线材控制冷却的工艺要求，应结合钢材的自身性质（钢种、成分、冶炼方法等），加热和轧制工艺状况，控制冷却的设备特点以及产品的最终用途等多方面因素加以综合考虑。

7.4.3　控制冷却工艺种类

迄今为止，世界上已经投入应用的各种线材控冷工艺装置至少有十多种，充分体现了世界各国 20 多年来为改善线材产品性能而做出的巨大努力及高速轧机线材生产中控冷工艺的演变和发展。从各种工艺的布置和设备特点来看，不外乎两种类型：一类是采用水冷加运输机散卷风冷（或空冷），这种类型中较典型的工艺有美国的斯太尔摩冷却工艺、英国的阿希洛冷却工艺、德国的施罗曼冷却工艺及意大利的达涅利冷却工艺等；另一类是水冷后不用散卷风（空）冷，而用其他介质或用其他布圈方式冷却，诸如 ED 法和 EDC 法沸水冷却、流态床冷却、DP 法竖井冷却及间歇多段穿水冷却等。

7.4.3.1　斯太尔摩控制冷却工艺

A　工艺特点及类型

斯太尔摩控制冷却工艺是由加拿大斯太尔柯钢铁公司和美国摩根公司于 1964 年联合提出的，目前已成为应用最普遍、发展最成熟、使用最为稳妥可靠的一种控制冷却工艺。据统计，该冷却线在世界上已投产的约 208 条。该工艺是将热轧后的线材经两种不同冷却介质进行不同冷却速度的两次冷却，即一次水冷，一次风冷。

斯太尔摩控冷工艺最大的特点是为了适应不同钢种的需要，具有三种冷却形式，这三种类型的水冷段相同，它依据运输机的结构和状态不同而分为标准型冷却、缓慢型冷却和延迟型冷却。下面简要介绍它们的工艺特点及设备布置。

标准型冷却的运输机上方是敞开的，吐丝后的散卷落在运动的输送链上由下方风室鼓风冷却。在线材散卷运输机下面，分成几个风冷段，其段数根据产量而定，一般为 5 ~ 7 段。每个风冷段设置一台风量为 85000 ~ 90000m^3/h、风压约 0.02MPa 的风机。当呈搭接状态的线圈通过运输机时，可调节风门控制风量，经喷嘴向上对着线材强制吹风冷却。标准斯太尔摩运输机如图 7-2 所示，其运输速度为 0.25 ~ 1.4m/s，冷却速度为 4 ~ 10℃/s，它适用于高碳钢线材的冷却。

缓慢型冷却是为了满足标准型冷却无法满足的低碳钢和合金钢之类的低冷速要求而设

计的。它与标准型冷却的不同之处是在运输机前部加了可移动的带有加热烧嘴的保温炉罩，有些厂还将运输机的输送链改成输送辊，运输机的速度也可设定得更低些。由于采用了烧嘴加热和慢速输送，缓慢冷却斯太尔摩运输机（见图 7-3），可使散卷线材以很缓慢的冷却速度冷却。

如图 7-3 所示那样，在缓慢冷却斯太尔摩运输机的前三段上，装有用铰链连接并可打开或关闭上盖的燃烧室，燃烧室内装有烧嘴，用来控制线材的冷却温度。这种缓慢冷却型特别适于低碳、低合金钢线材的控制冷却，也适合于高碳钢的控制冷却。冷却高碳钢时可打开燃烧室的上盖并吹风冷却，也就相当于标准型斯太尔摩控制冷却设备。这种设备，由于加热段内的运输机及其有关结构存在受高温烘烤容易变形、结构复杂、造价高等问题，目前极少被应用。

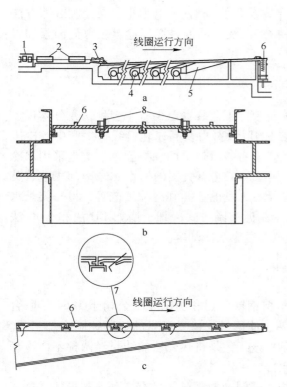

图 7-2　标准斯太尔摩运输机示意图

a—总布置图；b—横断面图；c—纵断面图

1—精轧机组；2—冷却水箱；3—吐丝机；4—风机；

5—送风室；6—铸造板；7—空气喷嘴；8—链轮

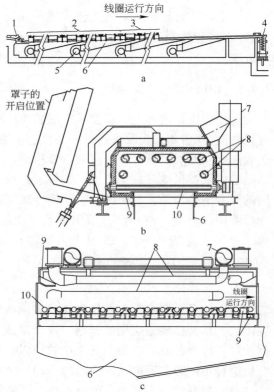

图 7-3　缓慢冷却斯太尔摩运输机示意图

a—总布置图；b—横断面图；c—纵断面图

1—吐丝机；2—加热和保温罩；3—保温罩；

4—集卷筒；5—风机；6—送风室；7—排烟管；

8—辐射加热管；9—绝热层；10—运送辊道

缓慢冷却斯太尔摩运输机的运输速度为 $0.05 \sim 1.4$ m/s，冷却速度为 $0.25 \sim 10$ ℃/s，它适用于处理低碳钢、低合金钢及合金钢之类的线材。

延迟型冷却是在标准型冷却的基础上，结合缓慢型冷却的工艺特点加以改进而成。它在运输机的两侧装上隔热的保温层侧墙，并在两侧保温墙上方装有可灵活开闭的保温罩盖，延迟冷却斯太尔摩运输机示于图7-4。当保温罩盖打开时，可进行标准型冷却；若关闭保温罩盖，降低运输机速度，又能达到缓慢型冷却效果，它比缓慢型冷却简单、经济。由于它在设备构造上不同于缓慢型，但又能减慢冷却速度，故称其为延迟型冷却。延迟型冷却的运输速度为0.05～1.4m/s，冷却速度为1～10℃/s。它适用于处理各类碳钢、低合金钢及某些合金钢。由于延迟型冷却适用性广，工艺灵活，省掉了缓慢冷却型加热器，设备费用和生产费用相应降低，所以近十几年所建的斯太尔摩冷却线大多采用延迟型。目前世界上已建设45条延迟型控制冷却线。

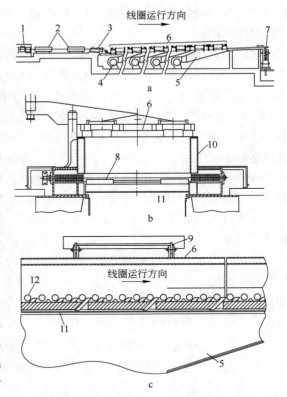

图7-4　延迟冷却斯太尔摩运输机示意图

a—总布置图；b—横断面图；c—纵横面图
1—精轧机组；2—水冷段；3—吐丝机；4—风机；
5—送风室；6—保温罩；7—集卷筒；8—冷却喷嘴；
9—保温盖升降装置；10—保温层侧墙；
11—保温底板；12—辊道

　　B　工艺布置

　　斯太尔摩控制冷却的工艺布置是：线材从精轧机组出来后，立即进入由多段水箱组成的水冷段强制水冷，然后出夹送辊送入吐丝机，并呈散卷状布放在连续运行的斯太尔摩运输机上，运输机下方设有风机可鼓风冷却，最后进入集卷筒收集，图7-2a为该工艺的布置图。

　　终轧温度为1040～1080℃的线材离开轧机后在水冷区立即被急冷到750～850℃。水冷后的温度控制稍高些，水冷时间控制在0.6s左右，目的是防止线材表面出现淬火组织。在水冷区，控制冷却的目的在于延迟晶粒长大，限制氧化铁皮形成，并冷却到接近又高于相变温度的温度。

　　斯太尔摩冷却工艺的水冷段全长一般为30～40m，由2～3个水箱组成。每个水箱之间用一段6～10m无水冷的导槽隔开，称其为恢复段。这样布置的目的一方面是为了经过一段水冷之后，使线材表面和心部的温度在恢复段趋于一致；另一方面也是为了有效地防止线材因水冷过激而形成马氏体。

　　线材的水冷是在水冷喷嘴和导管里进行的。每个水箱里有若干个（一般三个）水冷喷嘴和导管。当线材从导管里通过时，冷却水从喷嘴里沿轧制方向以一定的入射角（顺轧向45°角）环状地喷在线材四周表面上。水流顺着轧件一起向前从导管内流出，这就减少了轧件在水冷过程中的运行阻力。此外，每两个水冷喷嘴后面设有一个逆轧向的、入射角为30°的清扫喷嘴，也称为捕水器，目的是为了破坏线材表面蒸汽膜和清除表面氧化铁皮，以加强水冷效果。

　　为了防止水箱内的水流从两端口流出，在每个水箱的入口端装有一个顺轧向喷水压力为1.2MPa的清扫喷嘴，在出口端装有一个逆轧向喷水的压力为1.2MPa的清扫喷嘴和一个逆轧向喷吹的压力为 0.6MPa 的空气清扫喷嘴, 这样可以有效地防止水流出水箱, 并且使线材出水箱时表面不带水。

实际生产中, 水箱内的冷却水不是常开的, 因为从精轧机出来的线材速度快、温度高、尺寸小, 因而很软。如果让其头部从水中通过则很容易被堵住, 所以要让线材头部到达夹送辊后才能通水冷却, 即头部不水冷。考虑到走钢时前后两根钢之间的间隔时间很短 (一般为 5~10s), 故在尾部未通过水冷箱之前就要对该水箱断水, 即尾部不水冷, 以保证下一根钢来到之前水箱内的水能随线材尾部的通过而流完。为了避免水箱水流对线材头部和尾部造成阻力, 每根钢头尾都有一段不水冷, 头尾段水长度的设定, 主要取决于钢种、规格及水冷段的长度。一般对于小规格线材, 要等到头部全部通过水冷箱并到达导向器 (或夹送辊) 时才通水冷却; 在尾部尚未进入水冷箱时各水箱就要从前到后逐个断水。对于中等规格的软线, 一般是轧件头部到达第二个水箱时第一个水箱才开始通水, 而尾部则可以经受水冷。对于大规格线材, 由于直径大, 轧制速度慢, 可让头部通过一个水箱后就对该水箱通水, 但对尾部不能水冷, 以免妨碍吐丝机成圈。冷却水的水压为 0.6MPa, 而反向喷嘴的水压则为 1.2MPa。穿水冷却的水耗量大, 轧制速度为 75m/s 的高速线材轧机, 每线水耗量为 250~300t/h。位于水冷箱之间的恢复段是由若干个 1m 左右的导槽相接而成的。相接处留有间隙 10mm 左右。

C　斯太尔摩控制冷却法的效果及其优缺点

斯太尔摩工艺的三种控制冷却形式基本可以适应所有大规模生产的钢种。控制冷却工艺可以收到控制金属组织、改善使用性能、减少氧化铁皮的综合效果。

经过斯太尔摩控制冷却工艺处理的线材, 其氧化铁皮生成量有可能控制到 0.2%, 成卷自然冷却降低了 1% 左右。由于氧化铁皮生成量少, 且 FeO 的所占比重大, 故便于酸洗, 酸洗时间较成卷自然冷却的可节省 40% 左右。

标准型斯太尔摩工艺在生产高碳钢线材中得到广泛应用, 它可以使热轧线材得到类似铅浴淬火的组织, 抗拉强度低于铅浴淬火的, 但比空冷的高。

斯太尔摩冷却工艺的优点是: (1) 冷却速度可以人为控制, 这就容易保证线材的质量; (2) 与其他各种控制冷却工艺相比, 斯太尔摩工艺较为稳妥可靠, 适用的生产范围很大, 基本上能满足当前现代化线材生产的需要; (3) 设备不需要深的地基。

斯太尔摩冷却工艺的缺点是: (1) 投资费用较高, 占地面积较大; (2) 风冷区线材降温主要依靠风冷, 因此, 线材的质量受气温和湿度的影响大; (3) 由于主要依靠风机降温, 线材二次氧化较严重。

D　控制冷却工艺参数的设定与控制

线材控制冷却需要控制的工艺参数主要是终轧温度、吐丝温度、相变区冷却速度以及集卷温度。这些参数是决定线材产品最终质量的关键, 它们的改变会使产品性能产生很大的变化。因此, 正确设定和控制冷却工艺参数, 是整个线材生产工艺控制中一项极其重要的工作。

随着控冷技术的深入研究, 人们认识到终轧温度对线材最终组织形貌和性能的影响以及氧化脱碳的控制是个不可忽视的因素。因此, 最新的高速线材轧机在精轧机组前或机架间设有水冷装置, 以根据需要控制终轧温度。

在控制轧制中，终轧温度是决定奥氏体晶粒度的主要参数之一，它通过对奥氏体晶粒度的影响而影响到相变过程中的组织转变和转变产物的形貌。因此，在其他轧制条件不变的情况下，通过控制终轧温度来控制奥氏体晶粒度有一定的意义。终轧温度对奥氏体晶粒度的影响规律是：终轧温度高，晶粒粗大，终轧温度低，晶粒细小。所以可根据钢种、轧机设备能力和产品的性能要求来选择适合的终轧温度。

一般对强度、韧性要求较严格的高碳钢、低合金高强度钢以及中碳冷镦钢之类的线材，由于它们的使用性能和再加工性能的需要，希望转变组织晶粒细小、脱碳层薄，所以它们的终轧温度不能过高，一般应控制在930～980℃。主要用于生产铁丝、制钉、拉制电焊条芯等用途的低碳软钢、碳素焊条钢等，要求得到低强度、高塑性的多边形铁素体组织。此外考虑到它们的碳含量低，奥氏体化温度高，所以它们的终轧温度应相应提高，一般可设定在980～1050℃。高碳轴承钢、高碳工具钢和某些合金钢对脱碳和网状碳化物有严格要求，在轧机能力许可的情况下，它们的终轧温度应尽可能低些，一般被控制在900℃左右。此外，某些奥氏体不锈钢，为了让碳化物充分溶解，以便在后续冷却过程中得到固溶处理的效果，必须在高温终轧，其终轧温度一般不低于1050℃。终轧温度的控制可通过增减精轧机组机架间冷却水量和精轧机前水冷箱水量来实现。

吐丝温度是控制相变开始温度的关键参数。对于常见的各种线材，不可能存在合乎人们要求的、使产品具有最佳力学性能和冶金性能的唯一吐丝温度。最佳吐丝温度的选择应结合钢种成分、过冷奥氏体分解温度（C曲线的位置）及产品最终用途等几方面的因素加以综合考虑。采用水冷段不供水的措施，吐丝温度可达950℃，通过调水冷段的供水阀可获得低于950℃的吐丝温度，对于不同尺寸的线材为了得到同样的吐丝温度，阀门调节量就不尽相同，一般把吐丝温度控制在760℃以上。在斯太尔摩控冷工艺中，一般根据钢种和用途的不同将吐丝温度控制在760～900℃。部分钢种选用下列吐丝温度，见表7-2。

表7-2　不同钢种的吐丝温度

钢　　种	吐丝温度/℃	钢　　种	吐丝温度/℃
拉拔用钢（中碳）	870	软线（一般用途低碳钢丝线材）	900
冷镦钢（中碳）	780	建筑用钢筋	780
碳素结构钢线材	840	低合金钢	830
硬线（高碳）	785	高淬硬性钢	900

吐丝温度的高低，直接影响过冷奥氏体的稳定性，因而对性能产生重要的影响。斯太尔摩控制冷却的生产经验表明，低碳钢（$w_c \leq 0.15\%$ 和 $w_c = 0.16\% \sim 0.23\%$），在保持其他条件不变的前提下，吐丝温度越高，线材的抗拉强度越低；而对于高碳钢（$w_c > 0.44\%$）和中碳钢（$w_c = 0.24\% \sim 0.44\%$），在其他条件不变的情况下（轧制条件及强制风冷和运输机速度不变），吐丝温度越高，线材的抗拉强度越高，这种关系对所有规格都成立。从理论上讲，高碳钢的线材直径越大吐丝温度应越高，但现场实践表明，线材尺寸的作用与吐丝温度的作用相比，可忽略不计。因此，生产中在其他参数不变的前提下，碳钢可以通过改变吐丝温度得到不同的抗拉强度。

为了保证线材性能均匀一致，冷却条件必须保持相对的稳定，吐丝温度必须严格地控制在规定范围内，一般允许波动±10℃。尽管有时稍为超出该波动范围，也不至于引起线材性能的有害变化，而且对随后进行的拉拔不会产生有害的影响。然而，要想提高拉拔极限，就必须保证线材性能尽可能的均匀。对此除了要求钢质本身均匀之外，吐丝温度稳定是线材性能均匀的重要保证之一。

相变区冷却速度决定着奥氏体的分解转变温度和时间，也决定着线材的最终组织形态，所以整个控冷工艺的核心问题就是如何控制相变区冷却速度。对具有散卷风冷运输和这一类型的冷却工艺来说，冷却速度的控制取决于运输机构速度、风机状态和风量大小以及保温罩盖的开闭。

运输机速度是改变线圈在运输机上布放密度的一种工艺控制参数。通过改变运输机速度来改变线圈布放密度，从而控制线材的冷却速度，这是散卷冷却运输机的主要功能。一般说来，在轧制速度、吐丝温度以及冷却条件相同的情况下，运输机的速度越快、线圈布放得越稀、散热速度越快，因而冷却速度越快。但这种关系并非对全部速度范围都成立，当运输机的速度快到一定值时，冷却速度达到最大，即使再增大运输机速度，冷却速度也不再增加。这是因为运输机速度加快，增加了线圈间距，使线圈之间的相互热影响不断减小，直至消失，此时运输机速度增加，不能提高冷却效果。相反，运输机速度加快缩短了盘卷的风冷时间，反而会降低冷却效果。

运输机速度的确定除了与钢种、规格和性能要求有关之外，还与轧制速度有关。因为在运输机速度不变的情况下，轧制速度的变化使线圈间距有所改变，从而引起冷却速度变化，所以要求轧制速度保持相对稳定。资料表明，当轧制速度的变化值超过 2.5% 时，应对运输机速度做出相应比例的调节。

斯太尔摩控冷工艺根据轧制速度和轧制规格的变化，以 5.5mm 线材的轧速为 75m/s 作为基准速度，表 7-3 给出了运输机速度范围。

表 7-3　不同冷却类型运输机的速度范围

冷却类型	线材规格 ϕ/mm	运输机速度/m·min^{-1}
标准型	5.5~16	52.9~30.4
延迟型	5.5~16	一种 4.5~13.5；另一种 5.5~16.7

根据冷却速度要求和冷却性质，标准型冷却的运输速度随线材规格的增大而减慢，而延迟型冷却的运输速度则随规格的增加而加快。

对于可实现多段速度单独控制的辊式运输机，要求各段速度有一微量变化，以改变线圈之间的接触点。此外，无台阶的多段速度控制运输机的各段速度设定有个原则，即后段速度必须大于或等于前段速度，否则易造成线圈相互穿插而乱线。散卷运输机下方一般有多台可分档控制风量的冷却风机，根据冷却的需要能进行多种状态的组合操作。现介绍如下：

（1）所有风机均开启，并以满风量工作。这种操作的冷却速度最大可达 10℃/s，主要适用于要求强制风冷的高碳钢种（$w_c \geqslant 0.60\%$）。

（2）各风机以 75%、50%、25%、0% 任意一种风量操作，可以实现 4~10℃/s 的冷却速度，这种操作适用于中等冷速要求的钢种。

（3）前几台开启，后几台关闭；或前几台关闭，后几台开启；或其中任意几台风机组合开启，其余关闭。这三种操作分别适用于要求先快冷后慢冷，或先慢冷后快冷，或非均匀冷速的钢种。

(4) 所有风机关闭。这种操作的冷却速度可依据运输机速度（或线圈间距）和罩盖的开闭情况在 $1 \sim 5℃/s$ 范围内得到控制。它适用于要求冷却速度较慢的低碳、低合金及合金钢种。

保温罩盖只有开、闭两种状态。按缓冷工艺即斯太尔摩的延迟型工艺操作时，罩盖关闭；进行强制风冷或散卷空冷时，罩盖打开；也可根据钢种特性和冷速要求，任意关闭其中某一段或某几段罩盖，其余打开。

总体上说，根据各种冷却工艺的设备特性，正确地选择各个工艺参数，应能得到所要求的冷却速度。但严格说来，准确地选择和控制相变的冷却速度却是件很困难的事。因为冷却速率随时都在变化，它随线材自身温度下降而呈指数关系下降。因此，工艺上只能控制过冷奥氏体转变前后各段时间的平均冷却速度。

过冷奥氏体各段时间的平均冷却速度根据 CCT 曲线或 C 曲线图确定。从图中选择一条能得到最佳组织状态和硬度的冷却曲线作为控冷工艺的模拟工艺线，再根据运输机能控制的速度段数将冷却曲线分成若干段，分别算出各段的平均冷却速度作为工艺要求的控制冷却速度，以此来确定运输机各段的速度、风机状况和风量大小及罩盖状况等参数。但是，有时各参数在允许的范围内并不能完全满足控制冷速的要求，这就需要对所选择的工艺线或工艺参数进行恰当的修正，甚至这种修正要反复多次，以求得设备许可条件下的最优工艺参数。有时一条新工艺线的制定要经过反复的摸索、试验才能确定。

集卷温度主要取决于相变结束温度及其后的冷却过程。为了保证产品性能，避免集卷后的高温氧化和 FeO 的分解转变以及改善劳动环境，一般要求集卷温度在 250℃ 以下。有时由于受冷却条件的限制，集卷温度可能会高一些，但不应高于 350℃。所以，多数情况下要求集卷段鼓风冷却，以降低集卷温度。

7.4.3.2 阿希洛控制冷却工艺

阿希洛控制冷却工艺也是一种很有成效并广为应用的控制冷却工艺。它已经在我国邯郸钢铁总厂的高速线材轧机上得到应用。

阿希洛控制冷却工艺的总体布置与斯太尔摩工艺相似。工艺设备包括位于精轧机组与吐丝机之间的水冷段和吐丝机后的一台散卷运输机。这种冷却工艺采用运输机下方吹风的强制空气冷却。

水冷段：阿希洛控冷工艺特点是水冷段较短，一般为 $20 \sim 30m$，采用多段水箱与短小平衡区连接在一起的强制水冷段可使线材的吐丝温度迅速降到 $750 \sim 950℃$。

吐丝温度：水冷段主要作用是通过控制吐丝温度以控制晶粒尺寸。晶粒长大过程主要与钢种有关，且因轧机不同有所差别，现根据已有轧机的生产经验，在表 7-4 中列出几种钢的推荐吐丝温度。

风冷段：阿希洛控冷运输机最早也是采用无接头的链式运输系统，后来逐渐发展成多段控制的辊式运输机，并根据需要可配备重量轻的隔热罩，能实现 $1℃/s$ 的缓慢冷却速度。

7.4.3.3 施罗曼控制冷却工艺

施罗曼控制冷却工艺是在斯太尔摩控冷工艺的基础上发展起来的，做了两项较大的改革：

表7-4　几种钢的推荐吐丝温度

钢　种	碳含量(质量分数)/%	用　途	推荐吐丝温度/℃
Qst36-3	0.06 ~ 0.13	冷镦	800 ~ 850
D15-2	0.12 ~ 0.17	拔丝	800 ~ 850
D20-2	0.18 ~ 0.23	拔丝	800 ~ 850
碳素结构钢	0.23 ~ 0.35	拔丝	850 ~ 900
冷镦钢	0.23 ~ 0.35	冷镦	800 ~ 850
优质碳素结构钢	0.35 ~ 0.8	拔弹簧钢丝、钢绳丝	900 ~ 950
弹簧钢	0.6 ~ 0.7	拔弹簧钢丝、钢绳丝	800 ~ 850
10MnSi5	0.07 ~ 0.11	拔焊丝	800 ~ 850
10MnMo35	0.07 ~ 0.11	拔焊丝	750 ~ 800

（1）改进了水冷装置，强化了水冷能力。使轧件一次水冷就尽量接近理想的转变温度，从而达到简化二次冷却段的控制和降低生产费用的目的；

（2）采用水平锥螺管式成圈器，成圈后的线圈可立着水平移动，依靠空气自然冷却，使盘卷冷却更为均匀，且易于散热。

这两项改革的结果，取消了成圈后的强制风冷而任其自然冷却，这样就使二次冷却过程基本上不受车间气温和湿度的影响，并可防止在相变过程中线圈相互搭接而造成相变条件不一致，这是施罗曼工艺的主要优点。

从工艺上说，施罗曼法和斯太尔摩法的主要区别在于：斯太尔摩法侧重二次风冷，它对冷却速度的控制手段主要放在风冷区。而施罗曼法强调一次水冷，线材的温度控制主要靠水冷来保证。由于施罗曼法成圈后的二次冷却是自然冷却，冷却能力弱，对线材相变过程中的冷却速度没有控制能力，所以用施罗曼法冷却的线材在质量上不如斯太尔摩法易于保证。

与斯太尔摩工艺一样，施罗曼工艺也是在轧件离开精轧机后立即穿水快速冷却的。由于冷却主要靠水冷段保证，所以冷却温度比较低，一般冷到 600 ~ 700℃ 吐丝（也可稍高些），冷却温度的确定取决于以下三方面的因素：（1）能迅速转变成细小的索氏体组织；（2）线材能够很顺利地成圈吐丝；（3）线材表面温度不低于 500℃，避免出现马氏体组织。

综合考虑这三方面的因素，钢种、规格及性能要求不同的线材应选择不同的控制温度。

目前，由于出现了更加完善的斯太尔摩控制冷却设备，施罗曼控制冷却设备在实际生产中已很少采用。

7.4.3.4　达涅利控制冷却工艺

意大利达涅利公司称其散卷控制冷却生产线为达涅利线材组织控制系统（structural control），其工艺布置也是采用热轧后水冷加散卷风冷或空冷。该工艺根据散卷运输机的结构特点，在设计上分为三种类型：

（1）粗组织控制系统（wide structural control）。该系统主体部分设有实心辊式运输辊道（辊道速度为 0.05 ~ 1.6m/s），隔热罩盖和冷却风机。不同钢种的散卷冷却速率约为

$1 \sim 20℃/s$，它可以通过合理地控制运输辊道速度，正确使用风机或隔热罩盖进行调整。该系统适用于处理低、中、高碳钢及低合金钢线材。

（2）细组织控制系统（fine structural control）。这种冷却系统主体部分是运输辊道和冷却风机，无隔热罩盖。散卷冷却速率可在 $4 \sim 14℃/s$ 之内改变，它适用于处理中、高碳钢线材。

（3）普通组织控制系统（natural structural control）。该系统没有风机和罩盖，只有运输辊道。它主要依靠空气的自然对流来实现冷却，它仅适用于处理无特殊要求的碳素结构钢线材。

上述三种形式的达涅利控冷工艺，前两种与斯太尔摩延迟型和标准型控冷工艺大致相同，仅是设备参数不同而已。三种工艺中以第一种适用性最广，它同时具备后两种的功能，能在很宽的范围内选择理想的冷却速度，所以它与延迟型斯太尔摩工艺一样，能够处理各种性能要求的线材。

7.4.3.5 其他冷却工艺

上述几种控冷工艺均为水冷加散卷风冷（或空冷）的布置形式。此外，还有几种冷却工艺不是采用这种模式，而是根据各自的生产特点以独特的工艺方式进行线材的控制冷却。如 ED 法和 EDC 法、流态床冷却法以及德马克-八幡竖井法等。这些控冷工艺都是模拟铅浴淬火处理的冷却条件，在钢的奥氏体等温转变曲线上描绘各自的冷却速率，以求用最简单、最经济的手段获得类似铅浴处理的效果。各种冷却方法的工艺特点如表 7-5 所示。

表 7-5 各种冷却方法的工艺特点比较

序号	冷却方法	工艺特点	优　点	缺　点
1	斯太尔摩法	水平式，散卷冷却，一次水冷，二次风冷，冷速可控制	产品强度高，性能波动小，易于控制，氧化铁皮薄	占地面积大、设备多，投资费用高，冷却过程在一定程度上受环境影响
2	阿希洛法	水冷交替设平衡区，风冷辊道运输速度递增，冷速可无级变化	可精确控制冷速，消除线圈密集区"热点"，产品性能更为均匀	比斯太尔摩工艺投资费用更高
3	施罗曼法	水冷段长，强制水冷。卧式吐丝机，吐丝后的线圈可立着行走，散卷后自然冷却	设备较简单，易于操作和维修。冷却过程不受车间环境影响	产品性能难以控制
4	间歇水冷法	多段穿水冷却	设备简单，投资少	产品性能不均匀，且难以控制
5	热水浴法	有 ED 法和 EDC 法两种形式。冷却介质为沸水，靠蒸汽膜控制冷却速度	设备较简单，占地面积小，投资费用低	产品强度较低，性能波动大
6	DP 炉	立式冷却装置。冷却介质有冷风和水冷两种，可供选择	结构紧凑，占地面积小，投资费用低	生产效率不高，不适于高速线材轧机使用
7	KP 法	水平式，散卷冷却，冷却介质为固体颗粒	产品强度高，性能均匀，氧化铁皮少	设备复杂，维修困难，粉尘大，噪声高

思 考 题

7-1 高速线材生产的特点和产品特点是什么?

7-2 高速线材生产主轧机种类有哪些?

7-3 实现高速轧制需要满足哪些条件?

7-4 确定钢坯断面尺寸需要考虑哪些因素?

7-5 简述高线生产的工艺流程。

7-6 阐述如何计算高线车间的年产量。

7-7 高线车间粗轧机常见的布置形式有哪些?

7-8 高速无扭精轧机组在参数与结构上有哪些特点?

7-9 高线控制轧制的种类有哪些,控制轧制有何优点?

7-10 线材的控制冷却有哪几种方法?

7-11 高线生产中为什么要进行轧后控冷?

7-12 控制冷却的工艺类型有哪些?

7-13 什么是斯太尔摩冷却法,有哪几种类型?

7-14 简述斯太尔摩的三种工艺的特点。

7-15 比较阿希洛控制冷却工艺和斯太尔摩控冷工艺的特点。

7-16 阐述施罗曼法控冷和斯太尔摩法控冷的主要区别。

8 孔型设计基础

[本章导读]

　　现阶段绝大部分型钢生产的变形都是依靠孔型来完成的，因此孔型设计对于型钢生产有重大意义。本章对孔型设计的基本知识以及延伸孔型系统进行了介绍，并对如何进行延伸孔型设计做了简要说明。通过本章的学习，可以掌握孔型设计的基本内容和孔型设计的基本要求，以及孔型设计的基本流程。理解各种常见延伸孔型的变形特点，掌握各种延伸孔型的用法，并能进行合理的孔型设计。孔型设计的核心是宽展计算，因此本章对于如何计算宽展做了专门的介绍。

8.1 孔型设计的基本知识

8.1.1 孔型设计的内容和要求

　　型钢品种规格繁多，其中绝大部分都是用轧辊法在孔型中轧制进行生产的。将钢锭或钢坯在连续变化的轧辊孔型中进行轧制，以获得所需的断面形状、尺寸和性能的产品而进行的设计和计算工作称之为孔型设计。

　　8.1.1.1 孔型设计的内容

　　孔型设计是型钢生产的工具设计。完整的孔型设计包括以下三个方面的内容：

　　（1）断面孔型设计。依据坯料和成品的断面形状和尺寸及对产品性能的要求，确定孔型系统、总轧制道次和各道次的变形量，以及各道次的孔型形状和尺寸。

　　（2）轧辊孔型设计（配辊）。根据断面孔型设计的结果，确定孔型在各机架上的分配及其在轧辊上的配置方式，以保证轧件能正常轧制，操作方便，成品质量好和轧机产量高。

　　（3）轧辊导卫装置及辅助工具设计。根据轧机特性和产品的断面形状特点设计出相应的导卫装置。导卫或诱导装置应保证轧件能按照所要求的状态进、出孔型，或者使轧件在孔型以外发生一定的变形，或者对轧件起矫正或翻转作用等。

　　8.1.1.2 孔型设计的要求

　　孔型设计是型钢生产中一项极其重要的工作，直接影响着成品质量、轧机生产能力、产品成本、劳动条件和劳动强度。合理的孔型设计应满足以下几点基本要求：

　　（1）保证产品质量。所轧产品首先要保证断面形状正确和断面尺寸精度在允许偏差范围之内。还应使表面光洁，金属内部残余应力小，产品微观组织和力学性能良好。

（2）保证轧机生产效率。轧机的生产率决定于轧机的小时产量和作业率。影响轧机小时产量的主因是轧制道次数及其在各机架上的分配。在一般情况下，轧制道次数越少越好。在电机和设备允许条件下，尽可能实现交叉轧制，以达到加快轧制节奏，提高小时产量的目的。孔型系统、孔型和轧辊辅件的共用性是影响轧机作业率的主要因素。

（3）保证产品生产成本最低。为了降低生产成本，必须降低各种消耗。金属消耗在成本中起主要作用，因此提高成材率是降低成本的关键。因此，孔型设计应保证轧制过程进行顺利，便于调整，减少切损和降低废品率；在用户无特殊要求的情况下，尽可能按负偏差进行轧制。此外，合理的孔型设计也应减少轧辊和电能的消耗。

（4）保证劳动条件好。孔型设计时除考虑安全生产外，还应考虑轧制过程易于实现自动化控制，稳定轧制，便于调整；轧辊辅件坚固耐用，装卸容易。

（5）适合车间条件。设计的孔型应符合该车间的工艺与设备条件，使孔型具有实际的可用性。

8.1.2 孔型设计的科学程序

为了满足孔型设计的内容，满足孔型设计的要求，孔型设计需要遵循一定的科学程序。

8.1.2.1 了解生产基本情况

了解生产的基本情况包括以下三个方面的内容：

（1）了解产品的技术条件。产品的技术条件包括产品的断面形状、尺寸及其允许偏差；产品表面质量；微观组织和性能的要求；对某些产品还应了解用户的使用情况及其特殊要求。

（2）了解坯料条件。坯料条件包括已有钢锭或钢坯的形状和尺寸，或按孔型设计要求重新选定坯料的规格。

（3）了解轧机的性能及其他设备条件。包括轧机的布置、机架数、辊径、辊身长度、轧制速度、电机能力、加热炉、移钢和翻钢设备、工作辊道和延伸辊道、延伸台、剪机或锯机的性能以及车间平面布置情况等。

8.1.2.2 选择合理的孔型系统

对于新产品，设计孔型之前应了解类似产品的轧制情况及其存在的问题，作为考虑新产品孔型设计的依据之一。对于老产品，应了解在其他轧机上轧制该产品的情况及其存在问题。

在品种多、产量要求不高的轧机上，应该采用共用性大的孔型系统，这样可以减少换辊次数及轧辊的储备量。但在品种比较单一，即专业化较高的轧机上，应该尽量采用专用的孔型系统，这样可以排除其他产品的干扰，提高产量。

8.1.2.3 总轧制道次数的确定

孔型系统选择之后，接下来就要确定轧制该产品时所采用的总轧制道次数及按道次分配变形量。

（1）若钢锭或钢坯的断面尺寸为已知，轧制型钢时，由于断面形状比较复杂，而且压下量是不均匀的，所以变形量通常用延伸系数来表示。当坯料和成品的横断面面积为已知时，总延伸系数为：

$$\mu_\Sigma = \mu_1\mu_2\mu_3\cdots\mu_n = \frac{F_0}{F_1} \times \frac{F_1}{F_2} \times \frac{F_2}{F_3} \times \cdots \times \frac{F_{n-1}}{F_n} = \frac{F_0}{F_n} \qquad (8\text{-}1)$$

式中　F_1，F_2，F_3，$\cdots$，F_{n-1}——各道次轧后的轧件横断面面积；

　　　　F_0，F_n——坯料和成品的横断面面积。

如用平均延伸系数 μ_c 代替各道的延伸系数，则：

$$\mu_\Sigma = \mu_c^n \qquad (8\text{-}2)$$

由此可以确定出总轧制道次数：

$$n = \frac{\lg\mu_\Sigma}{\lg\mu_c} = \frac{\lg F_0 - \lg F_n}{\lg\mu_c} \qquad (8\text{-}3)$$

轧制道次数应取整数，具体应取奇数还是偶数则取决于轧机的布置。平均延伸系数可根据经验或同类轧机用类比法选取。

在实际设计时也可以根据轧机的具体条件，首先选择最合理的轧制道次，然后求出生产该产品的平均延伸系数：

$$\mu_c = \sqrt[n]{\mu_\Sigma} \qquad (8\text{-}4)$$

然后将这一平均延伸系数与同类型轧机生产该产品所使用的平均延伸系数相比较，若接近或小于上述数字，则说明生产是可能的，若大于这些数字很多时，则需要增加道次。若增加道次也不能解决，则说明原料断面过大，需要首先轧成较小的断面，然后经过再加热才能轧出成品。

（2）有几种钢坯尺寸可供选择时，根据轧机的具体情况选择最合理的轧制道次，然后求出钢坯的横断面面积：

$$F_0 = F_n\mu_c^n \qquad (8\text{-}5)$$

钢坯的边长为 $\sqrt{F_0}$，根据计算出的钢坯边长选择与其接近的钢坯尺寸。

8.1.2.4　各道次变形量的分配

分配各道次的变形量应注意以下几个问题：

（1）金属的塑性。研究表明，金属的塑性一般不成为限制变形的因素。对于某些合金钢锭，在未被加工前，其塑性较差，因此要求前几道次的变形量要小些。

（2）咬入条件。咬入条件是限制道次变形量的主要因素，在型钢轧机的开坯道次，轧件温度高，轧件表面常附着氧化铁皮，摩擦系数较低。所以，选择这些道次的变形量时要进行咬入验算。

（3）轧辊强度和电机能力。在轧件很宽而且轧槽切入轧辊很深时（如异型孔型），轧辊强度对道次变形量也有限制作用。一般情况下，应保证轧辊工作直径不小于辊颈直径。在新建轧机上，一般电机能力是足够的，仅在老旧轧机上，电机能力可能会制约道次变形量。

（4）孔型的磨损。轧制过程中存在摩擦，孔型不断磨损。变形量越大，孔型磨损越快。孔型的磨损直接影响到成品尺寸精度和表面粗糙度。同时，孔型的磨损也会增加换辊时间，影响轧机产量。成品尺寸精度和表面粗糙度主要取决于最后几道次，所以成品道次和成品前道次的变形量应取小些。

上述因素影响道次变形量的因素很复杂，经常是各种因素综合起作用。

图 8-1 是变形系数按道次分配的典型曲线，它的
主要依据是：在轧制初期，轧件温度高，金属的塑性、
轧辊强度与电机能力不成为限制因素，氧化铁皮使摩
擦系数降低，因此咬入条件成为限制变形量的主要因
素；随着氧化铁皮的剥落，咬入条件得到改善，而此
时轧件温度降低不多，故变形系数可不断增加，并达
到最大值；随着轧制过程的继续进行，轧件的断面面
积逐渐减小，轧件温度降低，变形抗力增加，轧辊强
度和电机能力成为限制变形量的主要因素，因此变形

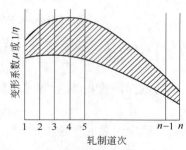

图 8-1　变形系数按道次分配的典型曲线

系数降低；在最后几道中，为了减少孔型磨损，保证成品断面的形状和尺寸的精确度，应采
用较小的变形系数。曲线的变化范围很大，是考虑其他意外因素的影响。

在生产中为了合理地分配变形系数，必须对具体生产条件做具体地分析。如在连轧机
上轧制时，由于轧制速度高，轧件温度变化小，所以各道的延伸系数可以取成相等或近似
相等。

各道次的延伸系数确定之后，要用其连乘积进行校核，保证其连乘积等于总延伸系
数，否则需调整各道次的延伸系数使其连乘积等于总延伸系数。

8.1.2.5　确定轧件的断面形状和尺寸

根据各道次的延伸系数确定各道次轧件的横断面面积，然后按照轧件的断面面积及其
变形关系确定轧件的断面形状和尺寸。

8.1.2.6　确定孔型的形状和尺寸

根据轧件的断面形状和尺寸确定孔型的形状和尺寸，并构成孔型。应指出，有时孔型
设计是根据经验数据直接确定孔型尺寸及其构成，这时可不事先确定轧件尺寸。

8.1.2.7　绘制配辊图

把设计出的孔型按一定规则配置在轧辊上，并绘制配辊图。

8.1.2.8　进行必要的校核

对咬入条件和电机负荷进行校核，在必要时，也要对轧辊强度进行校核。

8.1.2.9　轧辊辅件设计

根据孔型图和配辊图设计导卫、围盘、检测样板等辅件并构图。

8.1.3　孔型设计所遵循的基本原则

为了保证所设计的孔型具有良好的技术经济指标和显著的经济效益，在进行孔型设计
时要遵循以下基本原则：

（1）选择合理的孔型系统，这是型材生产能否顺利轧制、能否获得合格产品的关键。

（2）在满足咬入的前提下，充分利用钢在高温阶段塑性好、变形抗力小的特点，把变
形量和不均匀变形尽量放在前面道次，以降低能耗和轧辊磨损。

（3）各机架间的道次分配和翻钢移钢程序要合理，以便缩短轧制节奏，提高轧机产
量，有利于现场操作。

（4）当生产型钢品种规格较多时，要考虑到相邻孔型的共用性，以减少轧辊储备和相应的换辊工作时间。

（5）力求轧件在孔型中具有良好的稳定性，以利于轧件在孔型中的变形，防止弯扭，并简化轧机的操作和调整。

（6）确保设备安全，注意改善工人劳动条件，做到调整容易，操作简单，工作安全。

8.1.4　孔型及其分类

由两个或两个以上的轧槽在通过轧辊轴线的平面上所构成的断面轮廓称为孔型。所谓轧槽就是在一个轧辊上用来轧制轧件的工作部分，也就是轧辊与轧件相接触的部分。型材就是在带有所谓轧槽的环形凹槽或凸缘的轧辊上轧制出来的。

孔型的分类主要有以下三种方式：孔型的形状、用途及其在轧辊上的切削方式。

8.1.4.1　按形状分类

按孔型形状可以把所有孔型分为简单断面（如方、圆、扁等）和异型断面（如工字形、槽形、轨形等）两大类。也可按孔型的直观外形分为圆、方、箱、菱、椭圆、六角、扁、工字、轨形以及蝶式孔型等。

8.1.4.2　按用途分类

根据孔型在变形过程中的作用分为：

（1）开坯或延伸孔型，如图 8-2 所示。这种孔型的任务是把钢锭或钢坯的断面减小。常用的孔型有箱形孔、菱形孔、方形孔、椭圆孔、六角孔等。

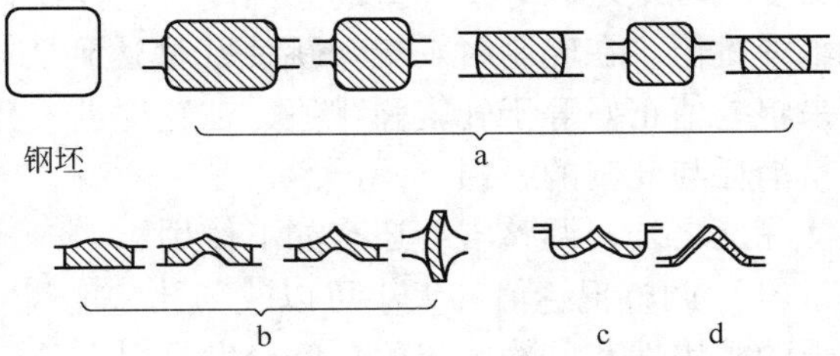

（2）预轧或毛轧孔型。其任务是在继续减小轧件断面的同时，并使轧件断面逐渐成为与成品相似的雏形。

图 8-2　孔型按用途分类

a—延伸孔型；b—预轧孔型；c—成品前孔型；d—成品孔型

（3）成品前或精轧前孔型。它是成品孔型前面的一个孔型，是为在成品孔型中轧出合格产品做准备的。

（4）成品或精轧孔型。它是一套孔型系统的最后一个孔型，它的作用是对轧件进行精加工。并使轧件具有成品所要求的断面形状和尺寸。

8.1.4.3　按其在轧辊上的车削方式分类

按孔型在轧辊上的车削方式（图 8-3）可分为如下三类：

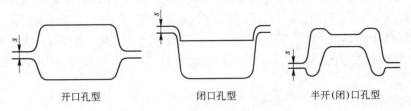

开口孔型　　　　　　闭口孔型　　　　　半开(闭)口孔型

图 8-3　孔型按车削方式的分类

（1）轧辊辊缝 s 在孔型周边上的称为开口孔型。

（2）轧辊辊缝 s 在孔型周边之外的称为闭口孔型。

（3）半开（闭）口孔型，亦称控制孔型。

8.1.5　孔型的组成及各部分的作用

为了轧出所需的各种型钢，必须设计出相应的孔型。虽然孔型的种类很多，外形也各有差异，但它们都是由几个基本部分组成的，如辊缝、圆角、侧壁斜度等。下面来讨论孔型各部分的作用。

8.1.5.1　辊缝

在轧制过程中，除轧件产生塑性变形外，工作机架各部分因受轧件变形抗力的作用将产生弹性变形。机架的弹性变形由下面几部分组成：（1）轧辊的弯曲和径向压缩；（2）牌坊立柱的拉伸；（3）牌坊上、下横梁的弯曲；（4）压下螺丝、轴承、轴瓦的压缩等。以上弹性变形的总和称为轧辊的弹跳。轧辊弹跳值的大小与轧制压力和轧机的结构有关。在轧制压力相同时，开口式牌坊比闭口式牌坊的轧辊弹跳大得多。轧辊弹跳增加了孔型的高度，所以如果在设计孔型时不考虑轧辊弹跳，就不可能轧出合格的产品。

为了获得精确的断面形状和尺寸，孔型设计时必须在轧辊之间留有辊缝，使两个轧槽的深度与辊缝之和等于孔型的总高度。这样在轧制前使轧辊之间的距离比设计的辊缝小一轧辊弹跳值。在轧制时轧辊弹跳使孔型达到要求的高度。因此，辊缝值应大于轧辊弹跳。如果辊缝值正好等于轧辊弹跳值，在轧件进入孔型前，轧辊将互相接触，这将引起附加的能量消耗与轧辊的磨损。

除此之外，调整辊缝还有如下作用：

（1）调整辊缝值的大小可以改变孔型的尺寸（如菱形、方形、椭圆孔等），这从提高轧辊的共用性和节约轧辊的角度出发是很有价值的。

（2）此外，增大辊缝值可相对地减少轧槽刻入深度，提高轧辊强度，从而增加了轧辊的允许重车次数，延长了轧辊的使用寿命。

（3）简化轧机调整，即当孔型磨损时，可以用减小辊缝的方法使孔型恢复原来的高度。

（4）用调整辊缝的方法可以在一定范围内能适应轧件温度变化和孔型设计考虑不周带来的问题。

虽然增大辊缝值有一系列的优点。但辊缝值过大会使轧槽变浅，起不了限制金属流动的作用，使轧出的轧件形状不正确。那么如何确定轧辊辊缝的大小呢？

轧辊的弹跳值与金属作用在轧辊上的压力成正比，而允许轧制压力的大小又与轧辊的强度和轧辊直径有关，所以在实际生产中经常根据轧辊直径来估计辊缝值。例如，在大中型轧机的开坯机上辊缝一般采用 8~15mm，在粗轧机上采用6~10mm，成品轧机上采用4~6mm，小型轧机的开坯机上采用 6~10mm，粗轧机上采用 3~5mm，精轧机上采用1~3mm。

同样也可以根据如下经验关系确定辊缝值 s：

成品孔型：$s=0.01D$；毛轧孔型：$s=0.02D$；开坯孔型：$s=0.03D$；D 为轧辊直径。开坯孔型和毛轧孔型的辊缝值比成品孔型大，这是因为最初道次辊缝大对成品质量影响不大的缘故，且辊缝大，调整范围大，增加轧辊重车次数。

8.1.5.2 孔型侧壁斜度

孔型的侧壁斜度是指孔型的侧壁对轧辊轴线垂直线的倾斜程度。孔型的侧壁在任何时候都不垂直于轧辊轴线，而是有一定的倾斜度。以箱形孔为例，见图 8-4，孔型的侧壁斜度用下式表示：

$$\tan\varphi = \frac{B_k - b_k}{2h_p} \times 100\% \tag{8-6}$$

有时孔型的侧壁斜度也用角度表示。侧壁斜度的作用主要体现在以下几个方面：

（1）孔型侧壁斜度的作用是使轧件易于进、出孔型。当孔型有侧壁斜度时，孔型的进、出口部分由喇叭口形成，因而轧件进孔型和脱槽都很容易。当孔型无侧壁斜度时，如喂钢稍有不正，轧件碰到辊环就被顶回，不能实现咬入；即使轧件进入孔型，由于宽展，孔型侧壁对轧件造成很大的夹持作用，使轧件不易脱槽，易造成缠辊事故。

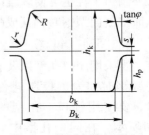

图 8-4 带斜度的箱形孔

（2）可以使轧辊在重车打磨后恢复原有宽度，减少车削量。在轧制过程中，孔型不断磨损，形状和尺寸都在发生变化，如继续使用磨损严重的孔型，则会在成品上出现许多缺陷，影响产品的质量，所以轧辊需要进行重车。假如孔型侧壁无斜度时，重车也无法恢复孔型原来的宽度，如图 8-5 所示。

重车时轧辊的车削量与孔型侧壁斜度的关系由图 8-6 可以看出：

$$D - D' = \frac{2a}{\sin\varphi} = \frac{2a}{\tan\varphi}（当\varphi 不大时）\tag{8-7}$$

式中 a——孔型侧壁的磨损深度；

D, D'——轧辊重车前后的直径。

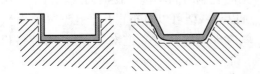

图 8-5 侧壁斜度对孔型重车后宽度的影响

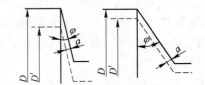

图 8-6 侧壁斜度与轧辊车削量的关系

由上式可知，侧壁倾角越大，当 a 相同时，为恢复孔型所需的轧辊车削量（D）越小。所以在实际生产中，在不影响质量的情况下应尽量采用大的侧壁斜度。

（3）能增加变形量。轧制异型断面型钢时孔型的侧壁斜度往往与允许的变形壁有关系。孔型的侧壁斜度越大，允许的变形量也越大。而且孔型侧壁斜度大，甚至可以减少轧制道次，并有利于轧机调整，这不仅可以节约轧辊，而且可以减少电能消耗。

（4）用大斜度孔型可增加孔型共用性。例如，大斜度的箱形孔型，通过控制孔型的充满程度，可以轧出尺寸不同的轧件。这一点对于初轧机、开坯机以及型钢轧机的粗轧孔型尤为重要。

8.1.5.3 孔型的圆角

孔型的角部很少用折线，一般都做成圆角（见图 8-4），分为内、外圆角。

（1）孔型内圆角的作用为：可以防止轧件角部的急剧冷却；可使槽底的应力集中减少，增加轧辊强度；通过改变内圆角平径，可以改变孔型的实际面积和尺寸，从而改变轧件在孔型中的变形量和孔型的充满程度，有时还对轧件的局部加工起一定的作用。

（2）孔型外圆角的作用为：当轧件进入孔型不正时，外圆角能防止轧件的一侧受辊环切割，即刮铁丝的现象；当轧件在孔型内略有过充满，即出现"耳子"时，外圆角可使"耳子"处避免有尖锐的折线，这样可防止轧件继续轧制时形成折叠。对于异型孔型，增大外圆角半径也可使轧辊的局部应力集中减少，从而增加轧辊的强度。应当指出，轧制某些简单断面型钢时，其成品孔型的外圆角半径可取小些，甚至可为零。

8.1.5.4　锁口

当采用闭口孔型以及轧制某些异型型钢时，为了控制轧件的断面形状，要使用锁口。孔型的锁口如图8-7所示，在同一孔型中轧制几种厚

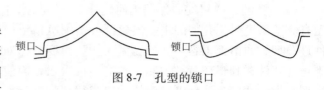

图 8-7　孔型的锁口

度或高度差异较大的轧件时，其锁口长度必须大些，借以防止轧制较厚或较高的轧件时金属流入辊缝。用锁口的孔型，其相邻孔型的锁口一般是上下交替出现的。

8.1.6　孔型在轧辊上的配置

在孔型系统及各孔型尺寸确定之后，还要合理地将孔型分配和布置到各机架的轧辊上去。配辊应做到合理，以便使轧制操作方便，保证产品的质量和产量，并使轧辊得到有效的利用。

8.1.6.1　孔型在轧辊上的配置原则

为了合理配置孔型，一般应遵守如下原则：

（1）孔型在各机架的分配原则是力求轧机各架的轧制时间均衡。在横列式轧机上，由于前几道轧件短，轧件在孔型中轧制时间也短，所以头一架可以多布置几个孔型（道次），而在接近成品孔型时，由于轧件较长，则机架上就应少布置孔型（道次），这样可使各机架的轧制时间均衡。

（2）为了便于调整，成品孔必须单独配置在成品机架的一个轧制线上。

（3）根据各孔型的磨损程度及其对质量的影响，每一道备用孔型的数量在轧辊上应有所不同。如成品孔和成品前孔对成品的表面质量与尺寸精度有很大影响，所以成品孔和成品前孔在轧辊长度允许的范围内应多配几个，这样当孔型磨损到影响成品质量时，可以只换孔型，而不需换辊。

（4）咬入条件不好的孔型或操作困难的道次应尽量布置在下轧制线，如立轧孔、切深孔等。

（5）确定孔型间距即辊环宽度时，应同时考虑辊环强度及安装和调整轧辊辅件操作条件。

辊环强度取决于轧辊材质、轧槽深度和辊环根部的圆角半径大小；钢轧辊的辊环宽度应大于或等于轧槽深度之半；铸铁辊的辊环宽度应大于或等于轧槽深度。

确定辊环宽度时除考虑其强度外，还应考虑导板的厚度或导板箱的尺寸以及调整螺丝

的长度和操作所需的位置大小。边辊环的宽度一般取如下数值：

初轧机	50～100mm
轨梁与大型轧机	100～150mm
三辊开坯机	60～150mm
中小型轧机	50～100mm

8.1.6.2　轧机尺寸与轧辊直径

轧辊在使用过程中要经过多次重车，轧辊直径将由新辊的 D_{max} 减小到最后一次重车的 D_{min}，因此型钢轧机的大小不能用实际的轧辊直径来表示，而是用传动轧辊的齿轮中心距或其节圆直径 D_0 的尺寸来表示，D_0 称为名义直径。

轧辊的车削系数可用下式表示：

$$K = \frac{D_{max} - D_{min}}{D_0} \tag{8-8}$$

对开坯和型钢轧机，$K = 0.08 \sim 0.12$。K 值大小受连接轴允许倾角的限制，当用万向或万能连接轴时，其倾角可达 $10°$；用梅花连接轴时。其倾角一般不超过 $5°$，通常不大于 $2°$。最理想的是新辊的连接轴倾角与轧辊使用到最后一次时连接轴的倾角相等。

在配置孔型或画配辊图时，是以新轧辊的直径 D 为依据的，D 称为原始直径。

$$D = D_{max} + s \tag{8-9}$$

由于孔型的形状各异，所以孔型各点的圆周速度也是不同的，但轧件只能以某一平均速度出孔，所以通常把与轧件出孔速度相对应的轧辊直径 D_k（不考虑前滑）称为轧辊的工作（轧制）直径。

当轧件充满孔型时，对箱形孔型：

$$D_k = D - H \tag{8-10}$$

对于其他任意孔型，轧辊平均工作直径为：

$$D_k = D - H_c = D - \frac{F}{B} \tag{8-11}$$

式中　H——箱形孔型的高度；

　　　H_c——孔型的平均高度；

　　　F——轧件的面积；

　　　B——轧件的宽度。

8.1.6.3　轧辊的"压力"

在轧制过程中我们希望轧件能平直地从孔型中出来。但实际生产中由于受各种不可控因素的影响（如轧件各部分温度不均、孔型的磨损以及上、下轧槽形状不同等），轧件出孔后不是平直的，这给生产操作带来困难，影响轧机产量和质量，严重的还会造成人身和设备事故。

因此为了使轧件出孔后有一个固定的方向，在型钢生产中常采用不同辊径的轧辊。若上轧槽轧辊的工作直径大于下轧槽轧辊的工作直径称为"上压力"轧制。反之则称为"下压力"轧制。上、下两辊工作直径相差的毫米数称为"压力"值。如 5mm 的"上压力"就是上辊工作直径比下辊工作直径大 5mm。

当采用"上压力"轧制时，由于上辊圆周速度大于下辊，使轧件出孔后向下弯曲，所以只需在下辊上安装卫板,这样轧件出孔时,前端沿卫板滑动,之后获得平直方向。轧制型钢时大部分采用"上压力",这样可以避免安装复杂的上卫板,使用上卫板时机架被堵塞,难以观察轧辊。在初轧机上采用"下压力",其目的是为了减轻轧件前端对辊道第一个辊子的冲击。

尽管生产中为了保证顺利生产,要采用一定的"压力",但是孔型设计时"压力"值不应取得太大,因为"压力"值太大对轧件和设备都有坏处,体现在:(1)辊径差造成上、下辊压下量分布不均,其结果是上、下轧槽磨损不均;(2)辊径差使上、下辊圆周速度不同,而轧件是企图以平均速度出辊的。结果造成轧辊与轧件之间的相对滑动,使轧件中产生附加应力;(3)辊径差使轧机产生冲击作用,会导致相应的传动件如接轴、梅花套筒及齿轮等承受不同的扭矩而产生不均匀的磨损,严重时会因此而扭断。

由此可见,采用"上压力"或"下压力"轧制有其有利的一面,也有其不利的一面。为了保证设备的正常运转"压力"值不应取得太大。建议"压力"值采用下列数值:对延伸箱形孔型,不大于 $3\% \sim 4\%D$;其他形状的开口延伸孔型,不大于 $1\%D$;对成品孔尽量不采用"压力"轧制。

8.1.6.4　轧辊中线和轧制线

轧辊中线:两个轧辊轴线之间的距离称为轧辊的平均直径 D_c。等分这个距离的水平线称为轧辊中线。

轧制线:配辊的基准线。配辊时应将孔型的中性线(对箱形孔、方形孔、菱形孔、椭圆孔等简单对称孔型,孔型中性线就是孔型的水平对称轴线)与轧制线重合。当不采用"上压力"或"下压力"时,轧制线与轧辊中线相重合。

当采用"上压力"或"下压力"时,轧制线与轧辊中线之间存在一定的距离。显然,当采用"上压力"时轧制线应在轧辊中线之下。反之则相反。假如"上压力"为 m 时,轧制线与轧辊中线之间的距离 x 可按下法确定(图 8-8):

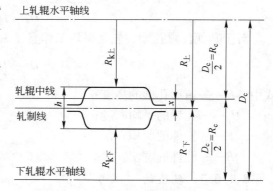

图 8-8　"上压力"时轧辊中线和轧制线

已知:

$$R_{k上} - R_{k下} = \frac{m}{2} \qquad (8\text{-}12)$$

由图 8-9 可知

$$R_{上} = R_c + x; \quad R_{k上} = R_{上} - \frac{H}{2}$$

$$R_{下} = R_c - x; \quad R_{k下} = R_{下} - \frac{H}{2}$$

有上述关系得

$$R_{k上} - R_{k下} = 2x \qquad (8\text{-}13)$$

所以

$$x = \frac{m}{4} \qquad (8\text{-}14)$$

由此可以得出，当采用"上压力"轧制时。轧制线在轧辊中线之下 $m/4$ 处；而采用"下压力"轧制时，轧制线在轧辊中线之上 $m/4$ 处。

8.1.6.5 孔型的中性线

上、下轧辊作用于轧件上的力对孔型中某一水平直线的力矩相等，这一水平直线称为孔型的中性线。确定孔型中性线是为了配置孔型，即把它与轧辊中线相重合时，则上、下两辊的轧制力矩相等，这使轧件出轧辊时能保持平直；若使它与轧制线相重合，则能保证所需的"压力"轧制。

对简单的对称孔型，孔型的中性线就是孔型的水平对称轴线。对非对称孔型，孔型中性线可以采用以下几种方法近似确定：（1）重心法；（2）面积相等法；（3）周边重心法；（4）按轧辊工作直径确定孔型中性线的方法。

8.1.6.6 孔型在轧辊上的配置步骤

孔型在轧辊上的配置步骤如下：（1）按轧辊原始直径确定上、下轧辊轴线；（2）在与两个轧辊轴线等距离处画轧辊中线；（3）距轧辊中线 $x = m/4$ 处画轧制线。当采用"上压力"时，轧制线在轧辊中线之下，"下压力"时轧制线在轧辊中线之上；（4）确定孔型中性线并使之与轧制线相重合，绘制孔型图；确定孔型各处的轧辊直径，画出配辊图，注明孔型各部分尺寸；（5）进行校核，检查各部分尺寸是否正确。

8.2 延伸孔型系统及延伸孔型的构成

为了获得某种型钢，通常在成品孔和成品前孔之前有一定数量的延伸孔型或开坯孔型，延伸孔型系统就是这些延伸孔型的组合。

常见的延伸孔型系统有：箱形孔型系统、菱—方孔型系统、菱—菱孔型系统、椭圆—方孔型系统、六角—方孔型系统、椭圆—圆孔型系统和椭圆—立椭圆孔型系统等。

孔型设计时采用哪种孔型系统要根据具体的轧制条件（轧机形式、轧辊直径、轧制速度、电机能力、轧机前后的辅助设备、原料尺寸、钢种、生产技术水平及操作习惯）来确定。由于各种轧机的轧制条件不同，所以选用的孔型系统也不完全相同。为了便于孔型设计时合理地选择孔型系统，下面分别介绍各种孔型系统的优缺点、变形特点以及使用范围。

8.2.1 箱形孔型系统

8.2.1.1 箱形孔型系统的优缺点

箱形孔型系统如图 8-9 所示。

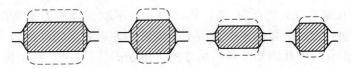

图 8-9 箱形孔型系统

（1）箱形孔型系统的优点为：1）用改变辊缝的方法可以轧制多种尺寸不同的轧件，

共用性好。这样可以减少孔型数量，减少换孔或换辊次数，提高轧机的作业率；2）在轧件整个宽度上变形均匀，因此孔型磨损均匀，且变形能耗少；3）轧件侧表面的氧化铁皮易于脱落，有益于改善轧件表面质量；4）与相等断面面积的其他孔型相比，箱形孔型在轧辊上的切槽浅，轧辊强度较高，可以采用较大的道次变形量；5）轧件断面温度降较为均匀。

（2）箱形孔型系统的缺点如下：1）由于箱形孔型的结构特点，难以从箱形孔型轧出几何形状精确的轧件；2）轧件在孔型中只能受两个方向的压缩，故轧件侧表面不易平直，甚至出现皱纹。

8.2.1.2　箱形孔型系统的使用范围

由箱形孔型系统的优缺点可知，它适用于初轧机、大中型轧机的开坯机及小型或线材轧机的粗轧机架。

采用箱形孔型轧制大型和中型断面时轧制稳定，轧制小断面型钢时稳定性较差。箱形孔型轧制断面的大小取决于轧机的大小。轧辊直径越小，所能轧的断面规格也越小。例如，在 850mm 的轧辊上用箱形孔型轧制方断面的尺寸不应小于 90mm；在 650mm 的轧辊上不应小于 80mm；在 400mm 和 300mm 的轧辊上不应小于 56mm 和 45mm。

8.2.1.3　箱形孔型系统的组成

箱形孔型系统常有多种组成方式。具体选用何种轧制方式，应根据设备条件和对产品的质量要求而定。

8.2.1.4　轧件在箱形孔型系统中的变形系数

（1）延伸系数：轧件在箱形孔型中的延伸系数一般采用 1.15～1.6，其平均延伸系数可取 1.15～1.4。

（2）宽展系数：轧件在箱形孔型中的宽展系数 $\beta = 0 \sim 0.45$。在不同情况下的 β 取值范围如表 8-1 所示。

表 8-1　轧件在箱形孔型中的宽展系数

轧制条件	中小型开坯机轧制钢锭或钢坯			型钢轧机轧制钢坯	
	前 1～4 道轧锭	扁箱形孔型	方箱形孔型	扁箱形孔型	方箱形孔型
宽展系数	0～0.1	0.15～0.30	0.15～0.25	0.25～0.45	0.2～0.3

8.2.2　菱—方孔型系统

8.2.2.1　菱—方孔型系统的优缺点

菱—方孔型系统如图 8-10 所示。

（1）菱—方孔型系统的优点为：1）能轧出几何形状正确的方形断面轧件；2）由于有中间方孔型，所以能从一套孔型中轧出不同规格的方形断面轧件；3）用调整辊缝的方法，可以从同一个孔型中轧出几种相邻尺寸的方形断面轧件；4）孔型形状使轧件各面都受到良好的加工，变形基本均匀；5）轧件在孔型中轧制稳定，所以对导板要求不严，有时可以完全不用导板。

（2）方孔型系统的缺点为：1）与同等断面尺寸的箱形孔型相比，轧槽切入轧辊较

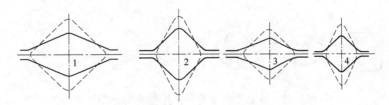

图 8-10　菱—方孔型系统
1~4—轧制道次

深，影响轧辊强度；2）在轧制过程中，角部金属冷却快，因此在轧制某些合金钢时易在
轧件角部出现裂纹；3）由于轧件的侧面紧贴在孔型侧壁上，所以当轧件表面有氧化铁皮
时，将被轧入轧件表面，影响轧件表面质量；4）同一轧槽内的辊径差大，附加摩擦大，
轧槽磨损不均匀。

8.2.2.2　菱方孔型系统的使用范围

根据菱—方孔型系统的优缺点，它可以作为延伸孔型，也可以用来轧制（60mm×
60mm）~（80mm×80mm）以下的方坯和方钢。当作延伸孔型使用时，最好接在箱形孔型之
后。菱—方孔型系统被广泛应用于钢坯连轧机、三辊开坯机、型钢轧机的粗轧和精轧
道次。

8.2.2.3　轧件在菱—方孔型系统中的变形系数

具体如下：

（1）宽展系数。利用经验计算方法计算菱形和方形轧件的尺寸时，宽展系数的选取范
围如下：

方断面轧件在菱形孔型中的宽展系数：$\beta_l = 0.3 \sim 0.5$

菱形断面轧件在方孔型中的宽展系数：$\beta_f = 0.2 \sim 0.4$。

（2）延伸系数。方轧件在菱形孔型中的延伸系数 $\mu_l = 1.2 \sim 1.35$，菱形轧件在方孔型
中轧制时的延伸系数 $\mu_f = 1.2 \sim 1.3$。

8.2.3　菱—菱孔型系统

8.2.3.1　菱—菱孔型系统的优缺点

菱—菱孔型系统如图 8-11 所示。

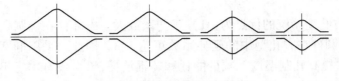

图 8-11　菱—菱孔型系统

（1）菱—菱孔型系统的优点为：1）在一套菱—菱孔型系统中，用翻90°的方法能轧
出多种不同断面尺寸的轧件。在任意一对孔型中都能轧出方坯。对于轧制多品种的旧式轧
机是有利的；2）利用菱—菱孔型系统可将方形断面由偶数道次过渡到奇数道次，如图
8-12所示；3）易于喂钢和咬入，对导卫板要求不严。

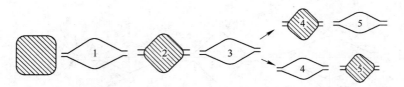

图 8-12　菱形孔型在菱—方孔型系统中的应用

1 ~ 5—轧制道次

（2）菱—菱孔型系统的缺点为：1）菱—菱孔型系统除具有菱—方孔型系统的缺点外，还有在菱形孔型中轧出方坯具有明显的八边形，这对连续式加热炉的操作不利，钢坯在加热炉中运行时易产生翻炉事故；2）轧件在孔型中的稳定性比菱—方孔型差；3）延伸系数较小，很少超过 1.3。

8.2.3.2　菱—菱孔型系统的使用范围

菱—菱孔型系统主要用于中小型粗轧孔型。当产品品种规格较多时，通过调整可以在任一个菱形孔内，往返轧制一次就可以获得各种尺寸的中间方坯。另外，当轧制系统中有时要在奇数道次获得方坯，往往采用菱—菱系统作为过渡孔型。

8.2.3.3　菱—菱孔型系统的变形系数

菱—菱孔型系统的宽展系数：$\beta_1 = 0.2 \sim 0.35$。

菱—菱孔型系统中的延伸系数 μ_1 主要取决于菱形孔型的顶角 α，为了轧件在孔型中轧制稳定，其顶角不宜超过 120°，在生产实践中一般采用 $\alpha = 97° \sim 110°$，延伸系数 $\mu_1 = 1.2 \sim 1.35$，一般常用 $\mu_1 = 1.2 \sim 1.25$。

8.2.4　椭圆—方孔型系统

8.2.4.1　椭圆—方孔型系统的优缺点

椭圆—方孔型系统如图 8-13 所示。

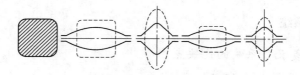

图 8-13　椭圆—方孔型系统

（1）椭圆—方孔型系统的优点为：1）延伸系数大。方轧件在椭圆孔型中的最大延伸系数可达 2.4，椭圆件在方孔型中的延伸系数可达 1.8。因此，采用椭圆—方孔型系统可以减少轧制道次、提高轧制温度、减少能耗和轧辊消耗；2）没有固定不变的棱角，在轧制过程中棱边和侧边部位互换，轧件表面温度比较均匀；3）轧件能在多方向上受到压缩，有利于提高轧件质量；4）轧件在孔型中的稳定性较好。

（2）椭圆—方孔型系统的缺点为：1）不均匀变形严重，特别是方轧件在椭圆孔型中轧制时，结果使孔型磨损加快且不均匀；2）由于在椭圆孔型中的延伸系数较方孔为大，故椭圆孔型比方孔型磨损快。若用于连轧机，易破坏既定的连轧常数，从而使轧机调整困难。

8.2.4.2 椭圆—方孔型系统的使用范围

由于椭圆—方孔型系统延伸系数大，所以它被广泛用于小型和线材轧机上作为延伸孔型轧制（40mm×40mm）~（75mm×75mm）以下的轧件。

8.2.4.3 椭圆—方孔型的变形系数

具体如下：

（1）椭圆—方孔型的宽展系数。椭圆件在方孔型中的宽展系数 $\beta_f = 0.3 \sim 0.6$，常采用 $\beta_f = 0.3 \sim 0.5$。

方件在椭圆孔型中的宽展系数与方件边长之间的关系，如表 8-2 所示。

表 8-2 方轧件在椭圆孔型中的宽展系数与其边长的关系

方轧件边长/mm	6~9	9~14	14~20	20~30	30~40
宽展系数	1.4~2.2	1.2~1.6	0.9~1.4	0.7~1.1	0.55~0.9

（2）椭圆—方孔型系统的延伸系数。椭圆—方孔型系统常用延伸系数及相邻方件边长差与其边长关系如表 8-3 和表 8-4 所示。

表 8-3 常用的延伸系数值

椭圆—方孔型系统的 平均延伸系数		方轧件在椭圆孔型中的 延伸系数		椭圆轧件在方孔型中的 延伸系数	
1.25~1.6	1.7~2.2	1.25~1.8	2.424	1.2~1.6	1.89

表 8-4 相邻方轧件边长差与其边长的关系

方轧件边长/mm	6~9	9~14	14~20	20~30	30~40
边长差/mm	1.5~2.5	2.5~4.0	2.5~6	5~10	6~12

8.2.5 六角—方孔型系统

8.2.5.1 六角—方孔型系统的特点

六角—方孔型系统（图 8-14）与椭圆—方孔型系统很相似，可以把六角孔型看成是变态的椭圆孔型。所以，六角—方孔型系统除具有椭圆—方孔型系统的优点外，还有以下特点：（1）变形比较均匀；（2）单位压力小（能耗小、轧辊磨损亦小）；（3）轧件在孔型中稳定性好。但六角孔型充满不良时，则易失去稳定性。

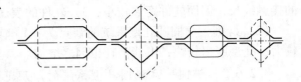

图 8-14 六角—方孔型系统图

8.2.5.2 六角—方孔型系统的使用范围

六角—方孔型系统被广泛应用于粗轧和预精轧机上，它所轧制的方件边长为（17mm×17mm）~（60mm×60mm）之间。它常用在箱形孔型系统之后和椭圆—方孔型系统之前，组成混合孔型系统，克服了小断面轧件在箱形孔型中轧制不稳定和大断面轧件在椭圆孔型中轧制有严重不均匀变形的缺点。

8.2.5.3　六角—方孔型系统的变形系数

（1）宽展系数。轧件在六角—方孔型系统中的宽展系数如表 8-5 所示。

表 8-5　六角—方孔型系统的宽展系数

方轧件在六角孔型中的宽展系数 β_1		六角轧件在方孔型中的宽展系数 β_f	
$A>40mm$, 0.5~0.7	$A<40mm$, 0.65~1	0.27~0.7	常用 0.4~0.7

（2）延伸系数。设计六角—方孔型系统时，应特别注意方件在六角孔型中的延伸系数不得小于 1.4，否则六角孔型将充不满，从而造成轧制不稳定。六角—方孔型系统的延伸系数如表 8-6 所示。

表 8-6　六角—方孔型系统中的延伸系数

平均延伸系数 μ_c		方轧件在六角孔型中的延伸系数 μ_1	六角轧件在方孔型中的延伸系数 μ_f
范围 1.35~1.8	常用 1.4~1.6	1.4~1.8	1.4~1.6

8.2.6　椭圆—立椭圆孔型系统

8.2.6.1　椭圆—立椭圆孔型系统的优缺点

椭圆—立椭圆孔型系统如图 8-15 所示。

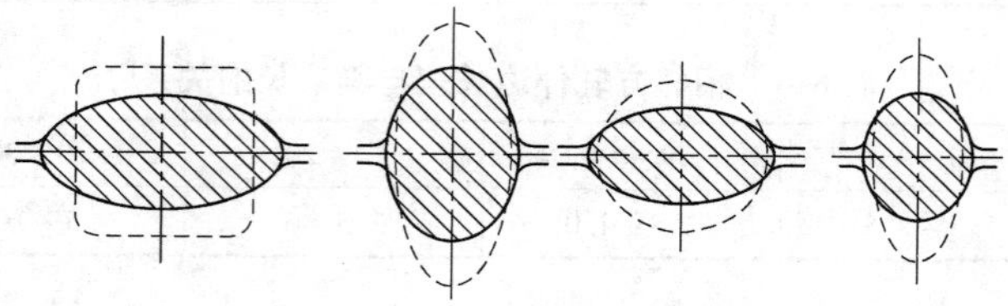

图 8-15　椭圆—立椭圆孔型系统

（1）椭圆—立椭圆孔型系统的优点为：1）轧件变形和冷却较均匀；2）轧件与孔型的接触线长，因而轧件宽展较小；3）轧件的表面缺陷如裂纹、折叠等较少。

（2）椭圆—立椭圆孔型系统的缺点为：1）轧槽切入轧辊较深；2）孔型各处速度差较大，孔型磨损较快，电能消耗也因之增加。

8.2.6.2　椭圆—立椭圆孔型系统的应用范围

椭圆—立椭圆孔型系统主要用于轧制塑性极低的钢材。近来，由于连轧机的广泛使用，特别是在水平辊机架与立辊机架交替布置的连轧机和 45°轧机上，为了使轧件在机架间不进行翻钢，以保证轧制过程的稳定和消除卡钢事故，因而椭圆—立椭圆孔型系统代替了椭圆—方孔型系统被广泛地用于小型和线材连轧机上。

8.2.6.3　变形系数

具体如下：

（1）宽展系数。轧件在立椭圆孔型中的宽展系数 $\beta_1=0.3~0.4$；轧件在平椭圆孔型中的宽展系数 $\beta_t=0.5~0.6$。

（2）延伸系数。椭圆—立椭圆孔型系统的延伸系数主要取决于平椭圆孔型的宽高比，其比值为 1.8 ~ 3.5，平均延伸系数为 1.15 ~ 1.34。轧件在平椭圆孔型中的延伸系数 μ_t = 1.15 ~ 1.55，一般用 μ_t = 1.17 ~ 1.34，轧件在立椭圆孔型中的延伸系数为 μ_1 = 1.16 ~ 1.45，一般用 μ_1 = 1.16 ~ 1.27。

8.2.7　椭圆—圆孔型系统

8.2.7.1　椭圆—圆孔型系统的优缺点

椭圆—圆孔型系统如图 8-16 所示。

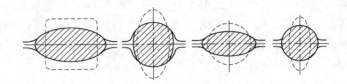

图 8-16　椭圆—圆孔型系统

（1）椭圆—圆孔型系统的优点为：1）变形较均匀，轧制前后轧件的断面形状能平滑地过渡，可防止产生局部应力；2）由于轧件没有明显的棱角，冷却比较均匀。轧制中有利于去除轧件表面的氧化铁皮；3）在某些情况下，可由延伸孔型轧出成品圆钢，从而可减少轧辊的数量和换辊次数。

（2）椭圆—圆孔型系统的缺点为：1）延伸系数较小，一般不超过 1.3 ~ 1.4，由于延伸系数较小，有时会造成轧制道次增加；2）椭圆件在圆孔型中轧制不稳定；3）轧件在圆孔型中易出耳子。

8.2.7.2　椭圆—圆孔型系统的使用范围

尽管椭圆—圆孔型系统的延伸系数小，限制了它的应用范围。在某种情况下，如轧制优质钢或高合金钢时，要获得质量好的产品是主要的，采用椭圆—圆孔型系统尽管产量低，成本可能高些，但减少了精整和次品率，经济上仍然是合理的。

除此之外，椭圆—圆孔型系统还被广泛应用于小型和线材连轧机中精轧机孔型设计。

8.2.7.3　椭圆—圆孔型系统的变形系数

具体如下：

（1）延伸系数。椭圆—圆孔型系统的延伸系数一般不超过 1.3 ~ 1.4。轧件在椭圆孔型中的延伸系数为 1.2 ~ 1.6。轧件在圆孔型中的延伸系数为 1.2 ~ 1.4。

（2）宽展系数。轧件在椭圆孔型中的宽展系数为 0.5 ~ 0.95，轧件在圆孔型中的宽展系数为 0.3 ~ 0.4。

8.2.8　混合孔型系统

为了提高轧机的产量和成品质量，在生产条件允许的范围内，一般是尽量采用较大断面的原料口，因此，从原料轧成成品往往需要较多的轧制道次。由于轧机类型、坯料尺寸和成品规格不同，在型钢轧机上很少采用单一的延伸孔型系统，而是采用几种延伸孔型系统组成混合孔型系统。下面介绍几种常见的混合孔型系统。

8.2.8.1　箱形—菱—方或箱形—菱—菱孔型系统

这种混合孔型系统是由一组以上的箱形孔型和一组以上的菱—方（或菱—菱）孔型所组成。它一般用于三辊开坯机和中小型轧机的开坯机架上。其中箱形孔型的作用是去除钢锭或钢坯表面的氧化铁皮，有利于提高成品的表面质量。除此之外，箱形孔型刻槽浅，有利于提高轧辊强度和增大道次压下量。箱形孔型的组数取决于所轧断面的大小，当轧件断面较小时，在箱形孔型中轧制是不稳定的。

菱—方（或菱—菱）孔型的组数取决于成品坯规格的大小和数量以及对其断面形状精度的要求。当成品坯只有一种规格，并对其断面形状和尺寸又无严格要求时，可采用一组菱—方（或菱—菱）孔型。若对所轧成品方坯的断面形状和尺寸要求较严时，则采用两组菱方孔型。当成品方坯的规格尺寸较多时，菱—方孔型的组数就由所需的规格数量决定。在合金钢厂轧制规格较多、批量又不大的合金钢时，往往采用菱—菱孔型系统。

8.2.8.2　箱形—六角—方混合孔型系统

这种孔型系统主要用于中小型轧机的开坯机架上。采用箱形的作用同上所述。当轧件在箱形孔型中轧到一定断面尺寸之后，采用六角方孔型系统轧制除了具有较好轧制稳定性外，还有较大的延伸能力，这对减少轧制道次有利。

8.2.8.3　箱形—六角方—椭圆—方混合孔型系统

这种混合孔型系统主要用于小型和线材轧机上。采用箱形—六角—方孔型系统的目的同上。用六角—方孔型将轧件轧到一定断面尺寸之后，为了轧制稳定及用较少道次轧出成品，采用椭圆—方孔型系统是有利的。应当指出的是，由于椭圆—方孔型磨损的不均匀性，故这种混合孔型系统用于连轧机时，使轧机调整困难。

8.2.8.4　箱形—六角—方—椭圆—立椭圆或箱形—六角—方—椭圆—圆混合孔型系统

这种混合孔型系统采用椭圆—立椭圆或椭圆—圆孔型的目的是变形均匀、易于去除轧件表面上的氧化铁皮，提高轧件表面质量。所以这种混合孔型系统主要用于轧制塑性较低的合金钢。随着连轧机的广泛使用，这种混合孔型系统被广泛用于小型和线材连轧机。

8.2.8.5　箱形—椭圆—圆—椭圆—圆、箱形—椭圆—立椭圆—椭圆—圆—椭圆—圆、箱形—双弧椭圆—圆、椭圆—圆混合孔型系统

随着高速线材轧机和连续式小型轧机在我国的迅速发展，这些孔型系统得到了广泛的应用。值得注意的是，孔型系统的选择一定要考虑轧机的布置形式和原料的大小，切不可机械地搬用。

8.2.9　延伸孔型的构成

前面介绍了不同的孔型系统，可以发现尽管孔型系统的组成很复杂，但是总的说来，各种复杂的孔型系统主要由以下几类孔型构成：箱形孔型、菱形孔型、方形孔型、椭圆孔型、六角孔型、圆孔型。

这一节就介绍如何设计这些孔型。在进行孔型设计之前，已知轧件的断面尺寸，对于构成延伸孔型的基本尺寸，是基于轧件断面尺寸而来的，因此需要提前获得轧件的断面尺寸，这一点需要设计者注意。

8.2.9.1 箱形孔型的构成

箱形孔型分为立箱形孔型、方箱形孔型和矩形箱形孔型三种，其构成原则相同。箱形孔型的尺寸如图 8-17 所示。

孔型高度 h，它等于轧后轧件的高度。

凸度 f，采用凸度的目的是为了使轧件在辊道上行进时稳定，也是为了使轧件进入下一个孔型时状态稳定，避免轧件左右倾倒，同时也给轧件翻钢后在下一个孔型中轧制时多留一些展宽的余量，以防止轧件出"耳子"。凸度 f 的大小应

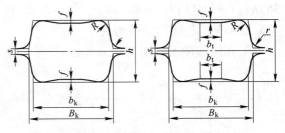

图 8-17 箱形孔型的构成

视轧机及其轧制条件而定，如在初轧机上 f 可取 5～10mm；在三辊开坯机上 f 值可取 2～6mm；一般按轧制顺序前面孔型中的 f 值取大些，后面孔型中 $f=0$，这是为了避免因在轧件表面出现皱纹而引起的成品表面质量不合格。线棒材轧机箱型孔一般不采用凸度。

孔型槽底宽度 b_k，$b_k = B-(0～6)$，mm，式中的 B 为来料的宽度。有的厂采用 $b_k = (1.01～1.06)B$，即来料宽度小于槽底宽，轧件在这种孔型中容易产生倾斜和扭转；但当轧件断面较大，并为减少孔型的磨损时亦可采用。在确定 b_k 值时，最好使来料恰好与孔型槽底和两侧壁同时接触，或与接近孔型槽底的两侧壁先接触，以保证轧件在孔型中轧制稳定。

孔型槽口宽度 B_k，$B_k = b+\Delta$，mm，式中的 b 为出孔型的轧件宽度；Δ 为展宽余量，随轧件尺寸的大小可取 5～12mm，或更大些。

孔型的侧壁斜度 $\tan\varphi$，一般采用 10%～25%，在个别情况中可取 30% 或更大些。

孔型的辊缝 s 取值，如表 8-7 所示。

表 8-7 孔型辊缝 s 的取值

轧 机	孔 型	用不同轴承时的 s 值	
		胶木瓦	滚动和液体摩擦轴承
钢坯连轧机	毛坯	$(0.015～0.020)D$	$(0.015～0.020)D$
	精轧前和精轧	$(0.010～0.015)D$	$(0.008～0.012)D$
大型轧机	开坯	$(0.025～0.030)D$	$(0.015～0.025)D$
	毛坯	$(0.015～0.020)D$	$(0.010～0.014)D$
	精轧前和精轧	$(0.008～0.010)D$	$(0.006～0.007)D$
中型轧机	开坯	$(0.010～0.018)D$	$(0.008～0.016)D$
	毛坯	$(0.010～0.015)D$	$(0.008～0.012)D$
	精轧前和精轧	$(0.006～0.008)D$	$(0.005～0.007)D$
小型和线材轧机	开坯	$(0.010～0.013)D$	$(0.006～0.008)D$
	毛坯	$(0.005～0.008)D$	$(0.003～0.005)D$
	精轧前和精轧	$(0.005～0.008)D$	$(0.002～0.003)D$

内外圆角半径 R 和 r，通常取 $R=(0.1～0.2)h$；$r=(0.05～0.15)h$。

8.2.9.2 菱形孔型的构成

菱形孔型的构成如图 8-18 所示。菱形孔型的主要构成尺寸 h 和 b（菱形对角线尺寸）

确定后，其他尺寸按下式进行计算：

$$B_k = b\left(1 - \frac{s}{h}\right); \quad h_k = h - 2R\left(\sqrt{1 + \left(\frac{h}{b}\right)^2} - 1\right); \quad R = (0.1 \sim 0.2)h, \quad r = (0.1 \sim$$

$0.35)h; \quad s \approx 0.1h; \quad F \approx 0.5bh$。

8.2.9.3　方形孔型的构成

方形孔型的构成如图 8-19 所示。

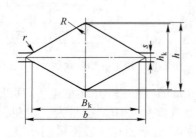

图 8-18　菱形孔型的构成

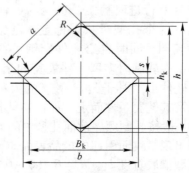

图 8-19　方形孔型的构成

方轧件的边长确定之后，其他尺寸按下式确定：

$h = b = \sqrt{2}a; \quad h_k = h - 0.828R; \quad B_k = b - s; \quad R = (0.1 \sim 0.2)h; \quad r = (0.1 \sim 0.35)h;$

$s \approx 0.1a; \quad F_f = a^2 - 0.86R^2$

8.2.9.4　椭圆孔型的构成

具体如下：

（1）平椭圆。在已知轧件高度 h 和宽度 b 的条件下，平椭圆的构成如图 8-20 所示。

$$B_k = (1.088 \sim 1.11)b; \quad h_k = h; \quad s = (0.2 \sim 0.3)h; \quad R = \frac{(h-s)^2 + B_k^2}{4(h-s)}; \quad r = (0.08 \sim$$

$0.12)B_k; \quad F \approx \frac{2}{a}(h-s) + sb$

（2）立椭圆。立椭圆孔型的宽高比为 $1.04 \sim 1.35$，一般为 1.2。立椭圆孔型的构成方法有两种，如图 8-21 所示。立椭圆孔型的高度 H_k 与轧件高度 h 相等，其宽度 $B_k = (1.055 \sim 1.1)b$，b 为轧件轧出宽度。立椭圆孔型的弧形半径 $R_1 = (0.7 \sim 1.0)B_k$ 和 $R_2 = (0.2 \sim 0.25)R_1$；外圆角半径 $r = (0.5 \sim 0.75)R_2$；辊缝 $s = (0.1 \sim 0.25)H_k$。

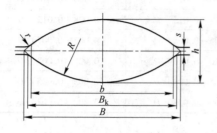

图 8-20　平椭圆孔型的构成

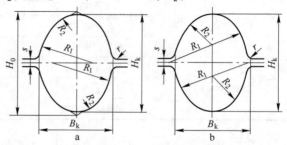

图 8-21　立椭圆孔型的构成

a—构成方法一；b—构成方法二

8.2.9.5　六角孔型的构成

六角孔型的构成如图 8-22 所示，h 和 b 为轧件轧后的高度和宽度。

$$B_k = (1.05 \sim 1.18)b; \quad H_1 = h; \quad B_d = B_k - H_1; \quad B_t = B_k - s; \quad a_k = \frac{B_k}{H_1}; \quad r = r_1$$

$$= (0.15 \sim 0.40)H_1; \quad a_k = 2.0 \sim 4。$$

8.2.9.6　圆孔型的构成

圆孔型的构成如图 8-23 所示。

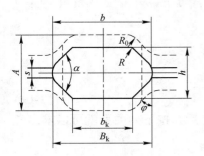

图 8-22　六角孔型的构成

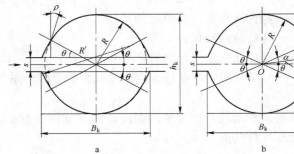

图 8-23　圆孔型的构成

a—采用圆弧连接；b—采用切线扩张

（1）采用圆弧连接如图 8-23a 所示，其孔型构成为：

$$h_k = 2R; \quad B_k = 2R + \Delta$$

式中　Δ——宽展留余量，可取 $1 \sim 4 \text{mm}$。

圆孔扩张半径 R'

$$R' = \frac{B_k^2 + s^2 + 4R^2 - 4R(s\sin\theta + B_k\cos\theta)}{8R - 4(s\sin\theta + B_k\cos\theta)} \tag{8-15}$$

其他尺寸：孔型的扩张角 $\theta = 15° \sim 30°$，通常取 $30°$；外圆角半径 $r = 2 \sim 5 \text{mm}$；辊缝 $s = 2 \sim 5 \text{mm}$。

（2）采用切线扩张，如图 8-28b 所示，其孔型构成：$\theta = 20° \sim 30°$，常用 $30°$。

切点对应的扩张角为：

$$\theta = \alpha + \gamma = \cos^{-1}\left(\frac{2R}{\sqrt{B_k^2 + s^2}}\right) + \tan^{-1}\left(\frac{s}{B_k}\right) \tag{8-16}$$

这种采用切线扩张的构成方法多用于高速线材轧机的圆孔型设计，也可以用于其他轧机的圆孔型设计。

8.3　延伸孔型的设计方法

由于延伸孔型系统一般均为间隔出现等轴断面孔型，因此孔型设计时可以利用这一特点，首先设计出各等轴断面的尺寸，然后再根据相邻两个等轴断面轧件的断面形状和尺寸设计中间扁轧件的断面形状和尺寸，之后根据已确定的轧件断面形状和尺寸构成孔型。这样可以简化设计，减少反复。因此，延伸孔型可分两步进行设计。

8.3.1　等轴断面轧件的设计

将延伸孔型系统分成若干组，然后按组分配延伸系数。

已知

$$\mu_\Sigma = \frac{F_0}{F_n} \tag{8-17}$$

则

$$\mu_\Sigma = \mu_1\mu_2\mu_3\cdots\mu_{n-1}\mu_n = \mu_{\Sigma_2}\mu_{\Sigma_4}\mu_{\Sigma_6}\cdots\mu_{\Sigma_i}\cdots\mu_{\Sigma_n} \tag{8-18}$$

式中　μ_Σ——延伸孔型系统的总延伸系数；

　　　F_0——坯料断面面积；

　　　F_n——延伸孔型系统轧出的最终断面面积；

　　　μ_{Σ_i}——一组从等轴断面道等轴断面孔型的总延伸系数，

$$\mu_{\Sigma_i} = \mu_{i-1} \cdot \mu_i \tag{8-19}$$

已知从等轴断面轧件到等轴断面轧件的总延伸系数 μ_{Σ_i} 后，按下列关系就可以求出各中间等轴断面轧件的面积和尺寸。

$$\mu_{\Sigma_2} = \frac{F_0}{F_2} \qquad F_2 = \frac{F_0}{\mu_{\Sigma_2}}$$

$$\mu_{\Sigma_4} = \frac{F_2}{F_4} \qquad F_4 = \frac{F_2}{\mu_{\Sigma_4}}$$

$$\vdots \qquad\qquad \vdots$$

$$\mu_{\Sigma_n} = \frac{F_{n-2}}{F_n} \qquad F_n = \frac{F_{n-2}}{\mu_{\Sigma_n}}$$

如果等轴断面轧件为方形或者圆形时，在已知其面积的情况下，是不难求出其边长或直径的。

8.3.2　中间扁轧件断面的设计

两个等轴断面轧件之间的中间扁轧件可能是矩形、菱形、椭圆形或六角形等。中间轧件断面尺寸的设计应根据轧件在孔型中的充满条件进行。下面以箱形孔型系统（图 8-24）为例进行说明。

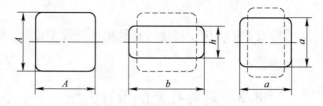

图 8-24　中间孔型内轧件断面尺寸的确定

中间矩形轧件的尺寸应同时保证在本孔型和下一孔型中正确充满，即：

$$\left.\begin{array}{l} b = A + \Delta b_z \\ h = a - \Delta b_a \end{array}\right\} \tag{8-20}$$

式中　Δb_z——轧件在中间矩形孔型中的宽展量；

　　　Δb_a——轧件在小箱方孔型中的宽展量。

由上述公式可知，确定中间扁轧件的尺寸时需要首先计算孔型中的宽展量，而计算宽展量又需要先设定中间轧件的某一尺寸。所以，确定中间扁轧件尺寸的过程是一个迭代过程，一直计算到满足一定精度要求为止。也可以通过求解上述联立方程求出 b、h。

在计算宽展量时要用到宽展公式。孔型设计时由于采用不同的宽展公式就形成了不同的孔型设计方法。目前为止，延伸孔型的设计方法很多，无论哪种设计方法都涉及关于宽展的计算，下面介绍几种宽展的计算方法。

8.3.3　经验系数方法计算宽展

计算孔型中的宽展量可以采用理论公式或经验公式。本节介绍的经验系数方法就是利用人们根据经验选择宽展系数的方法进行孔型设计的。此处的宽展系数是指 $\beta = \dfrac{\Delta b}{\Delta h}$，其数值大小已经在前面介绍各种延伸孔型系统时给出了。

值得注意的是尽管采用宽展系数方法设计孔型是很简单的，其关键是正确选择宽展系数，但是这对没有经验的孔型设计人员是很困难的。为了使没有经验的孔型设计人员能比较正确地选择宽展系数的数值，可参考如下原则：

（1）在其他条件相同的情况下，轧件温度越高，宽展系数越小。在一般情况下，在轧制过程中轧件温度是逐渐降低的，这样对同类孔型系统宽展系数应取越来越大的数值。

（2）轧辊材质的影响。使用钢轧辊时应取较大的宽展系数。

（3）轧件断面大小的影响。轧件断面越大，宽展系数越小。在轧制过程中，轧制断面积减少的速度大于轧辊直径变化的速度。所以，宽展系数应沿轧制道次逐渐增加。

（4）轧制速度的影响。在其他条件相同时，轧制速度越高，宽展系数越小。

（5）轧制钢种的影响。在其他条件相同时，普碳钢的宽展系数小，合金钢的宽展系数大。

（6）另外，还有其他因素影响宽展系数的取值范围，凡是有利于宽展的因素，宽展系数应取较大值，反之则相反。在轧制过程中往往是多种因素同时起作用的，所以选取宽展系数时应考虑诸因素的综合影响，当然要分清主要影响因素和次要影响因素。前面 5 条在一般情况下是主要影响因素。

8.3.4　乌萨托夫斯基方法

8.3.4.1　乌萨托夫斯基公式

乌萨托夫斯基公式给出了在平辊上轧制时相对宽展公式：

$$\beta = \eta^{-W} \tag{8-21}$$
$$W = 10^{-1.269\delta}\varepsilon^{0.556} \tag{8-22}$$
$$W = 10^{-3.457\delta}\varepsilon^{0.968} \tag{8-23}$$

式中　β——相对宽展系数 $\beta = \dfrac{b}{B}$（b、B 分别为轧后和轧前的宽度）；

　　　W——相对宽展指数，当 $\eta = 0.1 \sim 0.5$ 时，用式 8-23；

η——压下系数的倒数，$\eta = \dfrac{h}{H}$（h、H分别为轧后和轧前轧件的高度）;

δ——轧件断面形状系数，$\delta = \dfrac{B}{H}$;

ε——辊径系数，$\varepsilon = \dfrac{H}{D}$。

由此可以看出，乌萨托夫斯基认为影响轧件相对宽展系数的主要因素是压下系数、轧件断面形状系数和辊径系数。

8.3.4.2　影响宽展的其他因素

轧件的轧制温度、轧制速度、辊面加工情况和轧件材质对宽展系数的影响，可在公式中乘以修正系数来解决。

这样，宽展系数 β 修正后的公式应为：

$$\beta_{正} = acde\eta^{-W} \tag{8-24}$$

式中　a——温度修正系数;

　　　　c——轧制速度修正系数;

　　　　d——轧件钢种修正系数;

　　　　e——轧辊材质和加工修正系数。

一般轧制温度时的修正系数为：轧制温度为 $750 \sim 900\,℃$ 时，$a = 1.005$;超过 $900\,℃$ 时，$a = 1.00$。实际测定的 a 值参考表8-8。

表8-8　各种轧制温度相对宽展的修正系数 a

温度/℃	a	温度/℃	a	温度/℃	a
700	1.00406	950	1.00103	1200	0.99040
750	1.00573	1000	0.99890	1250	0.98827
800	1.00740	1050	0.99688	1300	0.98615
850	1.00523	1100	0.99465		
900	1.00315	1150	0.99253		

相对宽展的轧制速度修正系数，根据轧制速度在 $0.4 \sim 17\,m/s$ 时，应为：

$$c = (0.00341\eta - 0.002958)v + (1.07168 - 0.10431\eta) \tag{8-25}$$

式中　v——轧制速度，m/s。

轧件钢种修正系数 d 可从表8-9中查得。

表8-9　轧件钢种宽展修正系数 d

| 序号 | 成分（质量分数）/% | | | | | | d | 钢　种 |
	C	Si	Mn	Ni	Cr	W		
1	0.06	残余	0.22				1.0000	转炉沸腾钢
2	0.20	0.20	0.50				1.02026	碳素结构钢
3	0.30	0.25	0.50				1.02338	
4	1.04	0.30	0.45				1.00734	碳素工具钢
5	0.25	0.20	0.25				1.01454	

序号	成分（质量分数）/%						d	钢　种
	C	Si	Mn	Ni	Cr	W		
6	0.35	0.50	0.60				1.01636	含 Mn 耐热钢
7	1.00	0.30	0.50				1.01066	
8	0.50	1.70	0.70				1.01410	弹簧钢
9	0.50	0.40	24.0				0.99741	高 Mn 耐磨钢
10	1.20	0.35	13.0				1.00887	
11	0.06	0.20	0.25	3.50	0.40		1.01034	渗碳钢
12	1.30	0.25	0.30		0.50	1.80	1.00902	合金工具钢
13	0.40	1.90	0.60	2.00	0.30		1.02719	

轧辊材质和加工表面情况的相对宽展修正系数 e 采用下值：

铸铁轧辊、表面加工粗糙时，$e=1.025$；硬面轧辊、表面加工光滑时，$e=1.000$；磨光钢轧辊时，$e=0.975$。

8.3.4.3　孔型中宽展的计算

在孔型内轧制时，因孔型压下量不均匀，应用公式 8-25～式 8-28 时，应以 η_c 和轧辊平均工作直径 D_{kc} 来代替 η 和 D。

公式可以改写成

$$\beta = \eta_c^{-W_c} \tag{8-26}$$

$$\eta_c = \frac{h_c}{H_c} \tag{8-27}$$

$$\delta_c = \frac{B}{H_c} \tag{8-28}$$

$$\varepsilon_c = \frac{H_c}{D_{kc}} \tag{8-29}$$

$$H_c = \frac{F_0}{B} \tag{8-30}$$

$$D_{kc} = D - h_c \tag{8-31}$$

$$h_c = \frac{F_1}{b} \tag{8-32}$$

式中　H_c，h_c——分别为轧件轧前、轧后平均高度；

B，b——分别为轧件轧前轧后的平均宽度；

D_{kc}——轧辊平均直径；

D——轧辊中心线距离；

F_0，F_1——分别为轧件轧前、轧后截面积。

一般孔型的平均高度和最大高度之比是一个常数，即：

$$\frac{h_c}{h_{max}} = m \quad 或 \quad h_c = mh_{max} \tag{8-33}$$

式中，m 称为平均高度系数。用平均高度法求出各种孔型的 m 值后，当计算各种孔型的平均高度时，只要把该种孔型的最大高度乘以 m 值就可求得该孔的平均高度。

确定各种孔型平均高度的示意图如图 8-25 所示。m 值如表 8-10 所示。

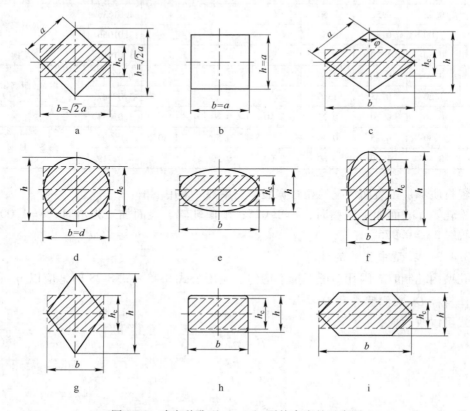

图 8-25　确定种孔型（a~i）平均高度的示意图

表 8-10　常用延伸孔型的 m 值

孔型形状	a	b	c	d	e	f	g	h	i
m	0.5	1	0.5	0.785	平均0.7	另行计算	0.5	0.96 ~ 0.99	0.70 ~ 0.88

8.3.5　斯米尔诺夫方法

斯米尔洛夫利用总功率最小的变分原理得到了计算轧件在简单断面孔型中的宽展公式：

$$\beta = 1 + c_0\left(\frac{1}{\eta} - 1\right)^{c_1} A^{c_2} a_0^{c_3} a_k^{c_4} \delta_0^{c_5} \psi^{c_6} \tan\phi^{c_7} \qquad (8\text{-}34)$$

式中　β——宽展系数，$\beta = \dfrac{b}{B}$；

A——轧辊转换直径，$A = \dfrac{D_0}{H_1}$；

a_0——轧件轧前的轴比，$a_0 = \dfrac{H_0}{B_0}$；

δ_0——轧件在前一孔型中的充满度，等于前一孔型中轧件的宽度 B_1 与 B'_k 之比；

a_k——孔型轴比，$a_k = \dfrac{B'_k}{H_1}$；

ψ——摩擦指数，其值见表 8-11；

$\tan\phi$——箱型孔型的侧壁斜度；

$c_0, \cdots, c_7$——与孔型系统有关的常数，其值见表 8-12，对于箱形孔型，$c_7 = 0.362$，对于其他孔型为零，其值见表 8-12。

各种延伸孔型 D_*、H_1、B'_k 和 B_k 表示方法见图 8-26。

表 8-11　普碳钢、低合金和中合金钢在光滑表面轧辊上变形时不同孔型系统的摩擦指数值

轧制图示	轧件不同温度时的摩擦指数值				
	>1200℃	1100～1200℃	1000～1100℃	900～1000℃	<900℃
矩形-箱形孔、矩形—平辊，圆形—平辊	0.5	0.6	0.7	0.8	1.0
方—菱，方—平椭，方—六角，圆—椭	0.5	0.5	0.6	0.7～0.8	1.0
方—椭，方—平椭，方—六角，圆—椭，立椭—椭，椭—方，椭—圆，平椭—圆，六角—方，椭—椭，椭—立椭	0.6	0.7	0.8	0.9	1.0

注：轧制高合金钢时和轧辊表面粗糙或磨损时上述指数增加 0.1（仅对计算变形时有用）。

表 8-12　$c_0 \sim c_6$ 的值

孔型系统	c_0	c_1	c_2	c_3	c_4	c_5	c_6
箱形	0.0714	0.862	0.746	0.763			0.160
方—椭圆	0.377	0.507	0.316		-0.405		1.136
椭圆—方	2.242	1.151	0.352	-2.234		-1.647	1.137
方—六角	2.075	1.848	0.815		-3.453		0.659
六角—方	0.948	1.203	0.368	-0.852		-3.450	0.629
方—菱	3.090	2.070	0.500		-4.850	-4.865	1.543
菱—方	0.972	2.010	0.665	-2.458		-1.300	0.700
菱—菱	0.506	1.876	0.695	-2.220	-2.220	-2.730	0.587
圆—椭圆	0.227	1.563	0.591		-0.852		0.587
椭圆—圆	0.386	1.163	0.402	-2.171		-1.324	0.616
椭圆—椭圆	0.405	1.163	0.403	-2.171	-0.789	-1.324	0.616
立椭圆—椭圆	1.623	2.272	0.761	-0.582	-3.064		0.486
椭圆—立椭圆	0.575	1.163	0.402	-2.171	-4.265	-1.324	0.616

续表 8-12

孔型系统	c_0	c_1	c_2	c_3	c_4	c_5	c_6
方—平椭圆	0.134	0.717	0.474		-0.507		0.357
平椭圆—圆	0.693	1.286	0.368	-1.052		-2.231	0.629
箱形—平辊	0.0714	0.862	0.555	0.763			0.455
圆—平辊	0.179	1.357	0.291				0.511
六角—六角	0.300	1.203	0.368	-0.852		-3.450	0.629

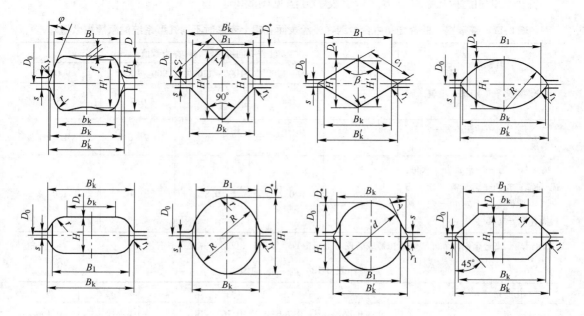

图 8-26　各种延伸孔型

8.3.6　延伸孔型设计小结

经验系数方法要求设计者正确选择宽展系数，这对初学者来讲是比较困难的，也是这种设计方法成败之关键。另外两种设计方法不需要设计者有丰富的孔型设计经验，这对初学者来说是有利的，但这两种设计方法的计算工作量较大。孔型设计人员如能将后两种设计方法编成程序，在计算机上进行计算，就可以更好地发挥这两种方法的优点，提高孔型设计的速度和精度。

值得注意的是孔型设计一定要考虑轧机的调整。即使对一套成熟的孔型设计，在不同轧制条件下（如温度波动、孔型磨损不同、辊径差异等）孔型在实际轧制时的状态总是有别于原设计的。为了使轧机调整方便，通常是在保证获得各方形轧件的前提下，调整各中间轧件（通常称为扁轧件）的尺寸，所以设计各中间扁轧件的孔型时一定要留有调整余地。

思 考 题

8-1 孔型设计的内容包括哪些？

8-2 孔型设计有哪些要求？

8-3 阐述孔型设计的基本程序和应遵循的基本原则。

8-4 为什么轧辊之间要用辊缝？

8-5 孔型有哪些种类？

8-6 孔型侧壁的作用有哪些，如何描述侧壁的大小？

8-7 孔型的内、外圆角有何作用？

8-8 何谓轧机的名义直径、轧辊原始直径和轧辊工作直径？如何计算轧辊工作直径？

8-9 何谓"压力"？

8-10 何谓轧辊中线、轧制线和孔型中性线？

8-11 如何确定轧制线和轧辊中线的相对位置？

8-12 简述在轧制面垂直方向上配置孔型的步骤。

8-13 箱形孔的槽底宽度为 205mm，槽口宽度为 235mm，轧槽深度为 127mm，计算孔型的侧壁斜度。

8-14 若已知轧辊的平均直径 $D_p = 850$，辊缝为 10mm，孔型的高度为 200mm，上压为 15mm，试确定上下辊的工作直径与辊环直径。

8-15 若轧辊的名义直径为 600mm，其轧辊重车率为 10%，试计算最大和最小直径。

8-16 何谓延伸孔型系统，在轧制过程有什么作用？

8-17 常见的延伸孔型有哪些？

8-18 何为总延伸系数，轧件在各道次延伸系数与总延伸系数之间有什么样的关系？

8-19 什么是轧辊的折算直径？

8-20 由宽展计算公式可知，影响轧件宽展的因素有哪些？

第3篇

板带生产工艺

本篇主要介绍了板带材生产概况、热轧板带钢及冷轧板带钢的生产工艺；重点讲述板带材厚度控制原理、板形控制技术及高精度轧制技术；并列举了板带钢生产压下规程设计实例。

9 板带生产概述

[本章导读]
　　主要介绍板带材的分类、技术要求及其轧制技术新进展。

9.1 板带材分类及技术要求

9.1.1 板带材分类

　　板带材分类按规格一般可分为厚板（包括中板）、薄板和极薄带材（箔材）三类。我国一般称厚度在4mm以上者为中厚板（其中4～20mm者为中板，20～60mm者为厚板，60mm以上者为特厚板），0.2～4mm者为薄板，而厚度在0.2mm以下者为箔材。目前箔材最薄可达0.001mm，而特厚板厚度可达到500mm以上，最宽可达5000mm。世界各国板带材定义的各种板厚范围有所差异。热轧钢板的分类及尺寸见表9-1。

　　板带材按各种用途可分为造船板、锅炉板、桥梁板、压力容器板、汽车板、镀层板、电工钢板、深冲板、航空结构用板、复合板、焊管坯及不锈耐酸耐热等特殊用途板等。有关品种规格可参看国家标准。

表9-1 热轧钢板的分类及尺寸

分类	厚度范围/mm	宽度范围/mm	分类	厚度范围/mm	宽度范围/mm
特厚板	>60	1200～5000	薄板	0.2～4.0	500～2500
厚板	20～60	600～3000	带材	<6	20～1500
中板	4.0～20	600～3000			

9.1.2　板带材技术要求

板带的厚度和用途不同，对其技术要求也不一样，但是作为生产而言有统一的标准，反映在技术要求上就是"尺寸精确板形好，表面光洁性能高"。主要指以下四方面：

（1）尺寸精度要求高。尺寸精度主要指厚度精度，在生产中难度最大，不仅影响到使用性能，其厚度偏差对于金属的节约影响也很大。板带材由于宽厚比（B/H）很大，厚度一般很小，厚度的微小变化势必引起其使用性能和金属消耗的巨大波动。所以在板带材生产中一般都应力争高精度轧制和按负公差轧制。

（2）板形要好。板形要平坦，无浪形瓢曲，才好使用。生产中对板形要求是比较严格的，例如，对普通中厚板，其瓢曲度每米长不能大于 15mm，优质板不大于 9mm；对普通薄板原则上不大于 20mm。但由于板带材既宽且薄，对不均匀变形的敏感性又特别大，所以要保持良好的板形就比较难。且板带 B/H 比值愈大，保证板形困难愈大。此外，板形不良也反映了变形与厚度不均，故板形好坏往往又与厚度精度也有着直接的联系。

（3）表面质量要好。板带钢是单位体积表面积最大的一种钢材，又多用作外围构件，故必须保证表面质量。无论是厚板或薄板，其表面皆不得有气泡、结疤、拉裂、刮伤、折叠、裂缝、夹杂和压入氧化铁皮，因为这些缺陷不仅有损外观，而且往往败坏性能或成为产生破裂和锈蚀的策源地，成为应力集中的薄弱环节。

（4）性能要好。板带材的性能主要包括力学性能、工艺性能和某些钢板的特殊物理或化学性能。一般结构钢板只要求具备较好的工艺性能，例如冷弯和焊接性能等，而对力学性能的要求不很严格。对甲类钢钢板则要求保证力学性能，要具有一定的强度和塑性。对于重要用途的结构钢板，则要求有较好的综合性能，除良好的工艺性能、强度和塑性以外，还要求保证一定的化学成分，保证良好的焊接性能、常温或低温冲击韧性，或一定的冲压性能、一定的晶粒组织及各向组织的均匀性等。

除了上述各种结构钢板以外，还有各种特殊用途的钢板，如高温合金板、不锈钢板、硅钢片、复合板等，它们或要求特殊的高温性能、低温性能、耐酸耐碱耐腐蚀性能，或要求一定的物理性能（如磁性）等。

9.1.3　板带产品的外形、使用与生产特点

板、带产品在外形上扁平，宽厚比大，单位体积的表面积也比较大。在外形的基础上突显其使用特点：（1）表面积大，故包容覆盖能力强，在化工、容器、建筑、金属制品、金属结构等方面都得到广泛应用。（2）可任意剪裁、弯曲、冲压、焊接、制成各种制品构件，使用灵活方便，在汽车、航空、造船及拖拉机制造等部门占有极其重要的地位。（3）可弯曲、焊接成各类复杂断面的型钢、钢管、大型工字钢等结构件，故称为"万能钢材"。

板带材在生产上也有其自己的方式，板带材是用平辊轧出，故改变产品规格较简单容易，调整操作方便，易于实现全方面计算机控制的自动化生产。带钢的形状简单，可成卷生产，而且在国民经济中用量比较大，故必须而且能够实现高速度的连轧生产。由于板带材宽厚比和表面积都很大，故生产中轧制压力很大，可达数百万至数千万牛顿，不仅使轧机设备复杂庞大，而且使产品厚、宽尺寸精度和板形控制技术及表面质量控制技术变得十分困难和复杂。

9.2　板带轧制技术新进展

9.2.1　生产技术新进展

　　世界上按常规工艺生产板带材已有 70 多年历史。由于家电、汽车、电子、建筑、船舶等行业的需要而得到巨大发展，板带比已成为衡量一个工业化国家钢铁工业水平的重要标志之一，板带材的产品质量档次的高低又成为制约相关行业发展的重要因素，世界先进工业国家钢铁工业的板带比一般在 40% ~60% 左右。然而当今世界板带材生产工艺主要为常规连轧工艺，即采用 200 ~250mm 厚板坯为原料，经过多机架连轧出 1.25 ~25mm 厚成品板带。常规连轧工艺又可分为全连轧工艺、3/4 连轧工艺、半连轧工艺和炉卷工艺几种，目前以 3/4 连轧和半连轧工艺居多。常规板带轧制工艺已成熟，基本上实现了计算机在线控制下的高速化、连续化、大型化和高精度，在控制产品质量上，实现了在线板形、板厚和板宽的自动控制。其优势是生产灵活、适应面厂、高质量、高产量、多品种，不足是设备投资大。板带材的另一种生产工艺为近终形连铸-连轧工艺，其优势在于节能、降耗、减少投资和生产成本上比常规工艺更有优势，一直得到世界钢铁界普遍关注，特别是美国纽柯公司的薄板坯连铸连轧生产线 1989 年投产以来，在世界上掀起了采用新工艺热潮，标志板带生产工艺进入又一崭新阶段。

　　轧件变形和轧机变形是在轧制过程中同时存在的。实际生产中要使轧件易于变形和轧机难以变形，亦即发展轧件的变形而控制和利用轧机的变形。由于板带轧制的突出特点是轧制压力极大，轧件变形难，而轧机变形及其影响又大，因而使这个问题就成为板带轧制技术发展的主要矛盾。

　　要使板带在轧制时易于变形，主要有两个途径：一是努力降低板带本身的变形抗力（可简称内阻），其最有效的措施就是加热并在轧制过程中抢温保温，使轧件具有较高而均匀的轧制温度；二是设法改变轧件变形时的应力状态，努力减小应力状态影响系数，减少外摩擦等对金属变形的阻力（可简称外阻），甚至化害为利以进一步降低金属变形抗力。至于控制和利用轧机的变形，则包括了增强和控制机架的刚性和辊系的刚性、控制和利用轧辊的变形以及采用液压弯辊与厚度和板形自动控制等各种实用技术措施。

9.2.1.1　降低板带材变形抗力

　　板带热轧时由于其宽厚比和散热面积很大，使轧件温度的降低十分迅速。而温度的波动变化又是影响轧制力波动和板带厚度波动的关键因素。因此为了减少温降及轧制力的波动，就必须在轧制过程中努力使板带能保持较高而又均匀的温度。板带钢最早都是成张地在轧机上进行往复热轧的。对于轧制 4mm 以下厚度的钢板，为了保持温度及克服轧机弹跳的障碍，还要采用叠轧的方法。这种往复成块热轧的方法只适宜轧制不太长及不太薄的钢板，它虽统治板带钢生产达三百年之久，但其金属消耗大、产品质量低、劳动条件差、生产能力小，显然满足不了日益增长的国民经济发展的需要。为了克服这些缺点，并争取轧制长度很大的带钢而又能保持较高和较均匀的温度，人们便很自然地想到采取成卷连续轧制的方法。第一台板带钢半连续热轧机在 1892 年建立于英国，但由于当时技术水平的限制，轧速太低（2m/s），轧件温降太快，所以未能成功。直到 1924 年第一台宽带钢连轧机在美国才以 6.6m/s 的轧速正式轧出合格产品。此后成卷连轧的方法便得到迅速发展。

连轧方法虽然是一种高效率的先进生产方法，但其建设投资大、设备制造难，生产规模只适合于大型企业的大批量生产。对于板带批量不大而品种较多的中小企业并不适合。显然，可逆式轧机更适合于这方面的用途。为了在轧制过程中抢温保温，提出了将板卷置于加热炉内边轧制边加热保温的办法，并于 1932 年在美国创建了第一台试验性炉卷轧机，到 1949 年正式应用于工业生产，尤其适合生产塑性较差、加工温度范围较窄的合金钢板带，但由于是单机轧制，其产品表面质量及尺寸精度都较差。与此同时，为了寻求更高效率的轧制方法，各国还进行着各种行星轧机的试验研究，并于 1950 年正式在生产上得到应用。行星轧机轧制时由于大量变形热使轧件在轧制过程中不仅不降温，反而一般可升温 $50 \sim 90 ℃$，这就从根本上解决了成卷轧制时的抢温保温问题。行星轧机每吨产品的投资和成本比连续式轧机还要低，在经济上较为优越，对中小企业应该是很有发展前途的。

从降低金属变形抗力、降低能源消耗及简化生产过程出发，近代还出现连铸连轧及无锭轧制（连续铸轧）等生产方法。这些新工艺在有色金属板带及线材生产方面早已广泛得到应用，现正向钢铁生产领域延扩，1981 年日本新日铁堺厂实现了宽带钢的连铸—直接轧制就是一例。1989 年及 1992 年德国 SMS 及 DMH 公司分别在美国和意大利实现了薄板坯连铸连轧和连续铸轧。

9.2.1.2 降低应力状态影响系数

板带热轧时重点在降低内阻，但随着产品厚度减小，降低外阻也愈重要。尤其是轧件很薄时，例如小于 1mm 以下，若仍成卷热轧，则轧制温度很难保持，并且此时还必须前后施加较大的张力，才能使板形平直及轧制过程正常进行，因而只能采用冷轧的方法。由于冷轧板带很薄而且温度很低，故不仅内阻大，而且外阻也相对较大，此时若不致力于降低外阻的影响，就很难轧出合格的产品。故冷轧板带时重点在降低外阻，主要技术措施是减小工作辊直径、采用轧制润滑油和带张力轧制，以减小应力状态系数。其中最主要的措施是减小工作辊直径，故出现了从二辊到多辊的各种板带材轧机。多辊轧机为了减小工作辊直径而多采取支撑辊传动，工作辊游动，这往往使轧机咬入能力和传递力矩的能力减弱，近年出现的不对称异径轧机，采用一个游动的小工作辊负责降低压力，而用另一个直接传动的大直径工作辊来传递力矩和提供咬入能力，很好地解决了这个问题。为了减轻或消除外摩擦的影响，在轧制薄板带材时，还采用了不对称异步轧制技术。图 9-1 所示为各种板带轧机。

9.2.2 设备新进展

为了提高板带的厚度精度，一般是增大轧机牌坊和辊系的刚性，例如现代宽厚板轧机牌坊立柱断面已达 $10000cm^2$ 以上，牌坊重达 $250 \sim 450t$，支撑辊直径最大达 2400mm。近年还出现开口式结构的预应力轧机，刚性系数达 9000kN/mm。多辊轧机的机座为矩形整体铸成，既短且粗，刚性很强。应该指出，为了提高板带厚度精度，并不总是要求提高轧机的刚性，而要求轧机最好是刚性可控。按此，在连轧机上最好采用所谓"刚性倾斜分配"的轧机，即在来料厚度不均影响较强烈的前几架采用大的刚性，而在后几架，尤其是末架，则采用较小的刚性，这样可使板厚精度比一般连轧机显著提高。

轧机刚性不管如何提高，轧机的变形只能减小，总不能完全消除，因而在提高刚性的

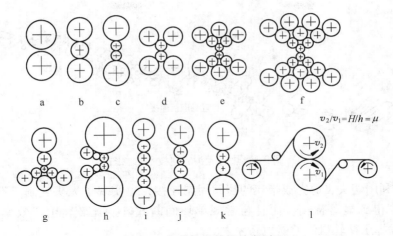

$$v_2/v_1 = H/h = \mu$$

图 9-1　各种结构轧机的发展

a—二辊式；b—三辊式；c—四辊式；d—六辊式；e—十二辊式；f—二十辊式；g—不对称八辊；h—偏八辊；
i—HC 轧机；j—异径五辊及泰勒轧机；k—异径四辊；l—异步二辊

同时，必须采取措施来控制和利用这种变形，以减小其对板带厚度的影响。这就是要对板带的横向和纵向厚度进行控制。迄今板带纵向厚度的自动控制问题已基本趋于解决，近年着重开发研究的是横向厚度和板形的控制技术。控制板形和横向厚差的传统方法是正确设计辊型和利用调辊温及压下来控制辊缝实际形状，但其反应缓慢而且能力有限。为了能快速而有效地进行控制，近代广泛采用了"弯辊控制"技术。近年来又进一步开发采用了很多控制板形的新技术和新轧机，如 DCB 技术、VC 辊技术、CVC 及 HVC 技术、SSM 轧机、HC 轧机、泰勒轧机、FFC 轧机、对辊交叉轧机等。

9.2.3　轧制新技术

9.2.3.1　无头轧制技术

1996 年日本川崎制铁千叶厂 3 号热带轧制线在世界上首先实现无头轧制，见图 9-2。该技术就是在粗轧与精轧之间，把粗轧后的前一中间坯的尾部和下一中间坯的头部在数秒内采用感应焊接快速连接起来，在精轧连轧机组实现无头轧制，在卷取机前再由飞剪剪断，由卷取机卷成热卷。这种技术扩大了传统热带轧机的轧制范围，可批量生产 0.8mm 的超薄带钢。开发这个技术是基于市场上对"以热代冷"的强烈需求。该生产线可以 20m/s 的速度轧制生产 0.8 ~ 1.3mm 厚的带钢。设备特征是在粗轧和精轧之间设置热卷箱、切头剪、中间板坯连接装置及卷取机前的飞剪。无头轧制中间带坯连接方式采用感应焊接，要求对带坯接头区进行快速加热，形成热熔区，实现对焊连接，最多可由 15 块中间坯组成无头轧制。

该项无头轧制技术的特点为：（1）将常规的最小板厚 1.2mm 扩至 0.8mm，厚度精度不超过±（20 ~ 30）μm，且可轧制如 1.2mm×1600mm 的宽幅薄材；（2）极薄热轧带钢尺寸精度优于传统热轧带钢，材料组织性能均匀性和稳定性明显优于传统产品；（3）采用分散控制的高响应张力控制技术可在 0.5s 左右的时间内稳定地实现轧制中板厚变更。

韩国浦项制铁于 2007 年在其 2 号热带生产线上采用了一种新的固态连接技术（剪切

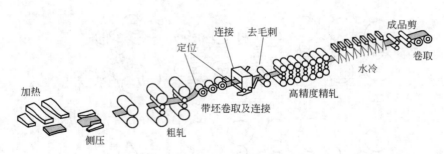

图 9-2   热轧无头轧制技术示意图

—压合），即利用切头飞剪完成带坯的瞬间固态连接，也实现了无头轧制，不仅薄宽规格产品尺寸精度得到显著提高，而且与常规单坯间断式轧制比较，生产效率提高 25% ~ 30%，充分发挥了精轧机组的能力。

9.2.3.2 薄带连铸技术

将钢水在 2 个辊中铸成 5 ~ 6mm 的带钢，经过 1 架或 2 架轧机进行小变形的轧制和平整，可生产出热带钢卷。欧洲、日本和澳大利亚都进行过类似的试验，2004 年美国 NUCOR 建立了工业试验厂，如图 9-3 所示。该带钢连铸生产线的主要参数为：钢包容量 19t，带钢厚度 0.7 ~ 2.1mm；在线热轧机为四辊热轧机，卷取机为 2 台 40t 卷取机。使用该技术可大大减少产品的残余偏析。

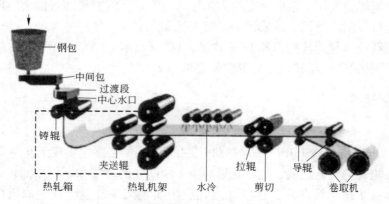

图 9-3   薄带连铸生产线布局示意图

思 考 题

9-1 板带材产品如何分类?

9-2 板带材技术要求有哪些?

9-3 板带产品生产特点是什么?

9-4 什么是无头轧制技术?

10　热轧板带材生产

[本章导读]

　　本章讲述了中厚板生产工艺、轧机形式及其布置；热连轧板带材生产工艺及其他板带生产轧机；并介绍了薄（中厚）板带坯连铸连轧及薄带铸轧技术。

10.1　中厚板生产

　　中厚钢板生产至今大约有2000年生产历史，它是国家现代化不可缺少的一项钢材品种。中厚板产品的高强度、高耐磨性以及良好的韧性和焊接性，使得中厚板产品涉及很多领域，如锅炉和压力容器用钢、机械用钢、船舶用钢、大直径输送管等领域。一个国家的中厚板轧机水平也是一个国家钢铁工业装备水平的标志之一。近代由于船舶制造、桥梁建筑、石油化工等工业的迅速发展，钢板焊接构件、焊接钢管及型材的广泛应用需要大量宽而长的优质厚板，使中厚板生产得到很快发展，且中厚板生产日益趋向合金化和大型化，其轧机日趋重型化、高速化和自动化，3m以上的巨型四辊宽厚板轧机已成为生产中、厚板的主流设备，新建中厚板厂的生产规模年产高达200万~240万吨。

10.1.1　中厚板轧机形式及其布置

　　中厚板轧机的形式不一，从机架结构来看有二辊可逆式、三辊劳特式、四辊可逆式、万能式和复合式之分；就机架布置而言又有单机架、顺列或并列双机架及多机架连续或半连式轧机之别，图10-1 ~ 图10-3所示为部分轧机工作示意图。

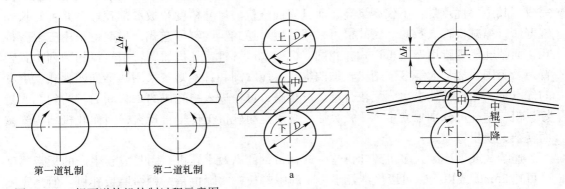

图10-1　二辊可逆轧机轧制过程示意图

图10-2　三辊劳特式轧机轧制过程示意图
a—第一道中、下辊过钢；b—第二道中、上辊返回

10.1.1.1　轧机形式

二辊可逆式轧机是一种旧式轧机，由于其辊系的刚性较差，轧制精度不高，目前已不再单独兴建，而只是有时作为粗轧或开坯机之用。三辊劳特式轧机也是一种过时的中板轧机，其上下轧辊直径700～850mm，中辊直径500～550mm，辊身长度1800～2300mm，它可以采用交流电机传动以实现往复轧制，投资少，建厂快，但由于辊系刚性仍不够大，轧机咬入能力较弱，前后升降台等设备也比较笨重复杂，故已逐渐为四辊轧机所代替。四辊可逆式轧机是现代应用最广泛的中厚板轧机，适于轧制

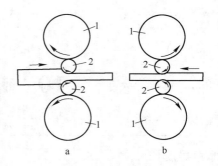

图10-3　四辊可逆式轧机轧制过程示意图
a—第一道次；b—第二道次
1—支撑辊；2—工作辊

各种尺寸规格的中厚板，尤其是轧制精度和板形要求较严的宽厚板，更是非用它不可。万能式轧机现在主要是在一侧（或两侧）具有一对（或两对）立辊的四辊（或二辊）可逆式轧机。这种轧机的本意是要生产齐边钢板，不用剪边，以降低金属消耗，提高成材率。但理论和实践表明：立辊轧边只是对于轧件宽厚比（B/H）值小于60～70时才能产生作用，而对于可逆式中厚板轧机，尤其是宽厚板轧机，由于 B/H 太大，用立辊轧边时钢板很容易产生纵向弯曲，不仅起不到轧边作用，反而使操作复杂，容易造成事故，并且立辊与水平辊要实现同步运行还会增加电气设备和操作的复杂性，故"投资大、效果小、麻烦多"。因此，自20世纪70年代以来，新建轧机一般已不采用立辊机架。值得指出的是近年来为了提高成材率对于厚板的 V-H 轧制（立辊加水平辊轧制）又在进行积极研究开发，其目的是想生产不用切边的钢板和对板带宽度进行更有效的控制，这当然是很有意义和前途的研究。总之，厚板轧制技术发展很快，现代新建的厚板轧机轧辊尺寸可达（$\phi 1200/2400$）mm×5500mm，最大轧制压力达45000～100000t，牌坊重量达250～450t，最大轧制速度为5～7.5m/s，主传动电机功率达18000kW，采用全面计算机控制，年产量达180万～240万吨。

10.1.1.2　中厚板轧机布置

中厚板轧机的布置早期多为单机架式，其后发展为双机架式、多机架式。目前占主要地位的是双机架式，它是把粗轧和精轧两个阶段的不同任务和要求分别放到两个机架上去完成。其主要优点是：不仅产量高，而且表面质量、尺寸精度和板形都较好，并可延长轧辊寿命，缩减换辊次数等。粗轧机可采用二辊可逆式、四辊可逆式，早期也采用三辊劳特式，而精轧机则皆用四辊可逆式。我国双机架式以二辊粗轧机加四辊精轧机的顺列布置较普遍。美国、加拿大等多采用二辊加四辊式，而欧洲和日本则多采用四辊加四辊式。后者的优点是：粗、精轧道次分配较合理，产量高；可使进入精轧机的来料断面较均匀，质量好；粗、精轧可分别独立生产，较灵活。缺点是粗轧机工作辊直径大，因而轧机结构笨重而复杂，使投资增大。

连续式或半连续式多机架轧机是生产宽带钢的高效率轧机，因其成卷生产的板带厚度已可达25mm或以上，可以生产几乎2/3的中厚板，实际也是一种中厚板轧机。但其宽度一般不大，而且轧制较厚的中板时常导致终轧温度过高。由于轧制中厚板一般不必抢温保温，故不一定要专门采用昂贵的连轧机来生产，只用一般单、双机架可逆式轧机即可满足

一般要求。

图 10-4 为日本住友金属鹿岛厚板工厂的平面布置。该厂采用双机架四辊可逆式轧机，轧辊尺寸为（$\phi 1005/2005$）mm×5340mm，最大轧制压力 9000t，粗、精轧机电机容量分别为 2×5000kW 及 2×14490kW。全厂面积 137780m^2，年产 192 万吨。

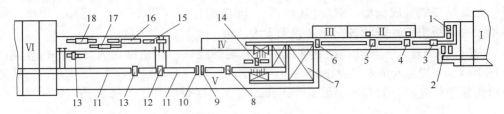

图 10-4　日本住友金属鹿岛制铁所厚板工厂平面布置

Ⅰ—板坯场；Ⅱ—主电室；Ⅲ—轧辊间；Ⅳ—轧钢跨；Ⅴ—精整跨；Ⅵ—成品库

1—室状炉；2—连续式炉；3—高压水除鳞；4—粗轧机；5—精轧机；6—矫直机；7—冷床；8—切头剪；9—双边剪；
10—纵剪；11—堆垛机；12—端剪；13—超声探伤；14—压力矫直机；15—淬火机；16—热处理炉；17—涂装机；18—喷砂机

10.1.2　中厚板生产工艺及新技术

10.1.2.1　原料及其加热

轧制中厚板所用的原料可采用连铸板坯，特厚板也可用扁锭，使用连铸坯已成为主流。为了保证板材的组织性能，连铸坯应该具有足够的压缩比，美国认为 4~5 倍的压缩比已够，日本则要求在 6 倍以上。我国生产实践表明，采用厚 150mm 的连铸坯生产厚 12mm 以下的钢板较为理想。对一般用途钢板压缩比取 6~8 倍以上，重要用途钢板在 8~10 倍以上。

中厚板用加热炉有连续式加热炉、室状加热炉和均热炉三种。均热炉多用于加热钢锭轧制特厚板，室状炉适于多品种、少批量及合金钢种原料的加热，生产灵活；连续式加热炉用于少品种、大批量生产，多为热滑轨式或步进式。

10.1.2.2　轧制

中厚板的轧制过程可分为除鳞、粗轧和精轧几个阶段。

（1）除鳞。除鳞是要将炉生铁皮和次生铁皮除净以免压入表面产生缺陷。需在轧制之前趁铁皮尚未压入表面时进行。除鳞方法有多种，例如投以竹枝、杏条、食盐等，或采用辊压机、钢丝刷，或用压缩空气、蒸汽吹扫，或用除鳞机和高压水等。实践表明，现代工厂只采用投资很少的高压水除鳞箱及轧机前后的高压水喷头即可满足除鳞要求。

（2）粗轧。粗轧阶段的主要任务是将板坯或扁锭展宽到所需的宽度并进行大压缩延伸，主要有纵轧法、横轧法、角轧法、综合轧法以及最近日本开发的平面形状控制法（MAS）等。

1）全纵轧法。钢板延伸方向与原料纵轴方向相重合的轧制。当板坯宽度大于或等于钢板宽度时，即可不用展宽而直接纵轧成成品，称之为全纵轧。优点是产量高，且钢锭头部的缺陷不致扩展到钢板的长度上；缺点是钢板横向性能太低，因在轧制中始终只向一个方向延伸，使钢中偏析和夹杂等呈明显条带状分布，从而使钢板组织和性能产生严重的各向异性，横向性能（尤其是冲击韧性）往往不合格。故此种操作法实际用得不多。

2）横轧—纵轧法或综合轧法。横轧是钢板延伸方向与原料纵轴方向垂直轧制，而横轧—纵轧法则是先进行横轧，将板坯展宽至所需宽度以后，再转90°进行纵轧，直至完成。故此法又称综合轧法，是生产中厚板最常用的方法。优点是板坯宽度和钢板宽度可以灵活配合，并提高横向性能，减少钢板的各向异性，因而更适合于连铸坯生产钢板；但产量有所降低，并易使钢板成桶形，增加切边损失，降低成材率（图10-5）。此外，由于横向伸长率不大，钢板组织性能的各向异性并无太大改善。

3）角轧—纵轧法。角轧是使轧件纵轴与轧辊轴线呈一定角度送入轧辊进行轧制的方法（图10-6）。其送入角δ一般在15°~45°范围内。每一对角线轧制1~2道后，即行更换另一对角线进行轧制，其目的是使轧件迅速展宽而又尽量保持正方形状。

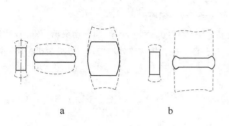

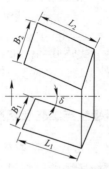

图10-5 综合轧制及横轧变形情况比较
a—综合轧制；b—横轧

图10-6 角轧

角轧的优点是可以改善咬入条件、提高压下量和减少咬入时产生的巨大冲击且有利于设备的维护；板坯太窄时还可防止轧件在导板上"横搁"。缺点是需要拨钢，使轧制时间延长，降低产量；且送入角及钢板形状难以正确控制，使切损增大，成材率降低；劳动强度大，操作复杂，难以实现自动化。故只适合轧机较弱或板坯较窄的情况。

4）全横轧法。此法将板坯进行横轧直至轧成成品，适合于板坯长度大于或等于钢板宽度的情况。若以连铸坯为原料，则全横轧法与全纵轧法一样都会使钢板的组织和性能产生明显的各向异性。但当用初轧坯为原料时，则横轧法比纵轧法具有很多优点：首先是横轧大大减轻了钢板组织和性能的各向异性，显著提高钢板横向塑性和冲击韧性，因而提高了钢板的综合性能。横轧之所以改善力学性能，是因为随着金属大量横向延伸，钢锭中纵向偏析带的硫化物夹杂等沿横向铺开分散了，硫化物的形状不再是纵轧的细长条状，而是粗短片状和点网状，片状组织随之减轻、晶粒也较为等轴，因而改善了钢板的横向性能，减少了各向异性。为了使钢板得到较为均一的综合性能，应使纵、横变形之比趋近相等。此外，横轧比综合轧制可以得到更齐整的边部，钢板不成桶形，因而减少切损，提高成材率。还由于减少一次轧钢时间，使产量也有所提高。因此横轧法经常应用于以初轧坯为原料的厚板厂。

5）平面形状控制轧法。即MAS轧制法及差厚展宽轧制法，综合轧制法是中厚板常用的轧法，一般可分为三步：首先是纵轧1~2道以平整横坯，称为整形轧制，然后转90°进行横轧展宽，最后再转90°进行纵轧成材。综合轧制易使钢板成桶形，增加切损，降低成材率。日本新开发的平面形状控制轧法就是在整形轧制或展宽轧制时改变板坯两端的厚度形状，以达到消除桶形、提高成材率的目的。

MAS 轧制法是日本川崎制铁所水岛厂钢板平面形状自动控制轧制法的简称，由于坯形似狗骨，又称狗骨头轧制（DBR）法。根据每种尺寸的钢板在终轧后桶形平面形状的变化量，计算出粗轧展宽阶段坯料厚度的变化量，以求最终轧出的钢板平面形状矩形化，其过程如图 10-7 所示。轧制中为了控制切边损失，在整形轧制的最后一道中沿轧制方向给予预定的厚度变化，称为整形 MAS 轧法；而为了控制头尾切损，在展宽轧制的最后道次沿轧制方向给予预定的厚度变化，则称为展宽 MAS 轧法。

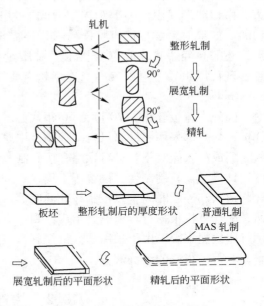

图 10-7 MAS 轧制过程示意图

之后日本又开发出新的平面形状控制法称为差厚展宽轧制法，在展宽轧制中平面形状出现桶状，端部宽度比中部要窄，将窄端部的长度展宽到与中部同宽，就可得到矩形，纵轧后边部将基本平直。为此轧制时需将轧辊倾斜一个角度，在端部实现多压下，让它多展宽一点，使其成矩形。

采用 MAS 轧制法或差厚展宽轧制法可以明显减少切边切头损失，提高成材率。日本水岛制铁所第二厚板厂用 MAS 法可提高成材率 4.4%，其切损与展宽比无关，而普通轧制法中展宽比越大，切损越大。但这些新的轧制方法，尤其是 MAS 轧法，轧机必须实现高度自动化，并利用平面形状预测数学模型，通过计算机自动控制才能实现。例如，现代厚板轧机设有液压 AGC 系统控制厚度精度，生产楔形板或变厚度板；采用工作辊交叉（PC）或窜辊技术（HCW 或 CVC）控制钢板凸度和板形。

（3）精轧。中厚板的粗轧和精轧阶段并无明显的界限。通常双机架式轧机的第一架称为粗轧机，第二架为精轧机。粗轧的主要任务是整形、展宽和延伸，精轧则是延伸和质量控制，包括厚度、板形、性能及表面质量的控制，后者主要取决于精轧辊面的精度和硬度。

（4）精整。中厚板轧后精整包括矫直、冷却、划线、剪切、检查及清理缺陷乃至热处理和酸碱洗等。现代化厚板厂所有精整工序多是布置在金属流程线上，由辊道及移送机进行转运，机械化自动化水平日益提高。

为使板形平直，钢板轧后须趁热进行矫直，矫直温度在 500～750℃ 之间，矫直机已由二重式进化为 9～11 辊四重式。对特厚钢板采用压力矫直更为合适。为矫直高强度钢板还须设置高强冷矫机。为了冷却均匀并防止刮伤，近代多采用步进式运载冷床，并在冷床中设置雾化冷却甚至喷水冷却装置。厚板冷至 200～150℃ 以下便可进行检查、划线和剪切。除表面检查以外，还采用在线超声探伤以检查内部缺陷。采用自行式自动量尺划线机和利用测量辊的固定式量尺划线机，与计算机控制系统相结合，使精整操作更为合理。厚度 26mm 以下的钢板采用圆盘剪，速度可达 100～120m/min，美国还采用连续双圆盘剪剪切厚至 40mm 的钢板，以提高效率及切边质量；厚至 50mm 以上的钢板采用双边剪进行切边。横切剪形式由侧刀剪和摇摆剪改进为滚切剪。特厚钢板常采用连续气割或刨床进行切断。如果对力学性能有特殊要求，还需将钢板进行热处理。热处理后可能产生瓢曲变形，还需再经矫直才能符合要求。对质量要求高的产品如桥梁板等还要求进行探伤检查。现代厚板厂普遍安装离线连续超声波探伤仪，探伤温度在 100℃ 以下，速度最大为 60m/min。

国外中厚板轧机在 20 世纪 60 年代已基本实现了局部自动化。到 70 年代新建的厚板轧机，几乎都采用了计算机自动控制。中厚板轧机计算机在线控制的主要功能有：从板坯入炉到成品入库对钢料进行跟踪；按轧制节奏控制板坯装炉、出炉并设定和控制加热炉温度；计算最佳轧制制度，设定压下规程；进行厚度自动控制；计算液压弯辊设定值；控制轧制道次和停歇时间，以控制终轧温度等以及精整线中各工序的程序控制。在生产管理方面，由计算机根据订货单编制生产计划、原材料计划，进行生产调度，收集生产数据并显示打印数据报表。由于采用计算机控制，减少了厚度及宽度偏差，提高了质量和金属收得率，取得了很好的经济效益。

10.2　热连轧板带生产

10.2.1　热连轧板带生产现状及发展

自 1924 年第一台带钢热连轧机投产以来，连轧带钢生产技术得到很快的发展。特别是 20 世纪 60 年代以来由于晶闸管供电电气传动及计算机自动控制等新技术的发展，液压传动、升速轧制、层流冷却等新设备新工艺的利用，热连轧机的发展更为迅速。自 20 世纪 80 年代后，我国先后已建宽带钢热连轧机 70 余套，总生产能力近 20000 万吨。

现代热连轧机的发展趋势和特点是：

（1）为了提高产量而不断提高速度，加大卷重和主电机容量、增加轧机架数和轧辊尺寸、采用快速换辊及换剪刀装置等，使轧制速度现普遍超过 15 ~ 20m/s，高达 30m/s 以上，卷重达 45t 以上，产品厚度扩大到 0.8 ~ 25mm，年产可达 300 万 ~ 600 万吨；

（2）为了降低成本，提高经济效益，节约能耗和提高成材率，开发了一系列新工艺新技术，如连铸坯及热装和连铸连轧工艺、无头轧制工艺、低温加热轧制、热卷取箱和热轧工艺润滑及车间布置革新等；

（3）为了提高质量而采用高度自动化和全面计算机控制，采用各种 AGC 系统和液压控制技术。开发各种控制板形的新技术和新轧机，利用升速轧制和层流冷却以控制钢板温度与性能。使厚度精度由过去人工控制的 ±0.2mm 提高到 0.05mm，终轧和卷取温度控制在 ±15℃ 以内。

在工业发达国家中，热连轧带钢已占板带钢总产量的 80% 左右，占钢材总产量的 50% 以上，在现代轧钢生产中占着统治地位。现代板带热连轧生产出现了很多新技术，见表 10-1，如薄板坯连铸连轧技术、无头轧制技术等，全面提高了产量、质量和成材率。

表 10-1　板带热连轧机生产新技术

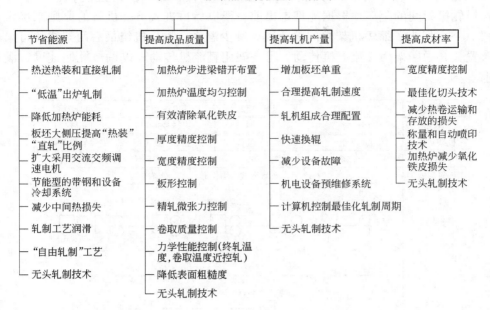

节省能源	提高成品质量	提高轧机产量	提高成材率
热送热装和直接轧制	加热炉步进梁错开布置	增加板坯单重	宽度精度控制
"低温"出炉轧制	加热炉温度均匀控制	合理提高轧制速度	最佳化切头技术
降低加热炉能耗	有效清除氧化铁皮	轧机组成合理配置	减少热卷运输和存放的损失
板坯大侧压提高"热装""直轧"比例	厚度精度控制	快速换辊	称量和自动喷印技术
扩大采用交流交频调速电机	宽度精度控制	减少设备故障	加热炉减少氧化铁皮损失
节能型的带钢和设备冷却系统	板形控制	机电设备预维修系统	无头轧制技术
减少中间热损失	精轧微张力控制	计算机控制最佳化轧制周期	
轧制工艺润滑	卷取质量控制	无头轧制技术	
"自由轧制"工艺	力学性能控制(终轧温度,卷取温度近控轧)		
无头轧制技术	降低表面粗糙度		
	无头轧制技术		

10.2.2　热连轧板带生产工艺

10.2.2.1　板坯的选择与加热

热连轧带钢的原料主要是初轧板坯和连铸板坯。目前很多工厂连铸比已达 100%。采用板坯厚度一般为 150~300mm，多数为 200~250mm，最厚达 350mm。近代连轧机完全取消了展宽工序，以便加大板坯长度及重量，采用全纵轧制，板坯宽度比成品宽度大，由立辊轧机控制钢板的宽度。板卷单位宽度的重量达到了 15~30kg/mm 以上，并准备提高到 33~36kg/mm。

采用多段（6~8 段以上）的连续式加热炉，延长炉子高温区，实现强化操作快速烧钢，提高产量；并尽可能加大炉宽和炉长，炉膛内宽达 9.6~15.6mm，扩大炉子容量，最好采用步进式炉，它是现代热连轧机加热炉的主流。

为了节约热能消耗，近年来板坯热装和直接轧制技术得到迅速发展。热装是将连铸坯或初轧坯在热状态下装入加热炉，热装温度愈高，则节能愈多。热装对板坯的温度要求不如直接轧制严格。所谓直接轧制是指板坯在连铸或初轧之后，不再进入加热炉加热而只略经边部补偿加热，即直接进行轧制。

10.2.2.2　粗轧

与中厚板轧制一样，也分为除鳞、粗轧和精轧几个阶段，只是在粗轧阶段的宽度不是展宽而是要采用立辊对宽度进行压缩，以调节板坯宽度和提高除鳞效果。板坯除鳞后，进入二辊或四辊轧机轧制。随着板坯厚度的减薄和温度的下降，变形抗力增大，而板形及厚度精度要求也逐渐提高，故须采用强大的四辊轧机进行压下，才能保证足够的压下量和较好的板形。为了使钢板的侧边平整和控制宽度精确，在以后的每架四辊粗轧机前面，一般皆设置有小立辊进行轧边。现代热带连轧机的精轧机组大都是由 6~8 架组成，因粗轧机组的组成和布置不同而使热连轧机主要分为全连续式、半连续式、3/4 连续式三大类，见

图 10-8。粗轧阶段轧件较短，厚度较大，温度降较慢，难以实现连轧，也不必进行连轧。各粗轧机架间的距离须根据轧件走出前一架以后再进入下一机架的原则来确定，数值见图 10-8。但为了缩短机架之间的距离，减少温降，粗轧机组最后两架往往可采用连续式布置，其中一架用交流电机传动，另一架用直流机传动，以调节轧制速度，满足连轧要求。

机架名称	立辊～粗1	粗1～粗2	粗2～粗3	粗3～粗4
间距/m	15～17	18～23	25～30	36～42
机架名称	粗4～粗5	粗5～粗6	粗6～精轧	精轧机架间
间距/m	48～64	73～79	115～135	5.5～6

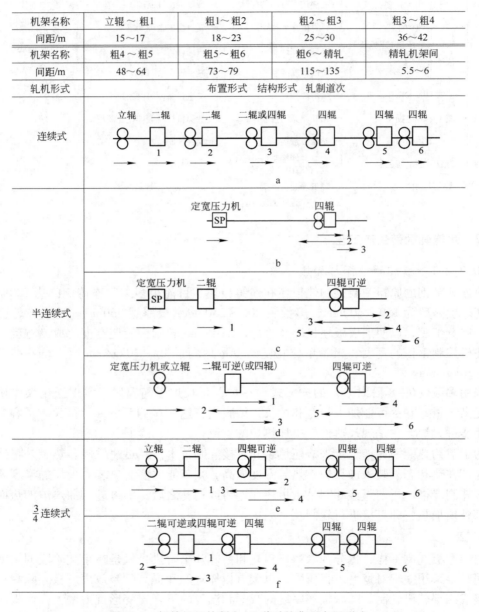

图 10-8　粗轧机组轧制 3～6 道时的典型布置形式

全连续式轧机只是指轧件自粗轧到精轧没有逆流的道次而言，其粗轧机组一般由 5～6 个机架组成，每架轧制一道，全部为不可逆式，大都采用交流电机传动，年产可达 400 万～

600万吨，适于大批量单一生产，操作简单，维护方便，但设备投资大，轧制流程线即厂房增长，如图10-8a所示。为了减轻这些缺点，并增大生产的灵活性，有时也采用半连续式轧机，初轧机各机架主要或全部为可逆式，可灵活调整粗轧道次，设备和投资都较少，适用于产量要求不大而品种范围又广的情况，如图10-8b采用一架强力四辊可逆粗轧机，轧制3或5道，适用于中等厚度（100～150mm）板坯连铸连轧生产线或连铸坯生产能力不足的情况；图10-8c的粗轧机组由一架不可逆式二辊机架和一架可逆式四辊机架组成，主要用于将厚200mm左右的铸坯生产成卷带钢；图10-8d中粗轧机组由两架可逆式轧机组成，主要生产厚度200～250mm以上的铸坯生产热带钢的生产线。20世纪末我国宝钢和鞍钢分别从日本引进了1580mm和1780mm现代半连续工艺技术装备，采用1～2架强力四辊粗轧机。生产中我国又创新发展了优化的现代半连轧工艺，即用第3代无芯轴卷取移送热卷取箱对中间坯进行保温均热，基本实现恒温恒速轧制，解决了现代半连续工艺存在的中间坯温度不均、头尾温差大，带钢全长性能不均匀、不稳定，不能批量稳定轧制高强超薄规格的问题。近十几年来，我国新建了80余条热连轧生产线，除16条薄（中）板坯连铸连轧生产线外，其余均为现代半连续轧制生产线，优化的现代半连轧生产线约占50%。

全连续式轧机粗轧机组每架只轧一道，其利用率太低，为了充分利用粗轧机并减少设备和厂房面积，节约基建投资，又发展了3/4连续式布置形式，它是在粗轧机组内设置1-2架可逆式轧机，把粗轧机由6架缩短为4架。3/4连轧较全连轧所需设备少、厂房短、建设投资要少，生产灵活性要大，如图10-8e、f所示。对于年产300万吨左右规模的工厂，适合采用3/4连轧。如武钢1700mm、宝钢2050mm及本钢1700mm均为3/4连轧。

粗轧机组各机架都采用万能轧机，轧机前都带小立辊，用以控制板卷的宽度，同时也起着对准轧制中心线的作用。由于立辊与水平辊形成连轧关系，为了补偿水平辊辊径变化及适应水平辊压下量的变化，立辊必须能进行调速。随着板卷重量和板坯厚度的增加，要求增加每道的压下量，需增大电机功率和轧辊直径，以提高咬入能力和轧辊的扭转与弯曲强度。现代热带连轧机粗轧工作辊直径达1100～1450mm，精轧机达650～1000mm。

为了减少输送辊道上的温降以节约能源，近年来采用辊道安置绝热保温罩或补偿加热炉，或在粗轧机组后采用热卷取箱进行热卷取等新技术。在热轧带钢生产中采用热卷取箱是发展方向。此外，为防止板料在轧制过程中横向边角部的温降，成功研究了多种精轧机入口处加热板坯边角部的技术，有电磁感应加热法、煤气火焰加热法和保温罩加热法等。这些新技术可使板坯加热与出炉温度得以降低。若采用低温轧制技术使板坯出炉温度由1250℃将至1150℃，节能的同时可减少烧损，提高成材率。

在粗轧机组最后一个机架后面，设有测厚仪、测宽仪、测温装置及头尾形状检测系统，可得到必要的精确数据，作为计算机对精轧机组进行前馈控制和对粗轧机组与加热炉进行反馈控制的依据。

10.2.2.3　精轧

由粗轧机组轧出的带钢坯，经百多米长的中间辊道输送到精轧机组进行精轧，精轧机组的布置比较简单，如图10-9所示。在进入精轧机之前，带坯要进行测温、测厚及飞剪切去头尾。切头的目的是为了除去温度过低的头部以免损伤辊面，并防止"舌头"、"鱼尾"卡在机架间的导卫装置或辊缝中。切尾是为了防止后端的"鱼尾"或"舌头"给卷取及其后的精整工序带来困难。现代的切头飞剪机一般装置有两对刀刃,一对为弧形刀,用以切头,利于减小轧机咬入时的冲击负荷,也利于咬钢和减小剪切力;另一对为直刀,用于切尾。两对刀刃在操作上比较复杂,实际上往往都是一对刀刃,切成钝角形或圆弧形,这样尾部轧制后不会出现燕尾,甚至对厚而窄的带钢不必剪尾。

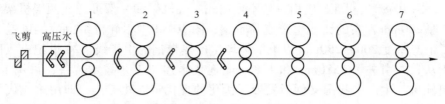

图 10-9　精轧机组布置简图

1~7—轧机机架

　　带钢钢坯切头以后,在飞剪与第一架精轧机之间设有高压水除鳞箱以及在精轧机前几架之前设高压水喷嘴,利用高压水破除次生氧化铁皮即可满足要求。除鳞后进入精轧机轧制。精轧机组一般由 6~7 架组成连轧,有的还留出第八架、第九架的位置。增加精轧机架数可使精轧来料加厚,提高产量和轧制速度,并可轧制更薄的产品。前提是粗轧原料增加和轧制速度需要提高,才能减少温度降,使精轧温度得以提高,减少头尾温度差,从而为轧制更薄的带钢创造了条件。

　　过去精轧机组速度主要受穿带速度及电气自动控制技术的限制。20 世纪 60 年代后,随着电气控制技术的进步及升速轧制、层流冷却等新工艺新技术的出现,可采取低速穿带然后与卷取机同步升速进行高速轧制的办法,使轧制速度得到了大幅度提高。精轧速度图见图 10-10。图 10-10 中 A 段从带钢进入 F_1 ~ F_7 机架,直至其头部到达计时器设定值 P 点(0 ~ 50m)为止,保持恒定的穿带速度;B 段为带钢前段从 P 点到进入卷取机为止,进行较低的加速度;C 段从前端进入卷曲机后开始到预先给定的速度上线为止,进行较高的加速,此加速主要取决于终轧温度和提高

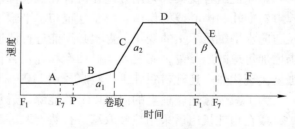

图 10-10　一般精轧速度图

产量要求;D 段到达最高速度后,至带尾部离开减速开始机架 F_1 为止,维持最高速度;E 段带钢尾端离开最末机架后,到达卷取机之前要使带钢停住,但若减速过急,则会在输出辊道上使带钢堆叠,因此当尾端尚未出精轧机组之前,就应提前减速到规定的速度;F 段带钢离开末架 F_7 以后,立即将轧机转速回复到后续带钢的穿带速度。可见,升速轧制可使终轧温度更加精确且轧制速度大为提高,使末架轧制速度已由过去的 10m/s 左右提高到了24m/s,最高可达 30m/s。可以轧制的带钢厚度薄到 1.0 ~ 1.2mm,甚至 0.8mm。

　　精轧机组轧制速度的提高要求相应增加电机功率。目前,精轧机每架电机功率为 6000 ~ 12000kW。由于精轧机数增多,头几架压下量和轧制力矩增大,为保证扭转强度,要求增大精轧工作辊径,而对于后面的轧机,由于压下量变小,可采用较小的工作辊径。日本最近在

热轧机上进行试验，将后几架轧机的上工作辊直径由 650mm 改成 408mm，采用单辊传动的异径辊轧制，使轧制压力降低 20%～40%，近年国外研究采用将粗轧后的带坯进行卷取再送入精轧的技术，代替升速轧制，已经取得了良好的经济效果。

为适应高速度轧制，保证轧制过程中及时而迅速准确地调整各项参数的变动和波动，必须要有相应快速、准确性高的压下系统和必要的自动控制系统，才能生产高质量的钢板。精轧机压下装置的形式最常见的是电动蜗轮蜗杆式。近代发展的液压压下装置在热带连轧机已逐渐普及，其优点是调速快，灵敏度高，惯性小，效率高，响应速度比电动压下快 7 倍以上，但其维护比较困难，并且控制范围还受到液压缸的活塞杆限制。因此，有的轧机把它与电动压下相结合，电动压下作为粗调，液压压下作为精调。

在精轧机各机架之间还设有活套支持器。其作用：一是缓冲金属流量的变化，给控制调整以时间，并防止成叠进钢，造成事故；二是调节各架轧制速度以保证连轧常数，当各种工艺参数产生波动时发出信号和命令，以便快速进行调整；三是带钢能在一定范围内保持恒定的小张力，防止因张力过大引起带钢拉缩，造成宽度不均甚至拉断。精轧最后几个机架间的活套支持器，还可以调节张力，以控制带钢厚度。因此，对活套支持器的基本要求便是动作反应要快，而且自动进行控制，并能在活套变化时始终保持恒张力。

为了灵活控制辊型和板型，现代热带连轧机上皆设有液压弯辊装置，以便根据情况实行正弯辊或负弯辊。

近代热连轧机一般约每 4h 换一次工作辊，全年换辊达 2000 次以上。因此为了提高产量，必须进行快速换辊以缩短换辊时间。过去的套筒换辊方式已被淘汰。现在以转盘式和小车横移式换辊机构比较盛行，后者比前者结构简单，工作可靠，但在换支撑辊时需将小车吊走或移走。

为了使带钢厚度及力学性能均匀，必须使带钢首尾保持一定的终轧温度。而控制调整精轧出口速度则是控制终轧温度最重要、最活跃和最有效的手段。实践表明，只需采用 $0.025～0.125 m/s^2$ 的加速，即可使终轧温度维持恒定范围。除调整轧制速度以外，在各机架之间还设有喷水装置，也可起一定的作用。

为测量轧件温度，在精轧入口和出口处都设有温度测量装置，为测量带钢宽度和厚度，精轧后设有测宽仪和 X 射线测厚仪。测厚仪和精轧机架上的测压仪、活套支持器、速度调节器及厚度自动调节装置组成厚度自动控制系统，用以控制带钢的厚度精度。

10.2.2.4　轧后冷却及卷取

精轧机以高速轧出的带钢经过输出辊道，要在数秒之内急冷到 600℃ 左右，然后卷取成板卷，再将板卷送去精整加工。一般从最后一架精轧机到卷取机只有 120～190m 的距离，由于轧速很高，要在 5～15s 之内急速冷到卷取温度必然限制轧速的提高；并且对热轧带钢组织和性能的要求也必须在较低的卷取温度和很高的冷却速度下能得到满足。为此，近年出现了高冷却效率的层流冷却方法，它采用循环使用的流量达 $200m^3/min$ 的低压大水量的高效率冷却系统。

经过冷却后的带钢即送往 2～3 台地下卷取机卷成板卷。卷取机的数量一般是 3 台，交替进行工作。由于焊管的发展，要求生产厚为 16～20mm 甚至 22～25mm 的热轧板卷，因此目前卷取机卷取的带钢厚度已达 20mm。带钢厚度不同，冷却所需要的输出辊道长度也不同。目前有的轧机除了考虑在距末架精轧机 190m 处装置三台厚板卷取机以外，还在

60m 近处再装设 2~3 台近距离卷取机，用以卷取厚度 2.5~3mm 以下的薄带钢。当然也有不少轧机只在距精轧末架约 120m 处装设三台标准卷取机。

带钢被卷取机咬入以前，为了在输出辊道上运行时能够"拉直"，辊道速度应超前于轧机的速度，超前率约为 10%~20%。当卷取机咬入带钢以后，辊道速度应与带钢速度（亦即与轧制和卷取速度）同步进行加速，以防产生滑动擦伤。加速段开始用较高加速度以提高产量，然后用适当的加速度来使带钢温度均匀。当带钢尾部离开轧机以后，辊道速度比卷取速度低，亦即滞后于带钢速度，其滞后率为 20%~40%，与带钢厚度成反比例。这样可以使带钢尾部"拉直"。卷取咬入速度一般为 8~12m/s，咬入后即与轧机同步加速。考虑到下一块带钢将紧接着轧出，故输出辊道各段在带钢一离开后即自动恢复到穿带的速度以迎接下一块带钢。

卷取后的板卷经卸卷小车、翻卷机和运输链运往仓库，作为冷轧原料，或作为热轧成品，继续进行精整加工。精整加工线有纵切机组、横切机组、平整机组、热处理炉等设备。

10.3　其他板带钢生产

10.3.1　炉卷轧机

为了解决钢板温度降落太快的问题，实现在轧制过程中的抢温保温，提出了炉卷轧制的方法，将板卷放置于加热炉内，一边加热保温，一边轧制，此轧机称为炉卷轧机，或 Stekel 轧机，见图 10-11。美国创建的第一台炉卷轧机于 1949 年正式应用于工业生产。板坯经加热出炉后，用高压水除鳞，然后进入可逆式粗轧机进行往复轧制，在粗轧机上轧成 1.5~20mm 的带坯后，由辊道快速输送到飞剪进行切头切尾后，送入炉卷轧机轧制。当第一道带坯头部出炉卷轧机以后，左边的升降导板抬起，将头部引入左边的卷取机进行卷取保温。卷取机和轧机之间施以不大的张力。当第一道尾部一出轧辊，左边的拉辊下降，整个机组进行反转，开始第二道轧制，此时右边的拉辊和升降导板抬起，又将带钢导入右边的炉内卷取机中进行卷取。如此反复 3~7 道轧成所需板卷，经输出辊道冷却到所需温度，便进入地下卷取机最后卷成板卷。

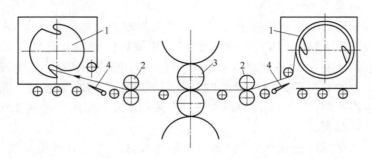

图 10-11　炉卷轧机轧制过程
1—卷取机；2—拉辊；3—工作轧辊；4—升降导板

炉卷轧机的主要优点是在轧制过程中可以保温，因而可用灵活的道次和较少的设备投资生产出各种热轧板卷，适于生产批量不大而品种较多的，尤其是加工温度范围较窄的特殊钢带。其缺点是：（1）产品质量比较差：由于带钢头尾轧速慢、散热快，使其厚度偏差较大，又由于精轧具有单机轧制的特点，且精轧时间长，二次铁皮多，故表面质量也较差。（2）各项消耗较高，技术经济指标较低，在现有成卷轧制的各种方法中，其单位产量的投资最大，所需要的大型直流电机和高温卷取设备，在中小企业也不易解决。（3）工艺操作复杂，操作自动化较难，轧辊易磨损导致换辊很频繁。由于这些缺点，其发展受到了限制，适合于中小型企业的板卷生产。

近年来，利用现代成熟的轧制新技术如弯辊、移辊技术、高灵敏厚度控制技术、轧制中除鳞技术等对炉卷轧机进行改造，如美国蒂平斯公司开发出了 TSP 工艺，利用电炉炼钢、连铸中等厚度（125mm）板坯配一台炉卷轧机组成连铸连轧生产线，可以较小的年产量（40 万 ~ 200 万吨）生产厚 1.5 ~ 20mm 的各种带钢。我国现有炉卷轧机 5 套，其中南京钢铁公司从奥钢联引进的 3500mm 炉卷轧机于 2004 年投产，采用转炉炼钢连铸中等厚度（150mm）板坯的连铸连轧（DHCR）工艺，实现了负能炼钢、降低轧钢热能耗 50%，生产效率高、产品质量好、成材率高和能耗及生产成本低等优点。该轧机更适合小批量、多规格、多品种和多钢种生产。

10.3.2　行星轧机

行星轧机的设计思想始于 1941 年，第一台工业性轧机于 1950 年正式建成。英国、加拿大、意大利、日本及中国等都已建立了 400 ~ 1450mm 行星轧机。行星轧机机组通常由立辊轧边机、送料辊、行星轧机及平整机所组成，见图 10-12。而行星轧机则是由上、下两

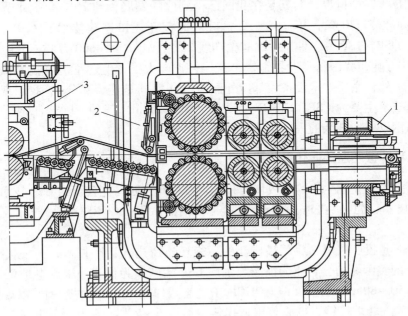

图 10-12　行星轧机

1—轧边机；2—行星轧机；3—平整机

个支撑辊及围绕支撑辊圆周的很多对（12～24对）工作辊所组成。支撑辊按轧制方向旋转，工作辊则靠与支撑辊间的摩擦力带动，并围绕支撑辊中心按轧制方向作行星式公转。行星轧机的主要优点是：（1）轧制压力很小，而总变形量却很大，即利用分散变形的原理，逐层多次地实现金属的压缩变形，由于工作辊直径以及每个工作辊的压下量都很小，所以轧制压力便大大减小，仅为一般轧机的1/5～1/10；而总的压下率却可以很大，达到90%～98%。（2）由于很大的变形率，使轧件在轧制过程中不但不降低温度，反而可升高温度50～100℃，这就从根本上彻底解决了成卷轧制带钢时的温降问题，这不仅可使带钢始终保持一定的轧制温度，有利于加工温度要求较严的特殊钢生产，而且也有利于提高带钢厚度精确度和产品质量。（3）采用行星轧机大大简化了薄板带钢的生产过程，降低了各项消耗，节约了劳动力，大大节省了轧制设备和生产面积，减少了建设投资，从而使生产成本大为降低。（4）在生产规模上适合于中小型企业生产的需要，一般一台700～1200mm行星轧机即可年产15万～25万吨热轧板卷。但行星轧机结构复杂，生产事故较多，轧机作业率不高。

10.4　薄（中厚）板带坯连铸连轧及薄带铸轧技术

10.4.1　概述

薄板坯是指普通连铸机难以生产的，厚度在50～90mm的连铸板坯，而厚度在100～170mm的连铸板坯，称为中等厚度板坯，有时也算在薄板坯之列。这两类铸坯因其薄而宽且连铸速度较快，因而必须采用连铸连轧工艺进行热带生产。如前所述，近20年来薄板坯连铸连轧技术在全世界，尤其是在我国已得到广泛发展，到2010年全世界已有薄板坯连铸连轧生产线约70条，年产约1.2亿吨。薄板坯连铸连轧技术有CSP、ISP、FTSR、CONROLL、QSP、TSP等多种。中国有生产线20条，年产约4600万吨，其中ASP为9条产能约2400万吨，我国已是世界钢铁第一连铸连轧大国，但还不能算技术强国，因为除ASP部分技术外，主要技术设备大都由外国引进（尤其是连铸部分）。我国现在所用薄板坯连铸连轧技术主要为CSP、FTSRE及ASP（CONROLL）三种。除珠江钢厂的CSP工艺采用电炉炼钢以外，其余的大型企业都是接转炉炼钢。

10.4.2　几种薄板坯连铸连轧工艺技术及其比较

目前已投入工业化生产的薄板坯连铸连轧技术有：西马克公司的CSP技术、达涅利公司的FTSR技术、德马克公司的ISP技术、鞍钢的ASP（CONROLL）技术、TSP技术及QSP技术等。

（1）CSP是投产最早、应用最广泛的薄板坯连铸连轧生产技术，第一代CSP技术以1989年投产的美国纽柯公司克劳福兹维尔厂CSP生产线为代表，采用电炉炼钢、4～6架轧机，由厚50～60mm的连铸坯以DHCR工艺轧成厚2～12mm的带钢。以后经多年改进发展到前接氧气转炉炼钢、带液芯压下连铸、后接6～7架连轧机，由厚60～70mm连铸坯轧成0.8～12.7mm的带钢，工艺布置见图10-13。我国现有CSP成产线9条，其中包括中国台湾烨联公司的1条。

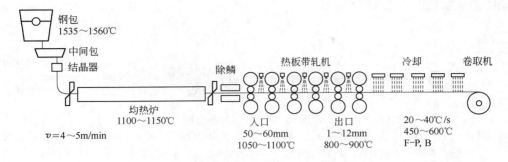

图 10-13　一般 CSP 工艺生产线示意图

（2）ISP 技术是由德马克公司开发，第一条 ISP 生产线于 1992 年 1 月在意大利阿维迪钢厂建成投产，年产 50 万吨。连铸坯经液芯压下由厚 60mm 降低至 40mm，在全凝固高温状态下经 3 机架粗轧机将厚 40mm 铸坯轧成 15～25mm 的带坯，经感应加热后入克日莫那炉卷取，然后再开卷送至 4 机架精轧机轧成 2～3mm 的带卷，全线布置紧凑（图 10-14）。德马克公司在薄板坯连铸连轧技术领域开拓性地提出了一些新思路，如液芯压下、感应加热、在线大压下轧制等。全生产线长度仅为 175mm，是迄今长度最短的薄板坯连铸连轧生产线。该技术在生产中不断完善和发展，如其铸坯厚度开始为 60mm 以后改为 75～100mm，经液芯压下后为 50～80mm；加热和衔接段由感应加热和克日莫那炉后改为热卷箱，后又改用辊底式均热炉。最近又改进为感应加热并取消热卷箱，而革新成为 ESP 先进生产新技术，它可以在经连铸机中的铸轧后出连铸机剪切成中板成品，经正火处理生产出合格中板。

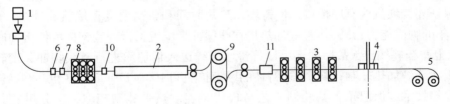

图 10-14　Demag Arvedi ISP 生产线示意图

1—连铸；2—感应均热炉；3—精轧机；4—层流冷却；5—卷取机；6—矫直（除鳞）；
7—边部加热；8—轧机；9—热卷取机；10—切断机；11—除鳞

（3）FTSR 技术由达涅利公司开发，采用转炉炼钢及直结晶器弧形连铸机和 H 漏斗型结晶器，采用动态液芯压下技术。衔接段采用辊底式均热炉，轧机按 1～2R+6F 的模式配置，其工艺布置如图 10-15 所示。在粗轧机后设保温辊道，轧机分粗轧、精轧两段便于进行控制轧制及控制冷却，具有较大的灵活性。产品范围较宽，可浇注包晶钢。设置了 3 台除鳞机，故产品具有良好的表面质量。我国现在已有 3 条 FTSR 生产线。

（4）CONROLL 技术由奥钢联开发，采用中等厚度（75～150mm）连铸板坯及弧形连铸机和步进式加热炉。轧机和传统板带生产线一样，分为粗轧和精轧两部分，粗轧一般为 1～2 架，精轧 5～6 架，其工艺布置如图 10-16 所示。粗轧与精轧之间可以设置调温辊道，热轧设备一般采用热连轧机，也可采用炉卷轧机。但采用炉卷轧机的中厚板坯连铸连轧工艺有时也称为 TSP 工艺或技术。

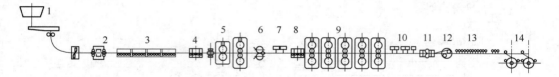

图 10-15　FTSR 机组示意图

1—连铸机；2——次除鳞；3—辊底式均热炉；4—二次除鳞；5—粗轧机；6—事故飞剪；7，10—快速冷却装置；
8—三次除鳞；9—精轧机；11—高速飞剪；12—轮盘式卷取机；13—层流冷却；14—地下卷取机

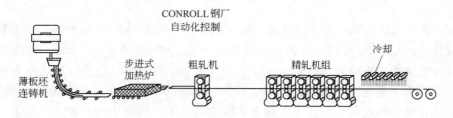

图 10-16　奥钢联的 CONROLL 生产流程

　　（5）ASP 技术是鞍钢公司在奥联钢技术的基础上利用自己的加热、轧制和热卷取等技术进行自主集成的技术，其工艺布置如图 10-17 及图 10-18 所示。ASP 技术的主要特点为：1）采用中等厚度（100～170mm）连铸板坯，从而提高了铸坯质量和产量，可采用有较大缓冲能力的步进式加热炉，可实现短流程连铸连轧工艺，使其具有诸多优点；2）采用鞍钢首创的多流合一流的物流技术，以连铸为中心，合理平衡炼钢、连铸、轧钢工序之间的能力，保证连铸坯流线有序衔接，使铸坯以最短时间和较高温度直接热装进炉，达到500万吨/每年的物流能力；3）步进式加热炉在线缓冲，配置长行程装钢机可使缓冲时间可达30min 以上，当轧线出大故障时还可以将铸坯下线送入板坯库进行离线缓冲，带轧线恢复以后再上线装炉加热轧制；4）将连铸坯的厚度扩展到100～170mm，在粗轧和精轧之间采用热卷取箱技术或保温罩，其轧制工艺与现代半连续热带轧制相似，也分粗轧和精轧两段，粗轧机只用一架强力可逆式轧机，较3/4 热连轧机线减少2 架大轧机及辅线长度，节约投资，产量提升；5）采用动态生产计划编制技术。为了充分提高铸坯的直接热装率，ASP 生产线开发了一套特殊的生产组织管理模式，即：对于月、周和日计划以连轧生产为主导，以用户需求（合同）为导向；对于短期的生产计划以连铸生产为主导，配以轧制计划的动态调整。一个轧制计划对连铸提出供料计划，再根据供料计划和库存板坯情况组织炼钢与连铸的生产，在生产中根据实际情况的变化进行动态调整。

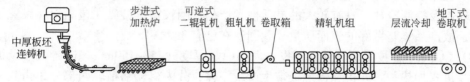

图 10-17　鞍钢 1700mmASP 工艺流程示意图

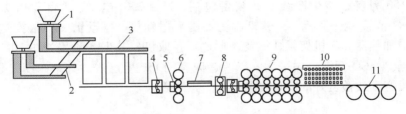

图 10-18   鞍钢 2150mmASP 工艺流程示意图

1—连铸机；2—横移段；3—加热炉；4—除鳞装置；5—立辊轧机；6—四辊粗轧机；
7—保温罩；8—飞剪；9—精轧机组；10—层流冷却装置；11—卷取机

薄（中）板坯连铸连轧技术由于具有连铸连轧的诸多优点而能得以迅速发展，但也存在一些问题和不足。首先，由于连铸结晶器变薄与浇铸速度提高，影响钢液和保护渣流动的稳定均匀和夹杂的凝浮与清除，以及由于很长的辊底式加热炉的脏坏辊面会伤及铸坯表面，以致在生产超低碳钢（如 IF 钢）、低合金钢（如管线钢）等高端产品时，表面性能不足，需要下线清理；其次当生产产品批量小、品种规格多时，生产计划安排难度大，影响热装温度和热装率的提高；此外，炼—铸—轧全连续生产刚性太强，一出故障，影响全线，影响作业率提高。ASP 工艺增大了连铸板坯厚度和采用步进式加热炉等技术措施，提高了铸坯的质量，增大了生产的柔性，使这些问题大为减轻，但仍难以根除。

10.4.3   轧材的组织性能特点

实验研究表明，与一般的厚板坯相比，薄板坯晶粒非常细，其快速凝固防止了晶粒长大，而厚板坯却需要长时间的凝固时间而造成明显的晶粒长大。同时，带液芯铸轧时晶粒的细化作用约为相同厚度的连续薄板坯的 4 倍，而且与钢种无关。

薄板坯降低了加热温度，使轧材组织结构较细，保证了屈服点和抗拉强度不变。同时，细晶粒也有助于大大改善韧性。在普通板坯情况下转变温度为 $-25\,^{\circ}\!C$，而在薄板坯情况下降至 $-60\,^{\circ}\!C$。当抗拉强度相同时，薄板坯的韧性明显优越。

薄板坯初始厚度小及较细的原始组织可使加热温度降低，轧出韧性较好的钢板。因此，当采用薄板坯铸轧工艺时，不仅扩大了浇铸和轧制范围，而且与常规生产相比可以降低合金化成本。

对同一炉钢的普通板坯和薄板坯的冷轧板对比调查表明，薄板坯的深加工性能较好。薄板坯的冷轧显示了良好的无方向性。

薄板坯凝与普通厚板坯相比，凝固期间不发生 AlN 析出。当连铸机与轧机连接时，设计炉温时不必再考虑解决 AlN 析出问题。

ISP、ESP 工艺在连铸连轧过程中铸流（坯）减薄产生晶格变形而引起再结晶，原浇铸组织转变为轧制组织，导致其性能接近成品中板的性能，这为在连铸机上直接生产成品中板提供了可能性。

10.4.4   薄板坯无头高速连铸连轧（ESP）技术的新发展

意大利阿维迪（Arvedi）公司现有 ISP、ESP 生产线各一条。ISP 生产线于 1992 年 1 月建成投产，至 2009 年已达 100 万吨/年。新建的 ESP 生产线于 2009 年 2 月投产，2010

年产量达到 150 万吨，该生产线主要装备包括：1 台 250t 电炉、2 台 250t LF 炉、单流（70~110mm）薄板坯连铸机、3 机架在线大压下粗轧机、摆动剪、中板推送堆垛装置、滚切剪、感应加热器和 5 机架精轧机及 3 台地下卷取机，其生产流程如图 10-19 所示。该技术已被韩国 POSCO 钢铁公司采用，以改造原有的 ISP 生产线。其第一期工程已于 2009 年 5 月完成投产，效益良好。ESP 技术主要优势包括：

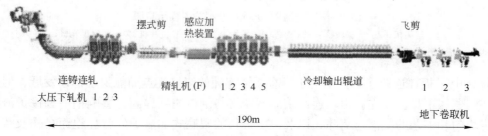

图 10-19 ESP 工艺生产线流程装备示意图

（1）低能耗、低排放。能耗比传统板带钢轧机少 40%，比 ISP 生产线少 20%；

（2）大大提高质量、产量和成材率，尤其是生产热轧超薄规格（约 0.8mm）带钢更经济，由于废、次品和切损的减少，高达 97% 的钢水成为高质量的带钢；

（3）实现了带钢几何尺寸和冶金性能的全面控制和稳定，表面带钢头、尾的典型尺寸超差，特别适合生产多相钢；

（4）ESP 和 ISP 工艺中铸坯在连铸机上经液芯压下及 3 道大压下粗轧，使原铸造组织转变成轧制组织，致使具有接近成品的组织性能，这为在连铸机上直接生产中厚板提供了可能性。通过轧后正火、回火热处理还可以进一步保证钢板的组织性能。

ESP 工艺的主要关键技术为：

（1）高速度连铸，最大拉速达 6~8m/min，增大了生产产能；铸坯经液芯压下由厚 100mm 压至 80mm；

（2）在线大压下连轧，将厚 80mm、平均温度约 1200℃ 以上的高温铸坯，经 3 道连轧减小到 12~19mm，充分利用了铸坯余热，大大减小了变形抗力；

（3）在线感应加热技术，不仅使生产线更加高效紧凑（全线长仅 125m），而且加热时间短、加热速度快而灵活，钢种适应性强等优点；

（4）无头轧制技术，紧接 5 架精轧机，可以带负荷串辊调整板形，可以进行动态变规格，从而实现超薄规格带钢的连续、稳定、高效化生产。

10.4.5 薄（中）板坯连铸连轧（TSCR）技术的发展趋势

今后薄板坯连铸连轧技术的发展趋势主要有以下几方面：

（1）产品品种范围不断扩大，产量、质量不断提高，接近传统生产技术产品。如我国唐钢的 FTSR 机组 2 流生产能力达 300 万吨/年；鞍钢 ASP2150 机组产能达 500 万吨/年；产品范围也由普碳钢扩大到高碳钢、不锈钢、硅钢、管线钢等，质量不断提高。

（2）TSCR 技术不仅能与电炉炼钢结合，而且进化到可与传统的高炉—转炉炼钢技术相结合，使之具有更广阔的市场前景。转炉工艺为 TSCR 生产线提供了优质纯净和低成本的钢水，保证了 TSCR 生产线可以大规模地生产高质量、低成本且更具竞争力的产品。

（3）各种 TSCR 技术互相渗透，互相借助。例如采用漏斗型结晶器、加大铸坯厚度、采用液芯压下、采用 6～8 架连轧或半连轧等技术已逐渐成为共识。

（4）提高连铸与轧制速度，开发超薄轧制及半无头、无头轧制技术。充分发挥 TSCR 技术中铸坯温度均匀性极佳的优势，批量生产薄及超薄规格的产品，以代替部分冷轧带钢产品，取得了很好的经济效益。其中 0.8～1.2mm 的热轧超薄带就可替代 5%～6% 的冷带钢；而占薄板总量 50% 的汽车板若减薄 0.1mm，对于汽车可减轻 12%，节油 12%，故要求大量超薄的高质量钢板，如 IF 钢，用铁素体轧制技术和半无头轧制技术轧成 1.0～0.8mm 以下的薄板，可取得显著的经济效益。但轧制超薄板需一套专用设备，即在精轧后、卷取前要设置高速飞剪、高速通板装置以及导入卷取前夹送辊的高速切换开闭机构。

（5）发展和完善 ASP 技术。增大连铸坯厚度、改进炼钢和中厚板坯连铸技术（减少夹杂、提高表面质量及增加液芯压下量等）、采用先进的步进式均热炉和优化的现代半连续轧制工艺，并结合现代控制轧制和控制冷却技术及加强表面除鳞技术，不仅可以克服薄板坯连铸连轧技术对高端产品在品种质量（主要是表面质量和综合力学性能等）方面的不足，而且可更充分发挥连铸连轧技术的优势。这是因为：1）传统连铸厚板坯或中厚板坯质量明显优于连铸的薄板坯，目前 ASP 工艺的冶炼与连铸连轧技术还有待进一步提高，这样可以改善铸坯夹杂和表面质量；2）步进式加热炉有较高的温度范围和较长的均热时间，可适应较多钢种的加热及改善铸坯的铸态组织，更重要的是它没有辊底式炉损害钢板表面质量的缺点；3）铸坯厚度增大意味着提高了钢管轧制的压缩比，当然也有利于产品质量的提高。轧机分为粗轧和精轧两段，粗轧机为可逆式。这也比全连续式轧机更便于采用控制轧制和控制冷却技术来保证钢板组织性能的提高。目前，粗轧后钢坯温度偏高，不便于控制轧制，但通过新技术措施是可以改进的。如前所述，采用控制轧制和控制冷却对于无相变的连铸连轧工艺来说是非常必要的产品质量保证技术。ASP 技术是我国自主集成开发的新技术，近 10 年来我国已建成 9 条生产线，产能约占我国薄（中）板坯连铸连轧总产能的 52%，可见其发展潜能之大，因而应加强技术研究以促其发展完善。

10.4.6　薄带连续铸轧技术

据报道，由新日铁和三菱重工共同开发的世界首套带钢连铸机已于 1998 年开始实现工业化试生产。钢水可直接铸成厚 2～5mm、宽 700～1330mm 的不锈钢带，铸速 20～75m/min，生产线长仅 68.9m。进入 21 世纪后，主要有欧洲的 Eurostrip 和美国纽柯公司的 Castrip 两套试验生产线继续深入进行试验研究，都取得突破性成就。Castrip 设备自 2002 年投产以来已批量生产出普碳钢薄板和 HSLA 薄钢板，板厚达 1.1～1.6mm，最薄达 0.84mm，但迄今未见商业运营的报道。薄带铸轧技术是当今薄带技术的前沿技术，具有大幅降低建设投资与生产成本、大幅降低能源消耗（85%）且工艺更环保等优点。

此外，还应开发研究新的铸轧技术。例如，日本石川岛播磨重工公司将半凝固技术引入到双辊法连铸工艺中，使钢液在中间包搅拌成半凝固金属浆，然后注入辊缝，即有利于侧挡，又提高了铸带质量。应该指出，钢带直接铸轧技术不仅是为了简化工艺、缩短流程、提高效益，而且因为带液芯半凝固轧制加工使晶粒和析出物变细的效果比急冷效果还要大，大大提高材料的组织性能。例如，直接铸轧的高速钢带平均晶粒直径只有 3.5μm，

碳化物颗粒只有 $1.5 \sim 2\mu m$，不到常规工艺产品直径的 $1/2$，其红硬性及耐磨性都大为提高。

思 考 题

10-1　中厚板轧制方式有哪些，各自特点如何？

10-2　中厚板轧机的布置方式有哪几种？并说明最常用布置方式的特点。

10-3　什么是炉卷轧制，其特点如何？

10-4　中厚钢板生产中典型平面形状控制方法有哪些？

10-5　何谓中厚板的 MAS 轧制法？

10-6　热连轧板带生产工艺有哪些工序？

10-7　比较分析几种薄板坯连铸连轧工艺。

11 冷轧板带材生产

[本章导读]

本章主要讲述了冷轧板带钢的生产工艺流程、生产工艺特点及其轧机形式，并介绍了冷轧板带钢生产新技术。

11.1 冷轧板带钢生产概述

11.1.1 冷轧板带钢特点

冷轧板带钢在20世纪20年代起步，六七十年代迅猛发展。冷轧是指金属在再结晶温度以下的轧制过程。冷轧板带钢是指由热轧板带采用冷轧方法生产出的具有极高精度和优良性能的板带产品。冷轧板带钢由于没有温降及温度不均的问题，故产品不仅表面质量好，不存在热轧板带钢常常出现的麻点、压入氧化铁皮等缺陷，而且还能根据用户要求轧出不同的表面光洁度。冷轧还可获得热轧法不能生产的极薄带材（最薄可达0.001mm），其产品尺寸精确，厚度均匀，板形平直，产品性能好，有较高的强度、良好的深冲性能等，并可实现高速轧制和全连续轧制，具有很高的生产率。

冷轧机有二辊式、四辊式或多辊式等布置形式。轧制方式有单片无张力轧制、成卷带张力可逆轧制、辊系全连续轧制。现在可调控板型的新轧机有HC轧机、MKW轧机（偏八辊）、泰勒轧机等。冷连轧机的轧速高达45m/s，卷重高达60t，生产能力大。

11.1.2 冷轧板带钢优点

薄板带材当厚度小至一定限度（例如小于1mm）时，由于保温和均温的困难，很难实现热轧，并且随着钢板宽厚比值增大，在无张力的热轧条件下，要保证良好的板形也非常困难。采用冷轧方法可以较好地解决这些问题。冷轧的优点在于：首先，它不存在温降和温度不均的问题，因而可以生产很薄、尺寸公差很严和长度很大的板卷。其次，由于采用酸洗后的坯料且轧制过程无次生氧化铁皮，使冷轧板带材表面粗糙度低，还可根据要求赋予各种特殊表面。此外，近来从降低板卷的热轧和冷轧所需总能耗的观点出发，还有人主张加大冷轧原板的厚度，扩大冷轧的范围，以实现低温加热轧制，大幅度节约热能的消耗。

通过冷轧变形和热处理的恰当配合，还可使冷轧板带材具有良好组织及性能，满足用户对各种性能和综合性能的要求，特别有利于生产某些需要有特殊结晶结构和性能的重要产品，例如硅钢板、深冲板等。

11.1.3　冷轧板带钢发展状况

冷轧带钢生产规模近年来不断扩大，其产量从几万吨、几十万吨，发展到上百万吨，甚至达到年产量 200 万吨以上。而且产品品种包括冷轧带卷、冷轧板、镀锡板、镀锌板、涂层板、压型板等多品种规格，使冷轧带钢的生产规模异常庞大，向着大型化、连续化、高速化的方向发展。为满足生产工艺和产品品种的要求，由酸洗、冷轧、热处理、平整、镀涂层、剪切线及包装等生产工序的机组组成数十条生产线，进行连续化作业；而且把多道生产工序连接起来，组成更加集中的连续化、自动化的生产线。如酸洗和轧制机组的组合，酸洗、轧制和连续退火机组的组合，镀、涂层机组和剪切机组的组合等。这些机组都采用了高度的自动化和计算机控制，摆脱了人员密集型生产，使各机组的速度达到高速化。目前，现代盐酸酸洗工艺段速度达到 360m/min 以上，连轧机出口速度最高达到 45m/s，连续退火机组工艺段的速度最高达到 880m/min。这些机组不仅利于提高机组作业率及生产率，而且稳定产品的质量，缩短生产周期，提高了企业的生产效益。

11.2　冷轧板带钢生产工艺特点

11.2.1　加工硬化现象

由于加工温度低，冷轧将产生不同程度的加工硬化，轧制过程中金属变形抗力增大，轧制压力提高，同时还导致金属塑性降低，容易产生脆裂。当钢种一定时，加工硬化的剧烈程度与冷轧变形程度有关。变形量加大使加工硬化超过一定程度后，就不能再继续轧制，因此板带材经受一定的冷轧总变形量之后，往往需软化热处理（再结晶退火或固溶处理等），使之恢复塑性，降低抗力，以利于继续轧制。同理，成品冷轧板带材在出厂之前一般也都需要进行一定的热处理，如再结晶退火处理，这种成品热处理的目的不仅是为了软化金属，更重要的是全面提高冷轧产品的综合性能。生产过程中每两次软化热处理之间完成的冷轧工作，通常称为一个"轧程"。在一定轧制条件下，钢质愈硬，成品愈薄，所需的轧程愈多。

11.2.2　工艺冷却和润滑

11.2.2.1　工艺冷却

冷轧过程中产生的剧烈变形热和摩擦热使轧件和轧辊温度升高，故必须采用有效的人工冷却。轧制速度越高，压下量越大，冷却问题越重要。如何合理地强化冷却成为发展现代高速冷轧机的重要研究课题。研究表明，冷轧板带钢的变形功有 84% ~88% 转变为热能，使轧件与轧辊的温度升高。单位时间内发出的热量称为变形发热率 q，生产中需要采取适当措施及时排除或控制这部分热量。变形发热率与轧制平均单位压力、压下量和轧制速度成正比。因此，采用高速、大压下的强化轧制方法将使发热率大为增加。如果此时所轧的又是变形抗力较大的钢种，如不锈钢、变压器硅钢等，则发热率就增加得更加剧烈，因而必须加强冷轧过程中的冷却，才能保证过程的顺利进行。

水是比较理想的冷却剂，因其比热容大，吸热率高且成本低廉，油的冷却能力则比水差得多。水的热容比油大一倍，热导率为油的 3.75 倍，挥发潜热大 10 倍以上。由于水具有如此优越的吸热性能，故大多数轧机皆采用水或以水为主要成分的冷却剂。只有某些特殊轧机（如 20 辊箔材轧机），由于工艺润滑与轧辊轴承润滑共用一种润滑剂，才采取全部油冷，此时为保证冷却效能，需要供油量足够大。应该指出，水中含有百分之几的油类即足以使其吸热能力降低三分之一左右。因此，轧制薄规格的高速冷轧机的冷却系统往往就是以水代替水油混合液（乳化液），以显著提高吸热能力。

增加冷却液在冷却前后的温度差也是充分提高冷却能力的重要途径。在老式冷轧机的冷却系统中，冷却液只是简单地喷浇在轧辊和轧件上，因而冷却效果较差。若用高压空气将冷却液雾化，或者采用特制的高压喷嘴喷射，可大大提高其吸热效果并节省冷却液的用量。冷却液在雾化过程中本身温度下降，所产生的微小液滴在碰到温度较高的辊面或板面时往往即时蒸发，借助蒸发潜热大量吸走热量，使整个冷却效果大为改善。但是在采用雾化冷却技术时，一定要注意解决机组的有效通风问题，以免恶化操作环境。

实际测温资料表明，即使在采用有效的工艺冷却润滑条件下，冷轧板卷在卸卷后的温度有时仍达到 130～150℃，甚至还要高，可见在变形时的料温一定很高。辊面温度过高会引起工作辊淬火层硬度的下降，并有可能促使淬火层内发生组织分解（残余奥氏体的分解），使辊面出现附加的组织应力。另外，从其对冷轧过程本身的影响来看，轧辊温度的反常升高可导致正常辊型条件的破坏，直接有害于板形与轧制精度；轧辊温度过高还会使油膜破裂，冷轧工艺润滑剂失效，使冷轧不能顺利进行。

为此，为了保证冷轧的正常生产，对轧辊及轧件应采取有效的冷却与控温措施。

11.2.2.2　工艺润滑

冷轧采用工艺润滑的主要作用是减小金属的变形抗力，实现更大的压下，因而使轧机能够生产厚度更小的产品。此外，采用有效的工艺润滑也直接对冷轧过程的发热率及轧辊的温升起到良好影响，还可以起到防止金属粘辊的作用。冷轧工艺润滑剂不仅要求润滑效果，还应具有来源广、成本低、便于保存（化学稳定），并且易于从轧后的板面去除，不留残渍等特点。

生产与试验表明，采用天然油脂（动物与植物油脂）作为冷轧的工艺润滑剂在润滑效果上优于矿物油。在现代冷轧机上轧制厚度 0.35mm 以下的白铁皮、变压器硅钢板以及其他厚度较小而钢质较硬的品种时，在接近成品的一、二道次中必须采用润滑效果相当于天然棕榈油的工艺润滑剂，否则即使增加道次也难以轧制出所要求的产品厚度。棕榈油资源短缺，成本高昂。事实上，使用其他天然油脂，只要配制适当，也可以达到接近天然棕榈油的润滑效果。例如，一些冷轧机就曾经使用过棉籽油、豆油或菜籽油甚至氢化葵花子油代替天然棕榈油，生产冷轧硅钢板与白铁皮效果也不错；此外，以动、植物为原料经过聚合制成的组合冷轧润滑剂（如所谓的"合成棕榈油"），其润滑效果甚至优于天然棕榈油。

实验研究表明，为保证冷轧顺利进行，钢板表面上只需很薄的一层油膜就够用了。此油膜厚度因轧机形式、轧制条件与所轧产品品种而异，可以通过实测大致确定。例如，某冷轧机根据实测结果，证明在冷轧马口铁时，耗油量只需达到 0.5～1.0kg/t，油量再多对进一步减小摩擦已无显著效果。因此，只需事先用喷枪往板面上喷涂一层薄薄的油层即可。尽管如此，在大规模的冷轧生产中，油的耗用量还是相当巨大，仍需进一步节约用油。

通过乳化剂的作用把少量的油剂与大量的水混合起来，制成乳状的冷却液（简称"乳化液")可以较好地解决油的循环使用问题,在这种清况下,水是作为冷却剂与载油剂而起作用的。对这种乳化液的要求是:当以一定的流量喷到板面和辊面之上时,既能有效地吸收热量,又能保证油剂以较快的速度均匀地从乳化液中离析并黏附在板面与辊面之上,这样才能及时形成均匀、厚度适中的油膜。油剂从乳化液中吸附到板面及辊面的过程受许多因素影响,其中乳化剂或其他表面活性剂的含量便是重要因素之一。乳化剂含量过高将妨碍油滴的凝聚与离析。究竟用量以多少为宜则需要结合具体的轧制条件通过生产实验确定。

矿物油的化学性质比较安定、不像动植物油容易酸败,而且来源丰富,成本低廉,如能设法增强其润滑性能,则采用矿物油代替植物油,不失为冷轧工艺润滑剂的一个重要发展方向。纯矿物油的缺点是其所形成的油膜比较脆弱,不能耐受冷轧中较高的单位压力。加入适量的天然油脂与抗压剂之后,不仅增加油膜强度,还可提高润滑效果。此外,也可在以矿物油为基的冷轧润滑液中加入其他添加剂,以改善其综合性能。和天然油脂一样,以矿物油为基的冷轧工艺润滑油也可以调制乳化液(一般采用含油量为 2% ~ 5%),并保证循环使用。循环供液系统必须很好地解决乳化液的净化问题。在冷轧过程中,乳化液不断受到金属碎屑、氧化铁皮碎屑等的污染,杂质含量愈来愈多。块度较大的杂质可以通过网眼或过滤器予以滤除。但约占杂质总量 60% 的较微细物质透过过滤器而沉积在管道与喷嘴之中,还有一部分形成一种黏性的泥状物沉积在滤网之上,使液体难以透过,清除起来也异常困难,以致经常造成乳化液喷嘴堵塞,破坏正常操作的进行,而且要清除过滤器、导管及喷嘴的沉积物也需要较长时间停产,影响轧机产量。为此,近年来发展了一种采用离心分离与磁性分离相结合的高效净化系统,并且采用自动反冲式过滤器,当滤网因堵塞而出现两面压差较大时,采用蒸汽反冲排污,从而大大提高了乳化液的净化效率。

典型的五机架冷轧机有三套冷润系统。对厚度在 0.4mm 以上的产品来说,第一套为水系统,第二套为乳化液系统,第三套为清净剂系统。由酸洗线送来的原料板卷表面上已涂上一层油,足供连轧机第一架润滑之用,故第一架喷以普通冷却水即可;中间各架采用乳化液系统;末架可喷清洗剂以清除残留润滑油,使轧出的成品带钢不经电解清洗就可不出现油斑,这种产品因而亦有"机上净"板材之称。

11.2.3 张力轧制

所谓"张力轧制"就是轧件的轧制变形是在一定的前张力和后张力作用下实现的。张力的作用主要为:

(1)防止带材在轧制过程中跑偏。轧制带材时在张力作用下,若轧件出现不均匀延伸,则沿轧件宽向上的张力分布将会发生相应的变化,即延伸较大的一侧张力减小,而延伸较小的一侧则张力增大,结果便自动地起到纠正跑偏的作用。这种纠偏作用是瞬时反应的,同步性好,无控制时滞;在某些情况下,即使不采用凸型辊缝,采用张力轧制仍可保证稳定轧制。不仅提高产品精度,并可简化操作。张力纠偏的缺点是张力分布的改变不能超过一定限度,否则会造成裂边、轧折甚至引起断带。

(2)使所轧带材保持平直和良好的板形。由于轧件的不均匀延伸将会改变沿带材宽度方向上的张力分布,而这种改变后的张力分布反过来又会促进延伸的均匀化,故张力轧制有利于保证良好的板形。此外,在轧制过程中,当未加张力时,不均匀延伸将使轧件内部出现残余应力。压缩残余应力可导致板面出现浪皱，破坏板形。加上张力后，可以大大消减甚至消除压应力，保证冷轧的正常进行。当然，所加张力的大小也不应使板内拉应力超过允许值。

（3）降低金属变形抗力，便于轧制更薄的产品。

（4）适当调整冷轧机主电机负荷。

由于张力的变化会引起前滑与轧辊速度的一定程度的反向改变，故连轧过程有一定的自调稳定化作用。但是这种作用是有限的，不能代替轧制过程的自动控制。通过改变卷取机、开卷机、轧机的电机转速以及各架的压下，可以使轧制张力在较大的范围内变化。借助准确可靠的测张仪并使之与自动控制系统结成闭环，可以按要求实现恒张力控制。配备这种张力闭环控制系统是现代冷轧机的起码要求，最好是用电子计算机对不同轧制条件下的张力设定和闭环增益进行计算。

生产中张力的选择主要指平均单位张力 σ_z。从理论上讲，σ_z 似乎应当尽量选高一些，但要视延伸不均匀的情况、钢的材质与加工硬化程度以及板边情况等因素而定，但不应超过带材的屈服极限 σ_s。不同的轧机，不同的轧制道次，不同的品种规格，甚至不同的原料条件，皆要求有不同的 σ_z 与之相适应。根据以往的经验，取 $\sigma_z = (0.1 \sim 0.6)\sigma_s$，一般在可逆轧机的中间道次或连轧机的中间机架上，$\sigma_z$ 可取 $(0.2 \sim 0.4)\sigma_s$，一般不超过 $0.5\sigma_s$。为防止低碳钢的退火黏结，卷取张力可小一些。连轧时开卷张力则更小，可忽略。连轧时各架张力的选择还需考虑电机之间或电机与卷取机之间的合理功率负荷分配，一般做法是先按经验选择一定的 σ_z 值，然后再行校核。例如某厂 5 机架连轧机前张力分别为 1MPa、110MPa、140MPa、150MPa 及 200MPa，卷取张力为 30MPa。

11.3　冷轧板带钢产品及其生产工艺

11.3.1　冷轧板带钢主要产品

具有代表性的冷轧板带钢产品是：（1）金属镀层薄板（包括镀锡板与镀锌板等）。（2）深冲钢板（以汽车板为其典型）。（3）电工用硅钢板与不锈钢板等。其生产工艺流程大致如图 11-1 所示。

镀锡板是镀层钢板中厚度最小的品种。先进的电镀法生产的镀锡板厚度较小而且外表美观。镀锌板厚度大于镀锡产品，抗大气腐蚀性能相当好。连续镀锌适于处理成卷带钢，表面美观，铁锌合金过渡层很薄，故加工性能很好。镀锌板经辊压成瓦垄形后作为屋面瓦使用；还可制造日用器皿、汽油桶、车辆用品以及农机具等。

非金属镀层的薄钢板除搪瓷板外，还有塑料覆面薄板及各种化学表面处理钢板等。前者可以代替镍、黄铜、不锈钢等制造抗腐蚀部件或构件，多用于车辆、船舶、电气器具、仪表外壳以及家具的制造。

深冲钢板的典型代表是汽车钢板，其厚度多在 $0.6 \sim 1.5mm$ 范围内。汽车钢板的特点是宽度较大（达 2000mm 以上），并且表面质量与深冲压性能要求均较高，是需求量庞大而且生产难度也较高的优质板品种。在汽车工业发达的国家中，此类钢板的产量约占全部薄钢板的三分之一以上。

152

其他薄钢板便是各种特殊用钢与高强钢的品种。这主要包括电工用硅钢板（电机、变压器钢板），纯铁电工薄板，耐热、不锈钢板等。这些品种虽需要量不大，却是国民经济发展与国防现代化急需的关键性产品。

11.3.2　冷轧板带钢生产工艺

普通冷轧板带生产工艺流程为：热轧板带—酸洗—冷轧—退火—平整—检查分类—包装—入库（图11-1）。在冷轧薄板生产中，表面处理（即酸洗、清洗、除油、镀层、平整、抛光等）与热处理工序占有显著地位，其占地面积最大并且种类最为繁多，而主轧跨间在整个厂房面积中占不大的一部分。

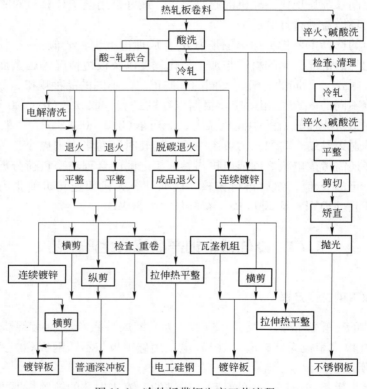

图 11-1　冷轧板带钢生产工艺流程

11.3.2.1　原料板卷的酸洗

冷轧带钢的原料是热轧带卷。高温下轧出的带钢在轧后冷却和卷取过程中，不可避免地在带钢表面上生成氧化铁皮。为了保证板带的表面质量，带坯在冷轧前必须去除氧化铁皮即除鳞。除鳞的方法目前还是以酸洗为主，其次为喷砂清理或酸碱混合处理。近年还在试验研究无酸除鳞的新工艺，在高温下利用 H_2 将氧化铁皮还原成铁粉和水，并被水冲洗掉，但生产能力较低。日本利用高压水喷铁矿砂的方法（NID 法），已取得了很好的效果。

热轧带钢盐酸酸洗的机理有别于硫酸酸洗，在于前者能同时较快地溶蚀各种不同类型的氧化铁皮，而对金属基体的侵蚀却大为减弱。因此，酸洗反应可以从外层往里进行。其化学反应式为：

$$Fe_2O_3+4HCl \longrightarrow 2FeCl_2+2H_2O+1/2O_2 \uparrow$$

$$Fe_3O_4+6HCl \longrightarrow 3FeCl_2+3H_2O+\frac{1}{2}O_2 \uparrow$$

$$FeO+2HCl \longrightarrow FeCl_2+H_2O$$

$$Fe+2HCl \longrightarrow FeCl_2+H_2 \uparrow$$

因此，盐酸酸洗的效率对带钢氧化铁皮层的相对组成并不敏感，酸洗速率约等于硫酸酸洗的两倍，而且酸洗后的板带钢表面银亮洁净，深受欢迎。为了提高生产效率，现代冷轧车间一般都设有连续酸洗加工线。20 世纪 60 年代以前，由于盐酸酸洗的一些诸如废酸的回收与再生等技术问题未获解决，带钢的连续酸洗几乎毫无例外地均采用硫酸酸洗。以后，随着化工技术的发展，解决了盐酸废酸的回收与再生等技术问题，使盐酸酸洗在新建的冷轧车间开始普遍采用。

从酸洗线的组成来看，盐酸与硫酸酸洗线并无原则区别，但入口段因取消破鳞作业而使设备大为简化。取消了平整机、特殊的弯曲破鳞装置等昂贵设备，因而也使原始投资大为节省。

带钢连续盐酸酸洗与硫酸酸洗相比较，有以下特点：

（1）盐酸能完全溶解三层氧化铁皮，因而不产生什么酸洗残渣；而硫酸酸洗就必须经常清刷酸槽，并中和这些黏液。此外，盐酸还能除去硫酸无法溶解的压入板面上的 Fe_2O_3。又因盐酸能溶解全部的氧化铁皮，因而不需要破鳞作业，板材硬度亦可保持不变。

（2）盐酸基本不腐蚀基体金属，因此不会发生过酸洗和氢脆。化学酸损（因氧化铁皮及金属溶于酸中引起之铁量损失）也比硫酸酸洗低 20%。

（3）氯化铁很易溶解，易于除去，故不会引起表面出现酸斑，这也是盐酸酸洗板面特别光洁的原因之一。而硫酸铁因会形成不溶解的水化物，往往有表面出现酸斑等毛病。

（4）钢中含铜也不会影响酸洗质量。在盐酸中铜不形成渗碳体，故板面的银亮程度不因含铜而降低。而在硫酸酸洗中，因铜渗碳体的析出而使板面乌暗，降低了表面质量。

（5）盐酸酸洗速率较高，特别在温度较高时更是如此。

（6）可实现无废液酸洗，即废酸废液可完全再生为新酸，循环使用，解决污染问题。

11.3.2.2 冷轧

A 常规冷连轧操作特点

板卷经酸洗工段处理后送至冷连轧机组的入口段，要在前一板卷轧完之前完成剥带、切头、直头及对正轧制中心线等工作，并进行卷径及带宽的自动测量。之后便开始"穿带"过程，将板卷前端依次喂入机组的各架轧辊之中，直至前端进入卷取机芯轴并建立起出口张力为止。在穿带过程中，一旦发现跑偏或板形不良，必须立即调整轧机予以纠正。穿带轧制速度必须很低，否则发现问题将来不及纠正，以致造成断带、勒辊等故障。

穿带后开始加速轧制。使带钢以允许的最大加速度迅速地从穿带时的低速加速至轧机的稳定轧制速度，即进入稳定轧制阶段。由于供冷轧用的板卷是由两个或两个以上的热轧板卷经酸洗后焊合而成的大卷，焊缝处一般硬度较高，厚度亦多少有异于板卷的其他部分，且其边缘状况也不理想，故在冷连轧的稳定轧制阶段中，当焊缝通过机组时，一般都要实行减速轧制。在稳定轧制阶段中，轧制操作及过程的控制已完全实现了自动化。

板卷的尾端在逐架抛钢时有着与穿带过程相似的特点，故为防止损坏轧机和发生操作故障, 亦必须采用低速轧制, 这一轧制阶段称为 "抛尾" 或 "甩尾"。甩尾速度一般相同于穿带速度。这样一来, 当快要到达卷尾时, 轧机必须及时从稳轧速度降至甩尾速度。为此必须经过一个与加速阶段相反的减速轧制阶段。冷连轧的这几个轧制阶段如图 11-2 所示轧制图表及速度图。

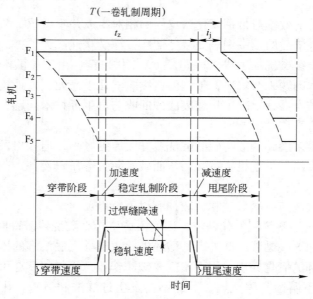

图 11-2　冷连轧轧制阶段

冷轧板带钢生产的主流是采用连轧, 其最大特点就是高产。计算机控制实现了变规格轧制时的轧机调整, 大大扩大了冷连轧机所能生产的规格范围; 此外, 随着轧制速度的不断提高, 冷连轧机在机电设备性能的改善以及高效率的 AGC 系统和板形控制系统的发明和发展等方面也取得了飞速的进步, 同时也促进了各种轧制工艺参数改进, 产品质量的检验与各种机、电参数检测仪表的发展。所有这些都保证了薄板生产的产量与质量要求。

　　B　全连续式冷轧

　　常规的冷连轧生产由于并没有改变单卷生产的轧制方式, 故对冷轧生产过程整体来讲, 还不是真正的连续生产。事实上, 常规冷轧机的时间利用率只有 65%, 这就意味着还有 35% 左右的工作时间轧机是处于停车状态, 这与冷连轧机所能达到的高轧速是矛盾的。通过采用双开卷、双卷取以及发明快速的换辊装置等技术措施, 卷与卷间的间隙时间已经缩减了很多, 换辊的时间损失也大为削减, 使轧机的时间利用率提高到 80%。但上述措施并不能消除单卷轧制所固有的堵如穿带、甩尾、加减速轧制以及焊缝降速等过渡阶段所带来的不利影响。全连续冷轧的出现解决了这个难题, 并为冷轧板带钢的高速发展提供了广阔的前景。

　　图 11-3 所示为某厂的一套五机架式全连续冷轧机组的设备组成。其中五机架式冷连轧机组中所有各机架均采用全液压式轧机, 第一机架刚性系数调至无限大, 最末两架之刚性系数很小, 这样有利于厚度自动控制。原料板卷经高速盐酸酸洗机组处理后送至开卷机, 拆卷后经头部矫平机矫平及端部剪切机剪齐, 在高速闪光焊接机中进行端部对焊。板

卷焊接连同焊缝刮平等全部辅助操作共需 90s 左右。在焊卷期间，为保证轧钢机组仍按原速轧制，需要配备专门的活套仓。该厂的活套仓采用地下活套小车式，能储存超过 300m 以上的带钢，可在连轧机维持正常入口速度的前提下允许活套仓入口端带钢停走 150s。在活套仓的出口端设有导向辊，使带钢垂直向上经由一套三辊式的张力导向辊给第一机架提供张力，带钢在进入轧机前的对中工作由激光准直系统完成。在活套储料仓的入口与出口处装有焊缝检测器，若在焊缝前后有厚度的变更，则由该检测器给计算机发出信号，以便对轧机作出相适应的调整。这种轧机不停车调整的先进操作称为"动态规格调整"，它只有借助计算机的控制才能实现。进行这种动态规格调整后不同厚度的两卷间的调整过渡段为 3 ~ 10m。

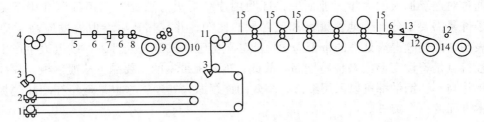

图 11-3　五机架全连续冷轧机组设备组成示意图

1，2—活套小车；3—焊缝检测器；4—活套入口勒导装置；5—焊缝机；6—夹送辊；7—剪断机；8—三辊矫平机；9，10—开卷机；11—机组入口勒导装置；12—导向辊；13—分切剪断机；14—卷取机；15—X 射线测厚仪

与常规冷连轧相比较，全连续式冷轧的优点为：（1）由于消除了穿带过程、节省了加减速时间、减少了换辊次数等，大大提高了工时利用率；（2）由于减少首尾厚度超差和剪切损失而提高了成材率；（3）由于减少了辊面损伤和轧辊磨损，轧辊使用条件大为改善，并提高了板带表面质量；（4）由于速度变化小，轧制过程稳定而提高了冷轧变形过程的效率；（5）由于全面计算机控制并取消了穿带、甩尾作业，从而大大节省了劳动力，并进一步提高了全连续冷轧的生产效率，计算机控制快速、准确，可实现机组的不停车换辊（即动态换辊），这些将使连轧机组的工时利用率突破 90% 的大关。

11.3.2.3　冷轧板带的精整

冷轧板带的精整一般主要包括表面清洗、退火、平整及剪切等工序。

（1）脱脂。板带钢冷轧后进行清洗的目的在于除去板面上的油污（故又称"脱脂"），以保证板带退火后的成品表面质量。清洗的方法一般有电解清洗、机上洗净与燃烧脱脂等数种。电解清洗采用碱液（苛性钠、硅酸钠、磷酸钠等）为清洗剂，外加界面活性剂以降低碱液表面张力，改善清洗效果。通过使碱液发生电解，放出氢气与氧气，起到机械冲击作用，可大大加速脱脂过程。对于一些使用以矿物油为主的乳化液作冷润剂的冷轧产品，则可在末道喷以除油清洗剂，这种处理方法称"机上洗净法"。

（2）退火。退火是冷轧板带生产中最主要的热处理工序，冷轧中间退火的目的一般是通过再结晶消除加工硬化以提高塑性及降低变形抗力，而成品热处理（退火）的目的除通过再结晶消除硬化以外，还可根据产品的不同技术要求获得所需要的组织（如各种织构等）和性能（如深冲、电磁性能等）。

在冷轧板带热处理中应用最广的是罩式退火炉。罩式炉的退火时间长达几昼夜，其冷却时间最长。采用"松卷退火"代替常用的紧卷退火可以大大缩短退火周期，但其工序繁琐，退火前后都需重卷，故未能推广应用。近年紧卷退火采用了平焰烧嘴以提高加热效率，采用了快速冷却技术以缩短退火周期。快速冷却法主要有两种：一种是使保护气体在炉内或炉外循环对流实现一种热交换式的冷却，可使冷却时间缩短为原来的三分之一；另一种是在板卷之间放置直接用水冷却的隔板，可使退火时间较原来缩短二分之一。

冷轧板带成品退火的另一新技术便是 20 世纪后期发展起来的连续式退火。其特点是把冷轧后的带卷脱脂、退火、平整、检查和重卷等多道工序合并成一个连续作业的机组，其连续化生产可使生产周期由原来的 10 天缩短到 1 天。带钢连续退火后，硬度与强度偏高而塑性与冲压性能则较低，故很长时期内连续退火不能用于处理深冲钢板和汽车钢板。日本通过对连续退火的大量工业研究，证明用连续退火方法处理铝镇静深冲用钢是可能的，条件是需要十分准确地保证锰和硫含量的比例，并且热轧后卷取温度应高于 700℃。实验表明，经连续退火处理的带钢力学性能甚至优于罩式退火处理，连续退火生产出来的深冲板特点是塑性变形比 R 值特别高。故此，冷轧板带钢的主要品种从镀锡板、深冲板直到硅钢片与不锈钢带都可以采用经济、高效的连续退火处理，这也是近年在冷轧薄板热处理技术方面的一个突破。

（3）平整。平整在冷轧板带材的生产中占有重要地位，平整实质上是一种小压下率（1%～5%）的二次冷轧，其功用主要如下：

1）可使板带钢在冲压时不出现"滑移线"亦即吕德斯线，钢的应力-应变曲线不出现"屈服台阶"，而吕德斯线的出现正是与此屈服台阶有关的；

2）冷轧板带材退火后再经平整，可改善板材平直度（板形）与板面的粗糙度。

3）不同平整压下率可获得不同力学性能的钢板，满足不同用途的镀锡板对硬度和塑性的不同要求。此外，经过双机平整或三机平整还可实现大的冷轧压下率来生产超薄镀锡板。

近年来将酸洗—冷轧—脱脂—退火—平整等所有工序的串联起来，实现了整体的全过程连续生产线，使板带钢生产效益得到了更大幅度的提高。图 11-4 为日本新日铁 1986 年投产的世界第一套酸洗—冷轧—连续退火及精整的全过程联合无头连续生产线（FIPL）示意图。冷轧段由四架六辊式 HC 轧机组成，总压下率达到一般六机架四辊轧机的水平，平整机亦为六辊式。该生产线产量激增，工时利用率达 95%，收得率达 96.9%，能耗降低 40%。

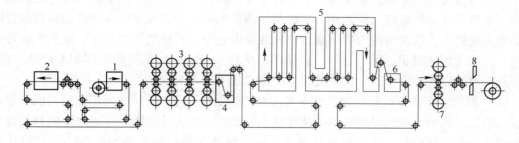

图 11-4　酸洗—冷轧—连续退火全过程连续生产线

1—入口段；2—酸洗除鳞段；3—冷轧段；4—清洗段；5—连续退火段；6—后部处理段；7—平整段；8—出口段

11.4 冷轧板带钢轧机形式及布置方式

11.4.1 冷轧板带钢轧机形式

现代冷轧机形式按辊系配置一般可分为四辊式与多辊式两大类型。普通四辊轧机上装有液压压下及其液压 AGC 厚度控制系统，很好地解决了冷轧带钢的厚度精度。为了控制板形，在普通四辊轧机上设置了液压弯辊和轧辊分段冷却。由于普通四辊轧机对板形控制能力的局限性，不能满足用户对板形的高精度要求。因此，近年来带钢冷轧机工作机座的机型发展主要围绕如何提高轧机的板形控制功能方面进行。相继出现以 HC 轧机为基础形式的 HC 轧机、UC 轧机、UCMW 轧机和以 CVC 轧机为基础形式的四辊 CVC 轧机、六辊 CVC 轧机、UPC 轧机，还有 PC 轧机和 VC 辊轧机等。四辊冷轧带钢轧机一般都采用工作辊传动，传动部分的尺寸比较小，轧制过程中辊系也容易稳定，在一段时间内曾广泛地应用于轧制厚度为 0.1mm 以上的薄带钢。对于轧制宽厚比很大的更薄带钢和难以变形的金属，四辊轧机就难以满足要求了。冷轧带钢的最小厚度计算如下：

$$h_{min} = \frac{Df(K - \bar{q})}{E}c \tag{11-1}$$

式中　h_{min}——最小可轧厚度，mm；

　　　　D——工作辊直径，mm；

　　　　f——摩擦系数；

　　　　K——轧件变形抗力，$K = 1.15\sigma_s$，MPa；

　　　　$\bar{q}$——平均张应力，MPa；

　　　　E——工作辊弹性模量，MPa；

　　　　c——比例常数，M. D. Stone 提出 $c = 3.58$。

从式 11-1 可以看出：轧制的最小厚度与工作辊直径和弹性模量、变形抗力和平均张应力的大小有关。带钢的变形抗力取决于力学性能；提高轧辊的弹性模量，轧制更薄带钢，受到轧辊材料限制；冷轧带钢时采用较大的轧制张力有利于减小带钢厚度，但过大的轧制张力容易引起断带。因此，减小轧辊直径轧制更薄带材是一个很好的途径。

减小工作辊直径可以减小轧制力和轧制力矩，轧出更薄的带材，但是工作辊的扭转强度和刚度都要受到限制，因此就出现了支撑辊数量大于 2 的多辊轧机。除前面提到的六辊 HC 轧机和六辊 CVC 轧机外，还有十二辊轧机、二十辊轧机、复合八辊轧机、复合十二辊轧机、偏八辊轧机、三十六辊轧机等多辊轧机，如图 11-5 所示。

多辊轧机具有如下特点：

（1）工作辊直径小。多辊轧机的工作辊直径都在 100mm 以下，最小直径达 2mm，细而长，因此多辊轧机都有一个刚度很好的支撑辊系，而且采用支撑辊传动。

工作辊直径小，轧制力小，可以采用比较大的道次压下量和总压下量，道次压下量最大可达到 80%，总压下量可达 90%；轧辊直径小，换辊方便，而且形状简单，可以采

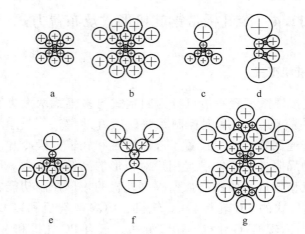

图 11-5　多辊冷带轧机的形式

a—十二辊轧机；b—二十辊轧机；c—复合式八辊轧机；d—偏八辊轧机；

e—复合式十二辊轧机；f—七辊轧机；g—三十六辊轧机

用硬质合金作为轧辊材料，提高其弹性模量，轧出更薄的带材。

　　由于工作辊直径小，轧制更容易产生不均匀变形，对带钢的板形问题更加敏感，因此多辊轧机都设有比较完善的板形调节装置；采用比较大的前后张力来克服不均匀变形，改善板形，而且还可以减小轧制力和改善因轧辊直径小而恶化的咬入条件。

　　（2）多辊轧机的轧制精度高。多辊轧机的制造精度高，轧机的刚度大，又有良好的板厚和板形调节系统，因此多辊轧机轧制带材的板厚和板形精度高，被誉为精密轧制。

　　（3）多辊轧机特别适用于各种难变形金属的轧制，如不锈钢、耐热合金钢和硅钢轧制。

　　（4）多辊轧机的体积小，重量轻，占地面积小，投资少。

11.4.2　冷轧板带钢轧机布置

　　冷轧板带钢的轧机布置形式从简单的单机座可逆式冷轧机发展到多机座的常规冷连轧机，又发展到全连续式冷连轧机，实现了无头轧制，使连轧机的生产能力大幅度提高；随后又出现了联合全连续式冷轧机组，如酸轧全连续式轧机、酸洗—轧制—退火联合全连续式轧机。

　　单机座可逆式冷轧机适用于多品种、少批量或合金钢产品比例大的情况，虽其生产能力较低，但投资小、建厂快、生产灵活性大，适宜于中小型企业。连续式冷轧机生产效率与轧制速度都很高，在工业发达国家中，它承担着薄板带材的主要生产任务。相对来说，当产品品种较为单一或者变动不大时，连轧机最能发挥其优越性。

　　轧制速度决定着轧机的生产能力，也标志着连轧的技术水平。通用五机架式冷连轧机末架轧速约为 $25 \sim 27 \mathrm{m/s}$，六机架末架最大轧速一般为 $36 \sim 38 \mathrm{m/s}$，个别轧机的设计速度达 $40 \sim 41 \mathrm{m/s}$。现代冷连轧机的板卷重量一般均在 $30 \sim 45 \mathrm{t}$，最大达 $60 \mathrm{t}$。

思 考 题

11-1 冷轧板带的轧制工艺特点是什么？

11-2 简述冷轧板带钢的生产工艺流程。

11-3 板带冷轧中张力的主要作用是什么？

11-4 多辊冷轧机的特点是什么？

11-5 全连续冷轧特点是什么？

12　板带材高精度轧制和板形控制

[本章导读]

　　本章主要讲述板带轧制过程中对厚度及板形的控制问题。重点掌握 $P-h$ 图的建立与应用、横向厚差与板形控制技术、板带材高精度轧制技术。

12.1　板带材轧制厚度控制

　　板带材的高精确轧制主要是指厚度（纵向和横向）的精确度。辊缝的大小和形状决定了板带纵向和横向厚度的变化（后者又影响到板形）。那么要提高产品的厚度精度，就必须研究轧辊辊缝的大小及其形状的变化规律。

12.1.1　$P-h$ 图的建立与运用

　　板带轧制过程既是轧件产生塑性变形的过程，又是轧机产生弹性变形（即所谓弹跳）的过程，两者同时发生。由于轧机的弹跳，轧出的带材厚度（h）等于轧辊的理论空载辊缝（S'_0）再加上轧机的弹跳值。按照虎克定律，轧机弹性变形与应力成正比，则弹跳值应为 P/K，此时

$$h = S'_0 + \frac{P}{K} \tag{12-1}$$

式中　P——轧制力，t；

　　　　K——轧机的刚度，t/mm，即弹跳 1mm 所需轧制力的大小（吨数），表示轧机抵抗弹性变形的能力。

　　式 12-1 为轧机的弹跳方程，据此在图 12-1 中绘成曲线 A 称为轧机弹性变形线，它近似为一条直线，其斜率就是轧机的刚度 K。但实际上在压力较小时弹跳和压力的关系并非线性，且压力愈小，所引起的变形也愈难精确确定，亦即辊缝的实际零位很难确定。为了消除这一非线性区段的影响，实际操作中可将轧辊预先压靠到一定程度，即压到一定的压力 P_0，然后将此时的辊缝指示定为零位，这就是所谓"零位调整"。以后即以此零位为基础进行压下调整，由图 12-1 可以看出：

$$h = S_0 + \frac{P - P_0}{K} \tag{12-2}$$

式中　S_0——考虑预压变形后的空载辊缝。

　　另外，给轧件以一定的压下量（$h_0 - h$），就产生一定的压力（P），当料厚（h_0）一定，h 越小即是压下量越大，则轧制压力也越大，通过实测或计算可以求出对应于一定 h

值（即 Δh 值）的 P 值，在图 12-1 上绘成曲线 B，称为轧件塑性变形线，其斜率 M 即为轧件单位压下量所需的轧制力，称为塑性刚度系数，该值反映了轧件变形的难易与软硬程度。B 线与 A 线交点的纵坐标即为轧制力 P，横坐标即为板带实际厚度 h。塑性变形线 B 实际是条曲线，为便于研究，其主体部分可近似简化成直线。

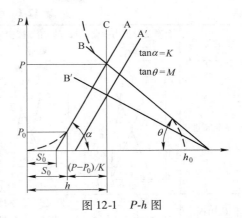

图 12-1　P-h 图

由 P-h 图可以看出，如果 B 线发生变化（变为 B′），则为了保持厚度 h 不变，就必须移动压下螺丝，使 A 线移至 A′，使 A′ 与 B′ 交点的横坐标不变，亦即须使 A 线与 B 线的交点始终落在一条垂直线 C 上，这条垂线 C 称为等厚轧制线。因此，板带厚度控制实质就是不管轧制条件如何变化，总要使 A 线与 B 线交到 C 线上，这样就可得到恒定厚度（高精度）的板带材。由此可见，P-h 图的运用是板带厚度控制的基础。

12.1.2　厚度波动原因

由式 12-1 可知，影响带材实际轧出厚度的主要是 S_0、K 和 P 三大因素。其中轧机刚度 K 在既定轧机上轧制一定宽度的产品时，一般可认为是不变的。影响 S_0 变化的因素主要有轧辊的偏心运转、轧辊的磨损与热膨胀及轧辊轴承油膜厚度的变化，它们都是在压下螺丝位置不变的情况下使实际辊缝发生变化，从而使轧出的板带厚度发生波动。

轧制力 P 的波动是影响板带轧出厚度的主要因素，因而所有影响轧制力变化的因素都必将影响到板带厚度精度。这些因素主要有：

（1）轧件温度、成分和组织性能的不均。对热轧板带来说，轧件温度的波动最为重要；而冷轧时主要是成分和组织性能的不均影响最大。温度的影响具有重发性，即虽在前道消除了厚度差，在后一道还会由于温度差而重新出现厚度差。故热轧时只有精轧道次对厚度控制才有意义。

（2）坯料原始厚度的不均。来料厚度的波动实际就是改变了 P-h 图中 B 线的位置和斜率，使压下量产生变化，自然要引起压力和弹跳的变化。厚度不均虽可通过轧制得到减轻，但终难完全消除，且轧机刚性越低越难消除。故为提高产品精度，必须选择高精度的原料。

（3）张力的变化。它是通过影响应力状态及变形抗力而起作用的。连轧板带时头、尾部在穿带和抛钢时由于所受张力分别是逐渐加大和缩小的，故其厚度也分别逐段减小和增大。此外，张力还会引起宽度的改变，故在热连轧板带时应采用不大的恒张力。冷连轧板带时采用的张力则较大，并且还经常利用调节张力作为厚度控制的重要手段。

（4）轧制速度的变化。它主要是通过影响摩擦系数和变形抗力，乃至影响轴承油膜厚度来改变轧制压力而起作用的。速度变化一般对冷轧变形抗力影响不大，但对冷轧时摩擦系数的影响十分显著，故对冷轧生产速度变化的影响特别重要。此外速度增大则油膜增厚，因而压下量增大并使带钢变薄。

上述各个因素的变化与板厚的关系绘成 P-h 图，列于表 12-1 中。

表 12-1　各种因素对板厚的影响

变化原因	金属变形抗力变化 $\Delta\sigma_s$	板坯原始厚度变化 Δh_0	轧件与轧辊间摩擦系数变化 Δf	轧制时张力变化 Δq	轧辊原始辊缝变化 ΔS_0
变化特性	$\sigma_s - \Delta\sigma_s$	$h_0 - \Delta h_0$	$f - \Delta f$	$q - \Delta q$	$S_0 - \Delta S_0$
轧出板厚变化	金属变形抗力 σ_s 减小时板厚变薄	板坯原始厚度 h_0 减小时板厚变薄	摩擦系数 f 减小时板厚变薄	张力 q 增加时板厚变薄	原始辊缝 t_0 减小时板厚变薄

12.1.3　板带钢厚度控制

实际生产中为提高板带厚度精度，采用了各种厚度控制方法。

（1）调压下（改变原始辊缝）。调压下是厚度控制最主要的方式，常用以消除由于影响轧制压力的因素所造成的厚度差。图 12-2a 为板坯厚度发生变化，从 h_0 变到（$h_0 - \Delta h_0$），轧件塑性变形线的位置从 B_1 平行移动到 B_2，与轧机弹性变形线交于 C 点，此时轧出的板厚为 h_1'，与要求的板厚 h 有一厚度偏差 Δh。为消除此偏差，相应地调整压下，使辊缝从 S_0 变到（$S_0 + \Delta S_0$），亦即使轧机弹性线从 A_1 平行移到 A_2，并与 B_2 重新交到等厚轧制线上的 E' 点，使板厚恢复到 h。

图 12-2b 是由于张力、轧制速度、抗力及摩擦系数等的变化而引起轧件塑性线斜率发生改变，同样用调整压下的办法使两条曲线重新交到等厚轧制线上，保持板厚不变。

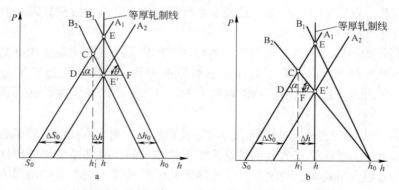

图 12-2　调整压下改变辊缝控制板厚原理图

a—板坯厚度变化时；b—张力、速度、抗力及摩擦系数变化时

由图 12-2a 可以看出，压下的调整量 ΔS_0 与料厚的变化量 Δh_0 并不相等，由图可以求出：

$$\Delta S_0 = \Delta h_0 \tan\theta / \tan\alpha = \Delta h_0 M / K \tag{12-3}$$

式中，$M = \tan\theta$，为轧件塑性线的斜率，称为轧件塑性刚度。上式称为预控方程，当料厚波动 Δh 时，压下必须调 $\Delta h_0 M/K$ 的压下量才能消除产品的厚度偏差。这种调厚原理主要用于前馈即预控 AGC，即在入口处预测料厚的波动，来调整压下，消除其影响。

由图 12-2b 可以看出，当轧件变形抗力发生变化时，压下调整量 ΔS_0 与轧出板厚变化量 Δh 也不相等，由图可求出：

$$\Delta h / \Delta S_0 = K / (M + K) \tag{12-4}$$

式 12-4 称为反馈方程，$\Delta h / \Delta S_0$ 是决定板厚控制性能好坏的一个重要参数，称为压下有效系数或辊缝传递函数，它常小于 1，轧机刚度 K 愈大，其值愈大。

近代较新的厚度自动控制系统，主要不是靠测厚仪测出厚度进行反馈控制，而是把轧辊本身当作间接测厚装置，通过所测得的轧制力计算出板带厚度来进行厚度控制，这就是所谓的轧制力 AGC 或厚度计 AGC。其原理就是为了厚度的自动调节，必须在轧制力 P 发生变化时，能自动快速调整压下（辊缝）。可由 P-h 图求出压力 P 的变化量（ΔP）与压下调整量 ΔS_0 之间的关系式为：

$$\frac{\Delta S_0}{\Delta P} = -\frac{1}{K}\left(1 + \frac{M}{K}\right) \tag{12-5}$$

由于 P 增加，S_0 减小，即 ΔP 为正时，ΔS_0 为负，故符号相反。

由图 12-2 及式 12-4 可以看出，如果轧件变形抗力很大即 M 很大，而轧机刚度 K 又不大时，则通过调压下来调厚的效率就很低。因此，对于冷连轧薄钢板最后几架，为了消除厚差，调压下就不如调张力效率大，响应快。此外调压下对于轧辊偏心等高频变化量也无能为力。

（2）调张力。即利用前后张力来改变轧件塑性变形线 B 的斜率以控制厚度（图 12-3）。例如，当来料有厚差而产生 δH 时，便可以通过加大张力，使 B_2 斜率改变（变为 B_2'），从而可以在 S_0 不变的情况下，使 h 保持不变。这种方法在冷轧薄板时用得较多。热轧中由于张力变化范围有限，张力稍大即易产生拉窄、拉薄，使控制效果受到限制。故热轧一般不采用张力调厚。但有时在末架也采用张力微调来控制厚度。采用张力厚控法的优点是响应性快，因而可以控制得更为有效和精确；缺点是对热轧带钢和冷轧较薄的品种时，为防止拉窄和拉断，张力的变化不能过大。因此，目前即使在冷轧时的厚度控制上往往也并不倾向于单独应用此法，而采用调压下与调张力相互配合的联

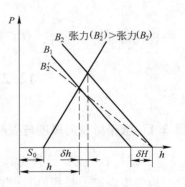

图 12-3　张力对轧件厚度的影响

合方法。当厚度波动较小，可以在张力允许变化范围内能调整过来时则采用张力微调，而当厚度波动较大时则改用调压下的方法进行控制。这就是说，在冷连轧中，张力厚控也只适用于后几架的精调 AGC。

（3）调轧制速度。轧制速度的变化影响到张力、温度和摩擦系数等因素的变化。故可以通过调速来调张力和温度，从而改变厚度。例如，近年来新建的热连轧机，都采用了"加速轧制"与 AGC 相配合的方法。加速轧制的目的，是为了减小带坯进入精轧机组的首尾温度差，保证终轧温度的一致，从而就减小了因首尾温度差所造成的厚度差。

在生产中为了达到精确控制厚度而将多种厚控方法有机结合使用，才能取得更好的效果。其中最主要、最基本、最常用的还是调压下的厚度控制方法。特别是采用液压压下，大大提高响应性，具有很多优点。近年来广泛地应用带有"随动系统"（采用伺服阀系统）的轧辊位置可控的新液压压下装置，利用反馈控制的原理实现液压自动调厚，即液压AGC。值得指出的是近年发展的电气反馈液压压下系统，除具有上述定位和调厚的功能以外，还可通过电气控制系统常数的调整来达到任意"改变轧机刚度"的目的，从而可以实现"恒辊缝控制"，即在轧制中保持实际辊缝值 S 不变，也就保证了实际轧出厚度不变。这种厚控方法目前在热连轧中还用得不多，但在冷轧带钢中，由于轧辊偏心运转对厚差影响较大，不能忽视。因此为了消除这种高频变化的厚度波动，必须采用这种液压厚控系统。

用厚度计的方法测量厚度，虽然可以避免时滞，提高灵敏度，但它对某些因素如油膜轴承的浮动效应、轧辊偏心、轧辊的热膨胀和磨损等，却难以检测，从而会使结果产生误差。因此，实际生产中都是两种方法同时并用，亦即还须采用 X 射线测厚仪来对轧制力AGC 不断进行标定或"监控"。换句话说，为了提高测厚精度，在弹跳方程中还需增加几个补偿量，这主要是轧辊热膨胀与磨损的补偿和轴承油膜的补偿。由轧辊热膨胀和磨损所带来的辊缝变化以 G 表示之，这可以利用成品 X 射线测厚仪所测得的成品厚度，以及利用由此实测成品厚度按秒流量相等原则所推算出的前面各架的厚度，把它们和用厚度计方法所测算出的各架厚度值进行比较，从而求得各架的 G 值。因此，可以将这种功能称之为"用 X 射线测厚仪对各架轧机的 AGC 系统进行标定和监视"。油膜补偿即是由于轧制速度的变化使支撑辊油膜轴承的油膜厚度发生变化，最终影响到辊缝值。设其影响量为 δ，则最终轧出厚度应为：

$$h = S_0 + \frac{P - P_0}{K} - \delta - G \qquad (12\text{-}6)$$

在轧机速度变化时，AGC 系统应根据此式对所测厚度进行修正。

12.2 横向厚差与板形控制技术

12.2.1 板带材横向厚差与板形

12.2.1.1 板带材横向厚差

板带横向厚差是指沿宽度方向的厚度差，它决定于板带材轧后的断面形状或轧制时的实际辊缝形状，一般用板带中央与边部厚度之差的绝对值或相对值来表示，需要借助厚度测定，板带横向厚差对于成材率有重要影响。

从使用角度来讲，断面厚差最好为零。但在目前的生产技术条件下还不可能达到。此外，在无张力或小张力轧制时，要求轧制时实际工作辊缝稍具凸形，亦即要有一定的"中厚量"，目的是为了保证轧件运动的稳定性，使操作稳定可靠，轧件不致跑偏和刮框。当然从技术上还是要求尽量减少这种断面厚度差。

12.2.1.2 板形

板形是指板带材的平直度，指浪形、瓢曲或旁弯的有无及程度而言。在来料板形良好的条件下，它决定于伸长率沿宽度方向是否相等，即压缩率是否相同。若边部伸长率大，

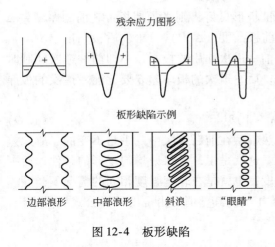

残余应力图形

板形缺陷示例

边部浪形　　中部浪形　　斜浪　　"眼睛"

图 12-4　板形缺陷

则产生边浪，中部延伸大，则产生中部浪形或瓢曲。一边比另一边延伸大，则产生"镰刀弯"。浪形和瓢曲缺陷尚有多种表现形式，如图 12-4 所示。对于所有板带材的板形要求见有关技术标准，不允许有明显的浪形或瓢曲，要求其板形良好。板形的缺陷分为视在的和潜在的。视在板形缺陷是指可用肉眼辨别的；潜在板形缺陷是指在轧制后不能立即发现，在后部工序中才会暴露。有时轧出的板材看起来并无浪瓢，但一经纵剪后即出现旁弯或者浪瓢的潜在板形缺陷。板形控制的总目标是将上述两类缺陷控制在允许范围之内。板形不良的表现是实际轧出的板材断面有时呈鼓形、楔形、凹形或其他不规则形状，会限制轧制速度的提高及最小可轧厚度，严重不良会导致勒辊、轧卡、断带、撕裂等事故，甚至可能损坏轧机，使轧制操作无法正常进行。

为了保证板形良好，必须遵守均匀延伸或所谓"板凸度一定"的原则去确定各道次的压下量。由于粗轧时轧件较厚，温度较高，轧件断面的不均匀压缩可能通过金属横向流动转移而得到补偿，即对不均匀变形的自我补偿能力较强，故不必过多考虑板形质量问题；而到了精轧阶段，特别是轧制较薄的板带材时，此时轧件刚端的作用不足以克服阻碍金属横向移动的摩擦阻力，亦即对于不均匀压缩变形的自我补偿能力很差；并且还由于厚度较小，即使是绝对压下量的微小差异也可能导致相对伸长率的显著不均，从而会引起板形变坏。板带厚度愈小，对不均匀变形的敏感性就愈大。故为了保证良好的板形，就必须按均匀变形或凸度一定原则，使其横断面各点伸长率或压缩率基本相等。

如图 12-5 所示，设轧制前板带边缘的厚度等于 H，而中间厚度等于 $H+\Delta$，即轧前厚度差或称板凸量为 Δ；轧制后钢板相应横断面上的厚度分别为 h 和 $h+\delta$，即其轧后厚度差或板凸量为 δ，而 Δ/H 及 δ/h 则为板凸度。钢板沿宽度上压缩率相等的条件，可以写成钢板边缘和中部伸长率 λ 相等的条件：

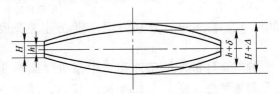

图 12-5　轧制前后板带厚度变化

$$\frac{H+\Delta}{h+\delta} = \frac{H}{h} = \lambda \tag{12-7}$$

由此可得：

$$\frac{\Delta}{\delta} = \frac{H}{h} = \lambda ; \quad \frac{\Delta}{H} = \frac{\delta}{h} = \cdots = \frac{\delta_z}{h_z} = 板凸度 \tag{12-8}$$

$$\delta = \frac{h}{H}\Delta = \frac{\delta_z}{h_z}h$$

式中　δ_z，h_z——成品板的厚度差及厚度。

由此可见，要想满足均匀变形的条件，保证板形良好，则必须使板带轧前的厚度差 Δ 与轧后的厚度差 δ 之比等于伸长率 λ。或者轧前板凸度（Δ/H）等于轧后板凸度（δ/h），即板凸度保持一定。本道次轧前的板厚也就是前一道次轧后的板厚，亦即前一道次轧制时辊缝的实际形状。因此，在均匀变形的原则下，后一道次的板厚差 δ 要比前一道次的板厚差 Δ 小，即其差值为

$$\Delta - \delta = (\lambda - 1)\delta \tag{12-9}$$

由于轧辊的原始辊型及因辊温差所产生的热辊型在前后道次中几乎是不变的，故此差值主要取决于轧辊因承受压力所产生的挠度值。这就是说，要保证均匀变形的条件，后一道次轧制时轧辊的挠度就必须小于前一次的挠度；也就是在轧辊强度相同的情况下，后一道次的轧制压力 P_2 必须小于前一道次的轧制压力 P_1。其差值可由挠度计算公式反推求出，即有

$$\Delta - \delta = \frac{2P_1}{K_R} - \frac{2P_2}{K_R} = \frac{2}{K_R}(P_1 - P_2)$$

$$P_1 - P_2 = \frac{K_R(\Delta - \delta)}{2} = K_R(\lambda - 1)\delta/2 \tag{12-10}$$

式中　K_R——轧辊刚度系数。

由此可见，为了保证良好的板形，满足均匀变形的条件，在设备强度一定的情况下，应使轧制力按逐道减少，这也是压下规程设计的遵循原则。

板厚差 Δ 及 δ，实际就是前道和后道的中厚量或板凸量。由式 12-9 及式 12-10 可知，从均匀变形原则出发，后一道次的"中厚量"δ 比前一道次的"中厚量"Δ 要小 $(\lambda-1)\delta$ 的数值，或者前一道次的"中厚量"为后一道次"中厚量"的 λ 倍。由此可见，良好的板形只有在随着轧制的进行，使"中厚量"逐道次减小时才能获得。设实际轧制中轧件宽度中心处的辊型凹度，即轧件中厚量之半 t 为：

$$t = y - y_t - w \tag{12-11}$$

式中　y，y_t，w——分别为工作辊在轧件宽度上的弯曲挠度值、热凸度及原始辊型凸度值。

若将良好板形的条件和"中厚法"操作（主要为使轧制操作稳定，防止轧件跑偏）结合起来考虑，则由式 12-8 及式 12-10 可得：

$$t = y - y_t - w = \frac{\delta}{2} = \frac{\delta_z}{2h_z}h$$

由 $y = P/K_R$，经变换后可得

$$P = \frac{K_R\delta_z}{2h_z}h + K_R(y_t + w) \tag{12-12}$$

此方程式可用直线表示，如图 12-6 所示。反映了板凸度保持一定时压力与板厚的关系，其斜度依成品板凸度（δ_z/h_z）及宽度（影响到 K_R）等而变化，即因产品不同而不同。各道次的压力 P 和板厚 h 值基本上应落在此直线的附近，才能保持均匀变形。但也应指出，实际生产中不一定严格遵守板凸度一定的原则，尤其是粗轧道次更可放宽。轧件愈厚，温度愈高，张力愈大，则对不均匀变形的自我补偿能力愈强，就愈可不受限制。此时各道的 P 与 h 值只需落在图 12-6 阴影区内即可。但至精轧道次，则一般应收敛到此直线

上，按板凸度一定原则确定压下量，以保证板形质量。钢板愈薄，道次应愈多。

由图 12-6 可见，为了保证操作稳定，必须使轧制压力大于 $K_R(y_t + w)$ 值。为了保证均匀变形或良好板形，必须随 h 的减小而使压力 P 逐道次减小，即需使轧制压力 P 与轧出厚度 h 成正比减小。而压力减小即是轧辊挠度减小，因而使带钢"中厚量"逐道减小，亦即使板厚精度也逐道次得到提高。

12.2.2　影响辊缝形状的因素

辊缝形状影响板带横向厚差和板形，研究影响辊缝形状的因素，据此对轧辊原始形状进行合理的设计具有重要意义。

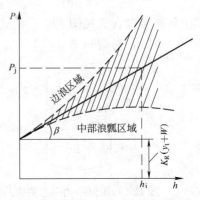

图 12-6　板形与压力及板厚的关系

$$\tan\beta = \frac{K_R\Delta}{H} = \frac{K_R\delta_z}{h_z}$$

影响辊缝形状的因素主要有轧辊的弹性变形、轧辊不均匀热膨胀和轧辊的磨损。

（1）轧辊的不均匀热膨胀。轧制过程中轧辊的受热和冷却条件沿辊身分布是不均匀的。在多数场合下，辊身中部的温度高于边部，这种温度不均导致轧辊变为凸形，见图 12-7。并且一般在传动侧的辊温稍低于操作侧的辊温；在直径方向上辊面与辊芯的温度也不一样，在稳定轧制阶段，辊面的温度较高，但在停轧时由于辊面冷却较快，也会出现相反的情况。轧辊断面上的这种温度不均使辊径热膨胀值的精确计算很困难。为了计算方便，一般采用如下的简化公式：

$$\Delta R_t = y_t = K_T\alpha(T_Z - T_B)R = K_T\alpha\Delta TR \qquad (12\text{-}13)$$

式中　T_Z，T_B——辊身中部和边部温度；

$\qquad R$——轧辊半径；

$\qquad \alpha$——轧辊材料的线（膨）胀系数，钢辊可取 $13\times10^{-6}/℃$；铸铁辊取 $11.9\times10^{-6}/℃$；

$\qquad K_T$——考虑轧辊中心层与表面层温度不均匀分布的系数，一般 $K_T = 0.9$。

（2）轧辊的磨损。轧件与工作辊之间及支撑辊与工作辊之间的相互摩擦都会使轧辊磨损不均匀，影响辊缝形状。但由于影响轧辊磨损的因素太多，很难从理论上计算出轧辊的磨损量，只能靠大量实测来求各种轧机的磨损规律，从而采取相应的补偿轧辊磨损的办法。

（3）轧辊的弹性变形。圆柱体的轧辊在轧制过程中受力产生弯曲，造成钢板中部厚，边部薄，如图 12-8 所示。轧辊的这种弹性变形主要包括弹性弯曲和弹性压扁。轧辊的弹性压扁沿辊身长度分布是不均匀的，主要是由于单位压力分布不均所致。此外，在靠近轧件边部的压扁也要小一些，使轧件边部出现变薄区，随着轧辊直径的减小，边部变薄区也减小，一般情况下这个区域虽然不大，却也影响成材率。在工作辊与支撑辊之间也产生不均匀弹性压扁，它直接影响到工作辊的弯曲挠度。轧辊的弹性弯曲挠度一般是影响辊缝形状的最主要因素。通常二辊轧机轧辊的弯曲挠度应由弯矩所引起的挠度和切力所引起的挠度两部分所组成，其辊身挠度差可按下式近似计算：

$$y = PK_w$$

$$K_{\mathrm{w}} = \frac{1}{6\pi ED^4}\left[32L^2(2L + 3L) - 8b^2(4L - b) + 15kD^2(2L - b)\right] \tag{12-14}$$

式中各符号的含义见图 12-9；K_{w} 为轧辊的抗弯柔度，单位是 mm/kN；k 为考虑切应力分布不均匀系数，对圆断面 $k = 32/27$。

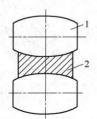

图 12-7　温度不均引起的辊凸形
1—轧辊；2—轧件

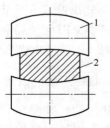

图 12-8　轧辊轧制时受力产生弯曲
1—轧辊；2—轧件

对四辊轧机而言，在保证 D_1/D_2 与 B/L 值正确配合的情况下，其支撑辊的辊身挠度差可以用上式进行近似计算。根据对轧辊挠度的分析，认为当支撑辊直径与工作辊直径之比值较大时，弯曲力主要由支撑辊承担，故可认为工作辊的挠度近似与支撑辊的挠度相等。因而进行辊型设计时可用支撑辊的辊身挠度差来代替工作辊的辊身挠度差，但实际轧制时工作辊的实际挠度比支撑辊大得多。这主要是因为工作辊与支撑辊之间存在弹性压扁变形，结果使位于板宽范围之外的那部分工作辊受到支撑辊的悬臂弯曲作用，从而大大地增加了工作辊本身的挠度。轧件的宽度愈小，工作辊的挠度便愈大。因

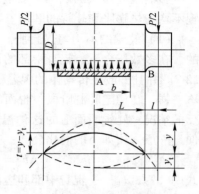

图 12-9　原始辊型凸度的确定

此，在进行辊型设计时，若不考虑工作辊的弹性变形特点，其结果必然与实际不符。故四辊轧机工作辊的弯曲挠度不仅取决于支撑辊的弯曲挠度，也取决于支撑辊和工作辊之间的不均匀弹性压扁所引起的挠度。如果支撑辊和工作辊辊型的凸度均为零，则工作辊的挠度为：

$$f_1 = f_2 + \Delta f_y \tag{12-15}$$

式中　f_1——工作辊的弯曲挠度；

　　　f_2——支撑辊的弯曲挠度；

　　　Δf_y——支撑辊和工作辊间不均匀弹性压扁所引起的挠度差。

根据有关资料，工作辊挠度计算公式为：

$$f_1 = K_{\mathrm{w1}}P \qquad K_{\mathrm{w1}} = \frac{A_0 + \varphi_1 B_0}{L\beta(1 + \varphi_1)} \tag{12-16}$$

支撑辊的挠度计算公式：

$$f_2 = K_{\mathrm{w2}}P \qquad K_{\mathrm{w2}} = \frac{\varphi_2 A_0 + B_0}{L\beta(H\varphi_2)} \tag{12-17}$$

式中　P——轧制力；

K_{w1}——工作辊柔度；

K_{w2}——支撑辊柔度；

φ_1，φ_2——系数，可按下式计算：

$$\varphi_1 = \frac{1.1n_1 + 3n_2\xi + 18\beta K}{1.1 + 3\xi} \qquad \varphi_2 = \frac{1.1n_1 + 3\xi + 18\beta K}{1.1n_1 + 3n_2\xi}$$

$$A_0 = n_1\left(\frac{a}{L} - \frac{7}{12}\right) + n_2\xi \qquad B_0 = \frac{3 - 4\mu^2 + \mu^3}{12} + \xi(1 - \mu)$$

式中　a——两压下螺丝中心距；

　　　L——辊身长度；

　　　b——轧件宽度；

　　　$\mu = \dfrac{b}{L}$。

工作辊和支撑辊之间不均匀弹性压扁所引起的挠度为：

$$\Delta f_y = \frac{18(B_0 - A_0)K\bar{q}}{1.1(1 + n_1) + 3\xi(1 + n_2) + 18\beta K} \qquad (12-18)$$

式中

$$K = \theta\ln 0.97\frac{D_1 + D_2}{q\theta} \qquad \theta = \frac{1 - \gamma_1^2}{\pi E_1} + \frac{1 - \gamma_2^2}{\pi E_2}$$

式中　D_1，D_2——工作辊、支撑辊直径；

　　　$\bar{q}$——工作辊与支撑辊间的平均单位压力，$\bar{q} = \dfrac{P}{L}$。

上列各式中 n_1、n_2、ξ 和 β 的计算公式列于表 12-2 中。

表 12-2　n_1、n_2、ξ 和 β 参数的计算

轧辊材料	全部钢辊	工作辊铸铁，支撑辊锻钢
E、G、γ 值	$E_1 = E_2 = 215600\text{MPa}$　$G_1 = G_2 = 79380\text{MPa}$　$\gamma_1 = \gamma_2 = 0.30$	$E_1 = 16660\text{MPa}$，$E_2 = 215600\text{MPa}$　$G_1 = 6860\text{MPa}$，$G_2 = 79380\text{MPa}$　$\gamma_1 = 0.35$，$\gamma_2 = 0.30$
符号代表的参数		
$n_1 = \frac{E_1}{E_2}\left(\frac{D_1}{D_2}\right)^4$	$n_1 = \left(\frac{D_1}{D_2}\right)^4$	$n_1 = 0.773\left(\frac{D_1}{D_2}\right)^4$
$n_2 = \frac{G_1}{G_2}\left(\frac{D_1}{D_2}\right)^4$	$n_2 = \left(\frac{D_1}{D_2}\right)^4$	$n_2 = 0.864\left(\frac{D_1}{D_2}\right)^4$
$\xi = \frac{kE_1}{4G_1}\left(\frac{D_1}{L}\right)^2$	$\xi = 0.753\left(\frac{D_1}{L}\right)^2$	$\xi = 0.674\left(\frac{D_1}{L}\right)^2$
$\beta = \frac{\pi E}{2}\left(\frac{D_1}{L}\right)^4$	$\beta = 34600\left(\frac{D_1}{L}\right)^4$	$\beta = 26700\left(\frac{D_1}{L}\right)^4$
$\theta = \frac{1 - \gamma_1^2}{\pi E_1} + \frac{1 - \gamma_2^2}{\pi E_2}$	$\theta = 0.263 \times 10^{-5}(\text{mm}^2/\text{N})$	$\theta = 0.296 \times 10^{-5}(\text{mm}^2/\text{N})$

12.2.3　轧辊辊型设计

轧制钢板时轧辊辊身形状直接影响轧件尺寸的精确度，而轧辊辊身的实际形状并非是

一直径均匀的圆柱。为了得到横断面厚度比较均匀的钢板，可使辊面预先略呈凸形或稍带凹入，辊身中部与两侧直径（或）半径差，即轧制时轧辊实际凸出或凹入的数值，称为轧辊凸度。辊身实际凸度，凸者为正，凹者为负。凸度的表示为

$$\Delta D = D_Z - D_B$$

式中　D_Z，D_B——辊身中部、边缘直径。

从以上分析可知，轧制时轧辊的不均匀热膨胀、轧辊的不均匀磨损以及轧辊的弹性压扁和弹性弯曲，使空载时的平直辊缝在轧制时变得不平直了，致使板带的横向厚度不均和板形不良。为了补偿上述因素造成的辊缝形状的变化，需要预先将轧辊车磨成一定的原始凸度或凹度，赋予辊面以一定的原始形状，使轧辊在受力和受热轧制时，仍能保持平直的辊缝。在设计新轧辊的辊型曲线（凸度）时，主要是考虑轧辊的不均匀热膨胀和轧辊弹性弯曲（挠度）的影响。由于轧辊热膨胀所产生的热凸度，在一般情况下与轧辊弹性弯曲产生的挠度相反，故在辊型设计时，应按热凸度与挠度合成的结果，确定新辊的凸度（或凹度）曲线。

（1）轧辊不均匀热膨胀产生的热凸度曲线。根据大量的实践资料统计，可近似地按抛物线计算：

$$y_{tx} = \Delta R_t \left[\left(\frac{x}{L} \right)^2 - 1 \right] = - \Delta R_t \left[1 - \left(\frac{x}{L} \right)^2 \right] \qquad (12-19)$$

式中　y_{tx}——距辊中部为 x 的任意断面上的热凸度；

　　　ΔR_t——辊身中部的热凸度，按式 12-13 计算；

　　　L——辊身长度之半；

　　　x——从辊身中部起到任意断面的距离，在辊身中部 $x=0$，在辊身边缘 $x=L$。

（2）由轧制力产生的轧辊挠度曲线，一般也可以按抛物线的规律计算：

$$y_x = y \left[1 - \left(\frac{x}{L} \right)^2 \right] \qquad (12-20)$$

式中　y_x——距辊身中部为 x 的任意断面的挠度；

　　　y——辊身中部与边部的挠度差，对于二辊轧机按式 12-14 计算。

将轧辊热凸度曲线和挠度曲线叠加起来（见图 12-9），得出轧辊在实际轧制过程中的辊缝形状的凸度（或凹度）曲线，即：

$$t_x = y_x - y_{tx} = \left[K_w P - K_T R \alpha \Delta T \right] \left[1 - \left(\frac{x}{L} \right)^2 \right] \qquad (12-21)$$

当 $x=0$ 时，即在辊身中部，则可得 $y=y_x$，$y_{tx} = \Delta R_t = y_t$，故其最大实际凸度为：

$$t = y - y_t$$

式 12-21 即为轧辊辊型磨削的凸凹曲线。如果 t 值为正值，说明由于轧制力引起的挠度大于不均匀热膨胀产生的热凸度，故此时原始辊型应磨成凸度，反之，则为凹度（例如叠轧薄板时）。轧辊必须预先磨制成一定的原始凸度，才能在实际轧制过程中使辊缝保持平直。

求出了所需的原始辊型总凸度以后，接下来就是辊型的配置问题，即总凸度分配到各个轧辊以及为了补偿支撑轧辊的磨损而变化历次更换的工作辊凸度。当凸度不大时（例如在四辊轧机和三辊劳特轧机等），由于工作辊和支撑辊的换辊周期不一样，因而完全有可能做到每更换一次工作辊时，使其辊型凸度适当增加，以弥补支撑辊磨损带来的影响。例如 1200 可逆式冷轧机在轧制厚度为 0.5mm 以下的产品时，工作辊要换 16 次，支撑辊才换

一次。因此当轧制宽度为 1020mm 硅钢片时，配新换支撑辊的工作辊的凸度为 0.07mm，以后随着支撑辊的逐渐磨损，工作辊凸度依次递增至 0.13mm。对于三辊劳特轧机而言，实际生产中亦采用以不同的中辊凸度来补偿大辊磨损的方法。

在实际生产中，原始辊型主要还是依靠经验估计与对比来选定。一套行之有效的辊型制度都是经过一段时期的生产试轧，反复比较其实际效果之后才最终确定下来的，并且随着生产条件的变化还要作适当的改变。检验原始辊型的合理与否应从产品质量、设备利用情况、操作的稳定性以及是否能有利于辊型控制与调整等方面来衡量。凸度选得过大，会引起中部浪形，并易使轧件横穿或蛇行乃至张力拉偏造成断带等问题；凸度过小又有可能限制轧机负荷能力的充分发挥，即为了防止边浪而不能施加较大的压力。当然在采用液压弯辊装置的现代化板带轧机上，原始辊型凸度的选择可以大为简化，但由于弯辊装置的能力也有一定的限制，因而还需要有一定的原始辊型与之配合工作。选择合适的辊型凸度可在液压弯辊的能力范围内有效地消除板形缺陷。

按经验确定原始辊型凸度的方法，一般都是先参照已有的同类或相似轧机的经验数据预选一个凸度值，再根据试轧效果逐次加以修订。至于理论计算，则多是参考性的。计算结果的参考价值决定于公式的正确性和原始参数的可靠程度。表 12-3 及表 12-4 分别为可逆式四辊冷轧机及宽带钢热连轧机的原始辊型凸度配置实例。它们的共同特点是随着支撑辊的逐渐磨损，工作辊凸度也逐渐增加。不同之处在于连轧时，每一机架的支撑辊磨损速度都不一样，所以每一机架工作辊凸度的递增速度也有所不同。

表 12-3　1200 单机可逆式四辊冷轧机辊型配置实例

品　　种		工作辊凸度值/mm	备　　注
$B=1020mm$	T8A	0.07 ~ 0.10	
$B=1020mm$	硅钢板	0.07 ~ 0.13	
$B=800mm$	硅钢板	0.28 ~ 0.32	支撑辊前期用小值，后期用大值，
$B=760mm$	镀锡板	0.25 ~ 0.28	上工作辊有凸度，下工作辊凸度为零
$B=820 ~ 870mm$	普通板	0.15 ~ 0.18	
$B=1020mm$	普通板	0.05 ~ 0.10	

表 12-4　宽带钢 1700mm 精轧机组的辊型配置实例

工作辊周期	机　　架　　号					
	3	4	5	6	7	8
	工作辊凸度/mm					
1	0.00	0.00	0.00	0.00	0.00	0.00
2	0.05	0.00	0.00	0.00	0.00	0.00
3	0.05	0.05	0.00	0.00	0.00	0.00
4	0.05	0.05	0.05	0.00	0.00	0.00
5	0.05	0.05	0.05	0.05	0.00	0.00
6	0.05	0.05	0.05	0.05	0.05	0.00
7	0.05	0.05	0.05	0.05	0.05	0.05
8	0.08	0.05	0.05	0.05	0.05	0.05
9	0.08	0.05	0.05	0.05	0.05	0.05

12.2.4　辊型及板形控制技术

实际生产中由于产品规格和轧制条件的不断变化，且辊型又不断磨损，想用一种原始辊型去满足各种轧制情况的需要是根本不可能的。这就需要在轧制过程中根据不同的情况不断地对辊型和板形进行灵活调整和控制。控制辊型的目的就是控制板形，故辊型控制技术实际上就是板形控制技术，但后者还包含板形检测以及许多提高板形质量的新技术和新轧机。这方面的技术近年来发展很快，可以分为辊型控制技术和板形控制的新技术和新轧机两类。

12.2.4.1　辊型控制技术

常用辊型控制技术主要有调温控制法和弯辊控制法等。调温控制法是人为地向轧辊某些部分进行冷却或供热，改变辊温的分布，以达到控制辊型的目的。热源一般就是依靠金属本身的热量和变形热，这是不好控制的。灵活控制手段是调节轧辊冷却水的供量和分布，通过对沿辊身长度上布置的冷却液流量进行分段控制，可以达到调整辊型的目的，但是这种传统的方法虽然有效，却难以满足调整辊型的快速性要求。由于轧辊本身热容量大，升温和降温都需较长的过渡时间，而急冷急热又极易损坏轧辊。从开始调整辊温至调至完全见效，要经过较长的时间，在这段时间里所轧产品实际是次品或不合格品，对于现代高速板带轧机来说，这种调整方法过于缓慢。近年采用提高冷却效率的分段冷却控制，做为弯辊控制或其他控制板形方法的辅助手段还是很有效的。

弯辊控制法是通过控制轧辊在轧制过程中的弹性变形，及时有效地控制板材平直度和横向厚度差，是一种反应迅速的辊缝调整方法。液压弯辊技术就是利用液压缸施加压力使工作辊或支撑辊产生附加弯曲，以补偿由于轧制压力和轧辊温度等工艺因素的变化而产生的辊缝形状的变化，保证生产出高精度的产品。

液压弯辊技术一般分为以下两种：

（1）弯曲工作辊的方法。此法适用于 $L/D<3.5$ 的情况，如图 12-10 所示，分为两种方式：1）弯辊力加在两工作辊瓦座之间，除工作辊平衡油缸以外，尚配有专门提供弯辊力的液压缸，使上下工作辊轴承座受到与轧制压力方向相同的弯辊力 N_1，减少轧制时工作辊的挠度，这称为正弯辊；2）弯辊力加在两工作辊与支撑辊的瓦座之间，使工作辊轴承

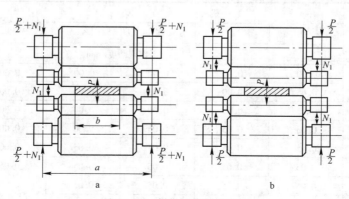

图 12-10　弯曲工作辊的方法

a—减小工作辊的挠度；b—增加工作辊的挠度

座受到一个与轧制压力方向相反的作用力 N_1，增大轧制时工作辊的挠度，这称为负弯辊。热轧和冷轧薄板轧机多采用弯工作辊的方法。实际生产中由于换辊频繁，用1）方式装置需要经常拆装高压管路，影响油路密封，而且浪费时间。故更倾向于采用2）法。或者将油缸置于与窗口牌坊相联的凸台上来避免经常拆装油管。比较理想的是两者并用，即选用工作辊综合弯辊系统，可以使辊型在更广泛的范围内调整，甚至用一种原始辊型就可以满足不同品种和不同轧制制度的要求。

（2）弯曲支撑辊的方法。这种方法是弯辊力加在两支撑辊之间。故须延长支撑辊的辊头，在延长辊端上装有液压缸（图12-11），使上下支撑辊两端承受一个弯辊力 N_2。此力使支撑辊挠度减小，即起正弯辊的作用。此法多用于厚板轧机，比弯工作辊能提供一个较大的挠度补偿范围，且由于弯支撑辊时的弯辊挠度曲线与轧辊受轧制压力产生的挠度曲线基本相符合，故比弯工作辊更有效，对于工作辊辊身较长（$L/D \geq 4$）的宽板轧机，一般以弯支撑辊为宜。

液压弯辊所用的弯辊力一般在最大轧制压力的 10% ~20% 范围内变化。液压缸的最大油压一般为 20~30MPa，近年还制成能力更大的液压弯辊系统。

12.2.4.2 板形控制技术

为了及时而有效地控制平直度和横向厚差，需要采用反应迅速的辊缝调节手段。液压弯辊控制虽是一种无滞后的辊型与板形控制的有力手段，但它受到液压油最大压力的限制，而且轧制薄规格的产品时作用不大，有时还会影响所轧出板带的实际厚度。所以，为了更有效地控制板形，出现了各种新技术和新轧机，主要有以下几种：

（1）HC 轧机。HC 轧机是指高性能板形控制轧机，日本用于生产的 HC 轧机是在支撑辊和工作辊间加入中间辊并使之作横向移动的六辊轧机；另一种是在支撑辊背后撑以强大的支撑梁而使支撑辊作横向移动的新四辊轧机，如图12-12 所示。

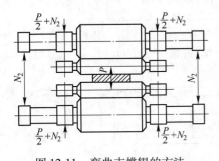

图 12-11　弯曲支撑辊的方法

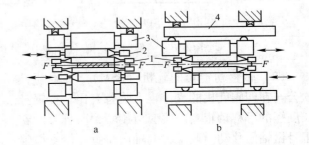

图 12-12　HC 轧机

a—六辊式（中间辊移动式）；b—支撑辊移动式

1—工作辊；2—中间移动辊；3—支撑辊；4—支撑梁

HC 轧机的主要特点为：

1）具有大的刚度稳定性。因为它可以通过调整中间辊的移动量来改变轧机的横向刚性，以控制工作辊的凸度，此移动量以中间辊端部与带钢边部的距离 δ 表示，当 δ 大小合适，即当中间辊的位置适当，在所谓 NCP 点（non control point）时，工作辊的挠度即可不受轧制力变化的影响，此时轧机的横向刚性可调至无限大。所以，当轧制力增大时，引起的钢板横向厚度差很小。

2）具有很好的控制性。较小的弯辊力可使钢板的横向厚度差发生显著变化；HC 轧机的液压弯辊装置可使中间辊轴向移动，加大了控制板宽的范围。

3）显著提高带钢的平直度，减少板带钢边部变薄及裂边部分的宽度，减少切边损失。

4）压下量不受板形限制可适当提高。由于 HC 轧机的刚度稳定性和控制性都较一般四辊轧机好得多，因而能高效率地控制板形，自 1972 年以后得到了较快的发展。

理论与实践表明：工作辊的挠曲一般大于支撑辊的挠曲达数倍之多。其原因一方面是由于工作辊与支撑辊之间以及工作辊与被轧板带之间的不均匀接触变形，使工作辊产生附加弯曲；另一方面则由于轧辊之间的接触长度大于板宽，因而位于板宽之外的辊间接触段，即图 12-13a 中指出的有害接触部分使工作辊受到悬臂弯曲力而产生附加挠曲。而 HC 轧机消除了辊间的有害接触部分而使工作辊挠曲得以大大减轻或消除，见图12-13b，同时也使液压弯辊装置能有效地发挥控制板形的作用，这正是 HC 轧机技术中心之所在。

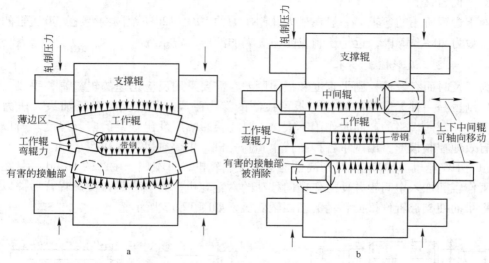

图 12-13　一般四辊轧机（a）和 HC 轧机（b）轧辊变形情况比较

（2）带移动辊套的轧机（SSM）。日本新日铁公司在四辊轧机的支撑辊上装备有比轧辊辊身长度短的可移动辊套。辊套可旋转，而且可沿着辊身做轴向移动。调整辊套轴向位置，使支撑辊支撑在工作辊上的长度约等于带钢宽度，见图12-14，其原理与 HC 轧机相似。

（3）大凸度支撑辊轧制法。日本君津厂自 1979 年在热连轧机 $F_4 \sim F_7$ 支撑辊辊身中部采用大的凸度曲线，增大了控制范围，曲线由 5 种并成 2 种，效果良好，仅 F_7 一架即可使凸度变化 0.035mm（图 12-15）。

（4）支撑辊的凸度可变（VC 辊）技术。VC

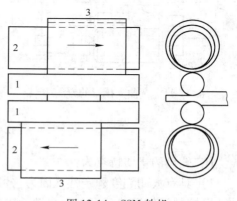

图 12-14　SSM 轧机
1—工作辊；2—支撑辊；3—辊套

辊采用液压胀形技术。支撑辊带有辊套，内有油槽，用高压油来控制辊套鼓凸的大小以调整辊型。此支撑辊具有较宽范围的板形控制能力，在最大油压 49MPa 时，VC 辊膨胀量为 0.261mm，轧辊构造如图 12-16 所示。

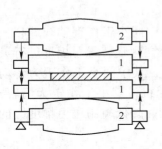

图 12-15 NBCM 轧制
1—工作辊；2—支撑辊

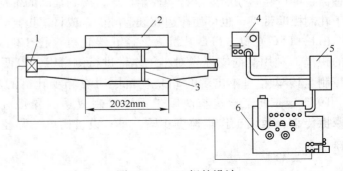

图 12-16 VC 辊的设计
1—回转接头；2—辊套；3—油沟；4—操作盘；5—控制盘；6—油泵

（5）连续变凸度（CVC）的技术。CVC 轧机由德国西马克公司开发，如图 12-17 所示，辊型呈 S 形，工作辊横移时，可连续变化辊缝凸度，调整控制板形能力很强。

（6）辊缝控制（NIPCO）技术。Nip Control 技术是瑞士苏黎世 S-ES 公司开发的，特点是四辊轧机的支撑辊轴身是固定的，辊套是旋转的，其液压轴承安装在液压缸上，控制液压缸的压力可连续调整辊缝形状，有较强的控制板形能力。

（7）双轴承座弯辊（DCB）技术。将工作轴承座分割成内侧和外侧两个轴承座，各自施加弯辊力。这样提高了轴承的强度，增大了弯辊效果及控制凸度的能力，同时也便于现有轧机改造。

（8）对辊交叉轧制技术（pair cross roll）。日本新日铁公司于 1984 年投产的 1840mm 热带连轧机的精轧机组上首次采用工

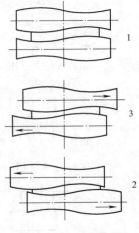

图 12-17 CVC 轧机

作辊交叉的轧制技术，通过调整轧辊交叉角度可实现对凸度的控制。PC 轧机工作辊不会产生强制挠度，故不需要工作辊磨出原始辊型曲线；工作辊与支撑辊间也不会产生边部挠度的过量接触应力，具有最大凸度控制能力；配合液压弯辊可实现大压下轧制，不受板形限制。

（9）用辊心差别加热法控制辊型。德国赫施 Hoesch 钢厂为了补偿轧辊的磨损，采用在支撑辊辊心钻孔，插入电热元件，分三段进行区别加热的方法来修正辊凸度，取得很好的效果。

（10）泰勒轧机。1971 年美国出现的一种所谓泰勒轧机（图 12-18），用以冷轧薄板带，其平坦度可达到拉伸矫直后的程度。这种轧机有六辊式和五辊式两种，小工作辊为游动辊，靠上下轧辊摩擦带动。由于在一定变形程度下所需的轧制转矩一定，如果上传动辊提供的转矩多点，则下传动辊就可提供少点。因小工作辊直径一定，故力矩的分配就变为两传动辊对小工作辊水平摩擦力 F_1 和 F_2 的分配（图 12-18c）。若 $F_1 > F_2$，则小工作辊受水平力（$F_1 - F_2$）的作用而向入口侧旁弯；反之若 $F_1 < F_2$，则向出口侧旁弯；若负荷均匀分配，

则 $F_1 = F_2$，小辊无旁弯产生。因此，可以通过合理地分配及控制上下传动辊的马达电流控制转矩，来控制分配 F_1 和 F_2 的大小，以达到控制小辊旁弯的目的。利用测定小辊旁弯的传感器，即可随时按照要求自动控制板形，得到很高的带钢平坦度及厚度精度。泰勒轧机适于轧制极薄带钢，也可使薄边及裂边减少，成材率提高。

（11）FFC 轧机。FFC 轧机为异径五辊轧机（图 12-19），中间小工作辊轴线偏移一定的距离，利用侧向支撑辊对小工作辊进行侧弯辊，以便配合立弯辊装置对板形进行灵活控制。1982 年日本出现的 FFC 轧机同时有异步轧机的功能，其中间小工作辊为传动辊。1983 年东北工学院与沈阳带钢厂研制成功的异径五辊轧机，其小工作辊为惰辊，靠摩擦传动，故两工作辊速度相同，具有设备简单、异径比大、降低轧制压力幅度大的特点。

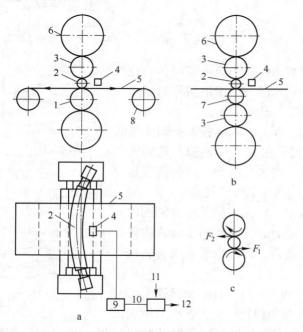

图 12-18　泰勒轧机
a—五辊式；b—六辊式；c—水平力的分配
1—传动的大直径工作辊；2—非传动小直径工作辊；3—中间传动辊；
4—小辊弯曲传感器；5—带钢；6—支撑辊；7—非传动大直径工作辊；
8—卷取机；9—放大环节；10—测量间隙；11—给定间隙；12—转矩调整

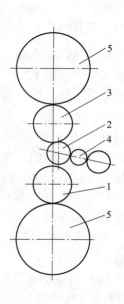

图 12-19　FFC 轧机示意图
1—大工作辊；2—小工作辊；
3—中间支撑辊；4—侧支撑辊；
5—支撑辊

（12）UC 轧机。UC 轧机是在 HC 轧机的基础上发展起来的，与 HC 轧机相比辊系结构相似，除中间辊横移、工作辊弯曲外，又增加了中间辊弯曲及工作辊直径小辊径化。为防止小直径工作辊侧向弯曲，附加侧支撑机构（见图 12-20）。由于 UC 轧机具有两个弯辊系统，一个横移机构，故控制板形能力很强，适宜轧制硬质合金薄带。

（13）Z 型轧机。Z 型轧机是在普通四辊或六辊轧机基础上吸收多辊轧机小辊径化技术而开发出来的一种新型轧机，见图 12-21。该轧机中间辊装有液压弯辊装置，同时可横移，工作辊两侧设有支撑机构，故 Z 型轧机控制板形能力很强，适宜冷轧薄带钢。

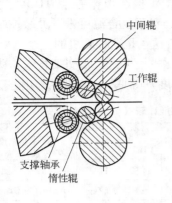

图 12-20　UC 轧机侧支撑机构

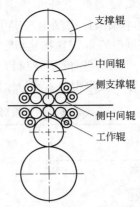

图 12-21　Z 型轧机的辊系配置

（14）自动补偿支撑辊系统。由德国联合工程公司和国际轧机咨询公司联合开发，并获得专利。自动补偿（SC）辊的原理比较简单，目的是补偿由加载造成的支撑辊的挠度。其支撑辊是由冷缩套在辊轴中间部位上的一个辊套装配而成的，见图 12-22。在冷缩配合区外及辊轴和辊套间有一向轧辊两端逐渐增大的缝隙。当轧辊承受负载时，这一缝隙部分闭合，因而辊套的总挠度接近于辊轴的

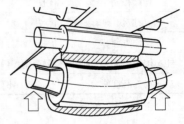

图 12-22　自动补偿支撑辊

挠度。由于挠度是在相反的方向上，因而在支撑辊和工作辊之间接触面的挠度将大大降低。当在工作辊轴承座间施加正轧辊挠度时，由于工作辊端头的灵活性，工作辊上可产生较大的挠度。因此，增强了弯辊系统的能力。

（15）DSR 动态变形辊技术。20 世纪 90 年代由法国 VAI Clecim 公司在瑞士苏黎世 S-ES 公司 NIPCO 技术基础上推出的 DSR 动态板形辊，采用的是液压胀形技术，可对板形进行高精度在线控制。这种板形控制装置由静止辊芯、旋转辊套、7 个柱塞式液压缸、推力垫及电液伺服阀等部分组成。DSR 动态板形辊多用于四辊轧机的支撑辊，可成对使用，也可单独使用。其工作原理是通过 7 个在芯轴上内嵌、可单独调控的负荷液压缸滑块将压力传递到旋转的辊套上，沿整个带宽经旋转辊套给板带分布相应的轧制力，可实现对辊套形状的动态调节，实现高精度的板形（平直度）控制，可消除对称性和非对称性的板形缺陷。

DSR 辊和上述 NIPCO 与 VC 辊是液压胀形技术的代表性技术。在我国，DSR 技术率先在上海宝钢 2030mm 冷轧机上得到应用，中国铝业河南分公司郑州冷轧厂 2300mm 冷轧机也采用了该技术。

此外，轧机上采用冷却剂控制板形的技术也有新的发展，轧机上配备有数控的多段冷却剂集管，靠计算机进行板形控制。英国戴维斯公司还利用一种横流感应加热器对轧辊进行可调的局部加热，以改变轧辊凸度，控制板形。在冷轧带材时，近来出现的各种张力分布控制法来控制板形是一种新的技术，其原理是利用张力的横向分布来影响轧制压力的横向（板宽方向）分布，影响轧辊弹性形变（压扁）的分布和金属的横向流动，从而影响金属纵向延伸的分布，以达到控制板形的目的。为此在轧机入口设置张力分布控制辊

（TDC），出口设置张力分布检测辊（TDM），通过 TDM 检测值来控制 TDC。此技术于 1979 年在日本福山厂得到生产应用，取得较好的效果，对于复合波可进行灵敏控制，并且将检测与控制手段都安置在轧机之外，与轧机无干扰，这也是这种轧机的一个重要特点。

表 12-5 所示为各种板形控制方法的控制特性性能比较。可见对辊交叉技术、移辊技术（HC、CVC 等）及弯辊技术和分段冷却方法（控制热凸度）等是行之有效的常用方法。

表 12-5　各种板形控制方法的控制特性性能比较（分段冷却）

控制特性	弯辊	阶梯辊	倒角支撑辊	大凸度支撑辊	双轴承座	移辊（HC）	交叉辊	张力分布	热凸度	（CVC）
中边部质量	不好				较好	优良	优良			优良
形状修正能力	不好					较好	较好	不好		优良
板宽适应性		不好	不好			较好	优良			优良
连续控制	优良					优良	优良	优良	较好	优良
反应快	优良					较好	优良		不好	优良
操作方便	优良	优良	优良	优良	优良	较好	较好		较好	较好
与 AGC 相互影响小	不好					不好	优良		优良	优良
消除局部凸度能力	不好	不好	不好	不好	不好	不好	不好	不好	优良	不好

注：空白处表示性能一般。

12.2.4.3　板形自动控制系统

板形控制是一项综合技术和系统工程，生产中必须通过先进的控制手段与工艺设计参数的合理匹配，才能得到理想的板形。现代化轧机常采用板形自动闭环控制系统形式，一般由板形检测装置、控制器和板形调节（控制）装置三部分组成。现以某厂 2030mm 五机架冷连轧机的闭环控制系统为例加以叙述。该冷轧机在 1～4 架的板形控制为手动调节，各机架都设有弯辊和乳化液流量分段控制装置，在成品机架上设置有板形自动控制系统，见图 12-23。工作时首先由板形测量辊进行在线实际检测。该测量辊由 36 个圆环组成，每个圆环测量段宽度为 52mm，每个圆环芯轴凹槽内装有 4 个互为 90°的磁弹力传感器。在轧制时带钢与测量辊相接触，由于带钢处于张紧状态，因而测量辊受到带钢张力作用在转动时产生激磁而发出电磁信号，信号的强弱反映了带钢压紧辊面的张力大小。电磁信号经信号处理装置处理，得出各段的应力和应力偏差值。各段应力偏差值组合即反映了带钢在宽度方向上应力分布的状况，由此反应带钢宽度方向的变形均匀程度。将此带钢应力偏差值传送给板形监视器显示和板形控制计算机进行计算。计算机根据主操作台给出的设定板形曲线算出板形设定值与检测的带钢实际值进行比较得到偏差值。

由计算机通过数学模型和数学方法将偏差值回归成一个 4 次多项式，即

$$Y = A_0 + A_1X + A_2X^2 + A_3X^3 + A_4X^4 \tag{12-22}$$

式中　　　　　　　A_0——常数项，由计算确定；

A_1X，A_2X^2，A_3X^3，A_4X^4——依次对应一次、二次、三次、四次板形缺陷的偏差调节分量。

由此分解出对应于不同次方板形缺陷的偏差调节分量，输送给各调节回路，执行相应的调节手段，以达到调节轧机有载辊缝形状的目的。

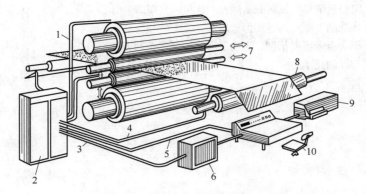

图 12-23　板形自动控制系统组成

1，3—控制指令；2—信号处理器；4—输出信号；5—轧制参数；6—平直度显示装置；
7—CVC 控制；8—测量辊；9—记录器；10—操作台

　　该系统配置有以下调节手段：（1）轧辊倾斜调节，用来消除非对称带钢断面形状引起的板形缺陷，如楔形断面和单边浪；（2）弯辊调节，用来消除对称带钢断面引起的板形缺陷，如中间浪、两边浪；（3）CVC 调节，为了扩大对称板形缺陷的调节能力，通过上、下 CVC 轧辊的等量轴向移动，等效地使轧辊进行连续变化，从而达到无极调节轧辊凸度的效果，共同对二次板形缺陷进行联合调节；（4）轧辊分段冷却控制，分段冷却控制主要是针对无法通过轧辊倾斜、弯辊或横移控制或消除的其他复杂的板形缺陷，如复合浪、二肋浪的控制。

　　生产表明，该冷连轧机由于采用了一系列板形检测和板形控制手段，并与优化的板形控制模型相结合，使板形质量明显提高，使带钢平直度达到 $20I$ 左右，收到了很好的实际效果。

思　考　题

12-1　指出图 12-24 的名称，说明此图的含义及 A、B、C 直线各代表什么？

12-2　影响辊缝形状的因素有哪些？

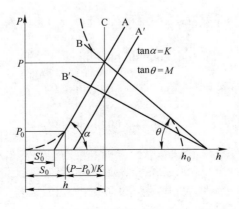

图 12-24　题 12-1 图示

12-3　为什么说 P-h 图是板带厚度控制的基础？

12-4　何为板形，板形缺陷有哪几种，如何造成？

12-5　实际生产中为提高板带厚度精度，采用了哪几种厚度控制方法？

12-6　例举辊型及板形控制技术。

13　板带材轧制制度的确定

+·+

[本章导读]

　　本章主要讲述板带钢轧制制度的制定，主要包括压下规程和辊型制度。

+·+

　　板带材轧制制度主要包括压下制度、速度制度、温度制度、张力制度及辊型制度等，其中主要是压下制度和辊型制度，它们决定着实际辊缝的大小和形状，也可以说由它们实际组成板带钢的孔型，而板带钢轧制制度或规程的设计也可称之为板带钢孔型设计。制定时根据产品技术要求、原料条件及生产设备的情况，运用数学公式（模型）或图表进行计算，决定各道的实际压下量、空载辊缝、轧制速度等，并根据产品特点确定轧制温度及辊型制度。

13.1　制定轧制制度的原则和要求

　　合理的轧制规程设计要求充分发挥设备潜力、提高质量及保证质量，并且操作方便、设备安全。制定原则和要求如下。

13.1.1　设备能力允许条件下尽量提高产量

　　充分发挥设备潜力以提高产量的途径有提高压下量、缩减轧制道次、确定合理速度规程、缩短轧制周期、减少换辊时间、提高作业率及合理选择原料、增加坯重等。对可逆式轧机而言主要是提高压下量以缩减道次；而对连轧机则主要是合理分配压下并提高轧制速度。无论是提高压下量或提高速度，都涉及轧制压力、轧制力矩和电机功率。这就要求在保证设备安全和操作方便的前提下，尽可能充分发挥设备的潜力来提高产量。而限制压下量和速度提高的主要因素有：

　　（1）咬入条件。粗轧阶段及连轧机组的前几架由于轧件厚、温度高、速度低、轧制压下量大，此时咬入条件是限制压下量的主要因素，而咬入与轧机形式、轧制速度、轧辊材质及表面状态、钢板温度、钢种特性及轧制润滑情况等有关。一般特点是速度高，咬入能力变低。最大咬入角与轧制速度的关系为：

轧制速度/m·s⁻¹	0	0.5	1.0	1.5	2.0	2.5	3.5
最大咬入角/(°)	25	23	22.5	22	21	17	11

　　由于在可逆式轧机上轧制速度可调，故可采用低速咬入，使允许最大咬入角 α_{max} 增大。已知 α_{max}，便可由下式求出最大压下量 Δh_{max}。

$$\Delta h_{max} = D(1 - \cos\alpha_{max}) = D\left(1 - \frac{1}{\sqrt{1 + f^2}}\right) \tag{13-1}$$

冷轧时也可用简化公式

$$\Delta h_{max} = Rf^2 \tag{13-2}$$

式中　D，R——轧辊的直径和半径；

　　　　f——摩擦系数。

通常在现代的热轧四辊轧机上，咬入条件不是限制压下量的因素。但当轧辊直径小、速度高时，或在采用单辊传动时，咬入能力显著降低，此时便须考虑咬入条件的限制。此外，三辊劳特轧机的咬入条件也较差，常成为限制因素。劳特轧机对于中辊的 α_{max} 一般为 $16° \sim 19°$。

（2）轧辊及接轴叉头等的强度条件。最大允许轧制压力和最大允许轧制力矩一般取决于轧辊等零件的强度条件。通常在二辊和三辊轧机上最大轧制压力取决于轧辊辊身强度，此时轧辊许用弯曲应力计算的允许最大轧制压力（P_{yx}）一般按下式确定：

$$P_{yx} = \frac{0.4D^3R_b}{L + l - 0.5B} \tag{13-3}$$

式中　D，L，l——轧辊直径、辊身长度及辊颈长度，mm；

　　　　B——所轧钢板宽度，mm；

　　　　R_b——轧辊许用弯曲应力，Pa，R_b 可如下选取：

轧辊材质	一般铸铁	合金铸铁	铸钢	锻钢	合金锻钢
R_b/Pa	$(7 \sim 8) \times 10^7$	$(8 \sim 9) \times 10^7$	$(10 \sim 12) \times 10^7$	$(12 \sim 14) \times 10^7$	$(14 \sim 16) \times 10^7$

现代四辊轧机上，由于支撑辊辊身强度很大，P_{yx} 还往往取决于支撑辊辊颈的弯曲强度和轴承寿命。按支撑辊颈强度计算 P_{yx} 可取为：

$$P_{yx} = 0.4R_b d^3 / l \tag{13-4}$$

式中　d，l——轧辊辊颈直径与长度，mm。

最大允许轧制力矩 M_{yx} 除取决于电机额定力矩之外，从机械设备角度则通常取决于传动辊的辊颈强度及万向接轴的扁头与叉头强度。按传动辊辊颈许用扭转应力计算的最大允许轧制压力 P_{yx} 为

$$P_{yx} = 0.4d^3[\tau] / \sqrt{R\Delta h} \tag{13-5}$$

式中　d——传动辊辊颈直径，一般即工作辊辊颈直径，mm；

　　　　$[\tau]$——许用扭转应力，取 $[\tau] = 0.5 \sim 0.6R_b$。

由于现代四辊轧机附加摩擦力矩很小，为简便起见可忽略不计，则从辊颈强度出发近似可得最大允许轧制力矩 M_{yx} 为

$$M_{yx} \approx P_{yx}\sqrt{R\Delta h} = 0.4d^3[\tau] \tag{13-6}$$

由此可见，Δh 愈大，则轧制力矩愈大，故在压下量大的粗轧道次一般应考虑最大允许轧制力矩的限制因素。

（3）电机能力的限制。包括电机过载和发热能力的限制。一般常以过载电流来限制最大压下量和加速度等动态电流，令过载的最大功率 N_{max} 小于过载系数与额定功率 N_{od} 的乘积。通常用均方根电流校验电机的发热情况，要使均方根功率 N_z 小于电机额定功率 N_{od}，即

$$N_{\max} < K_1 N_{od} \tag{13-7}$$

$$N_z = \sqrt{\frac{N_{zh}^2 t_{zh} + N_k^2 t_j}{t_{zh} + t_j}} \leqslant N_{od} \tag{13-8}$$

式中 N_{zh}，N_k——轧制功率及空转功率；

　　　　t_{zh}，t_j——轧制时间和间隙时间；

　　　　K_1——过载系数，通常可取 $K_1 = 2.5$。

由此可见，当电机发热过负载时，应通过增加道次和时间来解决，而非重新分配各道压下量。功率负荷主要取决于轧制力矩和轧制速度，故在确定压下量时，须综合考虑转矩与转速的乘积值。

此外，还应根据各种轧机的具体情况考虑其他限制因素，例如在连轧机组上还须注意各架轧制速度不能超出其允许速度范围，并应使速度留有 5% ～10% 的余地，以供速度调整及适应轧制条件（如辊径）变化之用。

13.1.2 保证操作稳便的条件下提高质量

13.1.2.1 保证操作稳便的钢板轧制定心条件

当轧辊辊身为圆柱形，即其辊型凸度为 ±0 时，若钢板由轧制中心线偏移 a 的距离，由图 13-1 可见，则轧辊两端轴承上所受的力就不再相等，于是两边牌坊及零件的弹性变形即弹跳也就不再相等，从而使两个轧辊轴线不再平行，使上辊产生了倾斜。这样当然要使钢板两边的压下率不相等，使轧出的钢板两边厚度不相等。

由图 13-1 可以求出由于钢板偏移 a 的距离而引起的钢板一侧较中部变厚值 Δ_1 为

$$\Delta_1 = \frac{4P}{A^2 K}\left(a^2 + \frac{B}{2}a\right) \tag{13-9}$$

式中 P——轧制压力，kN；

　　B，a——钢板宽度及钢板由轧制中心线偏移的距离，mm；

　　　　A——两压下螺丝轴线之间的距离，mm；

　　　　K——轧机刚度（不包括轧辊刚度），kN/mm。

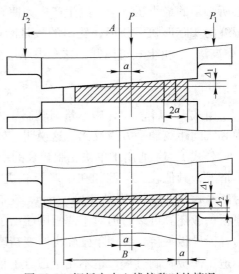

图 13-1 钢板由中心线偏移时的情况

由轧制原理可知，压下率增大，将使金属出辊速度增加而入辊速度减小。那么钢板压下较大的一边出辊速度较大而进辊速度较小，使带钢形成镰刀弯，向着压下较小的那边继续偏移。故，即便在平直辊缝中轧制，钢板也会偶然偏移产生轧辊倾斜，并在轧制中具有自动扩大的趋势，使轧件难以稳定，易产生跑偏甚至刮框等事故，破坏轧制过程的正常进行。

为了轧制时能使轧件不产生偏移或使其向缩小的方向发展，或略有偏移时具有自动定心的力量，就必须使辊缝的形状亦即钢板断面的形状呈凸透镜形状，那么实际辊面形状就应呈凹形，那么多大的凹度才合适？为解决此问题，假定两个轧辊的凹度全并到一个轧辊上而使另一轧辊呈圆柱形。如图 13-1 所示，钢板在凹形轧辊内横向移动一个 a 的距离，将使钢板在偏移那一边的压下率增加，亦即使其厚度减小，而另一边则相反。这个作用正好与上述由于偏移引起轧辊倾斜，而使钢板那一边的压下率减小、厚度增大的作用完全相反。这两种作用的影响正好能够互相抵消，或者前者比后者大，才能使钢板具有自动定心的力量。设实际轧制中辊形呈抛物线，则在轧件宽度中心处的辊型凹度 t 为

$$t = y - y_t - w \tag{13-10}$$

式中　y, y_t, w——分别为工作辊在轧件宽度上的弯曲挠度值、热凸度值及原始辊型凸度值。

因此在 $B+2a$ 处钢板边部的厚度比在 B 处的厚度减小 Δ_2 值，即

$$\Delta_2 = (y - y_t - w)\left[\left(\frac{B + 2a}{B}\right)^2 - 1\right] \tag{13-11}$$

式中　Δ_2——由于轧制辊面呈抛物线凹形而使偏移侧边部变薄的值。

若令两种作用抵消，则

$$\Delta_1 - \Delta_2 = 0 \tag{13-12}$$

令 $a=0$，即偏移的距离极小时，经变化即可得出使轧件能自动定心所必需的最小原始辊型凸度值：

$$\frac{4Pa(a + B/2)}{A^2 K} = (y - y_t - w)\left[\left(\frac{B + 2a}{B}\right)^2 - 1\right] \tag{13-13}$$

产生此挠度所必须的最小轧制压力便可求出，再由此轧制压力便可确定出轧件自动定心所必须的最小压下量。故生产中为使轧件自动定心，防止跑偏以保证操作稳定，必须使辊缝的实际形状呈凸形，轧出的板带断面中部要比边部略厚一些，即所谓"中厚法"或"中高法"。由上式可以知，这个中厚量至少应该为（ΔH）

$$\Delta H \geqslant \frac{PB^2}{KA^2} = \frac{4Pa}{A^2 K}\left(a + \frac{B}{2}\right) \tag{13-14}$$

由式 13-14 看出，中厚量与轧制压力及钢板宽度成正比，而与机架的刚度及压下螺丝中心线间距离的平方成反比。这说明，轧机的刚度对钢板的厚度精度有重要影响。

公式 13-14 适用于单块轧制较长的中厚板，前后不带张力，且无导板夹持的自由轧制的情况，其值较大。例如在中厚板轧机上轧制宽 2100mm 的钢板，若压下螺丝间距 A 为 3475mm，轧机刚度 K 为 1200t/mm，轧制压力 P 为 1500t 时，中厚量等于 0.46mm。这在厚板一般还算可以，但对于薄板则超出了厚度公差范围，是不能允许的。因此，若不带张力且无导板夹持，要想单张轧出厚度精确的较长薄板就十分困难。可见上式中厚量的计算不适于薄板轧制过程，也不完全适合于较短轧件单块轧制的情况。

13.1.2.2　提高板形及尺寸精度质量

精轧对于钢板性能、表面质量、板形及尺寸精度质量极为重要。为了保证板形质量及厚度精度，必须遵守均匀延伸或所谓"板凸度一定"的原则去确定各道次的压下量。按"板凸度一定"原则所确定的各道次的板凸量（即中厚量）绝对值是逐道减小的，而按式 13-14 确定的为保证自动定心所需要的中厚量必须等于或大于一定值（PB^2/KA^2），因此两者之间往往要出现矛盾，而且上述自动定心所需的中厚量公式并不适用于薄板。

此外，制订板带轧制规程时，还应注意保证板材组织性能和表面质量。例如有些钢种对终轧温度和压下量有一定要求，都须根据钢种特性和产品技术要求在设计轧制规程时考虑。

13.2　压下规程设计

13.2.1　概述

板带钢轧制压下规程是板带轧制制度最基本的核心内容，直接关系着轧机的产量和产品的质量。压下规程的中心内容就是要确定由板坯轧成要求成品厚度板带的变形制度，包括确定轧制方法、轧制道次及每道压下量的大小，在操作上就是要确定各道次压下螺丝的升降位置（即辊缝的开度值）；还有各道次的轧制速度、轧制温度及前后张力制度的确定及原料尺寸的合理选择。

制订压下规程的方法很多，一般有理论方法和经验方法两大类。理论方法首先要充分满足前述制定轧制规程的原则要求，然后按预设的条件通过理论（数学模型）计算或图表方法，以求最佳的轧制规程。但是，实际生产中由于变化的因素太多，特别是温度条件的变化很难预测和控制，故事先按理想条件经理论计算确定的压下规程在实际上往往并不可能实现，需要操作人员凭经验按照实际变化的具体情况随机应变地处理。只有在全面计算机控制的现代化轧机上，才有可能根据具体变化的情况，对压下规程进行在线理论计算和控制。

一般生产中往往参照现有类似轧机行之有效的实际压下规程，即根据经验资料进行压下分配及校核计算，这就是所谓经验的方法。这种方法虽然不十分科学，但可通过不断校核和修正而达到合理化。因此，这种方法在人工操作及现代计算机控制的轧机上都经常采用。例如，压下量或压下率分配法、能耗负荷分配法等。应该指出，按经验方法制订出来的压下规程，也和理论的规程一样，由于具体生产条件的变化，很难在实际操作中实现原定规程。

基于上述情况，生产中通常采用原则性与灵活性相结合的方法来处理压下规程问题。即：（1）根据原料、产品和设备条件，按前述制订轧制规程的原则和要求，采用理论或经验的方法制订出一个原则指导性的初步压下规程，或者只从保证设备安全出发，通过计算规定出最大压下率的限制范围，有了这个初步规程或限制范围，就基本上保持了原则性与合理性。

（2）以此规程或范围为基础，根据生产的实际情况来具体灵活掌握。在计算机控制的现代化轧机上，要根据具体情况，从理论原则和要求出发，进行合理轧制规程的在线计算和控制。这就更好地体现了原则性与灵活性的结合。

事实上，在计算机控制的情况下也不可能在生产中完全按照初设定的压下规程进行轧制，而必须根据随时变化的实测参数，对原压下规程进行再整定计算和自适应计算，及时加以修订，这样才能轧制出高精度质量的产品。

通常在板带生产中制订压下规程的方法和步骤为：（1）在咬入能力允许的条件下，按经验确定轧制方式、各道次压下量、各道次压下量分配率（$\Delta h / \sum \Delta h$）、确定各道次能耗负荷分配比等；（2）制订速度制度，计算轧制时间并确定逐道次轧制温度；（3）计算轧制压力、轧制力矩及总传动力矩；（4）校验轧辊等部件的强度和电机功率；（5）按前述制订轧制规程的原则和要求进行必要的修正和改进。

下面通过具体实例进一步阐述几种典型轧机常用的几种设计压下规程的方法。

13.2.2 中厚板轧机压下规程设计

现代中厚板轧机多为四辊可逆式轧机，因此下面主要讲述可逆式轧机轧制中厚板常用的压下规程设计方法，同样也适用于热连轧的粗轧机组及其他轧机。

例 已知原料规格为 115mm×1600mm×2200mm，钢种为 Q235，产品规格 8mm×2900mm×1750mm；开轧温度 1200℃；横轧时开轧温度 1120℃；轧机为单机架四辊可逆式，设有大立辊及高压水除鳞；工作辊直径为 $\phi930 \sim 980$mm，支撑辊直径为 $\phi1660 \sim 1800$mm，辊身长度 4200mm，最大允许轧制压力 $4200×10^4$N，扭转力矩 $2×224×10^4$N·m，轧制速度 $0 \sim 2 \sim 4$m/s，主电机功率 $2×4600$kW，试制订其压下规程（计算从横轧开始）。

解：

（1）轧制方法：先经立辊侧压一道及纵轧一道，使板坯长度等于钢板宽度，然后转 90°，横轧到底。

（2）采用按经验分配压下量再进行校核及修订的设计方法：先按经验分配各道压下量，设计压下规程见表 13-1。

（3）校核咬入能力：热轧钢板时咬入角一般为 15°～22°，低速咬入可取为 20°，故 $\Delta h_{max} = D(1 - \cos\alpha) = 55$mm，故咬入不成问题（$D$ 取 930mm）。

（4）确定速度制度：中厚板生产中由于轧件较长，为操作方便，可采用梯形速度图（图 13-2）。根据经验资料取平均加速度 $a = 40$r/(min·s)，平均减速度 $b = 60$r/(min·s)。由于咬入能力很富余，故可采用稳定高速咬入，对 3、4 道，咬入速度取 $n_1 = 20$r/min，对于 5、6、7 道取 $n_1 = 40$r/min，对于 8、9、10 道取 $n_1 = 60$r/min。为减少反转时间，一般采用较低的抛出速度 n_2，例如取 $n_2 = 20$ r/min，但对间隙时间长的个别道次可取 $n_2 = n_1$。

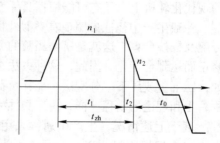

图 13-2 梯形速度图

（5）确定轧制延续时间：如图 13-2 所示，每道轧制延续时间 $t_j = t_{zh} + t_0$，其中 t_0 为间隙时间，t_{zh} 为纯轧时间，$t_{zh} = t_1 + t_2$。设 v_1 为 t_1 时间内的轧制速度，v_2 为 t_2 时间内的平均速度，l_1 及 l_2 为在 t_1 及 t_2 时间内轧过的轧件长度，l 为该道轧后轧件长度，则 $v_1 = \pi D n_1 / 60$，$v_2 = \pi D (n_1 + n_2)/120$，$t_2 = (n_1 - n_2)/b$，故减速段长 $l_2 = t_2 v_2$，而 $t_1 = (l - l_2)/v_1 = (l - t_2 v_2)/v_1$。$D$ 取平均值。

对于 3，4 道，取 $n_1 = 20 = n_2$（因轧件短），即 $t_2 = 0$，故 $t_{zh} = t_1 = l/v_1 = 2.17$s 及 3.1s。

对于 5、6、7 道，取 $n_1 = 40$，$n_2 = 20$；对 8、9、10 道取 $n_1 = 60$，$n_2 = 20$，分别算出结果。

再确定间隙时间 t_0：根据经验资料在四辊轧机上往返轧制中，不用推床定心时（$l < 3.5$m），取 $t_0 = 2.5$s，若需定心，则当 $l \leqslant 8$m 时取 $t_0 = 6$s，当 $l > 8$m 时，取 $t_0 = 4$s。

已知 t_{zh} 及 t_0，则轧制延续时间便可求出。

（6）轧制温度的确定：首先需求出逐道的温度降，可按辐射散热计算，认为对流和传导所散失的热量大致可与变形功所转化的热量相抵消。辐射散热所引起的温度降可按下式近似计算：

$$\Delta t = 12.9 \frac{z}{h} \left(\frac{T_1}{1000} \right)^4 \tag{13-15}$$

有时为简化计算，也可采用以下经验公式

$$\Delta t = \frac{t_1^0 - 400}{16} \times \frac{z}{h_1} \tag{13-16}$$

式中　t_1^0, h_1——分别为前一道轧制温度（℃）与轧出厚度，mm；

　　　　z——辐射时间，即该道的轧制延续时间 t_j，$z = t_j$；

　　　　T_1——前一道的绝对温度，K。

由于轧件头部和尾部温度降不同，为设备安全着想，确定各道温度降时，应以尾部为准。现按公式 13-15 计算逐道温度降。例如第三道（横轧第一道），已知横轧开轧温度为 1120℃，则第三道尾部温度为

$$t_3^{0'} = t_3^0 - \Delta t_3 = 1120 - 12.9 \frac{z}{h} \left(\frac{T_1}{1000} \right)^4 = 1120 - 12.9 \times \frac{2.17}{90} \left(\frac{1120 + 273}{1000} \right)^4 = 1119℃$$

（7）计算各道的变形程度：由加工原理可知，若按图 13-3 所示的变形抗力曲线查找变形抗力时，须先求出各道的压下率（$\Delta h / H \%$），例如第 3、4 道的压下率分别为 28% 及 30.5%（按已分配的各道压下量）。

（8）计算各道的平均变形速度 $\bar{\varepsilon}$：可用下式计算变形速度

$$\bar{\varepsilon} = 2v \sqrt{\Delta h / R} / (h + H) \tag{13-17}$$

式中　R, v——轧辊半径及线速度。

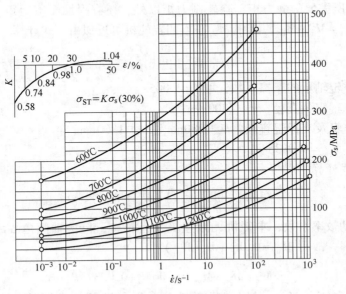

图 13-3　变形抗力曲线（Q235）

例如第三道，轧制速度 $v = \pi D n / 60 = \pi \times 980 \times 20 / 60 = 1000 \text{mm/s}$，故

$$\bar{\varepsilon} = \frac{2 \times 10^3}{90 + 65} \times \sqrt{\frac{25}{490}} \approx 3 \text{s}^{-1}$$

（9）求各道的变形抗力：按图 13-3，由各道相应的变形速度及轧制温度即可查找出 30% 压下率时钢的变形抗力，再经换算成该道实际压下率时的变形抗力。例如，第三道由 $\dot{\varepsilon} = 3\mathrm{s}^{-1}$ 及 $t = 1119℃$，查出 30% 压下率时的变形抗力为 $8.2 \times 10^7 \mathrm{Pa}$。再由图 13-3 左上角的辅助曲线查得该道压下率为 28% 时的变形程度修正系数 $K \approx 1$，故可求出该道变形抗力为 $8.2 \times 10^7 \mathrm{Pa}$。

（10）计算各道的平均单位压力（$\overline{P}$）：根据中厚板轧制的情况，按斋藤公式可取应力状态影响系数 $n'_\sigma = 0.785 + 0.25 l / \overline{h}$，其中 $\overline{h}$ 为变形区轧件平均厚度，l 为变形区长度，单位压力大（$> 20 \times 10^7 \mathrm{Pa}$）时应考虑轧辊弹性压扁的影响，由于轧制中厚板时 $\overline{P}$ 一般在此值以下，故可不计压扁影响，此时变形区长度 $l = \sqrt{R \Delta h}$，　例如第三道 $l = \sqrt{490 \times 25} = 111\mathrm{mm}$，
则

$$\overline{P}_3 = 1.15 \sigma_s n'_\sigma = 1.15 \sigma_s \left(0.785 + 0.25 \frac{l}{h} \right) = 1054 \times 10^5 \mathrm{Pa}$$

（11）计算各道总压力：各道总压力按下式计算

$$P = Bl\overline{P} = 2900 \times 111 \times 105.4 = 346 \times 10^5 \mathrm{N} \tag{13-18}$$

（12）计算传动力矩：轧制力矩按下式计算

$$M_z = 2P\varphi\sqrt{R_1 \Delta h} \tag{13-19}$$

式中　φ——合力作用点位置系数（或力臂系数），中厚板一般取 φ 为 $0.4 \sim 0.5$，粗轧道次取大值，随轧件变薄则取小值。

传动工作辊所需要的静力矩，除轧制力矩以外，还有附加摩擦力矩 M_m，它由以下两部分组成，即 $M_m = M_{m_1} + M_{m_2}$，其中 M_{m_1} 在本四辊轧机可近似由下式计算

$$M_{m_1} = Pfd_z\left(\frac{D_g}{D_z}\right) \tag{13-20}$$

式中　f——支撑辊轴承的摩擦系数，取 $f = 0.005$；
　　　d_z——支撑辊辊颈直径，$d_z = 1300\mathrm{mm}$；
D_g，D_z——工作辊及支撑辊直径，$D_g = 980\mathrm{mm}$，$D_z = 1800\mathrm{mm}$。
代入后，可求得 $M_{m_1} = 0.00354P$。

M_{m_2} 可由下式计算

$$M_{m_2} = \left(\frac{1}{\eta} - 1\right)(M_z + M_{m_1}) \tag{13-21}$$

式中　η——传动效率系数，本轧机无减速机及齿轮座，但接轴倾角 $\alpha \geqslant 3°$，故可取 $\eta = 0.94$，故得 $M_{m_2} = 0.06 (M_z + M_{m_1})$。

故

$$M_m = M_{m_1} + M_{m_2} = 0.06M_z + 0.00375P$$

轧机的空转力矩（M_k）根据实际资料可取为电机额定力矩的 3% ～ 6%，即 $M_k = (0.03 \sim 0.06) \dfrac{0.975 \times 2 \times 4600}{40} = (6.7 \sim 13.5) \times 10^4 \mathrm{N} \cdot \mathrm{m}$，取 $M_k = 10^5 \mathrm{N} \cdot \mathrm{m}$。

由于采用稳定速度咬入，即咬钢后并不加速，故计算传动力矩时忽略电机轴上的动力矩。因此电机轴上的总传动力矩为：

$$M = M_z + M_m + M_k = 1.06M_z + 0.00375P + M_k \tag{13-22}$$

例如，第三道（取 $\varphi = 0.5$）总力矩为：

$$M_3 = 1.06 \times 0.111 \times 3460 \times 10^4 + 0.00375 \times 3460 \times 10^4 + 10^5 = 43 \times 10^5 \text{N} \cdot \text{m}$$

其余各道计算结果列于表 13-1 中。根据中厚板轧制特点，粗轧阶段前期道次主要应校核咬入能力及最大扭转力矩的限制条件，而精轧阶段则主要应考虑板形尺寸及性能质量的限制，应使轧制压力逐道减小。由表 13-1 计算结果看来，此规程基本上可作实际压操作时的参考。

表 13-1　中厚板轧制压下规程涉及示例（产品规格 3mm×2900mm×1700mm）

道次	轧制方法	机架形式	轧件尺寸/mm			压下量		轧制速度/r·min⁻¹		轧制时间/s	间隙时间/s	轧制温度/℃	变形程度/%	变形速度/s	σ_{sp}/MPa	η系数	变形区长度/mm	总压力/MN	总力矩/MN·m
			h	b	l	Δh/mm	Δh/%	稳速	抛出										
0	除鳞	除鳞箱	115	1600	2220	—	—					1200							
1	轧边	立辊	115	1550	2260	50	3.1	20											
2	纵轧	四辊	90	1550	2900	25	21.7	20											
机后转90°开始横轧																			
3	横轧	四辊	65	2900	2150	25	28	20		2.15	2.5	1119	28	3	82	1.14	111	34.60	4.30
4	横轧	四辊	45	2900	3100	20	30.5	20		3.1	2.5	1115	30.5	3.7	88	1.23	99	35.70	3.99
5	横轧	四辊	33	2900	4230	12	27	40		3.1	6	1109	30	8.0	100	1.29	77	33.10	2.93
6	横轧	四辊	23	2900	6070	10	30	40	20	3.0	6	1098	30	10.2	110	1.41	70	36.20	2.92
7	横轧	四辊	16	2900	8724	7	30	40	20	4.3	4	1073	30	12.3	115	1.53	58	34.00	2.32
8	横轧	四辊	12	2900	11632	4	25	60	20	4.1	4	1048	25	19.4	130	1.57	44	30.00	1.61
9	横轧	四辊	9.5	2900	14693	2.5	21	60	20	5.1	4	1016	21	20	140	1.6	35	26.20	1.17
10	横轧	四辊	8	2900	17448	1.5	16	60	20	6.0		974	16	19.5	145	1.55	27	20.20	0.75

当采用计算机控制时，压下规程的设定也有经验方法和理论方法两种。前者即是按经验分配压下量或负荷率并进行校核计算及修正，其步骤方法与上述基本相似，只是最后还需计算出各道的空载辊缝，以便调定压下螺丝的位置。后者则是从制定规程的原则和要求出发，例如从力矩和板形的限制条件出发，计算出较合理的压下规程及各道次的空载辊缝。因为理论法比较复杂，只有在计算机控制的现代化轧机上，才有可能按理论方法进行轧制规程的在线计算和控制。近来国外对厚板轧制计算机控制技术及数学模型的研究发展很快。日本鹿岛及和歌山两制铁所的厚板厂研制了"板凸度一定"的压下规程计算方法及数学模型，其基本思想是精轧阶段前期按最大力矩限制条件进行设定计算，中间作过渡缓和处理；并且为了保证板形精度，采用由成品道次向上逆流计算各道次压下量的方式。

最近日本水岛制铁所厚板厂进一步发展了完全自动化的厚板生产系统，利用计算机控制可以将轧辊的热膨胀和磨损以及轧制过程中的板形凸度等组成控制模型，使板形及厚度达到更高的精度质量。计算压下规程时，在精轧的扳形控制阶段不一定要遵循"板凸度一定"的原则，而是尽量采用最大压下量，但是轧制压力仍然逐道减小，最终归结到成品板凸度所需要的压力（P_n）。这样在保证板凸度较小的基础上，使生产能力得到较大的提高。

13.2.3　热连轧板带钢轧制规程设定

13.2.3.1　确定连轧机压下规程的一般方法

带钢热连轧机的粗轧机组主要任务只是开坯压缩，将板坯轧成带坯，一般不采用连续轧制，故质量要求不高，而相对于轧件厚度和压下量来说，轧机弹跳影响也较少，故其轧制规程的设定计算基本上和前述中厚板类似。轧制压力的计算往往可以采用单位轧件宽度的轧制压力估算值（$(1.0 \sim 1.1) \times 10^4 \mathrm{MPa}$）乘以轧件宽度和钢种修正系数的简单办法大致求出即可。因此，本节只着重讲述连轧机组轧制规程设定的一部分主要问题。

连轧机组轧制规程设定的主要内容，是根据来料情况及产品要求确定各架轧机的空载辊缝和空载速度，也就是确定各架轧机的压下制度、速度制度和温度制度。其中主要是各架压下量或轧出厚度的设定，厚度设定之后，才能确定各架的轧制速度。由于各架轧出厚度实际等于空载辊缝值加上轧机的弹跳值，故欲确定各架的空载辊缝值，须由实际厚度减去轧机弹跳值。轧机的弹跳值又取决于很多因素，所以对弹跳值的估计很难精确，从而使空载辊缝的正确设定十分困难。随着连轧机轧制速度的不断提高，目前已实现了从加热炉到卷取机整个生产过程的计算机综合控制，计算机控制不仅应用于轧制规程的设定，而且实现了厚度控制、宽度控制、温度控制、节奏控制乃至板形控制。不仅加强了对生产过程的实测反馈控制，而且结合数学模型实现了"预控"使控制精度得到显著提高。

连轧机组制定轧制规程的中心问题是合理分配各架的压下量，确定各架实际轧出厚度，亦即确定各架的压下规程。常用经验方法有两种：利用现场经验资料直接分配各架压下率或厚度；分配各架能耗负荷（简称能耗法）。能耗法实际也只是以分配能耗负荷为手段以达到分配各架压下量、确定各架轧出厚度的目的。连轧机组分配各架压下量的原则是充分利用高温的有利条件，把压下量尽量集中在前几架；对于薄规格产品，在后几架轧机上为了保证板形、厚度精度及表面质量，压下量逐渐减少。但对于厚规格的产品，后几架压下量也不宜过小，否则对板形不利。在具体分配压下量时，习惯上一般考虑：（1）第一架可以留有适当余量，考虑到带坯厚度的可能波动和可能产生咬入困难等，使压下量略小于设备允许的最大压下量；（2）第二、三架要充分利用设备能力，给予尽可能大的压下量；（3）以后各架逐渐减少压下量，到最末一架一般在 10% ~ 15%，以保证板形、厚度精度及性能质量。连轧机组各架压下率一般分配范围如表 13-2 所示。

表 13-2　连轧机组各架压下率分配范围

机架号数		1	2	3	4	5	6	7
压下率/%	六机架	40 ~ 50	35 ~ 45	30 ~ 40	25 ~ 35	15 ~ 25	10 ~ 15	
	七机架	40 ~ 50	35 ~ 45	30 ~ 40	25 ~ 40	25 ~ 35	20 ~ 28	10 ~ 15

13.2.3.2　热连轧机组轧制规程设定实例（以七架连轧机为例）

（1）输入给定数据。带坯的厚度或宽度由粗轧最后一架 R_4 后面的 γ 射线测厚仪及光电测宽仪测得。出 R_4 轧机后即进入连轧机组前的带坯目标厚度，一般可根据成品厚度由规定表格查出，例如，某厂规定为：

成品厚度/mm　　　　　~3.59　　3.6 ~ 5.99　　6 ~ 9.99　　10 ~ 12.7

带坯厚度/mm　　　　　　32　　　　34　　　　36　　　　38

还需确定精轧开轧温度：带坯经粗轧末架 R_4 后测得出口温度，然后根据带坯厚度和由粗轧末架到精轧机所需时间，利用在空冷区间辐射散热的理论模型计算出带坯头部到达精轧机入口时的温度预测值。等到带坯运送到飞剪前面，再经测温以进行校正。成品厚度、终轧温度等根据技术要求皆有一定目标值作为输入给定数据。

（2）确定轧制总功率。当精轧温度和钢种已知时，便可利用能耗曲线确定由带坯轧成成品所需要的总轧制功率。例如，如图 13-5 所示，当精轧第一架 F_1 入口带坯厚度为 30mm，精轧末架 F_7 出口成品厚度为 2.7mm 时，由能耗曲线便可查得所需总功率为 29.8kW·h/t。

（3）负荷分配。得到精轧机组的总功率消耗以后，要具体分配给各机架上去。这可以根据具体设备条件及前述制订规程的原则要求，采用上述负荷分配方法确定出各种产品在各机架上的负荷分配比（表 13-3）。

（4）确定各机架出口厚度。可以根据各机架的负荷分配比，用数学模型计算出各机架的出口厚度。也可由负荷分配比表计算出各机架的累积能耗，据此由图 13-4 及图 13-5 即可查出对应的各机架的轧出厚度，结果列入表 13-3。

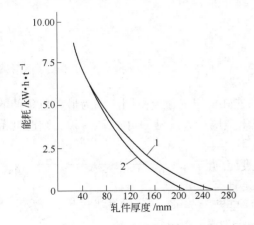

图 13-4 粗轧机能耗曲线

1—低碳钢板坯厚度 250mm；2—低合金钢板坯厚度 210mm

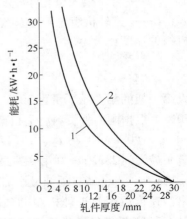

图 13-5 精轧机能耗曲线

1—低碳钢，$h = 2.7$mm；2—低合金钢，$h = 4.5$mm

表 13-3 标准负荷分配比 （带坯：$H = 30$mm，$h = 2.7$mm，$B = 1000$mm 低碳钢）

机架号	1	2	3	4	5	6	7
单道负荷分配比/%	14	14	18	17	14	13	10
累积负荷分配比/%	14	28	46	63	77	90	100
累积能耗/kW·h·t⁻¹	4.176	8.35	13.72	18.8	22.97	26.85	29.83
轧出厚度/mm	18.5	12.0	7.5	5.2	3.8	3	2.7
压下量/mm	11.5	6.5	4.5	2.3	1.4	0.8	0.3
压下率/%	38.5	35.5	37.5	31	27	21	10

（5）确定最末机架 F_7 的出口速度 v_7。末架出口速度的上限受电机能力和带钢轧后的冷却能力限制，并且厚度小于 2mm 的薄带钢在速度太高时，还会在辊道上产生飘浮现象，但速度太低又会降低产量且影响轧制温度，故应尽可能采取较高速度。一般穿带速度依带钢厚度不同在 4~10mm/s 之间。带钢厚度减少，其穿带速度增加；带钢厚度在 4mm 以下

时，穿带速度可取 10mm/s 左右。穿带速度设定可有多种方式。

有的工厂按温度模型或其他经验统计公式由所需终轧温度和成品厚度去确定应有的轧制速度。近年来出现另一种观点，就是末架速度应该在电机能力允许的条件下，根据最大产量来决定。而为控制终轧温度专门设计了在轧制过程中采用大量冷却水来进行控制的系统。

（6）其他各机架轧制速度的确定。末架轧制速度确定之后，便可利用秒流量相等的原则，根据各架轧出厚度和前滑率，求出各架轧辊速度。前滑率 S 主要为压下率的函数，可以通过理论公式或经验统计公式进行计算。

连轧机各架轧制速度应有较大的调整范围。根据流量方程的一般形式（忽略前滑）

$$h_0 v_0 = h_1 v_1 = h_2 v_2 = \cdots = h_7 v_7 = C$$

可得

$$v_7 / v_0 = h_0 / h_7 = \mu_\Sigma$$

$$v_0 = v_1 \frac{h_1}{h_0} = v_1 \left(1 - \frac{\Delta h_1}{h_0} \right) = \frac{v_7}{\mu_\Sigma}$$

式中 h_0，v_0——第一架入口轧件厚度及速度；

μ_Σ，C——连轧机组总延伸系数及连轧常数。

则连轧机组的速度比（v_7/v_1）应为

$$v_7 / v_1 = \left(1 - \frac{\Delta h_1}{h_0} \right) \mu_\Sigma \tag{13-23}$$

假设第一架的相对压下量为 30% ~ 40%，则连轧机组的速度范围应该为最大总延伸的 60% ~ 70%。根据国内外资料，七机架热连轧机组金属最大总延伸可达 25 ~ 30，则速度范围约为 $v_7/v_1 = (0.6 - 0.7) \mu_\Sigma = 15(17.5) - 18(21)$。

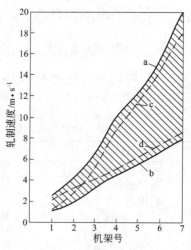

假定 v_7 最大为 23m/s，则第一架最低出口速度应为 1.54 ~ 1.32m/s。当金属总延伸最小时，第一架便具有最大的出口速度。因此连轧机组的最高和最低速度范围是由最大和最小的金属总延伸的工艺要求和电机制造技术的可能条件来确定的。一般直流电动机的调速范围约为 3 左右，根据调速的可能，v_7 最小速度约为 7.6m/s。为了满足不同品种的要求，各架调速范围应力求增大。如图 13-6 所示，c、d 线为总延伸最大和最小的产品所需各架的速度，a、b 线为轧机应具有的最大速度和最小速度，阴影部分为轧机应具有的速度调节范围。由于其形状为锥形，故常称速度锥。由轧制工艺要求所提出的总延伸及速度范围必须落入此速度范围之内，否则连轧过程将无法实行。为了便于调整并考虑最小工作辊径的使用，a、b 线的范围应比 c、d

图 13-6 精轧机组各架速度范围

线的范围大些，即轧机速度锥范围要比工作速度范围增大 8% ~ 10%。此外，轧制试轧规格时的末架速度的选择还要照顾到整个前后品种的调速范围，使换规格时便于调整，速度调整的方法在旧轧机上常采用以机组中间的某一架（如第三架）作为基准架，速度不变，其他各架配合基准架进行调速；在现代新建的热连轧机上则允许各机架都可以自由调速，灵活性较大，自然在电气设备投资上要贵一些，因为它要求每架轧机都有自己的变压器，不像前者可以几个机架共用公用母线。

（7）功率校核。各机架轧制速度确定以后，用能耗曲线进行功率校核。各机架所需要的功率（N_i）为

$$N_i = (Q_i - Q_{i-1})V \times 3600 \qquad (13\text{-}24)$$

式中　$Q_i - Q_{i-1}$——单位能耗，即每轧 1t 钢所消耗的电量，$kW \cdot h$；

　　　　V——金属秒流量，$V = Bh_7V_7\gamma$（γ 为钢的密度）。

按此计算的各架所需功率校验各架电机能力是否充分利用或超过负荷。应使计算的 N_i 小于电机额定功率。

（8）轧制压力计算。轧制压力的计算方法基本上与中厚板轧制规程相类似。为了计算平均单位压力，必须计算金属变形抗力和应力状态影响系数，而为了计算金属变形抗力，又必须计算各架轧制温度、变形速度、变形程度，考虑轧辊压扁影响的变形区长度等。计算的主内容及方法与中厚板的情况相类似，但有其不同特点。在热连轧及冷轧板带钢的过程中，由于单位压力较大，故计算轧辊半径时必须考虑压扁的影响。考虑压扁以后的轧辊半径 R' 采用以下公式计算

$$R' = R\left(1 + \frac{2C_0P}{b\Delta h}\right) \qquad (13\text{-}25)$$
$$C_0 = 8(1 - \gamma^2)/(\pi E)$$

式中　E, γ——轧辊材料的弹性模量及泊桑系数。

则压扁后的变形区长度

$$l = \sqrt{R'\Delta h}$$

在热连轧过程中，若不考虑冷却水影响，各机架轧制温度（t_i）可按以下经验公式计算：

$$t_i = t_0 - C\left(\frac{h_0}{h_i} - 1\right); \quad C = (t_0 - t_n)h_n/(h_0 - h_n)$$

式中　t_0, h_0——精轧前轧件的温度及厚度；

　　　　t_n, h_n——轧件终轧温度及厚度。

但由于现代轧机各机架之间设有喷水冷却，故各机架的轧制温度计算必须考虑冷却水的影响。在计算机自动控制的现代化热连轧机上，根据各连轧机的具体情况，通过数理统计方法得出回归系数各自不同的金属变形抗力和应力状态影响因素的各种复杂的数学模型，用以计算出各道的轧制压力。并在实际轧制过程中，通过第一、二架轧机的实测压力进一步修正这些数学模型，即通过自适应计算使轧制压力能得出更加准确的结果。这些都只有在全面计算机控制的条件下才可能实现。如果在旧式轧机上仍然要由人工计算轧制压力以制订压下规程，则亦可根据热连轧板带的具体特点采用前述中厚板轧制所列举的类似方法进行轧制压力的大致计算。

（9）各机架压下位置即空载辊缝的设定。在轧制过程中，轧机的弹跳反映到钢带上，就是使原来设定的压下量减少，轧出厚度增厚，并且由于轧辊弯曲变形，钢带的板形也产生变化，从而造成轧制规程设定和轧机调整上的困难。由于薄板带的厚度和轧制时的压下

量往往要比弹跳值还小，并且对不均匀的敏感性又很大，所以必须对轧机的弹跳值进行精确估计，才能轧出符合要求的产品。

由于轧机的弹跳，轧出的钢板厚度 h 等于原来的空载辊缝再加上弹跳，或者说原来空载辊缝等于轧出带钢厚减去弹跳，亦即由式 12-2

$$S_0 = h - \frac{P - P_0}{K}$$

根据各架轧出厚度 h 和计算出来的轧制压力 P，并由已知之 P_0 及 K 值，便可求出各架的相当空载辊缝值 S_0。但应该指出，用上式计算空载辊缝的精度不高。为了提高预报精度，实际控制中还需要加进一些修正和补偿，即需要有：1）轧机刚度补偿。由于轧机刚度随板带宽度 B 而变化，故实际轧制刚度应等于 $[K - \beta(L - B)]$，　其中 L 为辊身长度，β 为该轧机的宽度修正系数，β 与 K 均可根据实测预先求出。2）油膜厚度补偿。由于在油膜轴承中油膜厚度随轧制速度和轧制压力而变化，即当加速时，油膜变厚，压力增大时则油膜变薄，因此需以调零时的轧辊转速 N_0 和轧制压力 P_0 为基准，用下式对油膜厚度 δ 进行修正。

$$\delta = C\left(\sqrt{N/P} - \sqrt{N_0/P_0}\right)\frac{D}{D_0} \tag{13-26}$$

式中　N，P——实际轧制时轧辊转速及轧制压力；

D_0，D——标准轧辊直径及实际轧辊直径；

C——常数。

此外，压下的零位还经常由于轧辊热膨胀和磨损而发生变化，从而影响到带钢的厚度。对于这种变化，可根据每个带卷实测厚度误差，用自学习反馈计算来监视修正。故往往将此修正项称为测厚仪常数项。因此，实际的压下位置设定值应为

$$S_0 = h - \frac{P - P_0}{K - \beta(L - B)} + \delta + G \tag{13-27}$$

式中　δ，G——油膜厚度修正项及测厚仪常数项。

应该指出，AGC 厚度控制系统主要用以解决带钢的纵向厚度均匀问题，如果精轧（连轧）机组的轧制规程设定不适当，S_0 过大或过小，使带钢头部厚度与给定值产生较大的偏差，此时若仍按原给定值作为 AGC 系统调整的标准，则将随着压下位置的不断调整，不仅使压下系统的负荷加重，而且将使带钢纵断面变成楔形，使板厚仍不均匀。因此，在实际操作中不得不采用"锁定控制"的方法，即固定头部的厚度，将它作为标准值来调整其余部分的厚度。结果使板厚虽然比较均匀，但整个带钢的板厚与要求的额定值的偏差，即整带厚度偏差却过大，这也不符合要求。可见要保证整带厚度的偏差合格，只依靠 AGC 系统难以控制，还必须依靠轧制规程的正确设定。过去轧制规程由操作工人根据经验去确定，困难较大。现在可以采用计算机来控制，使厚度质量指标便大为提高。

实际生产时，首先要确定各机架"开轧规格"的空载辊缝和速度规程。手动操作时一般都用较厚的产品（例如 Q235 的 4mm×1050mm 产品）作为开轧规格再逐渐过渡到所要轧制的产品规格。采用计算机控制后，希望任意产品都可作开轧规格。因此可以利用精轧设定的数学分析模型对各种产品的开轧规程进行计算，并和现场实测资料相比较，最终确定其开轧规程（S_0 和 v），存入计算机中，以便以后需要时采用之。当换辊后第一块料由粗轧末架 R_4 出来时以及还在到达精轧入口时，利用带坯温度、宽度及厚度的实测数据，进行

如前所述的第一次及第二次设定计算，用存于计算机中的标准规程数据为基础，计算出各架由于来料参数的变动而应有的 S_0 和 v 的调整值。当这块料进入第一、二架轧机后，立刻根据其实测压力和 S_0，与计算结果比较，找出修正轧制力计算公式的自适应系数，及时改正以后各架的计算值。此时应注意到第一、二架实际轧出厚度和原计算所用的厚度有出入，因此应根据实际轧出厚度来重新计算 Δh 和 P，并与实测压力相比较来求出这个修正系数。然后用此修正系数对以后各架辊缝设定进行再计算，并根据再计算结果对原设定值进行校正。最后，当带钢轧成成品，在出第七架（末架）以后，利用精轧出口处的 X 射线测厚仪检查带钢厚度差，根据其实测厚度，并利用各架轧机的实际速度，按秒流量相等原则，推算出各架较精确的轧出厚度，以此来检查辊缝设定的精度（包括由于轧辊热膨胀和磨损而使辊缝飘移所造成误差），而对原设计的辊缝进行自校正。如果带钢在检测区与精轧机之间因故耽误，使停留时间超过规定，则需根据温度降落每隔一定时间（例如 5s）作一次再整定计算，直到进入精轧机轧制为止。

思　考　题

13-1　确定热轧带钢压下量的依据是什么？

13-2　制定热连轧机组轧制规程的一般过程和步骤是什么？

13-3　板带钢生产工艺制度如何制定？

13-4　冷轧板带钢变形制度制定的特点和方法是什么？

13-5　中厚板轧机的速度制度如何确定？

第4篇

钢管生产工艺

2002年，我国钢管产量为1449万吨，其中无缝管产量为830万吨，焊管产量为619万吨。2012年，我国钢管产量达7400万吨，比10年前增加了5951万吨，增长410.6%。其中，无缝管产量预计可达2700万吨，比10年前增长225.3%；焊管产量预计可达4700万吨，比10年前增长659.3%。现在，我国焊管产量约占世界焊管总产量的1/2，无缝管产量约占世界无缝管总产量的2/3，我国已经成为名副其实的钢管大国。

(1) 无缝钢管生产现状。现在我国拥有各类无缝钢管企业超过300家，其中能生产热轧成品管且工艺技术装备较完整的有20家左右，这类生产厂绝大多数为国有企业，技术装备先进，单线生产能力高，产品质量好，是无缝钢管生产的主导企业，包括宝钢、包钢、天津钢管、攀钢成都无缝钢管、华菱衡管、鞍钢等，产能在900万吨左右，无缝钢管产量约占全国总产量的2/3。还有一部分企业通过外购管坯加工无缝钢管或是为冷轧冷拔提供毛管或荒管坯料的中小企业，包括许多冷拔管企业，这类企业的设备比较简单，单线生产能力较低，以多规格、小批量的产品为主。

(2) 焊接钢管生产现状。我国2012年钢管产量达7400万吨，其中无缝钢管约占42%。而西方发达国家目前却正在进一步减少无缝钢管的比例，例如日本无缝钢管只占25%，美国只占18%，韩国更小，不足1%。其原因主要有两个：一个是无缝钢管生产工艺有两次加热过程，热量损失约30%，不利于节能，目前国内还没有一家无缝钢管生产企业真正成规模地进行连铸热装工艺。二是无缝钢管在穿孔和定径的轧制过程其压缩比较小，导致冲击韧性不够高。这种固有的工艺缺陷妨碍了无缝钢管技术的进步，故使其继续发展遇到了困难。

我国拥有较为庞大的焊管机组产能，焊管生产企业有上千家，这些焊管企业遍布国内各个省区，而民营企业占据了多数。其中天津、河北、江苏、浙江及广东珠江三角洲地区较为集中。随着国内板材产能的快速增长，国内焊管生产获得了较充足的原料供应，焊管产能近几年也开始迅速增长。其中2005年国内有宝钢钢管、华瑞克等企业多个焊管项目投产，新增产能在150万吨左右；2006年国内又有华北石油、中油天宝、辽阳钢管、天津双街等焊管机组投产，新增产能达400万吨。目前我国焊管机组总生产能力已达到3700万吨。但是，我国许多焊管企业生产具有季节性特点，并且许多机组根据市场情况组织生产，其生产连续性不强，因而在3700万吨焊管产能中，预计有效产能只有2800万吨左右。

(3) 中国钢管行业形势分析。中国钢管行业的形势其基本点有六个方面：一是产能过剩。2012年我国钢管产能利用率仅为75.95%，远低于国际评价下限的80%标准。因此，产能过剩、控制总量，是我国钢管行业当前关注的焦点。二是焊管发展速度比无缝钢管要快，占的比例要增大，这种趋势与世界钢管发展的潮流相一致。三是金融风暴对中国经济的冲击主要是影响到外贸这个部分，2008年中国对外经济依存度约36%，中国钢铁业对外依存度30%，无缝钢管对外依存度30%，风险较大，由市场结构的风险引发了产业结构的风险。四是中国钢管结构失衡表现在三个方面：焊管内部结构失衡，无缝钢管内部结构失衡，焊管与无缝管之间结构相对失衡。这三种结构失衡有一个共同特征：低水平重复建设与高水平重复建设并存，先进产能与落后产能并存，而这种态势并没有遏制住。五是技术创新能力薄弱，表现在国际进出口上差价太大；反映在技术装备上重复引进过多。六是节能减排力度不够，还没有被真正放到重要位置上。低碳经济是今后发展方向。

（4）我国钢管市场前景展望。钢管产业主要应用于全球范围内石油、天然气管网的主干线及支线建设。近年来我国经济实现了较快增长，也带动了钢铁工业的快速发展。未来我国将稳步发展居民消费结构升级和工业化、城镇化步伐，全面推进新农村建设、基础设施建设、房地产业发展，这将使得钢管行业下游产业需求保持旺盛。

在我国能源需求持续增长的背景下，随着我国"西气东输"能源战略的实施，油、气管网巨大的需求量将为我国焊接钢管行业提供广阔的市场发展空间。根据规划，我国油、气管线建设的总长度将新增近8万公里，达到15万公里，远远超过我国过去50年7万公里的总规模。同时，2009年至2015年，国家规划在东南、长三角、环渤海、中南地区四个重点目标市场新建支线管道约8000公里，与之相配套的城市管网建设也将紧密进行，以满足油、气终端使用方的需求，这将大幅拉动输送用钢管尤其是焊接钢管的市场需求。

（5）中国钢管业的未来发展之路。我国钢管业的转型方向，即要实现"四个转型"——从数量型转向质量型、高碳型转向低碳型、制造型转向服务型、依附型转向自主型，以及"四个升级"——产品高档化、市场国际化、生产绿色化和管理数字化。

我国无缝钢管业的发展方向，主要有两条：一是在节能上下工夫；二是开发新产品，适应市场需要。

14 钢管生产概述

[本章导读]

学习本章，首先要了解国内外钢管生产概况及发展趋势；根据钢管用途明确其分类，掌握钢管生产方法；并结合钢管生产新技术及机组建设情况，展望中国钢管业的未来发展之路。

钢管是一种经济断面钢材，是钢铁工业中的一项重要产品。凡是两端开口并具有中空断面，而且其长度与断面周长之比较大的钢材，都可以称为钢管。当长度与断面周长之比较小时，可称为管段或管形配件，它们都属于管材产品的范畴。钢管通常占全部钢材总量的8%~16%。

14.1 钢管分类及技术要求

14.1.1 钢管分类

钢管的种类繁多，用途不同，其技术要求各异，生产方法亦有所不同。目前生产的钢管外径范围为 0.1~4500mm、壁厚范围为 0.01~250mm。为了区分其特点，通常按如下的方法对钢管进行分类。

14.1.1.1 按用途分类

钢管在国民经济中的应用范围极为广泛。由于钢管具有空心断面，因而最适合作液体、气体和固体的输送管道，如水、煤气、石油天然气、蒸汽、农业灌溉用管，因此钢管被称为工业"血管"。同时与相同重量的圆钢比较，钢管断面系数大、抗弯抗扭强度大，所以也成为各种机械和建筑结构上的重要材料。用钢管制成的结构和部件，在重量相等的情况下，比实心零部件具有更大的截面模数。所以，钢管本身就是一种节约金属的经济断面钢材，它是高效钢材的一个重要组成部分，尤其在石油钻采、冶炼和输送等行业需求较大，其次地质钻探、化工、建筑工业、机械工业、飞机和汽车制造以及锅炉、医疗器械、家具和自行车制造等方面也都需要大量的各种钢管。近年来，随着原子能、火箭、导弹和航天工业等新技术的发展，钢管在国防工业、科学技术和经济建设中的地位愈加重要。

目前，无缝钢管主要用做石油管、锅炉管、热交换器用管、轴承钢管以及一部分高压输送管等。焊管一般用做输送管、一般配管、管桩以及各种结构管等。

14.1.1.2 按生产方式分类

钢管按生产方式分为无缝管和焊管两大类，无缝钢管又可分为热轧管、挤压管和冷加工（包括冷轧、冷拔）三大类，冷加工属于钢管的二次加工。焊管分为直缝焊管和螺旋焊管等。

14.1.1.3 按钢管的断面形状分类

（1）钢管按横断面形状可分为圆管和异形管，见示意图 14-1。异形管广泛用于各种结构件、工具和机械零部件，有矩形管、椭圆管、六方管、八方管以及各种断面不对称管等。与圆管相比，异形管一般都有较大的惯性矩和截面模数，较大的抗弯、抗扭能力，可以大大减轻结构重量，节约钢材。

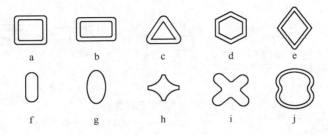

图 14-1 异形钢管的断面形状

a—方形；b—矩形；c—三角形；d—六角形；e—菱形；f—输电线用平椭圆；g—椭圆形；h，i，j—特殊断面形状

（2）钢管按纵断面形状可分为等断面管和变断面管。变断面管有锥形管、阶梯形管和周期断面管等，见图14-2。

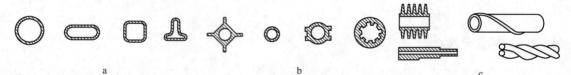

图14-2 钢管按断面形状分类

a—等壁管；b—异壁管；c—纵向变截面管

14.1.1.4 按钢管的材质分类

钢管按材质分为普通碳素钢管、优质碳素结构钢管、合金结构管、合金钢管、轴承钢管、不锈钢管以及为节省贵重金属和满足特殊要求的双金属复合管、镀层和涂层钢管等。

14.1.1.5 接管端形状分类

钢管根据管端状态可分为光管和车丝管（带螺纹钢管）。车丝管又可分为普通车丝管（输送水、煤气等低压用管，采用普通圆柱或圆锥管螺纹连接）和特殊螺纹管（石油、地质钻探用管，对于重要的车丝管，采用特殊螺纹连接），对一些特殊用管，为弥补螺纹对管端强度的影响，通常在车丝前先进行管端加厚（内加厚、外加厚或内外加厚）。

14.1.1.6 按壁厚系数 D/S 分类

按外径 D 和壁厚 S 之比的不同将钢管分为特厚管（$D/S \leqslant 10$）、厚壁管（$D/S = 10 \sim 20$）、薄壁管（$D/S = 20 \sim 40$）和极薄壁管（$D/S \geqslant 40$）。

14.1.2 钢管的产品标准

钢管的产品标准是现场组织钢管生产的技术依据，是钢管生产的考核标准，也是供需双方在现有生产水平下所能达到的一种技术协议。

一般国家标准（GB）和部颁标准（YB）规定的内容如下：

（1）规格标准。规定了各种钢管产品应具有的断面形状、单重、几何尺寸及其允许偏差等；圆管规格通常以 $D \times S$ 表示，如 50mm×2mm 表示钢管的外径为 50mm、壁厚为 2mm，尺寸精度有外径精度、壁厚精度和椭圆度等；

（2）技术条件。即钢管产品的质量标准（或性能标准），规定了钢管产品的化学成分、力学性能、工艺性能（见图14-3）、表面质量以及其他特殊要求；

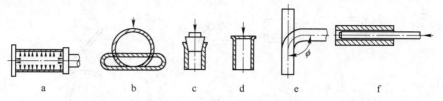

图14-3 钢管工艺性能测试

a—水压试验；b—压扁试验；c—扩口试验；d—卷边试验；e—弯管试验；f—通棒试验

（3）检验标准。规定了检查验收的规则和做试验时的取样部位，同时还规定了试样的形状尺寸、试验条件及试验方法；

（4）交货标准。规定了成品管交货验收时的包装要求、标志方法及填写质量证明书等。

有些专用钢管需要按照国际或国外先进标准组织生产，如石油专用管（套管、油管、钻杆和管线管等）按照 API 标准、锅炉管按照 ASMT 标准等。

通常，按照钢管的用途及其工作条件的不同，应对钢管尺寸的允许偏差、表面质量、化学成分、力学性能、工艺性能及其他特殊性能等提出不同的技术条件。

14.2　钢管生产方法

钢管生产方法主要有热轧（包括挤压）、焊接和冷加工三大类，冷加工是钢管二次加工。

14.2.1　热轧无缝钢管

热轧无缝钢管生产过程是将实心管坯（或钢锭）穿孔并轧制成具有要求的形状、尺寸和性能的钢管。生产中，不同类型的轧管机生产不同品种及规格的产品并构成不同的轧管机组。热轧无缝钢管的生产方法就是以核心设备——轧管机来进行分类的，目前常用的热轧无缝钢管生产方法见表 14-1。一个机组的具体名称以该机组生产最大品种规格和轧管机

表 14-1　常用热轧无缝钢管生产方法

生产方法	原料（管坯）	主要变形工序用设备		产品			
		穿孔	轧管	外径 D/mm	壁厚 S/mm	D/S	荒管最大长度/m
自动轧管机组	圆铸坯	二辊式斜轧穿孔机桶形辊或锥形辊	自动轧管机	12.7 ~ 426	2 ~ 60	6 ~ 48	10 ~ 16
	连铸圆坯						
	连铸方坯	推轧穿孔机（PPM）和延伸机		165 ~ 406	5.5 ~ 40		
连轧管机组	圆铸坯	二辊式斜轧穿孔机桶形辊或锥形辊	浮动、半浮动	16 ~ 194	1.75 ~ 25.4	6 ~ 30	20 ~ 33
	连铸圆坯		限动（MPM、PQF）	32 ~ 457	4 ~ 50	6 ~ 50	
	连铸方坯	推轧穿孔机（PPM）和延伸机	限动（MPM）	48 ~ 426	3 ~ 40	6 ~ 40	
三辊轧管机组	圆轧坯连铸坯	二辊斜轧或三辊斜轧	三辊轧管机（ASSEL）	21 ~ 250	2 ~ 50	4 ~ 40	8 ~ 13.5
皮尔格轧机组	圆坯	二辊斜轧穿孔	皮尔格轧机	50 ~ 720	3 ~ 140	4 ~ 40	16 ~ 28
	方坯/多棱锭	压力穿孔和斜轧延伸					
	连铸管坯						
顶管机组	方坯	压力穿孔和斜轧延伸	顶管机	14 ~ 1400	3 ~ 250	4 ~ 30	14 ~ 16
	圆坯、方锭或多棱锭	斜轧穿孔					
热挤压机组	圆锭、方锭或多棱锭	压力穿孔或钻孔后压力穿孔	挤压机	25 ~ 1425	≥2	4 ~ 25	约 25

类型来表示，如 $\phi149mm$ 连续轧管机组就是指其产品的最大外径为 $\phi149mm$ 左右，轧管机为连续轧管机。钢管热挤压机组用挤压机的最大挤压力（吨位）或产品规格范围来表示其型号。

14.2.2　焊管

　　焊管生产方法是将管坯（钢板或钢带）用各种成型方法弯卷成要求的横断面形状，然后用不同的焊接方法将焊缝焊合的过程。焊接钢管生产工艺简单，生产效率高、品种规格多，设备投资少，但一般强度低于无缝钢管。成型和焊接是其基本工序，焊管生产方法就是按这两个工序的特点来分类的。20世纪30年代以来，随着优质带钢连轧生产的迅速发展以及焊接和检测技术的不断进步，焊缝质量不断提高，其生产品种规格也日益增多，并在越来越多的领域逐渐替代了无缝钢管。常用焊管生产方法见表14-2。

表14-2　常用的焊管生产方法

生产方法		原料	基本工序		产品范围		
			成型	焊接	外径 D_c/mm	壁厚 δ_c/mm	D_c/δ_c
炉焊	链式炉焊机组	短钢带	管坯加热后在链式炉焊机用碗模成型和焊接		$\phi10\sim89$	$2.0\sim10.0$	$5.0\sim28$
	连续炉焊机组	钢带卷	管坯加热后在连续成型–焊接机上的成型并焊接		$\phi10\sim114$	$1.9\sim8.6$	$5.0\sim28$
电焊	直缝连续电焊机组	钢带卷	连续辊式成型机成型或排辊成型	高频电阻焊、高频感应焊、氩弧焊	$\phi5\sim660$ （$\phi400\sim1219$）	$0.5\sim14$ （$6.4\sim22.2$）	约100
	UOE直缝电焊机组	钢板	UO压力机（直缝）成型	电弧焊、闪光焊或高频电阻焊	$\phi406\sim1625$	$6.0-40.0$	约80
	螺旋电焊机组	钢带卷	螺旋成型器成型	电弧焊、高频电阻焊	$\phi89\sim3660$	$0.1\sim25.4$	约100

　　焊接钢管按焊接的形式分为直缝焊管和螺旋焊管。直缝焊管生产工艺简单，生产效率高，成本低，发展较快。螺旋焊管的强度一般比直缝焊管高，能用较窄的坯料生产管径较大的焊管，还可以用同样宽度的坯料生产管径不同的焊管。但是与相同长度的直缝管相比，焊缝长度要增加30%～100%，而且生产效率较低。因此，较小口径的焊管大都采用直缝焊，大口径焊管则大多采用螺旋焊。

14.2.3　冷加工钢管

　　冷加工钢管的原料为热轧管或离心浇铸管，属于钢管的二次加工。钢管冷加工方法有冷轧、冷拔和冷旋压三种，产品范围如表14-3所示，冷旋压本质上也是冷轧。冷加工可生产比热轧产品规格更小的各种精密、薄壁、高强度及其他特殊性能的无缝钢管。如喷气发动机用 $\phi2.032mm\times0.38mm$ 高强度耐热管和 $\phi(4.763\sim31.75)mm\times(0.559\sim1.626)mm$ 的不锈钢管。这些规格的钢管是热轧法无法生产的，因此冷加工更能适应工业及科学技术飞速发展的某些特殊需要。

表 14-3 钢管冷加工的产品规格

冷加工方法	产品范围				
	外径 D/mm		壁厚 S/mm		D/S
	最大	最小	最大	最小	
冷轧	500.0	4.0	60.0	0.4	60 ~ 250
冷拔	762.0	0.1	20.0	0.1	2 ~ 2000
冷旋压	4500.0	10.0	38.1	0.4	可达 12000 以上

冷轧机和冷旋压机的规格用其产品规格和轧机形式表示。冷拔机规格用其允许的额定拔制力来表示。如 LG-150 表示的是成品外径最大为 140mm 的二辊周期式冷轧管机；LD-30 表示的是成品外径最大为 30mm 的多辊式冷轧管机：LB-100 表示的是拔制力额定值为 100t 的冷拔管机。

14.3 钢管生产现状

14.3.1 发展趋势

市场对管材各项技术指标水平的要求不断提高，同时科技的发展促使生产工艺不断改进，新的生产工艺线不断出现，生产工艺线的相互竞争也是促进生产工艺不断发展的动力。为满足市场需求，不断推出新的技术标准。新标准涉及的内容会越来越多，指标会越来越严，对管材的综合性能的要求要越来越全。

由于使用的原料、加工方法的不同，无缝钢管和焊管在性能、尺寸精度等许多方面有差异。单就使用方面而言，无缝钢管的主要优点是力学性能、抗挤毁性能、抗腐蚀性能比较均匀，缺点是壁厚精度低；焊管的优点是壁厚精度高，缺点是焊缝处的力学性能、抗腐蚀性能等比其他部位有所降低。从生产角度分析，无缝钢管的单重低，成材率低、设备投资大；焊管的生产效率高，设备相对简单。目前在许多领域焊管的应用越来越广。无缝钢管正在向高温、高压、抗拉、抗压、高抗腐蚀、高耐磨等方面发展。

14.3.2 国内热轧无缝钢管生产机组建设情况

20 世纪 50 年代初由前苏联援建的第一条自动轧管机组生产线在鞍钢投产。包钢 400 自动轧管机组建于 1972 年。改革开放以前，无缝钢管生产主要是以自动轧管机组为主和少量的其他形式轧机（如三辊轧管机、生产大口径的周期式轧管机等）。

20 世纪 80 年代中期，宝钢从德国引进了第一条先进的浮动芯棒连轧管机组生产线，主要生产油井管和锅炉管，其全自动化的生产方式和高效的生产能力以及良好的产品质量，让无缝钢管同行开阔了眼界，增长了见识。我国天津钢管公司在意大利定购了 MPM （限动芯棒连轧管机组）。衡阳钢管 ϕ89mm 半浮动、鞍钢无缝 ϕ140mm 限动也都相继引进了连轧管机组生产线。包钢于 90 年代引进 ϕ180mm 限动芯棒连轧管机组。

当前全球钢管制造行业最先进的限动芯棒 PQF 三辊连轧机组——包钢 ϕ159mm 连轧无缝管工程经过两年的设计、施工建设，于 2011 年 9 月 1 日正式投产。设计年产 40 万吨，

生产的钢管直径 $\phi 38 \sim 168.3\text{mm}$、壁厚 $2.9 \sim 25\text{mm}$。主要产品有石油油井管、石油油套管、钻杆、高中压锅炉管、石油裂化管、船舶管、流体管、结构管等。包钢无缝钢管厂在 40 年的发展历程中，已经成为国内品种规格最为齐全的无缝钢管生产基地和西北地区最大的无缝钢管生产基地。随着"159"、"460"生产线的陆续投产，包钢无缝钢管厂将形成 6 条生产线、200 万吨以上产能的全新格局，技术装备将达到国际国内一流水平。

天津无缝又引进了 $\phi 168\text{mm}$ 三辊式轧辊可调连轧管机组（半浮动芯棒的 PQF），它是世界上第一台全面改进传统的二辊式限动芯棒连轧管机组（MPM、Mini-MPM）的新型连轧管机组。经过多次改造的攀成钢周期轧管机组的装备水平和生产能力均居世界同类机组前列。上钢五厂和长城协和钢管为生产中小口径合金钢管及不锈钢管而引进的挤压机、冷轧管机生产线也具有世界水平。包头二机厂热挤压大口径厚壁管机组于 2010 年已成功试生产。

思 考 题

14-1　试述钢管分类及用途。
14-2　试述钢管生产方法有哪些？
14-3　试述钢管技术要求包括哪些内容？

15　热轧钢管生产工艺过程

[本章导读]

　　熟悉热轧无缝钢管基本生产工艺过程，重点掌握各生产机组工艺流程及生产特点，了解管坯的轧前准备及其加热制度。

　　斜轧是热轧无缝钢管生产中的主要变形形式，钢管的运行方向与轧辊轴线既不垂直，也不平行，除了前进运动外还绕其本身轴线旋转，做螺旋前进运动。最常见的无缝钢管二辊、三辊穿孔生产属于斜轧，Assel（阿塞尔）和 Accu-roll 轧管也是斜轧，还有斜轧矫直管材等。

15.1　一般生产工艺过程

　　热轧无缝钢管的生产工艺流程包括坯料轧前准备、管坯加热、穿孔、轧制、定减径、钢管冷却、钢管切头尾、分段、矫直、探伤、人工检查、喷标打印、打捆包装等基本工序，具体可归纳为六个主要工序，见图 15-1。热轧无缝钢管生产一般主要变形工序有三个：穿孔、轧管和定减径，其各自的工艺目的和要求如下。

　　（1）穿孔。穿孔是将实心的管坯穿制成空心的毛管，其设备称为穿孔机。对穿孔工艺的要求是：1）要保证穿出的毛管壁厚均匀，椭圆度小，几何尺寸精度高；2）毛管的内外表面较光滑，不得有结疤、折叠、裂纹等缺陷；3）要有相应的穿孔速度和轧制周期，以适应整个机组的生产节奏，使毛管终轧温度能满足轧管机的要求。常见管坯穿孔方法有斜轧穿孔（二辊、三辊、狄舍尔）、压力穿孔和推轧穿孔（PPM）等三种，见图 15-2。另外还有直接采用离心浇注、连铸与电渣重熔等方法获得空心管坯，而省去穿孔工序。

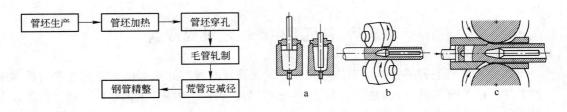

图 15-1　热轧无缝钢管生产工艺　　　　　　　图 15-2　三种穿孔方法示意图

a—压力穿孔；b—斜轧穿孔；c—推轧穿孔

　　（2）轧管。轧管是将穿孔后的厚壁毛管轧成薄壁的荒管，以达到成品管所要求的热尺寸和均匀性。即根据后续工序减径量和经验公式确定本工序荒管的壁厚值进行壁厚的加工，该设备被称为轧管机。对轧管工艺的要求是：1）将厚壁毛管变成薄壁荒管（减壁延伸）时首先要保证荒管具有较高的壁厚均匀度；2）荒管具有良好的内外表面质量。轧管机的选型及其与穿孔工序之间变形量的合理匹配，是决定机组产品质量、产量和技术经济指标好坏的关键。常见无缝钢管设备如下，示意图见图 15-3。

（3）定减径（包括张力减径）。定减径主要作用是消除前道工序轧制过程中造成的荒管外径不一，以提高热轧成品管的外径精度和真圆度。对定减径工艺的要求是：1）在一定的总减径率和较小的单机架减径率条件下来达到定径目的；2）可实现使用一种规格管坯生产多种规格成品管的任务；3）进一步改善钢管的外表面质量。通常在轧管机后需设置均整机、定径机、减径机或扩径机等荒管轧制设备，见图 15-4。

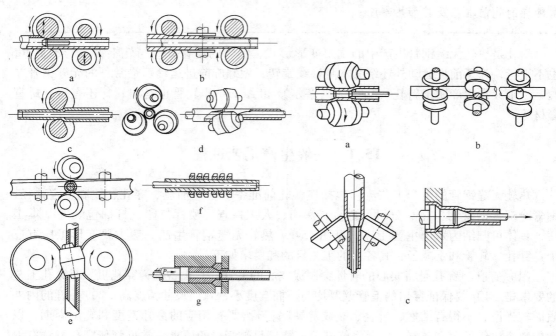

图 15-3　各种无缝钢管成型设备示意图
a—自动轧管机；b—连轧管机；c—周期轧管机；d—三辊（阿塞尔）轧管机；e—顶管（艾哈德）机；f—热挤压机

图 15-4　荒管轧制设备示意图
a—均整机；b—定、减径机；c—扩径机

15.2　各机组生产工艺过程特点

我们通常将毛管的壁厚加工称之为轧管。轧管减壁方法的基本特点是在毛管内插入刚性芯棒，由外部工具（轧辊或模孔）对毛管壁厚进行压缩减壁。依据变形原理和设备特点的不同，它有许多种生产方法，如表 15-1 所示。一般习惯根据轧管机的形式来命名热轧机组。轧管机分单机架和多机架，单机架有自动轧管机、阿塞尔轧机、Accu-roll 等；连续轧管机都是多机架的，通常 4~8 个机架，如 MPM、PQF 等。目前轧管工艺主要使用连轧（属于纵轧）与斜轧两种。由于生产产品和所选机组形式不同，具体工艺流程内容有所变化。图 15-5、图 15-6、图 15-7 为典型热轧无缝钢管生产机组的工艺流程。

表 15-1　轧管减壁的工艺方法

变形原理	设备、工具特点			加工工艺方式	延伸系数
	外加工、设备		芯棒		
纵轧法	单机架		短（固定）	自动轧管机（plug mill）	1.5 ~ 2.1
	多机架连轧		长（浮动）	MM	3 ~ 4.5
			中长（半浮、限动）	Neuval-R，MRK-S，MPM，MINI-MPM，PQF	3 ~ 6.5
斜轧法	二辊	导板	短（固定、限动）	二次穿孔机、延伸机	<2.5
		导盘	长（浮动）	狄舍尔延伸机	2 ~ 5.0
			中长（限动）	Accu-roll	2 ~ 5.0
	三辊		中、长（浮动、限动、回退）	三辊轧管机	1.3 ~ 3.5
	多辊		中长（固定）	行星轧管机	5 ~ 14
锻轧法	周期断面辊		中长（往复）	周期式轧管机	8 ~ 15
顶管法	一列模孔		长（与出口管端同步）	顶管机	4 ~ 15.5
挤压法	单模孔		中长（固定）	顶管机	1.2 ~ 30

15.2.1　自动轧管机组

　　自动轧管机组曾是生产无缝钢管的重要机组，直到 20 世纪 70 年代末，仍是全世界热轧无缝钢管生产的主导机组；但随着连轧管机组的发展以及三辊轧管机、Accu-roll 轧管机的发展，这类轧机现已停止了建设，老的轧机一部分正在进行现代化的改造，另一部分正在被其他机型所替换。

　　自动轧管机的主要优点是：机组内部采用短芯头，更换产品规格时安装调整方便，易掌握，生产的品种规格范围广。缺点是：轧管机伸长率低，只能配延伸较大的穿孔机；对于 300mm 以上的自动轧管机，多采用两次穿孔；轧管孔型开口处毛管纵向壁厚较厚，其后必须配以斜轧均整机来消除壁厚不均；钢管长度受到顶杆的限制；突出的问题是短芯头轧制会使钢管内表面质量差，壁厚精度差，辅助操作的间隙时间长，占整个周期的 60% 以上。图 15-5 为自动轧管机组工艺流程示意图。

　　目前新建热轧无缝钢管机组时，由于自动轧管机组的投资明显高于三辊和二辊斜轧机组，因此再选用自动轧管机组是很不明智的。国外在 20 世纪七八十年代曾有较多投入来改造自动轧管机组，如采用锥形辊穿孔机、单孔型轧管机架和串列式双机架轧管机、三辊式均整机及张力减径机等，现看来大多效果不尽如人意。近几年，国内一些企业将原有 φ100mm 自动轧管机组拆除，改造成三辊或二辊延伸斜轧管机组。对于现有的自动轧管机组来讲，强化均整工艺采用微张力减径机以及其他提高壁厚精度措施，既可克服上述的大部分不足，同时又保留了自动轧管机组的加工费用低的突出特点。这样，仍会有较强的市场竞争力。

15.2.2　连续轧管机组

　　图 15-6 为连续式轧管机组工艺流程示意图。它的主要优点是：机架数 4 ~ 9 架，后部

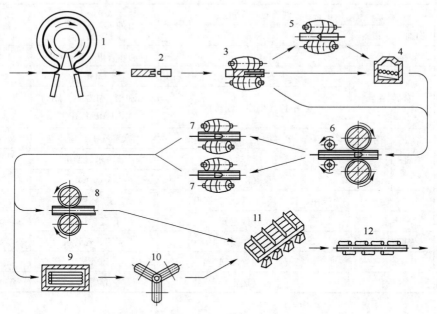

图 15-5 自动轧管机组工艺流程示意图

1—坯料加热；2—定心；3—斜轧穿孔；4—毛管预热；5—二次穿孔；6—毛管轧制；
7—荒管均整；8—定径；9—再加热；10—钢管减径；11—冷却；12—钢管矫直

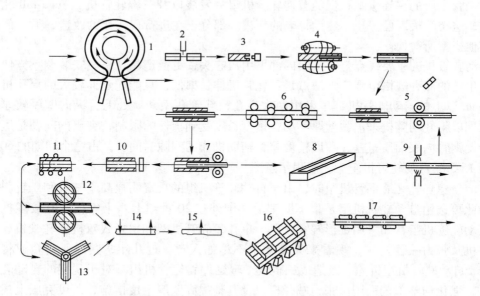

图 15-6 连续式轧管机组工艺流程示意图

1—管坯加热；2—热切断；3—定心；4—斜轧穿孔；5—插芯棒；6—毛管轧制；7—抽芯棒；8—芯棒冷却；9—芯棒润滑；
10—切管尾；11—再加热；12—定径；13—减径；14—切管端；15—切定尺；16—冷却；17—矫直

均设有定径机或张力减径机，故延伸系数大（$\mu > 6$），生产外径最大可达 460mm、长度最大 30m 以上的荒管，D/S 可达 45 以上；既能生产碳钢、合金钢，又能生产不锈钢；产量高，适合大批量连续化生产；长芯棒轧制，钢管内表面质量好，壁厚精度高；便于机械化、自动化生产，效率高；不要求大延伸穿孔，可降低对管坯塑性的要求。缺点是一次投资大，轧制工具占用资金较多；生产的灵活性稍差；更换孔型时间较长，不适宜小批量的生产；限动芯棒连续轧管机在轧制厚壁管时受管坯加热长度和连轧机与脱管机距离的制约，致使许多规格的厚壁管产品不能生产。

15.2.3　三辊斜轧管机组

在 PQF 轧机出现以前，三辊轧管机专指阿塞尔（Assel）轧机或其改进形式。阿塞尔轧机由美国蒂姆肯公司 W. J. Assel 工程师于 1932 年发明，由三个主动轧辊和一个芯棒组成圆环封闭孔型，目的在于创造一种带芯棒轧制的斜轧机来代替无缝钢管生产中所必需的自动轧管机和均整机。当时主要用来生产管壁较厚的轴承管。阿塞尔轧管机的特点是无导板长芯棒轧制；轧辊带有辊肩使减壁集中；便于调整和换规格，适于生产表面质量高、尺寸精度高的厚壁管，壁厚公差可控制在±（3% ~ 5%）；缺点是生产效率低，生产薄壁管比较困难。该轧机一般适用于生产径壁比 $D/S<20$ 的钢管。下限受脱棒的限制，上限受到轧制时尾部出现三角喇叭口易轧卡的限制，适于高精度、小批量、多品种的高附加值产品的生产。图 15-7 为三辊斜轧管机组工艺流程示意图。

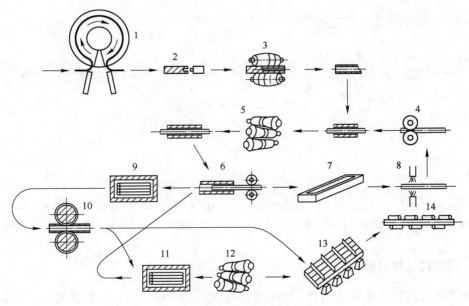

图 15-7　三辊斜轧管机组工艺流程示意图
1—管坯加热；2—定心；3—斜轧穿孔；4，6—插芯棒；5—三辊轧管；7—芯棒冷却；
8—芯棒润滑；9，11—再加热；10—定径；12—斜轧定径；13—冷却；14—矫直

15.2.4　顶管机组

图 15-8 是顶管机生产工艺流程示意图。现代顶管机组不仅能轧制一般碳素钢（轧坯、连铸坯），也可轧各种合金钢。除生产一般用途商品管外，还能满足锅炉管、石油管和石

油套管的需要。与其他轧管方式比较，顶管法的优点是：基建投资少，生产成本低，如投建年产 30 万吨以下，直径 15～150mm 小规格无缝钢管厂时，顶管机组每吨产品的投资甚至比连轧管机组低；顶管机延伸系数为 10～15，而连轧管机的延伸系数为 8，这就表明，轧同类钢管，顶管机的设备数量少得多；由于采用了水压冲孔，三辊延伸，顶管后又配置了张力减径机，就可能采用单重较大的方坯轧出较长钢管。现代顶管机组可以生产外径 150mm 以下的各种钢管，成材率高达 92%，可以与连轧管机组媲美，但对大批量生产大中型薄壁管来说就不如周期式轧管机和自动轧管机。

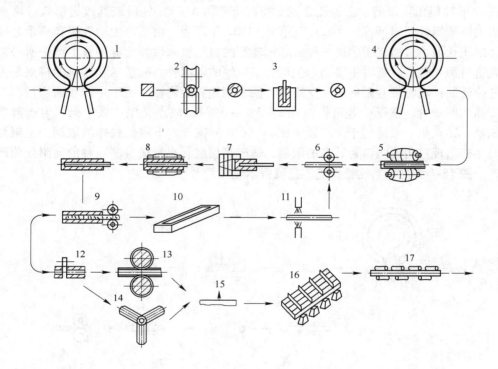

图 15-8   顶管机组工艺流程示意图

1—管坯加热；2—定型；3—压力穿孔；4—杯型坯加热；5—延伸；6—插芯棒；7—顶管；8—松芯棒；9—抽芯棒；
10—芯棒冷却；11—芯棒润滑；12—切除杯底；13—定径；14—减径；15—切定尺；16—冷却；17—矫直

15.2.5   周期式轧管机组

周期式轧管由锭直接轧成钢管，省去管坯车间，减少建厂投资，降低成本，适合生产大直径管、异型管及特殊钢管，且长度较大，主要用来生产外径为 340～660mm，壁厚为 15～60mm 的电站、机加工用大直径厚壁管，如 ϕ426mm 以上大口径、厚壁的高压锅炉管。但是产品品种少，钢管质量较差，生产率低。周期式轧管机组工艺流程见图 15-9。

15.2.6   挤压式轧管机组

热挤压钢管机组工艺流程见图 15-10，可成批生产各种有色或黑色金属管材及型材等，用途日趋广泛。

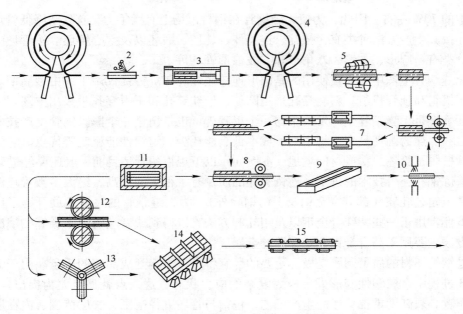

图 15-9 周期式轧管机组工艺流程示意图

1—钢锭加热；2—除鳞；3—钢锭压力穿孔；4—再加热炉；5—延伸；6—插芯棒；7—周期式轧管；8—抽芯棒；
9—芯棒冷却；10—芯棒润滑；11—钢管再加热；12—定径；13—减径；14—钢管冷却；15—矫直

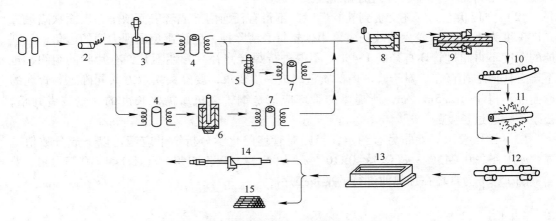

图 15-10 热挤压钢管机组工艺流程示意图

1—坯料；2—剥皮；3—钻孔；4—坯料加热；5—扩孔；6—压力穿孔；7—再加热；8—润滑；9—挤压；
10—冷床；11—去润滑剂；12—矫直；13—酸洗；14—冷拔；15—入库

15.3 管坯及其加热

15.3.1 管坯轧前准备

15.3.1.1 管坯种类及技术条件

在无缝钢管的生产中必须首先考虑管坯问题，即所谓坯料先行。管坯费用占无缝钢管生产成本的 70% 左右。因此，为使无缝钢管在钢材市场上有竞争力，首先要降低管坯的价格。管坯按其生产方法种类有：铸锭、连铸坯、轧坯、锻坯以及空心铸坯。按管坯的横断面形状分类有：圆形、方形、八角形和方波浪形管坯等。

在无缝钢管生产中，大量使用的是圆形连铸坯和轧坯。铸锭仅用于大中型周期轧管机组、挤压机组和顶管机组。斜轧穿孔采用圆坯，推轧穿孔和压力穿孔常采用方坯。广泛采用连铸圆管坯是无缝钢管生产发展中的一个里程碑，也是衡量一个国家钢管生产技术水平的标志之一。连铸圆坯具有成材率高、成本低、能耗少、组织性能稳定等优点。它使部分无缝钢管摆脱了管坯二次成材的境地（ϕ150mm 以下规格的管坯目前一般还要经过开坯）。近年随着炼钢和连铸技术的进步，连铸管坯的质量有了很大的提高，绝大多数管坯的质量已达到甚至超过轧坯（部分合金钢及不锈钢除外），为无缝钢管的飞速发展开辟了广阔的前景。锻坯常用于一些特殊合金钢以及用轧制方法难以得到或者经济上不合算的境况。离心浇注方法主要用于高合金钢和难穿孔的金属。

无缝钢管坯料的质量问题是极为重要的，它将直接影响到成品管的质量。由于无缝钢管的生产过程中金属塑性变形处于极为复杂的应力状态，这一点就显得尤为突出。因此，钢管工作者必须高度重视管坯的生产工艺，包括与管坯直径范围、长度范围、内在质量及管坯最大单重等有关的技术要求。

（1）尺寸和公差。外径公差：±1.4%（相对于公称直径）；椭圆度：小于 2%；端面斜度：小于 3.0°（和垂直方向的偏差最大 5mm）。

（2）交货状态。管坯交货到轧管厂时，不得有任何内部或者表面缺陷，表面缺陷最大允许深度为 1.5mm。较大的缺陷应该用砂轮打磨清除掉，应该避免出现尖锐的边角，且削掉的深度不得超过管坯直径的 1.4%，不得进行焊接修补。管坯不允许有片状的组织，也不得有任何缩孔存在。对于管坯内部质量的进一步要求，要经买卖双方共同确定。管坯的弯曲度不得超过 2.5mm/m，所提供的管坯应该是钢管轧机所需之长度的一倍或者几倍，公差不得超过长度的 1%。

（3）冶金要求。除非另有约定，否则对管坯的化学分析结果应满足以下成分数值范围：$w(P+S)<0.045\%$；$w(O_2)<40\times10^{-4}\%$；$w(N_2)<100\times10^{-4}\%$；$w(H_2)<4\times10^{-4}\%$。

图 15-11 为管坯在加热前进行的准备工序。

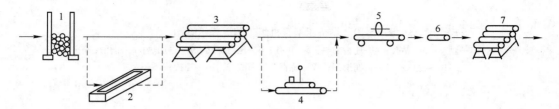

图 15-11　管坯准备工艺流程示意图

1—管坯仓库；2—去除氧化铁皮；3—检查；4—表面清理；5—改切；6—冷定心；7—最后检查

15.3.1.2　管坯切断

当管坯供应长度大于生产计划要求的长度时，需要将管坯切断。管坯长度不应超过机组设备允许范围。穿制高合金管时，管坯长度的大小还应考虑穿孔顶头的寿命。管坯切断方法有剪断、折断、锯断和火焰切割，如图 15-12 所示。这几种切断方法各有其特点。

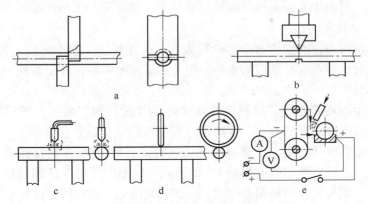

图 15-12　坯料切断方法

a—剪断；b—折断；c—火焰切割；d—锯断；e—阳极切割

（1）剪断法。剪断机的生产率高，剪断时无金屑消耗。但断口处易出现压扁现象，而且容易切斜，同时剪断机在剪切高合金钢时也容易切裂，所以剪断机一般只使用于剪切次数多、产品为低合金钢和碳钢的小型机组上。

（2）折断法。折断机生产率较高，但折断后的管坯断面极不平整，易造成穿孔时壁厚不均。同时对于低碳钢和合金钢，折断也较困难。因此折断机一般在旧式机组上使用，新建机组一般已不采用了。

（3）火焰切割法。火焰切割的管坯断面平整，切缝约在 6~7mm，并且一次投资费用较为低廉。同时火焰切割机生产灵活，既可切割圆坯，也可切割方坯，对于大多数钢号的管坯都能切割。其缺点是采用一般的火焰切割方法对含碳量超过 0.45% 的碳钢和一些合金钢不适用，同时会有金属消耗、氧气和气体消耗及造成车间污染等问题。

（4）锯断法。锯断机锯切的管坯端面平直，便于定心，在穿孔时易于操作。空心坯（毛管）壁厚相对来说也较均匀，同时各种钢号的管坯均可用于冷锯机锯断。但其缺点是生产率较低，锯片损耗大。

锯断法是切断质量最好的方法。它被广泛应用于合金钢特别是高合金钢管坯的切断。

15.3.1.3　管坯表面质量控制

对管坯进行严格检查和彻底清理表面缺陷，是确保钢管质量和提高成材率的重要措施，许多钢管厂家对此工作都极为重视。通常管坯检查和表面缺陷清理应当在管坯生产厂完成，轧管厂应根据相应的技术条件和要求，再对管坯进行复检。

管坯表面不得有肉眼可见的裂纹、结疤、针孔、夹渣、夹杂、发裂等缺陷，允许有深度不超过 1.5mm 的机械划痕、划伤和凹坑存在。圆坯端面不允许有肉眼可见的缩孔。管坯表面缺陷允许清除深度不超过实际直径的 4%，清除处应圆滑无棱角，清除的长深比大于 8，宽深比大于 6，在同一截面周边上清除深度达直径 4% 的区域不超过一处。

为了暴露管坯表面缺陷以便于检查，通常先采用酸洗、剥皮等方法去除管坯表面氧化铁皮，现在多采用无损探伤检查来代替人工检查。不同钢种采用不同的表面缺陷清理方法：（1）中、低碳钢多采用高效率的表面火焰清理法；（2）高碳钢和合金钢采用砂轮磨修；(3) 重要用途钢管和高合金管坯采用整根剥皮—检查—局部磨修。虽然剥皮清理金属消耗大、成本高，但由于能提高钢管质量和成材率，故经济上还是合理的。

15.3.1.4 管坯定心

圆管坯定心是指管坯前端端面中心钻孔或冲孔。在轧制一些变形抗力较大的材料时，有的工厂在管坯入炉前在管坯的后端或前、后两端端面的中心钻孔，前端定心可以防止穿孔时穿偏，减小毛管壁厚不均，并改善斜轧穿孔的二次咬入条件；后端定心是为了消除穿孔时毛管尾部产生的环状飞边，以利于轧前穿芯棒及提高钢管内表面质量和芯棒使用寿命，并可防止毛管尾部出现"耳子"等缺陷，避免出现穿孔后卡事故。

近几年的新建机组都将定心工序减掉了。压力穿孔或 PPM 推轧穿孔所用的方坯，加热后要在定型机上进行对角定型，如图 15-13 所示。定型的作用是压缩角部，使方坯的对角线等长，并且压成与穿孔筒相同的锥度，以达到剥落氧化铁皮和保证坯料对中的目的。

15.3.2 管坯加热

在轧件变形之前，要将管坯加热到奥氏体单相固溶体组织的温度范围内，均匀组织及溶解碳化物，提高钢的塑性、降低变形抗力及改善金属内部组织和性能，便于轧制加工。管坯不加热或加热不当会造成穿孔时预先形成孔腔或无法咬入管坯；温度过高还会引起钢的强烈氧化、脱碳、过热、过烧等缺陷，降低钢的质量，导致废品。因此，钢管的加热温度主要应根据各种钢的特性和变形工艺要求，从保证钢管质量和产量出发进行确定。

对管坯加热有三个基本要求：(1) 温度准确，保证穿孔过程在该管坯钢的可穿性最好的温度范围内进行；(2) 加热均匀，管坯沿纵向和横向温差小，内外温差应不大于30℃；(3) 烧损少，管坯在加热过程中不产生有害的组织和化学成分变化（如过热、过烧、脱碳、增碳等），以确保生产过程正常进行和钢管成品的性能合格。

15.3.2.1 加热设备

钢管工业生产中采用过的管坯加热炉有：斜底式加热炉、分段快速加热炉、环形转底式加热炉和步进梁式加热炉。斜底式加热炉由于是人工翻拨料，炉门常打开，炉子负压操作，因而劳动强度大，烧损严重、燃料消耗大，故属淘汰的炉型。分段快速加热炉的燃料消耗大、维修保养费用高、炉子在车间的布置也难以处理，因而并未获得广泛应用。目前圆坯加热以环形转底式加热炉应用最广泛，如图 15-14 所示。步进式圆管坯加热炉国内外个别厂家也有使用的。

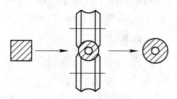

图 15-13 方坯定型机

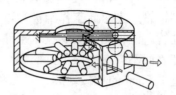

图 15-14 环形加热炉示意图

环形加热炉具有下列优点：

(1) 环形炉最适合加热圆管坯，并根据管坯直径和长度的变化调整加热制度；(2) 管坯在炉底上间隔放置，实现三面加热，时间短，温度均匀，加热质量好；(3) 管坯在加热过程中随炉底一起转动，与炉底之间无相对运动和摩擦，氧化铁皮不易脱落，炉子除装、出料炉门外无其他开口，炉子严密性好，冷空气吸入少，故氧化烧损较少；（4）炉内坯料可以出空，也可以留出不装料的空底段，便于更换管坯规格，操作调度灵活；（5）装料、出料和炉内运送都能自动进行，管坯从入炉至出炉的全过程可采用计算机程序控制，操作机械化和自动化程度高。

环形加热炉的缺点是：炉子占用车间面积较大；管坯在炉底上呈辐射状间隔布料，炉底面积的利用较差。表现为单位炉底面积的产量较低；炉子结构复杂，维修困难，造价高。

步进式加热炉主要用于中间加热，但炉底摆动机构需要由耐热钢制成，投资费用较高，我国已设计一种不用耐热钢的步进炉，可显著降低投资。感应式加热炉是把坯料置于螺旋感应线圈内，在交变磁场的作用下，内部产生涡电流加热管坯。集肤效应使坯料内产生感应电流集中于坯料表层，并向内传导加热中部。感应加热炉用于挤压车间和毛管再加热，也有用于钢管减径前的再加热以及管加工时的管端加热等。

15.3.2.2　加热制度

管坯在加热炉内所规定的一整套加热工艺参数的总称，称为管坯的加热制度，包括的基本工艺参数有：加热温度、加热时间、加热速度、断面允许温差、炉膛压力等，金属加热制度的选择应综合考虑炉型、炉子生产率、金属的性质、坯料的尺寸与形状、坯料在炉内的布料方式、工艺过程的要求等。

（1）加热温度。管坯加热温度是指管坯出炉时的表面温度。最合适的金属加热温度应使金属获得最好的塑性和最小的变形抗力。碳钢和低合金钢的加热温度上限比理论过烧温度（铁碳平衡相图中的固相线）要低 $100 \sim 150℃$；对高合金钢是采用热扭转法或临界压下率法来确定塑性与温度之间的关系，从而确定最好塑性的温度范围。图 15-15 所示为 1Cr18Ni9Ti 钢的热扭转曲线，由图可知，该钢的穿孔温度应低于 1210℃，以 $1150 \sim 1200℃$ 为好。

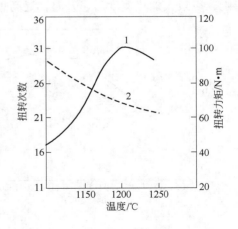

图 15-15　1Cr18Ni9Ti 的热扭转曲线
1—扭转次数；2—扭转力矩

临界压下率是指斜轧时管坯出现中心撕裂的直径压缩率。试验方法是将圆柱形试料加热至不同温度，然后在斜轧机中不带顶头空轧，并在中途轧卡，最后将轧卡试料纵向剖开并测量相关尺寸，见图 15-16，即可计算出临界压缩率 ε_{li} 为

$$\varepsilon_{li} = \frac{D_p - D_{li}}{D_p} \times 100\% \qquad (15-1)$$

式中　D_p——圆柱试料直径，mm；

　　　D_{li}——试料开始出现中心或环形撕裂处的断面直径（以裂纹宽度达 0.05mm 作为判别出现撕裂的依据），mm。

图 15-17 为 1Cr18Ni9Ti 和 00Cr15Ni13Mo2 钢的临界压缩率与温度的实验曲线，由图可

知 Cr15Ni9Ti 钢的穿孔温度应在 1150～1200℃ 范围为宜，这也与热扭转试验所得结果一致。

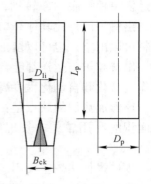

钢管在穿孔时温度会有所升高，所以钢管加热温度要适当低一些，否则穿孔时会造成破裂。加热温度也要考虑坯料尺寸的影响，大坯料尺寸因咬入困难及终轧温度低，要提高加热温度的下限值；对较小尺寸的坯料，加热温度可稍低一些。

（2）加热速度。加热速度是指金属表面的升温速度（℃/h）或指将单位厚度的金属加热到工艺要求的温度所需的时间（min/cm）。在加热初期应适当限制加热速度，否则

图 15-16　确定临界压下率图示

会产生加热裂纹甚至破碎。原因是：（1）加热速度越快，表面与中心的温度差越大，温差应力越大；（2）前道工序应力残留在管坯内部，尤其是加热冷锭时存在较大的铸造应力；（3）钢加热至 300～500℃ 范围会出现"蓝脆"现象，显著降低钢的塑性和强度；（4）加热过程中会发生相变，从而导致金属体积变化不一致而产生组织应力。上述低温应力的叠加，将有可能使管坯产生加热裂纹。故对于尺寸较大的高碳钢和合金钢，低温段加热速度不宜过快。进入 700～800℃ 的高温段后，金属塑性提高，故可采用较快的加热速度，并进行一定时间的保温均热，尤其是大管坯，以减少氧化、脱碳和防止过热、过烧。对于小直径低碳钢和低合金等塑性好的钢，可以不考虑温度应力的影响，以最大加热速度匀速升温，提高炉子生产率。

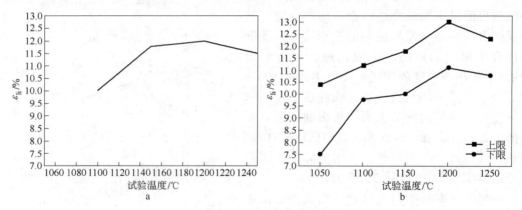

图 15-17　临界压缩率试验曲线
a—1Cr18Ni9Ti；b—00Cr15Ni13Mo2

（3）加热时间。金属的加热时间是指金属在炉内加热至轧制工艺所要求的温度时所必需的最少时间。由于它受许多因素影响，要精确地确定加热时间是比较困难的。

在实际生产中，要注意协调好加热出管节奏与轧机轧制节奏的关系，两者要一致。钢的加热时间直接影响加热炉的产量和质量。加热时间过长就会造成过热、过烧、脱碳、过度氧化等加热缺陷；加热时间过短，则会使加热不均匀，导致变形抗力增大、塑性降低、轧机调整困难等，将直接影响产品的尺寸精度。

管坯加热时间经验公式如下：

$$\tau_{jr} = K_{jr}D_p \tag{15-2}$$

式中 τ_{jr}——加热时间，min；

K_{jr}——管坯直径单位加热时间（即加热速度），min/cm（直径或边长），见表15-2；

D_p——圆管坯直径/方坯边长，cm。

表 15-2　管坯单位加热时间

钢　种	K_{jr}/min · cm^{-1}（直径或边长）	
	环形炉	斜底炉
碳素钢、低合金结构钢	5 ~ 6.5	6 ~ 7
合金结构钢	6 ~ 7	7 ~ 8
中合金钢	6.5 ~ 8	8 ~ 9
轴承钢	6 ~ 8	10 ~ 11
不锈钢、高合金钢	7 ~ 10	10 ~ 11

钢锭加热时的 K_{jr} 最大，加热低碳钢时 $K_{jr}=6 ~ 9$min/cm 直径；加热中碳钢和低合金钢时 $K_{jr}=9 ~ 12$ min/cm 直径；加热高碳钢时 $K_{jr}=12 ~ 15$min/cm 直径。

钢管定减径前的再加热属于薄材加热，可采用快速加热，减少氧化和脱碳，提高炉子生产率。再加热温度一般在 900 ~ 1100℃ 之间，具体温度要考虑产品组织性能和表面质量，还应考虑轧后的冷却方式。

思 考 题

15-1　什么是纵轧、横轧和斜轧？

15-2　简述热轧无缝钢管一般生产工艺过程。

15-3　热轧无缝钢管的主要变形工序是什么？

15-4　管坯的技术条件包括什么内容？

15-5　环形加热炉用途有哪些？

15-6　加热制度内容有哪些？

15-7　管坯为什么定心？

15-8　管坯轧前应做何准备？

15-9　热轧无缝钢管的主要变形工序是什么？

15-10　热轧无缝各机组生产工艺流程特点是什么？

16　管坯的穿孔

[本章导读]

　　了解穿孔历史及穿孔分类；结合穿孔变形区解释穿孔过程；掌握斜轧穿孔变形区几何和调整参数；解释斜轧穿孔运动原理；推导穿孔咬入条件并分析其影响因素。

　　管坯穿孔是将实心管坯穿孔成空心毛管，对无缝钢管的管坯成本、品种规格及成品质量有很大影响，穿孔是热轧无缝钢管生产中的最重要变形工序之一，穿孔过程示意图见图16-1。按照穿孔机的结构和穿孔过程的变形特点，可将现有的穿孔方法分类如下：

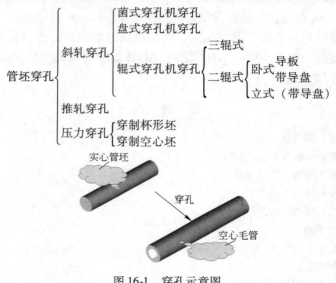

$$
\text{管坯穿孔}
\begin{cases}
\text{斜轧穿孔}
\begin{cases}
\text{菌式穿孔机穿孔} \\
\text{盘式穿孔机穿孔} \\
\text{辊式穿孔机穿孔}
\begin{cases}
\text{三辊式} \\
\text{二辊式}
\begin{cases}
\text{卧式}
\begin{cases}
\text{导板} \\
\text{带导盘}
\end{cases} \\
\text{立式（带导盘）}
\end{cases}
\end{cases}
\end{cases} \\
\text{推轧穿孔} \\
\text{压力穿孔}
\begin{cases}
\text{穿制杯形坯} \\
\text{穿制空心坯}
\end{cases}
\end{cases}
$$

实心管坯

穿孔

空心毛管

图16-1　穿孔示意图

16.1　二辊斜轧穿孔

　　斜轧穿孔至今仍是最广泛应用的穿孔设备。根据穿孔机的结构和穿孔过程变形特点的不同，斜轧穿孔机类型有：二辊斜轧穿孔、三辊穿孔机、狄舍尔穿孔机，见图16-2，目前应用最广的是二辊斜轧穿孔机。

16.1.1　二辊斜轧穿孔过程

　　二辊斜轧穿孔机按轧辊形状分为盘式、菌式和桶式三种，见图16-3。下面以桶式为例来研究二辊斜轧穿孔。

219

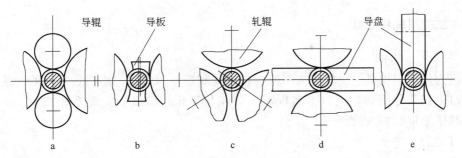

图 16-2 斜轧穿孔内腔形状

a—带导辊穿孔机；b—带导板穿孔机；c—三辊穿孔机；d—双导盘穿孔机；e—单导盘穿孔机

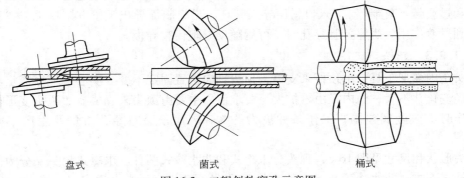

盘式　　　菌式　　　桶式

图 16-3 二辊斜轧穿孔示意图

二辊斜轧穿孔机由德国的曼乃斯曼兄弟于 1883 年发明，1886 年用于工业生产，又称曼乃斯曼穿孔法，后经瑞士工程师斯蒂菲尔加以完善。它的工作运动情况如图 16-4 所示，左右两个轧辊同向旋转，上下垂直布置的两个导板固定不动，中间一个随动顶头，轧辊轴线和轧制线相交成一个倾斜角，该角称为送进角，可在 6°～12°范围内调整。轧辊左右布置，导板上下布置的为卧式穿孔机，相反为立式穿孔机。二辊斜轧穿孔方法的优点是对心性好，毛管的壁厚较均匀；一次延伸系数较大，

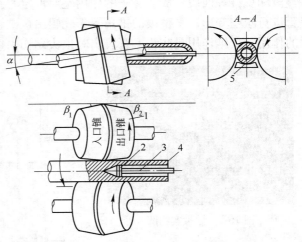

图 16-4 卧式二辊斜轧穿孔工作运动示意图

1—轧辊；2—顶头；3—顶杆；4—轧件；5—导板

一般在 1.25～4.5 之间，可以直接从实心圆坯穿制成较薄的毛管。主要缺点是变形复杂，容易在毛管内外表面产生和扩大缺陷，所以对管坯质量要求较高，一般皆采用锻、轧坯。由于对钢管表面质量要求的不断提高，合金钢比重的不断增长，尤其是连铸圆坯的推广使用，现在这种送进角小于 13°的二辊斜轧机，已不能满足无缝钢管生产中对生产率和钢管质量的要求，因而新结构的斜轧穿孔机相继出现。

16.1.2　二辊斜轧机工具

16.1.2.1　轧辊

轧辊为外变形工具，由轧辊入口锥、轧辊轧制带（入口锥与出口锥之间的过渡部分）、轧辊出口锥三部分组成。入口锥实现咬入管坯及穿孔；出口锥实现毛管减壁、平整及归圆；轧制压缩带起到过渡作用。

16.1.2.2　导板

导板（轧板）是固定不动的外变形工具，基本作用是导向及稳定轧制线，更重要的是封闭孔型外环，限制毛管横变形即扩径，尤其是薄壁管穿孔，如果没有导板的限制，其横向扩径量很大。导板实物图见图 16-5。导板与轧辊类似，沿纵断面上也分为入口斜面、出口斜面和过渡带（轧制带）。入口斜面导入管坯，出口斜面导出毛管并限制毛管扩径；过渡带起到过渡作用。当厚壁管穿孔时，可用随动导辊代替导板。

16.1.2.3　顶头

顶头是内变形工具，由顶杆来支撑，顶头轴向位置固定不变。实心管坯穿成空心毛管时，外径变化并不大，而内径由零扩大至要求值，主要由顶头来完成。故顶头变形任务很重，工作时受热金属包围，工作条件极为恶劣，因而顶头对穿孔质量及生产率影响都很大。

顶头形状和尺寸见图 16-6，顶头分水冷式和非水冷式两种。水冷式顶头又分为内水冷式和内外水冷式；非水冷顶头又分为更换式和非更换式。顶头由顶尖（鼻子）、穿孔锥、平整段和反锥等四段构成。鼻子的作用是对准定心孔，便于穿正；穿孔锥主要是穿孔并对毛管进行减壁变形；平整段的锥角等于轧辊出口锥辊面锥角，起到均壁和平整毛管内外表面的作用；反锥作用是防止毛管脱出时顶头划伤内壁，更换式顶头反锥还起到平衡作用。

图 16-5　导板实物图

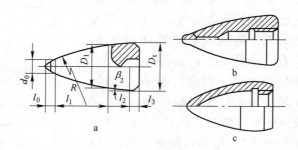

图 16-6　穿孔机顶头形状及尺寸
a—更换式非水冷顶头；b—内外水冷式顶头；c—内水冷式顶头

16.2　斜轧穿孔变形区及变形过程

16.2.1　斜轧穿孔变形区

斜轧穿孔过程中，金属的变形区其横断面呈环形，即由轧辊、顶头和导板构成一个环形，纵截面是小底相接的两个锥形体。如图 16-7 所示，二辊斜轧穿孔变形区可分为穿孔准备区、穿孔区、均整区和归圆区四部分。

（1）穿孔准备区Ⅰ。从坯料接触辊面到顶头鼻子为止（A 点至 B 点）。作用是实现管坯的一次咬入（A 点）增加接触面积，提高咬入力为管坯二次咬入（B 点）积累足够的剩余摩擦力；同时由于轧辊入口锥表面有锥度，沿穿孔方向前进的管坯逐渐在直径上受到压缩，被压缩部分的金属一部分横向流动，其坯料断面由圆形变为椭圆形，一部分金属向轴向延伸，故在坯料前端面形成一个"喇叭"状的凹陷

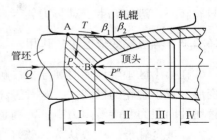

图 16-7　二辊斜轧穿孔变形区

和定心孔一起保证了顶头鼻部对准坯料中心，从而可以减少毛管前端的壁厚不均。

（2）穿孔区Ⅱ。从轧件触到顶头鼻子至管壁压缩到规定的尺寸为止，其主要变形是压缩壁厚。由于轧辊表面与顶头间的距离逐渐减小，因此毛管壁厚被逐渐压缩，壁厚上被压缩的金属，同样可以横向流动（扩径）和纵向流动（延伸），但由于横向变形受到导板的阻止作用，纵向延伸是主要的。穿孔时毛管可以有很大的延伸系数，可以达到 5 以上，这也是斜轧穿孔的特点。

（3）均整区Ⅲ。均整区是顶头平整段对应的变形区部分，主要作用是辗轧（均整）管壁，提高壁厚的尺寸精度和内外表面质量。由于顶头母线和轧辊母线平行，所以压缩量很小，主要是起均整作用。

（4）归圆区Ⅳ。从毛管内壁离开顶头到外表面离开辊面止，此区顶头和导板完全与轧件脱离接触，只靠轧辊的旋转将椭圆形毛管旋转加工成圆形，消除毛管的椭圆度。由于轧辊有出口锥角 β_2，随着辊间距的加大，在毛管旋转着前进时，轧辊对毛管的压下量逐渐减小，当压下为零时，即实现归圆。

16.2.2　斜轧穿孔变形过程

整个穿孔过程分为三个阶段：第一个不稳定过程是管坯前端金属逐渐充满变形区的阶段，即管坯同轧辊开始接触（一次咬入）到管坯前端金属出变形区，这个阶段包括一次咬入和二次咬入；稳定阶段是穿孔过程的主要阶段，从管坯前端金属充满变形区到管坯尾端金属离开变形区为止；第二个不稳定过程为管坯尾端金属逐渐离开的阶段。

穿孔后毛管头尾尺寸和中间有差异，一般是毛管前段直径大，中间部分直径比较一致，尾部直径较小，这与首尾两个不稳定过程相关。造成头部直径大的原因是：前端的金属在逐渐充满变形区过程中，金属同轧辊接触面上的曳入摩擦力 T_x 是逐渐增加的，到完全充满变形区后才达到最大值。当管坯前端与顶头相遇时，便受到强大的轴向阻力，因而金属轴向延伸变形减小横向变形增大（扩径），加上没有外端部限制，从而导致前端直径较大；尾端直径较小是因为管坯尾端被顶头开始穿透时，顶头轴向阻力明显下降，趋近于零，这时第二个不稳定过程中的金属较稳定穿孔中的金属所受曳入摩擦力相对较大，轴向阻力相对为小，从而易于轴向延伸变形，所以尾端直径小，故生产中我们常观察到毛管前端螺距小，尾端螺距大就是很好的证明。

在 76 无缝机组穿孔机上，有时毛管头尾直径相差 10mm 左右，这给生产带来很大困

难，在轧管机上管子头部经常出耳子，甚至造成大量废品。正常条件下头尾直径差应在 1～3mm 之间。实际生产中，穿孔时轧件突然停止前进，卡在穿孔机中，不前进不旋转或只旋转不前进的轧卡，就称为轧卡。前后轧卡比中卡多，也是不稳定过程特征之一。

16.2.3　导板在变形区中的作用

在第Ⅰ区中管坯何时和导板接触，这决定于许多因素，早和导板接触可以早控制横向变形，减小管坯的椭圆度，这对于穿制某些合金钢是很重要的。但过早和导板接触将增大管坯轴向阻力和旋转阻力矩，特别是开始进入第Ⅱ区时，加上顶头的轴向阻力，不易二次咬入，甚至轧卡。一般认为，管坯与导管接触最好是在管坯进入变形区 30～50mm 的地方，这是对小型机而言，当取较大的顶头伸出量时，实际上在二次咬入之前管坯和导板通常不接触。在第Ⅱ区导板起着控制横向变形的作用，并获得很大的延伸变形。在Ⅳ区中导板并不起作用，只有这样才能转圆。如果导板参与变形，则毛管容易被导板夹扁。

16.2.4　斜轧穿孔变形区几何和调整参数

（1）轧制线。管坯—毛管中心运行的轨迹为穿孔的轧制线，也就是穿孔顶杆的中心线。

（2）机器中心线。即穿孔机本身的中心线。为使穿孔过程稳定，安装设备时轧制线比机器中心线低 3～6mm。

（3）送进角 α 和轧辊转速 n（或主电机转速）。二辊卧式斜轧穿孔机的送进角是指轧制线与轧辊轴线在包含轧制线的垂直面上投影之间的夹角，见图 16-4。立式斜轧穿孔机送进角是指上述两线在水平面投影之间的夹角。送进角是斜轧中最积极的工艺参数。

生产中，应以充分发挥设备潜力为原则来确定穿制各种管坯所采用的送进角 α 和轧辊转速 n 的大小。一般规律是同一穿孔机中大直径管坯采用小送进角和低转速；同一直径的管坯，薄壁毛管取数值范围的上限；对于低塑性和变形抗力高的合金钢，最理想的是采用低速大送进角的穿孔工艺；如受主电机能力和顶杆系统刚度条件的限制，则应采用低速和尽可能大的送进角。表 16-1 列出了一些厂穿制中、低碳钢毛管时所用的实际数据。

表 16-1　某些工厂的穿孔机穿制中、低碳钢毛管时所用的 α 值和 n_g 值

机组	管坯直径 D_p/mm	送进角 α/(°)	轧辊转速 n_g/r·min^{-1}	机组	管坯直径 D_p/mm	送进角 α/(°)	轧辊转速 n_g/r·min^{-1}
140 自动式机组（穿孔机辊 ϕ850mm）	90	12	130～140	140 自动式机组（穿孔机组 ϕ850mm）	150	7.5～8.0	110～115
	100	12	130～140		160	6.0～6.5	100
	110	12	130～140	400 自动式机（穿孔机辊径 ϕ1350mm）	160～180	8～12	65～110
	120	11～12	125～135		200～230	7～11	60～90
	130	9.5～10.0	120		250～300	5～10	55～80
	140	9.5～10.0	115		330～350	6～9	55～70

（4）辊距（B_{ck}）。指两轧辊轧制带之间（孔喉处）的辊面距离。

（5）管坯总直径压下量（ΔD_p）和总压下率（ε）。

$$\Delta D_p = D_p - B_{ck} \quad \varepsilon = \Delta D_p / D_p \times 100\%$$

（6）导板距离（L_{ck}）。指两导板过渡带工作面之间距。

（7）孔型椭圆系数（ξ）。$\xi = L_{ck}/B_{ck}$，现场采用的范围见表16-2。

表16-2 现场应用较合适的 ξ 范围

钢 种	管坯直径 D_p/mm	ξ	钢 种	管坯直径 D_p/mm	ξ
中、低碳钢	75～140	1.10～1.16	高合金钢	75～140	1.05～1.10
	140～170	1.08～1.10		140～170	1.03～1.05
	170～270	1.06～1.08		170～270	1.02～1.05

（8）顶头前压下量（ΔD_{dq}）和顶头前压下率（ε_{dq}）：一些现场采用的 ε_{dq} 值见表16-3。

表16-3 一些现场采用的 ε_{dq} 值和 ε 值

钢 种	管坯直径 D_p/mm	ε_{dq}/%	ε/%
低中碳钢	ϕ80～170	5～8	12～16
	ϕ180～270	4～6	8～12
高合金钢（包括不锈钢）	ϕ80～170	3～5	10～12
	ϕ180～270	2～4	7～10

$$\Delta D_{dq} = D_p - B_{dq}; \varepsilon_{dq} = \Delta D_{dq}/D_p 100\%; B_{dq} = B_{ck} + 2(c - 0.5L_{ck})\tan\beta_1$$

（9）顶头前伸量（c）和顶杆位置（y）：顶头前伸量是指顶头鼻部伸出轧辊轧制带中线的距离，它又称顶头位置。顶头前伸时 C 为正值，顶头鼻部在轧制带中线之后则为负值。顶杆位置 y 是指在轧制线方向轧辊后端面与顶头后端面的间距。

（10）毛管外扩径量（ΔD_k）和内扩径量（Δd_k）：$\Delta D_k = D_m - D_p$；$\Delta d_k = d_m - D_t$

工具形状及其相互位置（B_{ck}、L_{ck}、α、C 或 y）决定了变形区的形状和大小。ε、ΔD_p、ΔD_{dq}、ε_{dq} 以及 ΔD_k 和 Δd_k 等是实现穿孔过程、计算穿孔机调整参数时所需的变形量。例如，顶头位置向前调整，则说明第 I 区减小；轧辊距离减小，整个变形区将加长；导板距加大则横向变形增加，纵向变形减小。

16.3 斜轧穿孔过程运动学

16.3.1 斜轧运动分析

斜轧是热轧无缝钢管生产中的主要加工方法之一，现以桶形二辊斜轧机为例，对斜轧时轧件运动的基本规律进行分析。

斜轧过程中轧件的运动特点是螺旋前进，随着轧件的螺旋前进，逐渐完成加工变形。这类轧机来说，形成这种运动的原因有两个方面：（1）两轧辊同向旋转；（2）轧辊轴线相对轧制线倾斜角度为送进角 α。

图16-8 所示是正常轧制条件下斜轧穿孔的速度分析图，任一截面轧辊表面切线速度为：

$$U_x = \frac{\pi D_{xn}}{60} \qquad (16\text{-}1)$$

式中　D_x——变形区内轧辊任一截面的直径，mm；

　　　n——轧辊转速，r/min。

将圆周速度 U_x 分解为与轧制线平行及垂直的两个分速度 U_{xx} 和 U_{xy}，则：

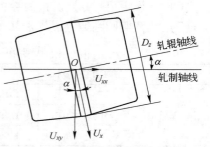

图 16-8　斜轧穿孔速度分析图

$$U_{xx} = U_x \sin\alpha \qquad (16\text{-}2)$$

$$U_{xy} = U_x \cos\alpha \qquad (16\text{-}3)$$

轧辊的运动通过摩擦作用传递给管坯，如果管坯与轧辊无相对滑动时，则轧辊将两个分速度以等值靠摩擦传给管坯，这样管坯就获得两个分速度 U_{xx} 和 U_{xy}。U_{xx} 是使管坯沿着穿孔中心线方向运动的速度，故称为管坯前进速度；U_{xy} 是使管坯围绕穿孔中心线做回转运动的速度，称为旋转速度。管坯在这两个速度作用下产生螺旋运动，即边旋转边前进，这就是斜轧穿孔中轧件的运动学条件。但变形区内金属存在塑性变形，不可能与相应接触点等速运行，彼此间存在一定的相对滑动，用金属的运动速度与辊面相应接触点的运动速度比表示，称为滑动系数。那么，金属在轧件轴向和切向的速度可表示为：

$$V_{xx} = S_{xx} U_{xx} \qquad (16\text{-}4)$$

$$V_{xy} = S_{xy} U_{xy} \qquad (16\text{-}5)$$

式中　V_{xx}，V_{xy}——接触表面任一点金属的速度在轧件轴向和切向的分量；

　　　S_{xx}，S_{xy}——接触表面任一点金属在轧件轴向和切向的滑动系数。

16.3.2　斜轧穿孔过程滑移现象

16.3.2.1　轴向滑动分析

纵轧时，一般情况下在变形区中同时有前滑区和后滑区，而斜轧穿孔大多数情况下为后滑，这是由于轴向有顶头阻力的作用，大部分轴向曳入力已用于克服顶头阻力和导板阻力。实验结果指出，在无顶头轧制时虽然变形量很小却存在着前滑区；相反，有顶头穿孔时虽然变形量很大却不存在前滑区，这证明顶头阻力的影响是巨大的。按力学的基本原则，在穿孔过程中任一瞬间作用在坯料上的全部力应当是平衡的。这些力包括轧辊作用在管坯上的正压力和摩擦力，顶头和导板作用在管坯上的正压力和摩擦力以及由于运动不均匀而产生的惯性力。如果平衡条件在某一瞬间由于某种原因遭到破坏，则必然要引起相应的力和速度的变化，而且这种变化要持续到新的力平衡为止。

摩擦力是个重要因素，特别是轧件与轧辊间的摩擦力，摩擦力的大小和方向与金属和工具之间的滑动有着密切的关系，因为滑动是后滑还是前滑就决定了摩擦力的方向，而且金属和工具之间滑动的大小直接影响着摩擦力的数值。为了简化问题，我们可以近似地认为，在稳定穿孔过程中管坯运动是均匀的，也就是说没有加速和减速，这就可略去惯性力，把动力平衡问题变为静力平衡问题。下面我们通过讨论使管坯旋转和轴向前进的静力平衡条件来说明为什么穿孔时为后滑的实质。如图 16-9 所示，使管坯旋转的力矩平衡条件可用下式表示，因顶头摩擦阻力矩很小，可忽略：

$$2(-M'_\mathrm{T} + M''_\mathrm{T} - M_\mathrm{p} - M_\mathrm{l}) = 0 \qquad (16\text{-}6)$$

式中　M'_T，M''_T——切向上前滑区和后滑区的摩擦力矩；

M_p——轧辊正压力产生的阻力矩；

M_1——导板上的摩擦力矩。

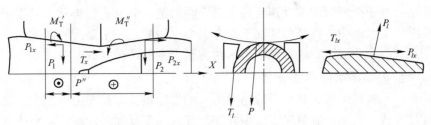

图 16-9　作用在管坯上的力矩

由上式可明显看出，只有后滑区中的摩擦力矩为带动坯料旋转的力矩，而其他力矩都是阻止坯料旋转的力矩，因而，在切向上存在着较大的后滑区是实现管坯旋转的必要条件，如果不存在较大的后滑区则管坯旋转条件是不能建立的。若采取主动驱动顶头，则增加了一个使管坯旋转的附加力矩，从而利于旋转条件的建立。因为只有建立了旋转条件，才能实现管坯轴向移动条件。作用在坯料轴向上力的平衡条件可用下式表示：

$$2(P_{2x} - P_{1x}) + 2T_x - P'' + 2(P_{lx} - T_{lx}) = 0 \qquad (16\text{-}7)$$

式中　P_{1x}，P_{2x}——轧辊进出口锥上正压力的轴向分量；

　　　　T_x——轧辊上的曳入摩擦力；

　　P_{lx}，T_{lx}——作用在导板上正压力和摩擦力的轴向分量；

　　　　P''——顶头轴向阻力。

由上式可看出，带动管坯轴向运动是由于 T_x 作用的结果，因为 P_{1x} 和 P_{2x} 值很小，其他作用力都是阻止金属轴向移动的。T_x 要带动管坯轴向移动，则 T_x 的方向必须和金属运动方向一致。这样，从金属和轧辊速度关系看，轧辊轴向分速度必须大于金属轴向移动速度，即整个变形区为后滑。这就是为什么穿孔过程是后滑的本质规律，因为只有这样穿孔过程中金属的轴向移动条件才能建立。

当轴向阻力增加时，如果穿孔过程还能建立的话，这时要达到新的力的平衡条件，必然是降低管坯轴向移动速度。轴向阻力的增加一方面致使金属和轧辊之间滑动增加，另一方面由于金属轴向移动速度减小，致使每半转螺距值减小（变形量减小），最终导致轴向阻力减小，因而穿孔过程还能继续进行，只是穿孔速度有所降低。但当 T_x 靠速度调节不能大于轴向阻力时或切向摩擦转动力矩不能大于切向阻力矩时，穿孔过程则不能进行，在生产中出现中轧卡，原因就在于此。

显而易见，斜轧穿孔过程中产生全部后滑的实质，主要是由于顶头阻力的影响，因而要使穿孔过程顺利进行和减小金属和工具之间的滑动，提高穿孔速度，最重要的是在于减少轴向阻力和切向阻力矩，或者增加轴向曳入摩擦力和带动坯料旋转的摩擦力矩。据此，如果穿孔过程中加一后推力或前张力，以及主动驱动顶头，取消导板（如三辊穿孔）等，都可改变力的平衡条件，有利于建立管坯旋转和轴向移动条件，减小滑动，强化穿孔过程以及可减少轧卡事故。

实验证明，加后推力可显著地减小管坯和工具间的滑动，强化穿孔过程。滑动现象的存在使咬入条件变坏，增加了穿孔工具的磨损，恶化了毛管质量，降低了轧机生产率，增加了单位能耗。

16.3.2.2　切向滑动分析

目前理论上对于金属切向流动速度还未完全弄清楚。但由实验得到，沿变形区长度上大部分是后滑。实验证明，在某些情况下存在两个中性面，一个靠近轧辊进口，一个靠近轧辊出口，即有两个前滑区，进口段前滑区约占整个变形区长度的 10% ~ 20%。

16.3.2.3　影响滑动的因素分析

总的说来，凡是减小顶头和导板轴向阻力，增加轧辊曳入摩擦力的因素，都将减小滑动，提高滑移系数，缩短轧制时间，减少在变形区内的反复加工次数，从而直接影响到轧机的产量、质量和能耗。影响滑动的元素分析如下：

（1）滑动随着管坯直径的增大而增大。穿孔大直径管坯时，所用顶头长度较短，顶头直径与长度之比较大，顶头母线陡升程度大，从而顶头轴向阻力大，滑动大，滑动系数小。

（2）随着穿孔速度的增加以及金属与轧辊之间摩擦系数的下降，滑动增加。

（3）穿孔温度升高，摩擦系数减小。在热变形的范围内，有两个互相矛盾的影响因素：一方面，金属的加热引起氧化物的生成，使摩擦系数增大，随着温度升高，氧化物及金属的粗糙表面变得平滑而柔软，使摩擦系数降低，这是因为高温金属的氧化物的润滑作用使金属粗糙表面变为平滑柔软的作用更突出；另一方面，穿孔温度提高，金属的塑性提高，变形抗力降低，减小了顶头的轴向阻力而造成滑动减少。后者对滑动影响更大，故应在高温下穿孔。

（4）调整参数的影响。顶头位置前移穿孔阻力增大，滑动增大。轧辊距离靠近，管坯直径缩率增大，变形区变长，曳入摩擦力增大，滑动减小；椭圆度减小，穿孔阻力增大，滑动增大；送进角增大，轧辊的轴向速度分量增大，曳入力增大，滑动减小。

（5）工具设计的影响。轧辊入口锥角减小，变形区加长，曳入摩擦力增大，正压力的轴向分量减小，滑动减小；采用较长的顶头，使顶头直径与长度的比值减小，顶头工作锥斜度减小，顶头阻力减小，滑动减小；轧辊直径增大，轧辊同金属的接触面积增大，滑动减小。

16.4　斜轧穿孔过程咬入条件

轧件咬入是实现变形的先决条件，管材生产常带有顶头或芯棒，因此存在着两次咬入。轧辊与毛管刚接触的瞬间把毛管咬入变形区中，称第一次咬入；当金属进入变形区内和顶头或芯棒相遇时，克服顶头或芯棒的轴向阻力而继续前进，称第二次咬入。后者无论在轴向和切向的阻力均较大，满足一次咬入条件不一定就能实现二次咬入。在生产实践中，还常有二次咬入时由于轴向阻力太大发生轧卡，毛管只转不前进，所以二次咬入是能否实现斜轧过程的关键。

轧件斜轧是螺旋形运动。因此咬入除要求在轧制轴线方向上咬入力 X 大于阻止力 X' 外，还要求切向的旋转力矩 M 大于阻力矩 M'。而且首先必须满足旋转条件。所以，斜轧咬入的极限条件是：$\sum M \geqslant 0$，$\sum X \geqslant 0$。

16.4.1　管坯旋转条件

斜轧穿孔过程中轧件作螺旋运动，要实现咬入过程必须满足旋转条件和前进条件。使管坯旋转的条件由下式确定：

$$M_T \geqslant M_p + M_Q + M_i \qquad (16-8)$$

式中　M_T——使管坯旋转的总力矩，在没有附加旋转力矩的情况下，为使轧辊带动管坯的旋转摩擦力矩；

M_p——由正压力产生的阻止管坯旋转的总力矩，称正压力阻力矩；

M_Q——由推钢机的推入力引起，在管坯后端产生的摩擦阻力矩；

M_i——管坯旋转的惯性矩。

根据上述基本公式，推导出辊式穿孔机实现管坯穿孔的旋转条件为：

$$f \geqslant \sqrt{\tan_2\beta_1 + 0.5\pi(1 + i)\tan\beta_1 \cdot \tan\alpha} \qquad (16-9)$$

式中　f——摩擦系数；

β_1——轧辊入口锥角，(°)；

i——管坯和轧辊半径之比值，$i = R_M / R_B$；

α——送进角，(°)。

分析此式可以看出，当轧制较小直径管坯时（即 i 值较小），保证管坯的旋转条件是没有问题的。

16.4.2　一次咬入条件

为了确定管坯被轧辊曳入的可能性，首先应研究力的平衡条件，当管坯喂到旋转的轧辊中时，在管坯上作用有一推力 Q，在管坯和轧辊接触点上产生一个垂直轧辊表面的正压力 P 及摩擦力 T，见图16-7。根据力的平衡条件，在轴向所有力的投影和等于零，即

$$Q + 2(T_x - P_x) = 0 \qquad (16-10)$$

式中　Q——推力；

P_x——一个轧辊上正压力在 x 轴上的投影；

T_x——一个轧辊上摩擦力在 x 轴上的投影。

作用在切点上的正压力垂直于轧辊入口锥的母线。这里有两个假设：一是管坯和轧辊为点接触；二是管坯前端断面为圆形，即认为管坯与轧辊接触时没有变形，这显然和实际情况不符，但可近似地这样认为。

为了把金属曳入变形区中，必须有足够的 T_x，而正压力的水平分力则是阻止金属曳入的，推入力是帮助实现曳入的。

上式经过推导和简化则得：

$$f \geqslant \sin\beta_1 / \sin\alpha + \sin\omega \qquad (16-11)$$

式中　f——热轧的摩擦系数，一般取 0.2~0.4；

ω——管坯中心角。

上式则为一次咬入条件公式。假如上式 $\sin\beta_1 / \sin\alpha + \sin\omega$ 值大于摩擦系数，为了实现咬入，必须附加推入力。用推料机将管坯推入轧辊时管坯端头受"冲击"使得直径有些减小，这样 ω 角也有些减小，ω 角减小可改善咬入条件，另外由上式可看出轧辊入口锥角愈小，咬

入条件愈好，增大轧辊直径和减小管坯直径也容易咬入，这和生产实际现象是一致的。上述公式仅是从力的平衡（有许多假设）导出的，因此与实际生产有些出入，甚至完全相反。

金属和轧辊间的摩擦系数对实现正常咬入是非常重要的，这是生产实践中常会遇到的问题，轧件和轧辊的表面状态对摩擦系数影响很大，如新辊不容易咬入，含 Cr、Ni 等元素的高合金钢不好咬入，这都是由于摩擦系数低的原因造成的。

上述公式是在正常的变形区形状和正常的管坯和轧辊接触的条件下导出的。如果轧机调整不当或轧机精度太差而不能保证正常的变形区形状和正确的管坯与轧辊的接触点，也会显著恶化咬入条件，这是在生产中常会遇到的问题，如轧辊安装不正，轧辊串动，穿孔中心线不正，管坯弯曲以及管坯的切斜度和压扁度超过规定的范围等。

16.4.3　二次咬入条件

16.4.3.1　二次咬入条件分析
二次咬入时力的平衡条件分两种情况：

当没有后推力时 $\qquad\qquad 2(T_x - P_x) - P'' = 0$ $\qquad\qquad$ (16-12)

当有后推力时 $\qquad\qquad 2(T_x - P_x) - P'' + Q = 0$ $\qquad\qquad$ (16-13)

式中　P''——顶头阻力；

　　　Q——后推力

由上式可看出，当没有后推力时，二次咬入中又增加了一个顶头阻力 P''，因此要满足二次咬入必须使：

$$2T_x > P'' + 2P_x \qquad\qquad (16-14)$$

16.4.3.2　改善二次咬入措施
分析影响二次咬入的因素，实现二次咬入必须有足够大的 T_x 和较小的 P_x 和 P''。

（1）增大 T_x 措施：一是减小轧辊入口锥角（同时可减小 P_x），增加穿孔准备区长度；二是加大顶头前压缩率 ε_{dq}，增加穿孔准备区长度；三是增大金属和轧辊间摩擦系数，如辊面刻槽等；四是增加管坯定心孔深度，增大二次咬入时金属与轧辊的接触面积，从而增加 T_x；五是增大辊径或减小管坯直径与辊径的比值。

（2）减小 P'' 措施：一是减小鼻部的半径以及减小顶头前管坯中心的应力状态；二是适当提高穿孔温度和增大顶头前压缩率，通过降低顶头鼻部的平均单位压力来减小顶头轴向阻力；三是减小二次咬入前的导板阻力，这说明在咬入区不希望轧件和导板接触，从而减少轴向阻力，不然由于增加一个导板阻力可能难以实现二次咬入。在生产中有时导板安装和调整不当或导板入口锥角设计不合理，常出现咬入不好甚至根本不咬入的情况。

生产中还可能遇到其他一系列影响二次咬入的因素，应根据不同情况加以具体分析，但从理论上讲，凡是促进 T_x 增大和减小 P''、P_x 的因素都将改善二次咬入。

16.4.4　穿孔孔腔

孔腔是指旋转横锻、横轧和斜轧实心工件时产生的纵向内撕裂，见图 16-10，也称之为旋转横锻效应。工件中心产生的纵向撕裂为中心孔腔，多见于二辊斜轧；工件中呈环状的纵向撕裂称环形孔腔，多见于三辊斜轧。孔腔的形成与金属的应力—应变状态有关，目

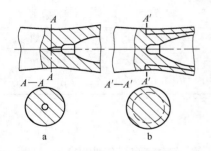

图 16-10 实心轧机斜轧时产生的孔腔
a—中心孔腔；b—环形孔腔

前对斜轧时孔腔形成机理解释尚无统一认识。

穿孔时顶头前的压缩变形产生一定的中心疏松是必要的，但是要避免顶头前压缩率过大产生撕裂而形成孔腔，即顶头前压缩率不能超过质量上允许的临界压缩率，即 $\varepsilon_{dq} < \varepsilon_{li}$。过早形成孔腔，高温时孔腔内壁被严重氧化，穿孔时无法焊合，形成不规则的折叠，报废钢管。同时为了克服顶头轴向阻力，实现二次咬入，顶头前压缩率又不宜过小，要保证 $\varepsilon_{dq} > \varepsilon_{min}$（实现二次咬入所需最小压下率）。综合来讲，顶头前压缩率应为：

$$\varepsilon_{min} < \varepsilon_{dq} < \varepsilon_{li} \tag{16-15}$$

为此，操作中应采用较小的压缩率（轧坯：ε 不大于 15%～16%，ε_{dq} 不大于 8%，高塑性钢种不大于 10%；钢锭：$\varepsilon = 5\%～6\%$）；小的入口锥角 $\beta_1 = 2°30'～4°30'$；小椭圆度系数 $\varepsilon = 1.09～1.15$；大送进角 $\alpha = 6°～12°$；顶头位置前伸（c 值为正）及使用细长顶头。

最好的办法是加一个外界条件，使之既能保证二次咬入，又能满足毛管质量的要求。可以设想，在穿孔方向上附加一个轴向力（后推力或前张力）或在管坯旋转方向上附加一个转动力矩（强迫管坯或顶头旋转）有利于克服轴向阻力和切向旋转阻力矩。在管坯后端加一个后推力在工业生产中已经实现。主动驱动顶头也正在进行试验。一般说来加后推力可提高穿孔速度、改善咬入条件和提高毛管质量，是强化穿孔过程的有效方法。

16.5　斜轧穿孔金属变形

16.5.1　基本变形

基本变形（宏观变形）是指由实心坯穿孔成毛管时轧件几何形状和尺寸的变化，是我们所需要的，所以又称为有用变形，见图 16-11。基本变形轴向为延伸变形，径向为减壁变形，切向为扩径变形，基本变形与变形区的几何形状尺寸（工具形状尺寸和轧机调整）有关，而与轧件材质无关。表 16-4 为穿孔时的基本变形量。

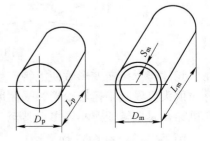

图 16-11　穿孔基本变形示意图

表 16-4　穿孔基本变形量

变形方向	绝对变形	相对变形	真变形	变形系数
纵向	伸长量 $\Delta L = L_m - L_p$	$\varepsilon_l = \dfrac{\Delta L}{L_p}$	$e_l = \ln\dfrac{L_m}{L_p} = \ln\mu$	延伸系数 $\mu = \dfrac{L_m}{L_p}$
横向	平均扩径量 $\overline{\Delta D_k} = (D_m - \delta_m) - \dfrac{D_p}{2}$	$\varepsilon_D = \dfrac{2\,\overline{\Delta D_k}}{D_p}$	$e_D = \ln\dfrac{2(D_m - \delta_m)}{D_p} = \ln\omega$	平均扩径系数 $\omega = \dfrac{2(D_m - \delta_m)}{D_p}$

续表 16-4

变形方向	绝对变形	相对变形	真变形	变形系数
径向	减壁量 $\Delta\delta = \dfrac{D_p}{2} - \delta_m$	$\varepsilon_d = \dfrac{2\Delta\delta}{D_p}$	$e_\delta = \ln\dfrac{2\delta_m}{D_p} = \ln\dfrac{1}{\eta}$	减壁系数 $\dfrac{1}{\eta} = \dfrac{2\delta_m}{D_p},\ \eta = \dfrac{D_p}{2\delta_m}$

16.5.2　附加变形

附加变形（不均匀变形）即无用变形，是材料内部的、直接观察不到的变形，附加变形是由金属的内应力引起的，有扭转变形、纵向剪切变形、横向剪切变形和管壁塑性弯曲等。这种变形会带来一系列的后果，如变形时能耗增加，引起附加应力，易导致毛管内外表面缺陷和内部产生缺陷等。

16.5.2.1　扭转变形

扭转变形是指在变形区中管坯与毛管各截面间产生相对角位移（图 16-12）。例如，管坯上的纵向裂纹经穿孔后变成螺旋形的外折叠，这就说明在变形区中管坯-毛管各截面间存在着相对角位移。轧辊轧制带处轧件的转速最快，而在变形区入口和出口转速最小，由于在同一根管坯的不同断面上具有不同的角速度，因而形成扭转。由于变形区内各截面的轧件转速是靠摩擦带动的，而轧件的扭转变形又与轧件刚度有关，管壁愈厚，刚度愈大，扭转变形就困难，此时各截面间轧件转速差有相当一部分被轧辊与轧件之间的相对切向滑动所抵消。相反，变形率愈大，毛管壁薄，由运动学上的旋转条件变成相应的轧件扭转变形的程度加大。横向变形大也促进扭转变形的发展。

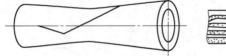

图 16-12　穿孔扭转变形示意图

轧件产生扭转变形致使毛管产生复杂的应力，毛管内外表面易于形成缺陷。采用主动驱动顶头可以减小扭转变形；采用菌式穿孔机可以减少扭转并提高毛管质量；采用三辊穿孔机穿孔时扭转变形小得多，甚至没有扭转变形。

16.5.2.2　纵向剪切变形

纵向剪切变形是指内外层金属沿轴向产生附加的相互剪切变形。如图 16-13 所示，纵向剪切变形产生的原因是由于顶头轴向阻力造成的，一方面轧辊带动管坯金属轴向流动；另一方面顶头阻止金属轴向流动，最终导致各层金属流动速度不一致，各层金属间产生附加变形和附加应力，特

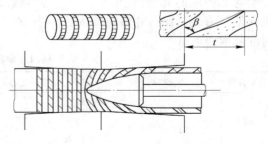

图 16-13　穿孔时金属的纵向剪切变形

别是和轧辊直接接触的外层金属和与顶头接触的内层金属附加变形更大。纵向剪切变形的大小用 β 角表示。β 角是指管壁金属纤维某点的切线与管壁垂线的夹角。β 角愈大，则纵向剪切变形愈大。

纵向剪切变形以及由此引起的附加剪应力和拉应力使毛管内外表面层很容易出现缺陷，或者使管坯表面原有缺陷发展扩大，如穿孔低塑性高合金管时的横裂缺陷。实践证明，通过顶头正向驱动或顶头加润滑的方法等可以减少顶头阻力，缩小毛管外层和内层以及轴向各层间金属流动速度差，从而减少纵向剪切变形。

16.5.2.3 横向剪切变形

横向剪切变形是指内外层金属沿横向产生附加的相互剪切变形，其产生的原因是在曳入区，实心坯由于表面变形的结果，外层金属沿横向流动的角速度大于内层，使金属纤维扭曲，如图 16-14 所示。在带顶头轧制的区间，毛管外表面和内表面层金属有较大的变形，切向流动角速度大于过渡层，使金属纤维弯曲成 C 形，减壁量越大，则弯曲程度越大。总之，金属切向流动角速度不一致，是引起各层金属间相互的附加横向剪切变形的根本原因。横

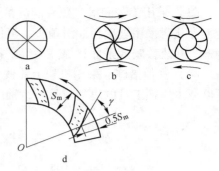

图 16-14　横向剪切变形示意图

向剪切变形的大小用 γ 角表示。γ 角指某纤维在 0.5mm 壁厚处的切线与过该点径向线之间的夹角。

横向剪切变形是造成毛管纵裂、折叠和分层等缺陷的原因之一。分层缺陷多出现在靠近毛管的内外表面。厚壁管穿孔时的变形主要在内表面，即内表面附近的附加横向剪切变形最大。为减轻横向的剪切变形，应减少顶头阻力和横向变形。

16.5.2.4 塑性弯曲变形

斜轧穿孔时，空心毛管的管壁在轧辊和顶头间受到反复碾压，毛管每旋转一圈将产生 $2n$（n 为辊数）次反复塑性弯曲。特别是当毛管壁厚与直径之比大于 $0.22 \sim 0.35$ 时，较厚的管壁金属具有较大的弯曲变形阻力，在管壁上产生较大的切向和轴向拉应力，管子内表面易于出现裂纹和折叠，故应取较小的椭圆度和减少压缩次数。

16.6　斜轧穿孔新工艺

二辊斜轧穿孔自发明以来，根本性的技术改革并不多，管坯金属的应力状态并没有本质的改变。近十多年来，为了强化穿孔过程、改善毛管质量和提高工具寿命，进行了一些技术性的改进，其中主要有以下几项。

（1）大送进角穿孔。送进角是斜轧穿孔最积极的工艺参数。实践证明，采用大送进角穿孔可以提高穿孔效率、减少纯穿孔时间，提高临界压缩率和改善毛管质量。例如，某厂将送进角 11° 增大到 15°，使纯穿孔时间减少 25%，单位能耗降低 15% ~ 20%，顶头寿命提高 10% ~ 12%，钢管内折废品平均减少 1/6。因此，大送进角穿孔已成为斜轧穿孔的重要发展趋势。目前送进角范围为 $\alpha = 15° \sim 20°$。

（2）顶推穿孔。顶推穿孔是指在穿孔过程中对管坯施加一个轴向后推力 P_0，以提高穿孔效率和缩短穿孔时间，从而延伸顶头寿命和提高穿孔机生产率，并在一定程度上改善毛管内外表面质量和改善二次咬入，第一台顶推穿孔机的顶推力为 50t。根据试验结果，

当 $P_0/P = 0.25 \sim 0.30$ 时（P 为 $P_0 = 0$ 时的轧制力），穿孔效率可比无推力时提高 60% ~ 70%，使轴向滑移系数接近于 1。

顶推穿孔需设专门的顶推装置，并应加大穿孔机主电机容量和加固顶杆系统，顶推穿孔可使轧制力增加 30% ~ 55%、轴向力增加 15% ~ 40%，轧制力矩增加 30% ~ 50%。

（3）采用工艺润滑。顶头润滑是强化穿孔工艺的措施之一。例如，1Cr18Ni9Ti 等高合金钢穿孔时采用玻璃粉润滑顶头，可使顶头轴向力降低 25% ~ 30%，穿孔速度提高 40% ~ 50%，并改善咬入条件和提高毛管质量。

（4）其他措施。采用机架上盖铰接、导板支座液压移动和连接轴头快速开脱等装置，可以减少更换工具的时间；另外，轴向出料和顶杆循环使用可使出料操作时间仅为 4s。

16.7　其他穿孔机

16.7.1　狄舍尔穿孔机

狄舍尔穿孔机于 1972 年由德国研制，是在二辊桶形辊穿孔机基础上演变而来的，用主动旋转的导盘代替了导板，如图 16-15 所示。轧辊上下布置，每个轧辊由单独的主电机通过万向连接轴直接驱动；左右两侧的导板被两主动旋转导盘所替代，导盘旋转的切线速度比孔喉处轧辊切线速度大 20% ~ 25%，给轧件施加一个轴向拉力，以减少轧件的轴向阻力，提高穿孔效率 10% ~ 20%；大送进角在 18° 以上，提高穿孔速度；孔喉椭圆度可调近 1.0，这样使最大延伸系数达到 5.0，轴向金属滑动系数增

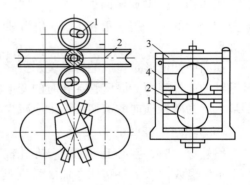

图 16-15　狄舍尔穿孔机示意图
1—轧辊；2—导盘；3—机架上盖；4—焊接机架

加，毛管内外表面质量大为改善，从而提高生产率，降低单位能耗。狄舍尔穿孔机出口速度达 1.2m/s，导盘用含镍、铬及锰钢制造，每对导盘可修磨 6 次，总轧出量达 540000 根管。此轧机缺点是轧件咬入和抛出不稳定，毛管首尾外径差大，可采用其后增设空心坯减径机来消除。

狄舍尔穿孔机已作为高效率、优质的斜轧穿孔机之一被人们所注意，目前已在连轧管机组中开始应用。

16.7.2　双支座菌式穿孔机

20 世纪 80 年代在狄舍尔穿孔机结构特点的基础上，出现了主动旋转导盘、大送进角的锥形辊二辊斜轧穿孔机，如图 16-16 所示。它与狄舍尔穿孔机最大的不同是轧辊的形状由桶形改为锥形，轧辊由传统的悬臂结构改进成双支座支撑，轧辊轴线与轧制线间除了有 10° 左右的送进角外，还有一个 15° 左右的辗轧角 β，在很大程度上减少了管坯变形过程中的切向剪切应力，抑制了旋转横锻效应，消除了切向剪切变形和扭转变形，改善了毛管内外表面质量，产品质量可与挤压媲美，可穿轧难变形金属及高合金管坯。锥形辊穿孔机效

率高,最大出口速度可达 1.5m/s,有利于高生产率机组选用;由于轧辊直径由入口至出口不断增大,圆周速度不断增大,可使轴向滑移系数达到 0.9,最大延伸系数可达 6.0,可承担较大变形,从而减轻了轧管机的变形;穿孔扩径量达到 30%~40%,不仅可穿制薄壁毛管,还可减少管坯规格范围,简化生产管理。

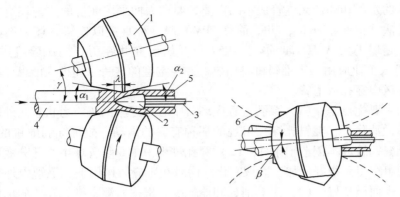

图 16-16 锥形辊二辊斜轧穿孔机工作示意图
1—轧辊;2—顶头;3—顶杆;4—管坯;5—毛管;6—旋转倒盘

狄舍尔穿孔机和锥形辊穿孔机都是当代广为采用的新型穿孔机,穿孔效率高及产品精度高,适于连铸坯穿孔,其中锥形辊穿孔机具有更大的发展前途。

16.7.3 三辊斜轧穿孔

第一台工业三辊穿孔机于 1965 年投产。它以三个主动轧辊和一个顶头构成"封闭的"环形孔型。由于它取消了导板,因此具有下列优点:(1)扩大了可穿钢种范围;(2)由于无导板划伤和中心撕裂的问题,改善了毛管内外表面质量;(3)其穿孔效率比二辊斜轧穿孔高 15%~20% 以上;(4)其单位能耗要比二辊斜轧穿孔的小 33%~40%;(5)更换毛管规格方便;(6)毛管尺寸比较稳定,各根毛管之间和同一根毛管头尾之间的外径差比二辊穿孔的小,这一点对连轧管机组是重要的。三辊斜轧穿孔的主要缺点是:(1)不能穿制薄壁毛管,通常 $D/S<14$,否则会出现尾三角缺陷;(2)顶头轴向力较大,Q/P 值达 0.4~0.5,因此顶头寿命是薄弱环节;(3)穿孔时有可能出现毛管分层缺陷。目前三辊斜轧穿孔已在新建的连轧管机组和三辊轧管机组中开始使用。生产薄壁毛管时需要配备延伸机。

三辊斜轧穿孔的运动学分析、咬入条件分析、轧制力计算和工具设计等的方法以及穿孔工艺制度中各参数的选定,均与二辊斜轧穿孔相类似,涉及轧辊数目时,n 应等于 3。

16.7.4 压力穿孔

压力穿孔于 1891 年问世,在立式水压机或液压机(穿孔机)上进行,将方形或多边形钢锭放在挤压缸中,挤成中空杯体,延伸系数为 1.0~1.1,穿孔比(空心坯长度与内径比)为 8~12。此法使坯料中心处于不等轴全向压应力状态,外表面承受着较大的径向压力,因内外表面在加工过程中不会产生缺陷,对来料没有苛刻要求,可用于钢锭、连铸方坯和低塑性材料的穿孔。由于主要是中心变形,特别有利于钢锭中心的粗大疏松组织致密化，虽然最大延伸系数只有 1.1，但中心部分的变形效果相当于外部加工效果的 5 倍。主要缺点是生产率低，成材率低，偏心率较大。

16.7.5　推轧穿孔

连铸技术的发展和降低无缝管成本的需要，要求人们采用廉价的连铸坯直接穿轧无缝管。推轧穿孔法（press-piercing mill，简称 PPM）是一种直接以连铸方坯为坯料生产毛管的方法。此法是瑞士人 A. H. Calmes 于 1957 年开始研究并经历长期试验改进而发明的，1977 年正式投入工业应用。用推料机将加热好并经定型的连铸方坯推入由纵轧机孔型与顶头围成的变形区中穿孔成毛管。

轧穿孔的主要优点是：（1）穿孔过程中坯料中心处于全向压应力状态而外表面主要承受径向压应力，消除了二辊斜轧穿孔出现的那种有害的滑动，故可穿制廉价的连铸方坯，为显著降低无缝钢管成本创造了条件。（2）穿孔过程中主要是管坯中心部分变形，使中心粗大而疏松的组织得到很好的加工而致密化。同时在压应力作用下，毛管内外表面不产生裂纹，故毛管表面质量好。（3）工具消耗和能耗少。根据实测，推轧穿孔的单位能耗仅为二辊斜轧穿孔 20% 左右；推轧穿孔的顶头平均单位轴向力仅为压力穿孔的 50% 左右，因而工具消耗比压力穿孔的少。（4）由于应力状态条件好和单位能耗少，故为穿制低塑性高变形抗力的高合金钢创造了条件。（5）伸长率和穿孔比都大于压力穿孔，延伸系数可达 1.2，生产率可达 2 根/min，穿孔比可达 40，比压力穿孔大得多。

推轧穿孔有两个主要缺点：一是穿孔延伸系数小，$\mu \approx 1.1$；另一是毛管壁厚不均严重。因此，穿孔后需配备 1~2 台斜轧延伸机，伸长率约为 2.05~2.34，同时纠正偏心引起的壁厚不均，纠偏率可达 50%~70%。加上穿孔前还须设方坯定型机，因而相关设备投资较大。

近年来，炼钢技术和连铸技术的不断提高，旋转连铸法的应用，已使连铸圆坯表面质量大为改善。三辊斜轧穿孔的出现和二辊斜轧穿孔技术的改进（如狄舍尔穿孔），使连铸圆坯斜轧穿孔已在工业中应用，并已开始用普通二辊斜轧穿孔法穿制连铸圆坯。各种穿孔方法对比见表 16-5。

表 16-5　各种穿孔方法对比

项　　目	二辊斜轧	压力挤孔	推轧穿孔	狄舍尔穿孔	锥形穿孔
坯料种类	轧坯	钢锭、连铸坯	轧坯、连铸坯	轧坯、连铸坯	轧坯、连铸坯
断面形状	圆	方、圆	方	圆	圆
是否需要延伸机	大规格尺寸需要	需	需	否	否
最大变形量（包括延伸机）	3.5	2	3.5	5	6
最大生产率/m·min^{-1}	24	10	20	50	55
壁厚不均/%	±6	±10	±16	±6	±5

思　考　题

16-1　热轧无缝钢管的穿孔方法有哪些?

16-2　结合穿孔变形区解释穿孔过程。

16-3　穿孔各工具的运动状态如何?

16-4　穿孔时毛管壁厚和外径是由什么因素决定的?

16-5　导板在穿孔过程中的作用是什么?

16-6　穿孔变形区调整参数有哪些?

16-7　描述斜轧运动学原理。

16-8　分析咬入条件并提出改善咬入的措施有哪些?

16-9　穿孔后滑实质是什么?

16-10　穿孔时对顶头前压下量有何要求?

16-11　根据图示理解穿孔基本变形和附加有害变形。

16-12　有哪些其他形式的穿孔机?

16-13　为什么锥形辊穿孔机具有更大的优势?

16-14　有哪些技术措施确保毛管的质量要求?

17　毛管的轧制

[本章导读]

　　通过变形、生产特点、设备特点等方面类比学习各种轧管机，了解自动轧管工艺特点及其设备；重点掌握各种连轧管机工艺特点、轧制特点及运动特点；掌握各种高精度斜轧轧管机的设备特点。

　　毛管轧制是热轧无缝钢管生产中的核心工序，作用是减小毛管壁厚至成品要求，并消除纵向壁厚不均；另外还可提高荒管内外表面质量、控制荒管外径和真圆度。主要轧管方法归纳如下：

$$
\text{纵轧} \begin{cases} \text{顶头} \begin{cases} \text{锥形} \\ \text{球形} \end{cases} \text{自动轧管机} \\ \text{长芯棒 —— 连轧管机，皮尔格轧机} \end{cases}
$$

$$
\text{斜轧} \begin{cases} \text{长芯棒} \begin{cases} \text{二辊} \begin{cases} \text{立式带导盘 —— 狄舍尔轧机} \\ \text{卧式带导盘 —— Accu-roll 轧机} \end{cases} \\ \text{三辊 —— 阿塞尔轧机} \end{cases} \\ \text{顶头} \begin{cases} \text{二辊} \\ \text{三辊} \end{cases} \text{均整机} \end{cases}
$$

$$
\begin{cases} \text{顶管机} \\ \text{挤压机} \end{cases}
$$

　　斜轧法轧管的工艺设备及变形基本与斜轧穿孔相似，因此本章主要讨论毛管纵轧，重点介绍连轧管机的纵轧变形特点。

17.1　自动轧管机

17.1.1　自动轧管机结构特点

　　自动轧管机由瑞士人斯蒂菲尔于 1903 年发明，1906 年建立第一套机组。其轧管过程示意图见图 17-1。自动轧管机的工作机架与二辊不可逆式纵轧轧钢机相似，主要结构特点是：在工作辊后增设一对速度较高的反向旋转的回送辊，将轧到后台的钢管自动回送到前台来，故称该机组为自动轧管机组；在机座内设置有上工作辊和下回送辊的升降与调整机构，以满足钢管回送的要求。轧辊由主电机通过减速机、齿轮机架及万向（梅花）接轴传动。由于轧制速度高，轧件短，每道纯轧时间短，故装有飞轮。

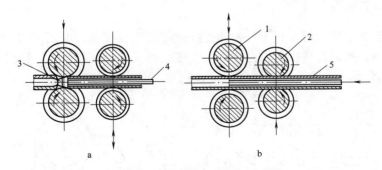

图 17-1　自动轧管机轧管示意图

a—轧制情况；b—回送情况

1—工作辊；2—回送辊；3—顶头；4—顶杆；5—毛管

17.1.2　自动轧管机轧管过程

在工作机架内装有一对工作辊，根据所轧钢管的尺寸，轧辊上配有 2~5 或 5~8 个开口圆孔型，毛管在此孔型中受到轧制，见图 17-2a。由于孔型是开口的，轧后的钢管必然产生对称的壁厚不均和变椭圆现象，为使管壁均匀并获得较大的延伸，需要轧制 2~3 道次或更多道次，但为了防止轧后钢管温度低于 950℃，以防轧破，一般在自动轧管机上轧制两道，并在轧制第二道之前翻钢 90°，在孔型中轧制钢管时尚有顶头参与工作。顶头在工作中承受高温高压，一般以含碳 1.2%~1.8% 的高铬钢或高铬铸铁制成，轧制研磨后可作热处理，以减小与钢管间的摩擦力及提高耐磨性。顶头由两带组成，见图 17-2b。锥形带是用以逐步压缩管壁，圆柱带与轧辊上的圆轧槽形成封闭的环形间隙，以控制钢管的壁厚。毛管在自动轧管机上轧制的所有道次均在同一孔型中轧制，孔型高度一般不调整，而是以更换较大的顶头来实现。

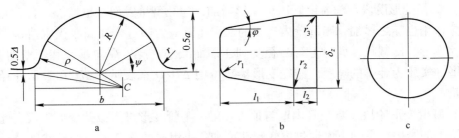

图 17-2　自动轧管机的轧辊孔型和顶头

a—轧辊孔型；b—锥形顶头；c—球顶头

用回送辊及其调整机构实现钢管的回送。工作机架内还装有一对反向旋转的回送辊，回送辊上配有与工作辊对应的但开口角度较大的圆孔型，用以回送钢管。当钢管被送入轧辊轧制时，回送辊互相离开使钢管通行无阻。每道轧完后取出顶头，将回送辊下辊和工作辊上辊升起一定高度（40~80mm），钢管受到回送辊的夹持被回送到前台，随即又将工作辊上辊和回送辊下辊降至原来位置，进行下一道的轧制。

17.1.3　自动轧管机变形过程

在自动轧管机上轧管时，管子首先和孔型侧壁实现点接触，如图17-3c所示，随即进入压扁变形阶段；然后在轧辊曳入力的作用下依次进入减径区（l_1区）和减壁区（l_2区），如图17-3a、b所示。

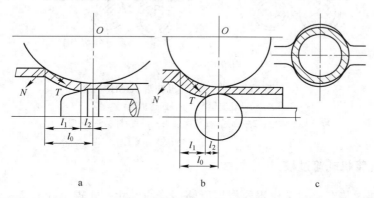

图 17-3　自动轧管机轧管时的变形区
a—锥形顶头轧管；b—球形顶头轧管；c—咬入

（1）压扁变形阶段。毛管开始和轧辊只是点接触，并在轧辊摩擦力的作用下曳入变形区中实现一次咬入，随即被两个轧辊压扁，仅高度减小、横向略有增加而横断面面积不变，管子周边几乎不变化。压扁变形是塑性弯曲变形而非塑性压缩变形。产生压扁的根本原因在于孔型形状和管子形状不一致，随着管子逐渐进入变形区，将逐渐增大压扁变形，但同时管子和孔型的接触面积也逐渐增加，直到管子完全和孔型壁相接触为止。只有当接触摩擦力增加到一定程度后才开始纵向延伸变形，这时孔型侧壁支持作用增加，却不能产生压扁变形了。

（2）减径变形阶段。随着毛管压扁变形增加，与孔型接触面积也增加，孔型侧壁对管壁的支撑作用也随之增加，当管壁内产生的切向压缩应力超过金属屈服极限时，管壁产生切向压缩变形，即减径。此时毛管外径受到压缩而减小，产生纵向延伸和管壁增厚现象，壁厚的增加实质为金属的宽展。减径变形参数可用 $\Delta D/D$ 来表示，$\Delta D/D$ 表示外径上的相对压缩量。

（3）减壁变形阶段。当毛管内壁与顶头接触，毛管变形进入减壁变形阶段。此时毛管在轧辊给予的摩擦力带动下，通过由轧辊孔型和顶头组成的逐渐减小的环状间隙，使管壁迅速减薄而获得较大延伸。

17.1.4　自动轧管机横向壁厚不均

17.1.4.1　壁厚不均原因

由于孔型存在着侧壁斜度，沿钢管断面上壁厚压缩是不均匀的。在孔型顶部（约117°）压缩最大，因而延伸系数也最大，在侧壁斜度处压缩量逐渐减小，直到没有压缩。当在自动轧管机上使用带有大侧壁斜度的孔型时，常易出现横裂缺陷，特别是当第二道取较大变形量时，破裂常出现在第二道孔型侧壁处。破裂的出现是因为沿钢管断面上变形不均匀而引起的。在孔型顶部受压应力，而在侧边斜度处受拉应力。在第二道中由于变形主要集中在孔型顶部，这样变形更不均匀，从而在第二道中侧边处所受的拉应力较第一道大，因为侧边斜度处的金属不受轧辊直接压缩，而只因管子断面受压缩部分的拉伸作用而得到延伸。从而在辊缝处管内产生很大的附加拉应力，当它超过金属强度极限时将引起管子横向破裂。特别是第二道温度较低、金属塑性低或轧制某些高合金钢时，由于塑性差，更易出现这种缺陷，从而要合理地选取变形量。另外，金属过热使得塑性降低，生产中也会产生这种缺陷。

17.1.4.2 改善横向壁厚不均措施

具体措施为：

（1）增加轧制道次至 2~3 道次，道次愈多壁厚愈均匀。温度较高的第一道次采用较大的变形量，末道采用小的变形量，这样既可减少壁厚不均，又可避免横裂产生。轧制两道次时，轧管总延伸系数不大于 2.1。

（2）选择合适的孔型宽高比（$\xi = b/a$）。小的孔型宽高比有利于减轻钢管横向壁厚不均，但影响咬入，且容易过充满产生耳子。合理的孔型宽高比为 1.04~1.05。采用多角形孔型也可提高壁厚精度。

（3）选择合适的顶头锥角 γ_t。顶头锥角 γ_t 从接触面积和方向余弦两个方面影响顶头的阻力。加大 γ_t 角可以减小顶头与金属的接触面积，减少稳定过程的顶头轴向力，从而减小横变形和横向壁厚不均。但加大 γ_t 角不利于二次咬入，当 $\gamma_t \geqslant 14°$ 时无法实现咬入，而 $\gamma_t < 7°$ 时顶头轴向力又相当大。为此，常取 $\gamma_t = 7° \sim 12°$ 来兼顾，或按 $\tan\gamma_t = f_t$ 来确定 γ_t 值（f_t 为金属与顶头间的摩擦系数）。

（4）选用润滑效果好的顶头润滑剂以降低 f_t 值，从而减少轴向阻力并减少横向变形和横向壁厚不均。

（5）设置均整工序。穿孔后毛管横向壁厚不均为 17%~20%，轧制第一道后为 50%~60%，第二道轧后为 17% 左右，经均整后为 8%~12%。可见自动轧管机后设均整工序是控制钢管壁厚不均所必需的，这也是自动轧管机组的一个特点。

17.1.5 自动轧管机运动学特点

在圆孔型和椭圆孔型中轧管的运动学特征是沿孔型宽度轧辊圆周速度不相等，在孔型顶部速度最小，在辊缝处速度最大，两者速度差可达 17%~30%。和普通纵轧一样，在圆孔型轧管时，变形区也存在着前后滑区。轧管与薄板轧制相似，黏着区很小，故可认为沿变形区长度方向上各截面基本保持平直，整个截面以同一速度前进。变形区截面存在轧辊水平分速度与轧件轴向速度相等的点，将这些点连接构成一个空间曲线，此曲线便是变形区前后滑区的分界线。带短顶头轧制的自动轧管机，轧制薄壁管时前滑区主要在减壁区，轧制厚壁管时前滑区有可能扩大到减径区。

定义轧辊工作直径 D_k 为管子出口速度等于轧辊速度时对应的轧辊直径。比工作直径 D_k 小的孔型上的各点，金属纵向流动速度大于该点的轧辊圆周速度，将会发生前滑现象；相反，较工作直径大的孔型上的各点，将产生后滑现象。很明显，在圆孔型中轧管的任何情况下，管子出口速度都大于孔型顶部圆周速度，产生前滑，而管子出口速度小于侧边斜度处的轧辊圆周速度，将产生后滑。在孔型顶部前滑最大，到前滑等于零的一点，即为轧辊工作直径。在自动轧管机上第一道的变形量较第二道大，所以前滑区也较大。这是由于变形量大，在变形区中金属在各个方向上质点速度均增加。对于轧制小直径钢管，在轧辊直径一定时随着孔型高度增加前滑减小。此外，随着轧制温度提高前滑减小，随着压缩量增加前滑却增加。

17.1.6　自动轧管机咬入条件分析

自动轧管机上轧管时，由于有顶头存在，咬入条件分为一次咬入和二次咬入。一次咬入是指在减径区中毛管同轧辊相接触瞬间，靠旋转的轧辊把毛管曳入变形区中；二次咬入是指在壁厚压缩区中毛管内表面同顶头相接触瞬间，在轧辊与毛管间摩擦力的作用下克服顶头轴向阻力曳入减壁区。

第一次咬入条件与孔型形状、尺寸和毛管尺寸以及有无外推力有关。在自动轧管机上第一次咬入有外推力，没有外推力的情况下咬入条件可作如下分析。

由图 17-3 可知，金属同轧辊孔型侧壁相接触，受到一个垂直压力 N，由于轧辊旋转产生一个摩擦力 T。

要实现咬入则必须具备如下条件：

$$T_x - N_x \geqslant 0 \tag{17-1}$$

而

$$T_x = T \cdot \cos\alpha = N_f \cos\alpha$$

$$N_x = N \cdot \sin\alpha$$

则

$$T\cos\alpha - N\sin\alpha \geqslant 0$$

$$\tan\alpha \leqslant T/N = N_f/N$$

故

$$\tan\alpha \leqslant f \tag{17-2}$$

此式即为没有外推力时的一次咬入条件。

在有外推力的情况下，有资料推荐按下式确定咬入条件：

$$\tan\alpha \leqslant 2f/1 - f^2 \tag{17-3}$$

轴向曳入力值主要决定于减径区的大小，而轴向阻力与顶头锥角有着密切关系。不难看出，减径区愈大则轴向曳入力也愈大，顶头轴向力愈小。

球形顶头与锥形顶头对二次咬入的影响不同，在国外曾采用过半球形顶头，但由于顶头锥角过大而放弃。我国发明的球形顶头轧制方法证明了其二次咬入是良好的，虽然锥角大不利于咬入，但球形顶头却大大增加了减径区，从而较显著地增加了轴向曳入力，见图17-3b。综合分析，采用球形顶头的二次咬入不亚于锥形顶头。一般在轧制前，常将顶头试放在毛管内，如能比较容易地将顶头放入或取出，即认为保证有一定的减径区长度；在制定轧制表时，顶头的直径较毛管内径小 4~5mm，其目的在于保证有足够的减径区长度，以便于咬入。

17.1.7　自动轧管机改造

自动轧管机轧管时，间隙时间占轧制周期的 65%~80%，因此缩短间隙时间是提高轧管机生产率的重要措施。国内外对自动轧管机及其操作进行了如下改进：

（1）采用单孔型轧管机。这种轧管机出现于 1959 年。与多槽自动轧管机相比其主要优点是：1）轧辊辊身短，轧辊轴承间距小，在保证轧辊强度的条件下，减少了轧辊直径，为增大毛管延伸创造了极为有利的条件；2）轧制压力、轧制力矩小；3）轧机刚性大，轧辊弹跳值小，有助于减少钢管的横向壁厚不均；4）轧制时轧辊轴承受力均匀，可提高轴承使用寿命，此外，还可减小轴承尺寸；5）可充分利用轧辊，装配辊套方便；6）用液压小车换辊，只需 10min 左右；7）可采用变速轧制，即低速咬入，高速轧管，咬入可靠，缩短了轧制时间；8）简化了轧管机前后台的辅助设备。

（2）双机架串列布置的轧管机。这是自动轧管机组的重大改进，由于这种轧机布置方式在轧管时不需要回送钢管，可使机组的机械化和自动化程度有明显的提高，其产量和产品尺寸精度也较多槽轧管机高。在轧制第二道时钢管的尾端经切头剪、翻钢后进入第二机架，轧管机采用单孔型轧辊。当厂房长度受限制时，可采用此方式进行轧制，或者适于旧式轧管机组的改造。

（3）双槽轧制。双槽轧管即轧管的第一道和第二道分别在同一轧管机上的两个孔型中轧制，前一根的第二道次和后一根的第一道次交叉进行。双槽轧制较单槽轧制产量高 27% ~ 30%，成本可降低 4%。

此外，采用低速咬入高速轧制的变速轧制可使轧制周期缩短 9%；捷克提出的自动更换顶头装置已在较多国家使用；日本提出靠回送辊的轴向串动或靠上下回送辊中心线与工作辊孔型中心线相交成一定角度进行自动翻管；为便于维修和缩短辅助操作时间，将长汽缸的推钢设备改换成滑架式汽缸齿轮齿条推动；采用壁厚自动调节系统可节约金属，并提高钢管尺寸精度；采用变壁厚轧制法为张力减径机提供两端较薄的管子，以减少钢管切头量。

17.1.8 钢管均整

钢管均整机是与自动轧管机同时发明的，均整工序设置于自动轧管机之后，主要采用的是二辊斜轧均整机，均整后钢管内径增加 3% ~ 10%，毛管延伸通常为 ± (2% ~ 3%)。均整作用是：（1）均整壁厚并消除壁厚不均；（2）磨光钢管内外表面并消除钢管内直道等表面缺陷；（3）圆正钢管；（4）可实现一定的减壁量；（5）还可起到定径的作用。

17.2　连　轧　管　机

17.2.1　连轧管特点及其分类

连续轧管法是一个历史悠久的方法，连续轧管技术是无缝钢管中一项重要的工艺技术，它以长芯棒连续纵轧为技术特征。连轧管机已有一百多年的历史，但其轧管技术真正开始迅速发展还是始于 20 世纪 50 年代，随着电器传动技术和张力减径技术的出现，液压技术和计算机控制技术的应用，才逐渐发展完善并发挥日益重要的作用。

连轧管机是一种生产小口径无缝钢管的高效能轧机。它将穿孔后的毛管套在一根长的芯棒上，经过 7 ~ 9 个连续布置的、前后互成 90°的二辊式机架，对钢管进行无扭轧制（图 17-4）。

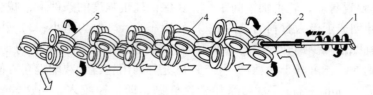

图 17-4　限动芯棒连轧管机示意图

1—限动装置齿条；2—芯棒；3—毛管；4—连续轧管机；5—三架脱管定径机

17.2.1.1　连轧管特点

连轧管机组与其他各种生产无缝钢管的设备相比较具有如下优点：

（1）生产能力高。由于连轧管机使用浮动的长芯棒，在直角交叉配置的连续 8~9 机架中以大压下量一次完成轧制，所以能高效率地获得长尺钢管（实际生产的最大长度为 33mm）。轧制根数最大能够达到 240 根/h，效率及收得率等方面也有很大的优越性。

（2）毛管质量高。由于连轧管机的压下量大，所以能够减小穿孔时的变形量，从而减少穿孔时产生的内外表面缺陷；由于连轧管机的轧辊都互成 90°倾斜交叉配置，穿孔后的毛管在轧机上被交替轧制，因此可消除穿孔机上所产生的螺旋状壁厚不均；由于使用调质磨光的特殊钢芯棒，因此不会出现内方，能够获得非常平滑的内外表面。

（3）自动化程度高。芯棒可以循环使用，工序简单；整个热轧线除穿孔机更换顶头外，可以全部自动化；并实现了计算机控制。

（4）与张力减径机配合，产品范围广。在连轧管机上只需轧制出一种或少数几种规格的钢管，通过张力减径机就能生产出多种不同的规格品种。这不仅使连轧管品种单一，易掌握并减少管坯规格，而且简化芯棒的制造加工，减少更换规格时间，提高轧机生产能力。因此，张力减径机是连轧管机得以发展的首要因素。

综上所述，连轧管机组在生产小口径无缝钢管的生产率最高、质量最好的方法。然而，连轧管机也有其缺点和问题，主要有：

（1）设备费用高。连轧管机机架刚性大；电机容量大、电气控制系统复杂；连轧机和张力减径机都要有几套备用机架；而且还有一套芯棒加工及热处理的专用设备，因此设备费用比较高。（2）长芯棒的制造复杂。轧制时为了循环使用，每组需要准备 12~16 根芯棒，制造芯棒的材料多采用合金钢。（3）连轧管机的轧制状态比钢板轧制复杂得多，有些问题尚未完全弄清：1）轧制的变形抗力值不清楚；2）由于芯棒与毛管的温差非常大，所以轧制温度状态不清楚；3）轧制时芯棒的速度和毛管速度不相同，使芯棒和毛管之间产生滑动，其滑动摩擦系数不清楚，且在轧制时由于芯棒涂上可燃润滑剂使滑动摩擦系数发生很大变化。

尽管如此，连轧管机组由于产品质量好、生产能力高，多年来发展迅速，为适应今后愈来愈多的高质量钢管的生产需要，仍是一种最合适的轧管方法。

17.2.1.2　连轧管分类

近年来，连轧管工艺发展相当迅速，出现了"三种工艺、五大分支"的局面。按其芯棒运行方式不同，可把连轧管机分为全浮动芯棒连轧管机（MM—mandrel mill）、半浮动芯棒连轧管机（Neuval）和限动芯棒连轧管机（MPM—multi-stand pipe mill）三种类型。

限动芯棒连轧管机又出现了少机架限动芯棒连轧管机（Mini-MPM）和三辊式限动芯棒连轧管机（PQF—premium quality finishing）。

17.2.1.3 三辊限动芯棒连续轧管机

为进一步提高钢管尺寸精度，改善金属在轧制过程中的不均匀变形，2003 年德国米尔公司与天津钢管集团股份有限公司合作，建成了世界上第一条三辊 PQF 连轧管机生产线（PQF—Premium quality finishing）。机架数目为 4~6 个，每组机架的三个轧辊均为主动传动，且三辊与二辊相比其半径差小，孔型中的纵向、横向附加变形减小，金属变形更加均匀，芯棒和轧辊间的平均压力减小，芯棒稳定性提高。生产的钢管壁厚偏差显著改善，壁厚偏差达±3%~±5%，表面更光洁，可生产高强度、难变形钢管和外径与壁厚比大于 50 的薄壁管、可有效地实施 AGC 控制。对减径产品，在连轧机上可进行首尾部分预压下，抵消张力减径时的管端增厚，减少切损。

17.2.2 连轧管生产工艺特点

17.2.2.1 全浮动芯棒连轧管

A 全浮动芯棒连轧管的工艺特点

浮动芯棒连轧管机简称 MM（mandrel mill）。轧制过程中芯棒随轧件自由运行，芯棒运行速度不受控，且随着各机架的咬入、抛钢有波动，从而引起管子壁厚的波动；轧制结束后，芯棒随荒管轧出至连轧机后的输出辊道，轧制时芯棒的全长几乎都在荒管内，芯棒较长，产品规格越大，芯棒自重也越大，所以只能在小型机组中推广采用，可生产钢管的最大外径为 157.8mm；带有芯棒的荒管横移至脱棒线，先松棒后再由脱棒机将芯棒从荒管中抽出以便冷却、润滑后循环使用，生产时需一组（10~15 根）芯棒轮流工作。

它的优点是轧制节奏快，每分钟可轧制 4 根钢管，机组产量高，比较有代表性的是我国宝钢的 ϕ140mm 机组，年产量在 80 万吨以上。它的主要缺点是壁厚均匀性无论是横剖面上还是纵向都稍差些，存在"竹节现象"。

B 竹节缺陷的产生

浮动芯棒连轧管机的工作特点是：在轧制时不控制芯棒速度，芯棒速度会多次变化，随着轧件被各机架逐一咬入，导致芯棒速度不断逐级提高，这个阶段称为"咬入"阶段；当轧件头部进入最后一架后，整个轧件同时被所有机架轧制，芯棒速度保持不变，称为"稳定轧制"阶段；当轧件尾部离开第一机架后，芯棒速度又逐级提高，直到轧件轧出最后一架，这个阶段称为"轧出"阶段。在首尾的不稳定轧制过程中，芯棒在轧件作用下先后共变化 $2n-1$ 次运动状态（n 为机架数），相对接触金属变化 $2n-2$ 次，只有中间段是稳定轧制阶段，如图 17-5 所示，这种芯棒速度的变化将导致金属流动条件的改变，造成毛管首尾的直径、壁厚及横截面面积都有竹节性鼓胀现象，如图 17-6 所示，这是浮动芯棒连轧机产品纵向尺寸精度的主要问题，竹节缺陷迫使各机架孔型不得不采用较大的椭圆度，以防止过充满，必然影响钢管横断面的尺寸精度。

C 减少竹节缺陷

具体为：1）为了防止或减少"竹节"形成，孔型设计分配压下量时，在保证总延伸不变的前提下，适当增加前几架压下量，这样就可在后面几个机架中使芯棒速度的跃增得到减弱，从而减轻芯棒速度变化的影响；2）良好的芯棒润滑有利于延伸和降低能耗，也可以减少竹节的形成；3）还可以采用电控技术防止竹节的产生：如端部壁厚控制装置，就是在轧制钢管首尾时，将第一架降速10%，第二架降速5%，第三架以后各机架转速不变，从而增加前三个机架间张力，控制钢管首尾壁厚增值。

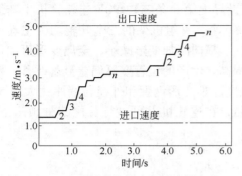

图17-5　全浮动芯棒运行速度的变化

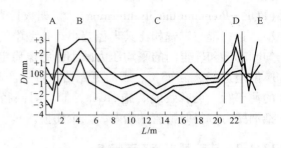

图17-6　连轧钢管长度上的直径变化特点

尽管采取了上述措施，但轧制条件的变化依然存在，且成品管的尺寸精度始终不如限动芯棒轧机。此外，长芯棒使制造费用加大，制造困难，且重量也大，钢管带着过重的芯棒在辊道上运行将会导致钢管表面损伤。因此，目前浮动芯棒连轧管机仅限于直径小于157.8mm的小型机组。

17.2.2.2　限动芯棒连轧管

A　限动芯棒连轧管的工艺特点

限动芯棒连轧管机是为克服全浮动芯棒连轧管机的缺点及扩大产品规格范围而发展起来的，将连轧管的最大外径扩大到426mm，适合生产中等规格的无缝钢管。1978年世界上第一套限动芯棒连轧管机在意大利达尔明钢管厂建成投产，将连轧管工艺发展到了一个新的水准。中国第一套限动芯棒连轧管机组就是从意大利引进，于1992年在天津钢管集团股份有限公司投产。经技术改造，天津钢管集团的ϕ250mm限动芯棒连轧管机组已由设计年产能力50万吨，扩大到现在的年产能力100万吨。

限动芯棒就是轧管时芯棒的运行是限动的，速度是可控的，芯棒由限动机构限定以恒定的速度前进，毛管轧出成品机架后，直接进入与它相连的脱管机脱管，当毛管后端一离开成品机架，芯棒即快速返回前台，更换芯棒准备下一周期轧制。生产时只需六七根芯棒为一组循环使用。

MPM一经问世，因其在技术、产量、质量、自动化和劳动生产率等诸方面的突出优势，引起了无缝钢管界的广泛关注并得到认同和推崇，目前已使其在除大洋洲、南极洲以外的五大洲得以迅速的推广应用；特别是1978年到1992年间，受当时石油产业对油井管需求旺盛的影响，促使了MPM技术的飞速发展，相继建成投产了10套限动芯棒连轧管机组。

B　芯棒速度限定

芯棒在轧制过程都是被限动的，其限动速度直接关系到芯棒的使用寿命、工作长度等。芯棒限动速度的确定受以下几方面因素的影响：

（1）芯棒限动速度必须低于或等于第一机架的轧制速度，使各机架处于同一方向的差速轧制（搓轧）状态，即各机架的芯棒对轧件的摩擦力方向相同。

（2）芯棒限动速度过低，芯棒与轧件之间的相对速度大，摩擦损失大，导致芯棒磨损严重；芯棒限动速度过高，会增加芯棒某些截面的轧制力作用次数，也会降低芯棒的使用寿命，同时也加大了芯棒工作段长度，这样不仅增加了生产线的长度，而且增大了芯棒的加工难度。

（3）芯棒在轧制过程中必须满足以下位置要求：各机架开轧时芯棒工作前端面必须略超前于轧件前端（防止空心轧制），各机架抛钢时轧件必须在芯棒可工作部分进行轧制，限动结束时芯棒不允许进入脱管机安全区。

C　限动芯棒连轧管机优点

优点为：（1）降低了工具消耗。限动芯棒连轧管机的芯棒较之浮动芯棒连轧管机的芯棒要短很多，使每吨钢管的芯棒消耗降至 1kg 左右。

（2）改善了钢管的质量。由于限动芯棒连轧管机具有搓轧（芯棒与钢管内表面相对运动）性质，有利于金属的延伸，加之带有微张力轧制状态，从而减小了横向变形，根本不存在浮动芯棒连轧所产生的"竹节"现象；同时采用闭口圆孔型，使金属横向流动减少，钢管内外表面和尺寸精度有了很大提高。限动芯棒连轧管机组生产的钢管壁厚偏差达到 ±4% ~ ±6%。

（3）节省了能源。连轧管的变形量大，穿孔机的变形量小，这样可为连轧管机提供壁厚大、温降小的穿孔毛管。限动芯棒与荒管接触时间短，从而保证轧后荒管温度高，且温度均匀，同时由于取消了脱棒机，缩短了工艺流程，提高了钢管的终轧温度，部分品种可省去定径前的再加热工序，从而节省了能源。

（4）扩大了产品规格。采用限动芯棒轧制，可以减小芯棒的长度，减轻了芯棒的重量，允许加大芯棒的直径，使钢管的最大外径由 157.8mm 扩大到 426mm 甚至更大。另外，限动芯棒连轧管机还可轧制径壁比更大（$D/S>42$）的钢管，适于中型以上机组使用。

（5）所轧管子延伸系数达 6 以上。可以采取较厚毛管，为使用连铸坯做原料创造了条件。

（6）产量高，单位投资比较低。虽然限动芯棒连轧管机的轧制节奏较低，但它所轧的管子直径大、管壁厚，因此限动芯棒连轧管机的年设计产量比较高，一般为 30 万 ~ 80 万吨，在各类机组中产量最高。

限动芯棒连轧管机代表着现代无缝钢管生产的先进技术，它集中体现了无缝钢管生产的连续性、高效率、机械化及工业自动化的发展趋势。主要缺点是轧制节奏慢，芯棒回退延误时间，降低生产率。

D　限动芯棒连轧管的设备特征

限动芯棒连轧管机组是在全浮动芯棒连轧管机组的基础上发展起来的，它的主要设备有 4 大基本组成部分：限动芯棒连轧管机、芯棒限动系统及轧机前台、脱管机和芯棒循环系统；其中限动芯棒连轧管机由主机、芯棒支架、快速换辊装置、底座、液压系统、润滑系统和冲铁皮用水系统等组成。

E　半浮动芯棒连轧管机

1978 年在法国圣索夫钢管厂投产了一台半浮动芯棒的小型连续轧管机，管坯在卧式大送进角狄舍尔穿孔机上穿成毛管后与顶杆一起运出,送往七机架连续轧管机,15m 长的穿孔顶杆在此即作为轧管机的限动芯棒,轧制时芯棒以恒速运行,轧制结束时限动装置锁紧松开,让芯棒与毛管一起浮动轧出,线外脱棒。这样既可以节省芯棒回退时间,又利用了限动芯棒在轧制过程中的优点。

17.2.2.3　MINI-MPM 连轧管

少机架限动芯棒连续轧管机组如同 MPM 轧管机组,可轧薄壁管、尺寸精度高、收得率高。一般均由 5 个机架组成,轧辊布置有两种方式:一种为轧辊轴线依次为水平和垂直交替布置,即 1、3、5 机架轧辊为水平布置,2、4 机架轧辊为垂直布置。另一种为轧辊轴线呈 45°角布置,相邻机架互呈 90°。

MINI-MPM 限动芯棒连轧管机机组的主要特点是:

(1) 减少机架数量。由于采用锥形辊穿孔,使连轧机减少至 4 ~ 5 架,使设备重量显著减小,电机容量减小,机组建设费用降低;同时也使芯棒长度缩短,使工具费用显著降低。

(2) 采用液压压下装置。采用液压压下可以实现辊缝的动态调整,提高钢管的尺寸精度。

(3) 采用快速换辊装置。在更换产品规格时,过去采用轧辊和机架整体更换的方法,换辊时间长,备用机架多。新的机架结构只需更换换辊支架,包括轴承座和轧辊,而机架(牌坊)固定不动,更换全套 7 个换辊支架只需 15min,无需成套的备用机架。

MINI-MPM 连轧管机的实现得益于:(1) 连铸坯冶炼和浇铸技术的进步,可采用斜轧穿孔的方法向连轧管机提供较薄的毛管;(2) 制造和电控技术的发展,提高了设备运行的速度和可靠性,为减少毛管从穿孔机运往连轧机过程中的温降创造了条件。

17.2.2.4　三辊连轧管(PQF)

三辊限动芯棒连续轧管机 PQF(premium quality finishing)是意大利 INNSE 公司为克服二辊连续轧管机的固有局限性而研制开发的。PQF 轧管机由 4 ~ 7 架三辊可调式机架组成,采用限动芯棒方式操作。进入 21 世纪,天津钢管公司和米尔/因西公司共同成功开发了 ϕ168mmPQF 限动芯棒连续轧管机,于 2003 年 8 月在天津钢管公司建成投产,由于采用了独特的芯棒运行方式,使其轧制节奏达到 24s/支,在当年 12 月就达到了设计产量。PQF 一经问世,就引起了国内外同行的高度重视,目前,PQF 已经取代了 MPM 的位置,成为了世界上对先进轧管工艺的代名词。

PQF 连轧管机的工艺流程如图 17-7 所示。

(1) PQF 的工艺特点。为了充分利用限动芯棒轧制壁厚精度高的优点,同时考虑提高机组生产能力,PQF 芯棒的运行方式是:在连轧管机轧制过程中,采用限动芯棒运行方式,整个轧制过程中芯棒速度是恒定的,从而确保管子壁厚的精度,轧制不同的管子时芯棒的速度可在一定范围内调节。轧制结束后,即荒管尾部出精轧机后,芯棒停止前进(芯棒头部位于脱管机前,未进入脱管机),随后脱管机将荒管脱出,间隔几秒钟后芯棒继续向前运行,穿过脱管机,然后拔出轧制线进入冷却站冷却。为此机组需要配置具备辊缝快速打开、闭合功能的三辊可调辊缝脱管机,以确保在轧制薄壁管时芯棒安全通过脱管机。这既保留了原有 MPM 工艺轧管壁厚精度高的特点,又加快轧制节奏,提高了生产率。

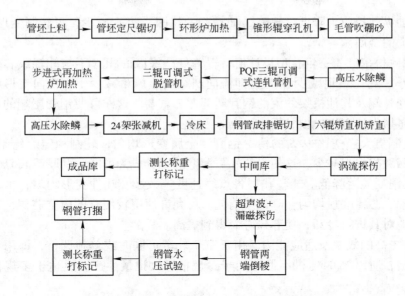

图 17-7　PQF 连轧管机的工艺流程示意图

（2）PQF 的优点。PQF 三辊可调式连轧管机以三辊孔型设计工艺为核心，结合了二辊 MPM 限动芯棒，使热轧无缝钢管在轧制工艺上取得了重大的技术突破。MPM 连轧管机是两辊式的，即由两个轧辊为一组组成孔型，两个轧辊相互平行，相邻两个孔型的辊缝相错 90°；PQF 为三辊式的，即由三个轧辊为一组构成孔型，三个轧辊互成 118°，相邻两个孔型的辊缝相错 60°，见图 17-8。与两辊 MPM 限动芯棒连轧管机相比，PQF 三辊连轧管机的主要优势在于以下几个方面：

1）壁厚精度更高。金属变形更加均匀；芯棒在孔型中的对中性更好；轧辊的磨损更加均匀，这些使钢管的壁厚精度得到明显提高。另外采用三辊可调技术明显降低了用同一规格芯棒轧制多种壁厚规格时引起的壁厚偏差。

2）钢管表面质量更好。由于三辊轧管机孔型轧槽底部与顶部各点间线速度差小（比二辊下降一半以上），使金属不均匀流动减小，改善了由此产生的波纹状缺陷；加之金属的横向变形减小，大大减缓了因轧辊侧壁结瘤现象而在金属表面上留下的压痕缺陷，使钢管表面更加光洁。

3）可轧制变形抗力更高、变形难度更大的金属。三辊形成封闭的孔型，使辊身长度变短，使轧制时的轧辊横向刚度增大，受力均匀，单辊受力减小，弯曲力矩减小；轧制时

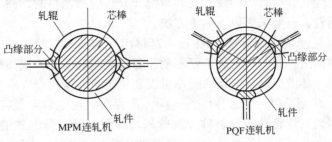

图 17-8　MPM 与 PQF 孔型对比示意图

辊缝处金属的纵向拉应力降低，缺陷（如拉裂、拉凹）大大减少，可轧制变形抗力更高、变形难度更大的金属。

4）金属收得率高。三辊孔型设计使得辊缝处凸缘区面积（不与轧辊或芯棒接触的金属面积）减小，约比二辊减少 30%，即流向凸缘的金属量减少了，横向变形减小，这一点对轧制不受外端及其他机架约束的钢管尾部尤为重要。这样可使钢管尾端的飞翅大大地减小，切头尾损失比 MPM 轧机减少近 40%。

5）可轧制更大径壁比 D/S 的薄壁钢管。金属变形均匀，轧制稳定，轧制压力减小，使裂孔、拉凹缺陷大大减少，这使得热轧更薄壁的钢管成为可能，壁厚系数 D/S 可达 50。

6）工具消耗显著降低。轧辊孔型各点线速度差减小，轧件变形均匀，平均轧制压力低，使得轧辊、芯棒磨损均匀，降低了消耗。可允许使用较便宜的内空芯棒，通过内冷及外冷可有效地对其进行冷却，使芯棒寿命得到提高。

7）具有更高的效率及适应能力。由于三个轧辊可同时或单独调整，即用一种芯棒可轧制更多规格，所以 PQF 轧机不但适用于少规格、大批量生产，也适于多规格、小批量轧制。

8）可在较低的温度下轧制。由于轧机的刚性高，平均单位轧制压力低，金属均匀变形，所以轧机能在较低的温度下轧制，使得控制轧制以及在线常化、在线淬火等工艺成为可能。

9）温度均匀。三辊孔型轧制及紧凑式设计，使得钢管沿横断面及全长方向上温度分布更加均匀，轧制过程温度损失更小，金属流动更稳定。

10）设备布置紧凑，占地面积小。代表机组为我国天津钢管公司的 $\phi168mm$ 机组及包钢 2010 年相继新建的 $\phi159mm$、$\phi460mm$ 机组。

（3）芯棒的运行方式。限动芯棒连续轧管机的芯棒运行有两种方式：1）轧制结束时，芯棒停止运动，待荒管脱出后，芯棒快速返回，移出轧制线，冷却、润滑后循环使用，传统的 MPM 均采用此种运行方式。2）芯棒前行循环。轧制结束时，芯棒停止运动，待荒管由脱管机脱出后，芯棒不是回送，而是向前快速运行跟随荒管，依次通过脱管机，移出轧线再回送、冷却、润滑循环使用，而芯棒限动机构在释放芯棒后快速返回到后极限位置（"零位"），进行下一根管子轧制的程序。因芯棒要通过脱管机，在轧制薄壁管时要求脱管机轧辊必须具备快开快合功能，以免芯棒撞损脱管机轧辊。该方法可缩短轧制的辅助时间，提高连轧管机生产率。

17.2.2.5 脱管机和脱棒机

为了完成将连续轧管机轧出的荒管与芯棒脱开分离的工艺目的，便于荒管在后道工序进一步加工成品钢管，一般采用以下两种方法。

（1）脱棒机。轧制结束后荒管/芯棒被一起移出轧制线，荒管受轴向约束不动，用装置将芯棒从荒管中抽出。我们将这种荒管不动，芯棒动的设备称为脱棒机。脱出的芯棒由移送装置送入芯棒冷却槽，循环使用。脱棒机安装位置与连续轧管机平行。

（2）脱管机。轧制结束后，芯棒停止运动，荒管在线被脱管装置将其从芯棒中脱出，我们将这种芯棒不动、荒管动的设备称为脱管机。脱管机既有两辊式的，也有三辊式的。脱管机的设置有两个重要的工艺目的：1）将荒管从芯棒上退出，完成脱管目的，在轧制线上脱管，省去了脱棒机，缩短了工艺流程，提高了终轧温度；2）起定径作用，也就是说在每一支钢管生产中，该机也有延伸和定径作用。

17.2.2.6 吹硼砂工艺

限动芯棒连续轧管机组比浮动、半浮动机组多了一个工序就是在轧管机入口前向毛管内用氮气喷抗氧化剂，工艺目的是去除内表面的氧化铁皮并防止二次氧化。抗氧化剂在高温时呈熔融状态可起到很好的润滑作用，对抗氧化剂的成分、颗粒尺寸、化学稳定性、物理稳定性及吹撒的数量、喷吹的压力、时间都有严格的要求，主要是解决轧管机的延伸大、轧制时芯棒与轧件间相对运动较大、芯棒的工作条件更为恶劣、芯棒更容易磨损和划伤、润滑条件不好时容易发生轧卡事故或轧制终了时脱管机不能将荒管从芯棒中顺利抽出等问题。

17.2.3 MM 连轧管变形特点

连轧钢管时，芯棒同钢管内表面有时接触，有时不接触，如果把孔型分为顶部和侧壁来研究，则孔型顶部的金属由于受轧辊的外压力和芯棒的内压力而延伸，这样就在轴向延伸的同时产生圆周方向（切向）的展宽；而孔型侧壁的金属在孔型顶部金属延伸时也被拉伸，并在延伸的同时产生切向的收缩，见图 17-9。这时如若孔型顶部的展宽和孔型侧壁的收缩不能满足一定的关系，就势必产生过充满或欠充满现象。若过充满比较显著，则会轧出耳子，若欠充满比较显著，从而失掉其形状，不能满足成品管所需要的真圆度，会轧出四角形或八角形的管子。

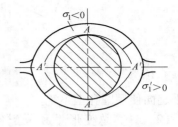

图 17-9　孔型中金属的轴向应力分析

$$f = \sigma_1 A + \sigma_1' A' \tag{17-4}$$

式中，A 和 A' 为轧辊出口侧孔型顶部和侧壁的钢管断面积，σ_1 和 σ_1' 为孔型顶部金属的轴向压应力和侧壁部分金属的轴向拉应力。

（1）若 $f > 0$，辊缝处的金属过充满并被挤出，产生耳子。

（2）若 $f < 0$，辊缝处的金属欠充满，失去了正确的形状。

（3）若 $f = 0$，则金属按孔型形状流过（孔型设计尺寸及孔型特性值都是理想的）。

机架的过充满或欠充满会引起其后机架的连锁反应，故连轧管工艺过程最佳情况是 $f = 0$。

连轧管机的合理孔型设计必须保证具有高生产率、管子尺寸精度高和表面质量好、脱棒容易及孔型磨损均匀等。连轧管常用的孔型基本上有椭圆孔型（图 17-10a、b），圆孔型（图 17-10c、d、e）两大类。椭圆孔的孔型严密性主要取决于孔型的宽高比，愈小严密性愈好。圆孔型考虑留有宽展余地，设有开口角 ϕ，在此范围内以较大的半径作侧壁圆弧，形成一定的开口度；除孔型宽高比外，小的开口角利于提高圆孔型的严密性。同一孔型宽高比，带圆弧侧壁的圆孔型要比椭圆孔型限制宽展的能力强、严密性好，沿孔型宽度方向变形较均匀、产品壁厚均匀性好、尺寸精度高，但不易脱棒。

17.2.4 MM 连轧管孔型设计

孔型设计的步骤是：

（1）选定孔型系统。目前，椭圆、椭圆—圆和圆孔型系均有应用。为提高钢管精度，

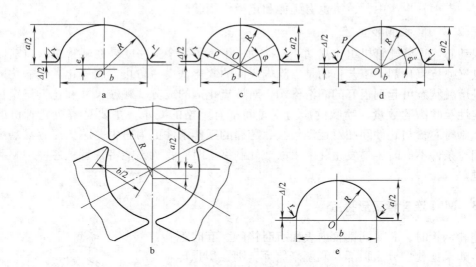

图 17-10　连轧管用的孔型形状

a—二辊椭圆孔型；b—三辊椭圆孔型；c—侧壁圆弧圆孔型；d—切线侧壁圆孔型；e—圆孔型

似乎趋向使用圆孔型系统。

（2）计算总变形量和分配各机架的变形。由 $\Delta\delta_z = \delta_m - \delta_z$ 求得总减壁量 $\Delta\delta_z$，由 $\mu_z = F_m/F_z = (D_m - \delta_m)\delta_m/(D_z - \delta_z)\delta_z$ 求出总延伸系数 μ_z。再根据 $\mu_z = \mu_{z1}\mu_{z2}\mu_{z3}\cdots\mu_{zn}$ 和 $\Delta\delta_z = \Delta\delta_{z1} + \Delta\delta_{z3} + \Delta\delta_{z5} + \Delta\delta_{z7} + \cdots$ 及 $\Delta\delta_z = \Delta\delta_{z2} + \Delta\delta_{z4} + \Delta\delta_{z6} + \Delta\delta_{z8}$ 的关系来分配各机架的变形（上式中 F_m、F_z、D_m、D_z、δ_m、δ_z 分别为毛管和荒管的横断面积、外径和壁厚；$\Delta\delta_{z1}$、$\Delta\delta_{z2}$、$\cdots$、$\Delta\delta_{zn}$ 分别为各架孔型顶部的减壁量）。作为示例，图 17-11 是 140 机组 8 机架连轧机变形分配曲线，变形主要集中在前 3 架，从第四架开始变形量迅速下降，第六至第八架主要起定径作用，最后成型机架只要使管子松棒即可；前 3 架总减壁量可达 70% 以上，随后逐渐减小，第一架减壁量多为第二架的 50% ~ 70%。

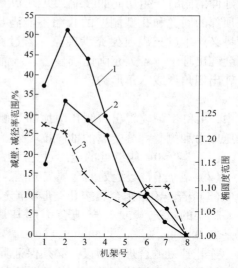

图 17-11　8 机架连轧管机变形量分配曲线

1 ~ 3—机架

（3）计算各机架孔型顶部和开口处管子壁厚。各架孔型顶部壁厚等于前一机架孔型开口处壁厚减去该机架孔型顶部减壁量，各架孔型开口处壁厚可近似认为等于前一孔型顶部壁厚。

（4）确定各机架孔型高 a_i，$a_i = D_{tz} + 2\delta_{zi}$，但 $a_n = D_{tz} + 2\delta_z + \Delta = D_z$（$D_{tz}$ 为芯棒直径、δ_{zi} 为 i 机架的孔型顶部壁厚、n 代表最后一架）。而毛管 $\delta_m = \delta_z + \Delta\delta_z$，$d_m = D_{tz} + \Delta_m$，$D_m = D_z + \Delta_m - \Delta + 2\Delta\delta_z$（$\Delta_m$ 和 Δ 分别为芯棒与毛管和钢管内径之间隙）。

（5）确定孔型宽度 b_i，$b_i = \xi_i\alpha_i$（ξ_i 为孔型宽高比，第 1 ~ 2 架为 1.2 ~ 1.25，第 3 ~ 5

架为 1.25 ~ 1.30；第 6 ~ 7 架为 1.24 ~ 1.25，最后两架为 1.02 ~ 1.06），同时 $b_1 = (1.025 ~ 1.03)D_m$。

（6）确定孔型其他尺寸。开口角 φ，第一架 45° ~ 50°，2 ~ 6 架 40° ~ 45°，最后两架 30°。辊缝值 Δ_g：第一架为 8mm，其他机架为 5mm。

（7）绘制孔型图，计算各孔型管子面积。

（8）校核各孔型之延伸系数 μ_{zi}，如接近计划值，则可用，否则修正。

17.2.5　MM 连轧管运动学

17.2.5.1　速度分析

在孔型中轧管的运动学特征是轧辊辊面线速度沿孔型宽度不相等，轧槽表面上任一点圆周速度 u_x 是该点处轧辊直径 D_x 的线性函数，

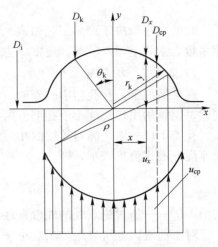

$$u_x = \frac{\pi n}{60}D_x \qquad (17-5)$$

式中　n——轧辊转速，r/min。

为衡量孔型的运动速度，引入平均速度的概念，平均速度是孔型周边上圆周速度面积 F 与孔型宽度 B 之比（图 17-12），即：

图 17-12　孔型周边圆周速度图

$$u_{cp} = \frac{F}{B} = \frac{\pi n}{60}D_{cp} \qquad (17-6)$$

$$F = 2\int_0^{\frac{B}{2}} u_x \mathrm{d}x = 2\int_0^{\frac{B}{2}} \frac{\pi n}{60}D_x \mathrm{d}x \qquad (17-7)$$

式中，D_{cp} 相当于平均速度时的轧辊直径，总速度面积包括顶部圆弧部分面积和侧壁部分面积。

轧辊各种孔型平均速度的一般表达式为：

$$u_{cp} = \frac{\pi n}{60}(D_i - \lambda A) \qquad (17-8)$$

$$D_{cp} = D_i - \lambda A \qquad (17-9)$$

式中　D_i——轧辊名义直径，mm；

　　　λ——孔型形状系数；

　　　A——孔型高度，mm。

尽管沿孔型宽度上壁厚压下不均匀，但是由于钢管本身的完整性，钢管的出口速度取同一数值 v_k。在研究钢管和轧辊速度的相对关系时，对应于 v_k 的轧辊直径称为工作直径 D_k。v_k 按下式计算：

$$v_k = \frac{\pi n}{60}D_k \qquad (17-10)$$

在以 D_k 为直径的孔槽对应点上，钢管与轧辊之间无相对滑动；小于 D_k 孔型各点，金属纵向流动速度超过轧辊圆周速度，而大于 D_k 的孔型各点上，金属流动滞后于轧辊圆周速度。

D_k和D_{cp}是完全不同的两个概念，D_k是钢管的实际轧制速度对应的轧辊直径，而D_{cp}则是从工具方面表示了一定孔型结构的轧辊平均速度，两者比值称为条件前滑系数ω_y，并有：

$$\omega_y = \frac{D_k}{D_{cp}} = \frac{v_k}{v_{cp}} \tag{17-11}$$

ω_y的大小取决于诸多工艺因素，如机架间张力、变形量、轧辊与轧件的直径之比、摩擦系数、钢管壁厚系数等，通常ω_y接近1。

17.2.5.2　滑移现象

通常情况下，在孔型中轧管时，钢管的出口速度大于孔型顶部圆周速度，产生前滑；同时，钢管的出口速度小于孔型侧壁处的轧辊圆周速度，产生后滑。

孔型上任一点金属对轧辊的相对滑移系数ω_x。可用轧件出口速度v_k与所讨论点轧辊圆周速度v_x的比值来表示，即：

$$\omega_x = \frac{v_k}{v_x} = \frac{D_k}{D_x} \tag{17-12}$$

式中　　D_x——所讨论点处的轧辊直径，mm。

对于前滑区上所有点，D_x应小于D_k，则系数$\omega_x>1$；对于后滑区上所有点，D_x应大于D_k，则系数$\omega_x<1$。

最大前滑系数在孔型顶部，一般实际计算时可用下式求出最大前滑系数值：

$$\omega_{max} = \frac{v_k}{V_{min}} = \frac{D_k}{D_i - A} \tag{17-13}$$

在金属和轧辊的整个接触曲面上，那些轧辊速度水平分量等于对应的金属水平运动速度的点即为中性点，中性点对应的轧辊中心角即为中性角γ，中性点的连线即为中性线。中性角γ是运动学研究的重要对象，是决定轧制速度的主要参数。中性线的两侧为前滑区和后滑区，前滑区和后滑区的分布表征了轧制过程工具和工件相对运动的机理。

在孔型中轧制时，沿孔型宽度上钢管的壁厚压缩是不均匀的，顶部最大，延伸最大，侧边压缩最小，延伸也最小。但实际上由于金属变形的连续性，金属各部分的实际延伸当忽略端部条件时应取平均值。这种均匀化现象不仅发生在变形区出口，而且也发生在整个变形区内。变形区内各截面上金属速度的差异与金属总的运动速度相比很小，故可近似认为截面上各点金属速度是相同的，即通常所说的平面应变假设。但是轧辊孔型各点的圆周速度又不相同，由此可得不同滑移区的分布情况，见图17-13。

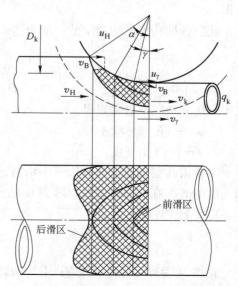

17.2.6　连轧钢管咬入条件

由于连轧钢管变形区中存在减径和减壁两

图17-13　变形区接触面的滑动区域划分

个区，因此咬入条件分为一次咬入和二次咬入。一次咬入是指钢管与轧辊开始接触时，旋转的轧辊靠摩擦力将钢管曳入变形区中；二次咬入是指在钢管内表面与芯棒开始接触时，靠轧辊和金属之间的摩擦力来克服芯棒的轴向阻力，把钢管曳入减壁区。第一架实现咬入后，对于第二架及随后各架，出于前面机架的推力，咬入一般均可实现。

按 B. R. Banarh 提出的经验式，第一机架的第一次咬入和第二次咬入的条件分别按下列式 17-14 和式 17-15 计算：

$$\tan\alpha \leqslant \frac{2f}{1-f^2} \tag{17-14}$$

$$\tan\alpha_2 < \frac{2f - \tan\alpha}{1 + 2f\tan\alpha} \tag{17-15}$$

式中　　α——送进角，($°$)；

$\quad\quad\quad f$——金属与轧辊间的摩擦系数；

$\quad\quad\quad \alpha_2$——减壁角，($°$)。

17. 2. 7　我国连轧管机组的建设情况及其新技术

17. 2. 7. 1　连轧管机组建设情况

我国于 20 世纪 70 年代开始研制全浮动芯棒连轧管机，国产的 ϕ76mm 全浮动芯棒连轧管机组于 20 世纪 80 年代末在衡阳钢管厂试生产。从 20 世纪 80 年代初开始，我国陆续引进连轧管机生产线。至今，我国有十几套连轧管机组，多数为引进的限动芯棒连轧管机组，包括 PQF 机组。几个典型机组介绍如下：

（1）宝钢无缝钢管厂 ϕ140mm 浮动芯棒连轧管机组（MM）。1986 年建成投产的宝山钢铁公司无缝钢管厂，是我国从德国引进的第 1 套先进的无缝钢管连轧机组，主要用于生产油井管和锅炉管，具有现代化的管理模式和全自动化生产方式。该机组的特点是生产节奏快，每分钟可轧 4 支 30 多米长的钢管；它的建成投产大幅度提高了我国油井管、锅炉管各项技术指标及自给率，是我国现代化无缝钢管发展的一个里程碑。

（2）天津钢管公司 ϕ250mm 限动芯棒连轧管机组（MPM）。1992 年建成投产，由意大利引进，主要产品定位于当时国内紧缺的石油套管。该机组最大优点是所轧钢管壁厚精度比用全浮动芯棒工艺生产的钢管高 1 ~ 2 个百分点，可轧制 D/S>42 的薄壁钢管，并配备了在线测量钢管壁厚、外径和长度的仪器，因此能及时监控钢管的几何尺寸。该机组 2006年的产量达到了 100 万吨，成为世界上单产最高的无缝钢管机组，其产品近几年每年出口欧美、中东 10 万吨以上，使我国从石油套管净进口国变成净出口国，全面提升了我国无缝钢管生产的地位。

（3）衡阳钢管厂 ϕ89mm 半浮动芯棒连轧管机组。1997 年建成投产的衡阳钢管厂 ϕ89mm 半浮动芯棒连轧管机组是由德国引进的，主要产品为高压锅炉管。其锥形辊穿孔机的传动轴布置在入口侧，辗轧角为 10°（一般锥形辊穿孔机的传动轴布置在出口侧，辗轧角为 15°）；所采用的半浮动芯棒连轧工艺既有限动芯棒连轧管机壁厚精度高的特点，又有浮动芯棒连轧管机轧制节奏快的特点，适于生产小口径无缝钢管。该机组具有较大的减壁延伸功能，且生产的钢管表面质量和尺小精度较好，生产率高。

（4）包钢连轧管厂 ϕ180mm 少机架限动芯棒连轧管机组（Mini-MPM）。1996 年包钢钢联股份有限公司由意大利引进该机组，主要产品为油井管和锅炉管。该机组既保留了 MPM 的特点、又大大降低了机电设备投资和基建费用；采用全液压系统实现轧机辊缝的在线调整，也可实现头尾削尖功能，提高成材率。该机组的另一特点是，12 架微张力定径机与 24 架张力减径机串列布置。为进一步优化钢材产品结构，提高产品档次，包钢于 2011～2012 年间新建了世界上最先进的 ϕ159mm 及 ϕ460mm 三辊连轧管 PQF 机组，产品定位于高档油井管及高压锅炉管。机组设置了在线液压夹钳式定心机，脱管与定减径间采用定位块式升降辊道，芯棒循环区增加检查台，以及采用余热利用装置等，具备在线测径、测厚、涡流探伤等完备的质量保证手段，可满足国内外用户对高钢级产品的需求。

（5）鞍钢无缝钢管厂 ϕ159mm 限动芯棒连轧管机组。2002 年鞍钢集团无缝钢管厂通过对灵山 ϕ140mm 轧管机组的技术改造而建成。该连轧机由德国引进，其穿孔机为锥形辊卧式、带导板，辗轧角仅为 3.3°，完全由国内设计制造。

（6）天津钢管公司 ϕ168mm 限动芯棒连轧管机组（PQF）。2003 年天津钢管公司为使产品系列化，填补市场短缺的钻杆、油管等缺口，该机组由世界上最先进的三辊连轧管机（PQF）、FQS 脱管机、带导盘锥形辊穿孔机，以及 24 架张力减径机组成。这是世界上第一套 PQF 机组。PQF 机组投产后以生产高强度和具有自主知识产权的特殊钢级油井用管、高压锅炉管及不锈钢管为主，还成功轧制了 13Cr 等不锈钢无缝管，满足了国内外市场的需求。

（7）衡阳华菱钢管有限公司 ϕ273mm 连轧管机组。2005 年建成投产，年产量 50 万吨。机组采用带导盘锥形辊穿孔 +5 机架限动芯棒连轧 +12 机架微张力定（减）径生产工艺。主要设备从德国 SMS Meer 公司引进，电机及电气控制由 ABB 公司提供。该机组配备了世界上最先进的穿孔机工艺辅助设计系统（CAR-TA-CPM）、连轧工艺监控系统（PSS）、连轧自动辊缝控制系统（HCCS）、微张力定（减）径机工艺辅助设计系统（CARTA-SM）、物料跟踪系统（MTS）和在线检测质量保证系统（QAS）等工艺控制技术。

（8）攀钢集团成都钢铁有限责任公司 ϕ340mm 连轧管机组。该机组以石油套管、高压锅炉管、管线管、船舶用管、化肥设备用管等高质量无缝钢管为主，于 2005 年 9 月投产。采用了世界先进技术水平的锥形辊穿孔机 +5 机架限动芯棒连轧管机 +3 机架脱管机 +12 机架微张力定（减）径机的变形工艺。工艺流程短，设备运行可靠，生产效率高。从德国引进的 5 机架二辊连轧管机，轧制荒管的 D/S 可达到 42 以上，延伸系数达到 3.5 以上，钢管壁厚精度可达到 ±5%。连轧管机配备了目前最先进的 HGC（液压辊缝控制）系统，辊缝控制精度可达到 2μm。此外，还配备了 PSS 系统，PSS 系统是一套用于对连轧管区域进行过程监督和管理的计算机系统，结合在线 QAS 系统，对轧制过程进行分析、诊断以及控制，以提高钢管壁厚精度。满足了我国国民经济对高质量中大直径无缝钢管的需求，特别是对 ϕ250mm 以上中大直径无缝钢管的需求。

17.2.7.2　连轧管控制新技术

利用连轧自动辊缝控制系统 HCCS 系统和连轧工艺监控系统 PSS 系统实现生产工艺过程的控制。其中，HCCS 系统控制连轧管机的液压压下装置的动作，实现辊缝控制；使用 PSS 系统可进行工艺设定参数的计算，同时通过轧制力参数的信号采集和图表化显示，对每根钢管的轧制过程进行监控、数据分析和存档。另外通过 PSS 系统和 HCCS 系统控制可实现温度补偿、咬入冲击控制、锥形芯棒伺服和头尾削尖等功能。

（1）温度补偿是根据入口测温装置读出的温度采样数据，在轧制过程中实现辊缝的微调，以改善轧件因长度方向上的温度不均所形成的壁厚差异；

（2）头尾削尖技术是通过对连轧管机轧辊辊缝和主电机转速的精确快速控制，实现轧制出头尾减薄的管子，以抵消在钢管生产过程中由于轧管机咬入和抛钢过程的不稳定性及张力减径机中产生的头尾壁厚增厚，降低切头切尾损失，提高成材率；

（3）锥形芯棒伺服功能是通过对芯棒锥度的计算，控制压下缸的工作行程，计算出辊缝值进行实时控制，从而补偿因锥形芯棒使用造成的钢管长度方向上的壁厚差异；

（4）咬入冲击控制是依据轧机弹跳模量数据计算出咬入和抛钢瞬间的辊缝弹跳值，按照此参数控制轧机辊缝预压下，在加载和卸载信号出现前后，控制连轧压下缸的动作，从而补偿因轧机弹跳造成的钢管头尾壁厚增量。

17.3　三辊斜轧管机

17.3.1　阿塞尔轧管机

17.3.1.1　工作原理

阿塞尔轧管机的三个轧辊在机架中呈 118°。"品"字形对称布置在以轧制线为中心的等边三角形的顶点（见图 17-14），与长芯棒构成一个半封闭的孔喉。以上辊为例，轧辊轴线相对于轧制中心线水平方向和垂直方向均倾斜于一定角度，分别叫送进角和辗轧角。送进角使钢管在轧制过程中获得旋转前进运动；辗轧角主要是设备结构上的需要，有正负两种辗轧角。轧辊轴线向入口倾斜为正，也称之为扩散型、发散型；向出口倾斜为负，称为收敛型，德国人称之为 CAM。发散、收敛是相对于出口侧轧辊的开口度而言的，收敛型的可减少扩径量，在不改变压下量的情况下，所轧制荒管的 D/S 值更大一些。新建的轧机都采用正辗轧角。轧辊形状呈锥形，辊身分入口锥、辊肩、平整段和出口锥四段，见图 17-15，中间段凸起的圆滑过渡带叫做辊肩，辊肩的高度大约等于减壁量，轧制时与长芯棒共同完成集中变形，实现较大的管壁压下量，荒管的延伸系数可达 2 左右。

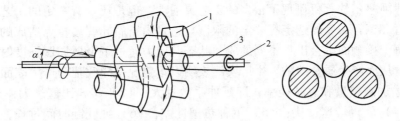

图 17-14　阿塞尔轧机
1—轧辊；2—芯棒；3—毛管

阿塞尔轧管机主要用于生产厚壁的轴承管和其他壁厚在 5～35mm 的结构用钢管等，最大壁厚可达 60mm，最大钢管直径为 φ250mm，其壁厚精度可达±5.0%。阿塞尔轧管机生产中灵活性大，借助轧辊的离合就可改变孔型尺寸，特别适应小批量、多品种的生产方式，且工具储备数量少。阿塞尔轧管机所轧管壁不宜太薄，一般 D/S 值控制在 30 以下；而且年产量低于 25 万吨，成材率低；延伸较小（一般 $\mu<2.5$），长度小于 15m。

阿塞尔轧管机的芯棒与连续轧管机最大的不同是芯棒要做螺旋运动，除了随轧件向前运动外，还要与轧件一起绕自身轴线旋转。浮动芯棒可生产较小规格（外径小于 140mm）的无缝钢管，限动芯棒可轧制外径达 250mm 的管子，回退式芯棒可生产 $D/S = 2.5$ 的特厚壁管。

17.3.1.2　阿塞尔轧管机变形特点

由于斜轧是一种分散累计变形方式，能获得较大的总变形量。轧件通过斜轧变形区时，自身最少要转 4 圈以上，在三个轧辊之间轧制，通过变形区后被辗轧 12 次以上可获得多次、良好的辗轧效果，能极大地消除壁厚不均现象，使荒管的壁厚精度大大提高，也不易产生划道、耳子和青线等缺陷。

17.3.1.3　阿塞尔轧管机变形区

阿塞尔轧管机的变形区由轧辊和芯棒构成，如图 17-15 所示。在轧制过程中毛管从被咬入、减壁到辗轧、抛出的全过程中要经受一个由厚壁圆、三角形、再到薄壁圆的变形过程。从纵剖面来看，它的变形区可分为如下四个区域：

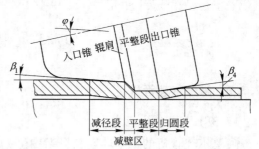

图 17-15　阿塞尔轧管机变形区

Ⅰ区为减径区，它的作用是为集中减壁作准备，实现一、二次咬入。毛管径向被逐渐压下，直至与芯棒接触，毛管表层金属变形延伸。

Ⅱ区为减壁区，将毛管的壁厚集中减薄，纵向流动延伸，是主要的轧管变形区。

Ⅲ区为辗轧区，此区的轧辊母线与芯棒母线平行，对管壁进行小压下量的均匀辗轧，改善管壁精度和表面粗糙度。

Ⅳ区为归圆区，将三角形的荒管在几乎无变形的条件下进行归圆抛出，荒管与芯棒逐渐脱离，直至完全脱离轧辊。

17.3.1.4　阿塞尔轧管工艺局限性

尽管现代阿塞尔轧管机显现了很多的工艺灵活性，但是还是有一定的工艺局限性，尤其对高合金管和钢管长度的选定有一定的限制。这是由于斜轧变形特点造成的，在轧制变形区金属的每个接触面都会出现不同的应力状态，应力超过了金属屈服强度时，荒管表面就会被破坏，从而产生质量缺陷。生产实践表明以下情况是导致荒管产生表面缺陷的主要原因：（1）增加减壁量和总减径率，即延伸系数过大；（2）D/S 比值过大；（3）辊肩设计不合理；（4）轧辊转速过快；（5）钢种热塑性差；（6）纯轧制时间过长，一般不宜超过 30s。

17.3.1.5　阿塞尔轧管机设备特点

A　阿塞尔轧管机的液压快开合作用

在机架牌坊出口侧的压下螺丝、上轧辊调整装置和轧辊轴承座之间，安装了一个液压快开装置，它的作用是在轧制快结束时投入工作。它用一个连接环限制行程并满足运行要求，当活塞向内运动时，上轧辊提起，以实现对毛管尾部的无压下轧制，防止毛管尾端形成三角形喇叭口。

　　B　阿塞尔轧管机送进角、孔喉与辗轧角的调整

　　阿塞尔轧管机的每个工作辊都安装在轴承座上，然后安装在转鼓里，转鼓里面的六个轴承座和三个轧辊是按照旋转方式排列的。采用三向齿轮马达对三个转鼓轴线进行调节来实现轧制送进角的变化。每个转鼓都由两个可调液压压力心轴来锁紧，以免产生相对运动。从轧制方向看，两个压力心轴一个在入口端一个在出口端。当同向或反向旋转，同步或单独调节入口端或出口端压力心轴时，就可将轧辊孔喉和辗轧角调整到工艺要求值。与轧件直径相应的压力心轴位置高度的设定是通过变极三相齿轮马达来完成的。调整距离由一个旋转式增量传感器记录下来，调节行程由两个接近开关来限定。

　　另外，阿塞尔轧管机通过机架上部的液压旋转机构，迅速完成三个轧辊的集体吊装卸，提高生产效率；为防止轧制薄壁管时出现荒管表面划伤和扭曲现象，在出口端安装有两条平行于轧制方向的长驱动辊，以均匀的同向转速输送钢管；采用限动阶梯芯棒轧制方式，一是解决了芯棒冷却循环系统；二是减少了芯棒长度，降低了工具消耗；三是避免了轧制薄壁管时管端扩口，即喇叭口，减少了材料消耗；每个轧辊采用独立传动系统，避免了高温荒管穿越减速机时的不利因素。

17.3.1.6　尾三角的成因

　　轧件变形实际上是从圆到三角再到圆的过程，从其变形特点可看出（图17-16）：轧制薄壁管时，金属具有强烈的扩径倾向，三个轧辊的配置方式又不能限制这种倾向，反而将抗弯能力小的薄壁压扁，挤向辊缝。内部芯棒的阻力使横向流动的金属将该瞬时不变形的管壁部分也挤向辊缝，促使三角扩展。荒管前端和管身因受"后刚端"影响，并不出现三角形。轧到尾部时，"后刚端"已消失，结果就膨胀成了尾三角。其严重程度随伸长率和壁厚压下区长度的增加而增加。

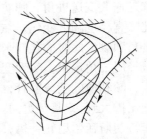

图17-16　尾三角形成示意图

　　轧制荒管的直径与壁厚的比值越大，其变形区三角形压扁也越大，此时轧件每旋转一周都要被每个轧辊辗轧一次，并在辊缝中间弯曲一次，即轧件每旋转一周，就被辗轧三次，压扁弯曲三次。轧件从被咬入到抛出轧辊，一般要被辗轧、压扁和弯曲各12次以上。弯曲的曲率半径取决于三角形的压扁程度，而压扁程度又取决于 D/S 比值。因此在轧制高合金钢时，应尽量减轻轧件的压扁程度和缩短纯轧时间，这是保证产品质量的有效途径之一。

　　阿塞尔轧管机自问世以来，为解决尾三角问题以及提高荒管 D/S 比，设计、生产及研究人员在生产实践中进行了不断研究、改进和完善，曾进行过多次改进和一次变径芯棒尝试。

　　（1）快速打开法阿塞尔轧管机。20世纪80年代初期，曼乃斯曼米尔公司采用快速打开法消除尾三角，即：轧制管子尾部时，快速提升轧辊放大孔喉，来实现上述目的。轧后将轧辊位置和孔喉尺寸恢复原状。在钢管尾部留下一段几乎不经轧制的管端，需要将其切除再送往后部工序。此法适于旧轧机改造，但增加了切损。

　　（2）带NEL（无尾切损装置）阿塞尔轧管机。阿塞尔轧管机采用上述改进措施后，虽然一定程度上解决了薄壁管的尾三角问题，但是轧机结构复杂了，稳定性降低了，金属

消耗增大了。于是，近年来德国又推出了预轧法来消除尾三角，它是在轧机入口侧牌坊上，或机架入口前增设一预轧机构（NEL，no end loss），作为阿塞尔轧机的一个附加装置，它由 3 个液压驱动的小辊组成，以轧制中心线为中心做径向移动。当轧制薄壁钢管接近尾端 100mm 左右时，由预轧装置先给以减径减壁，而主轧机只给少量压下量防止尾三角的出现。使用 NEL 装置后，D/S 可达 30。该措施保持了机架原来的刚性，轧制过程中孔喉直径不变，变形条件稳定，保证了钢管的尺寸精度，减少了尾端切损，提高了金属收得率。

17.3.2　特朗斯瓦尔轧管机

特朗斯瓦尔型轧机是由法国瓦卢勒克公司和英国投资钢管公司在 20 世纪 60 年代共同研制成功的一种新型三辊轧管机，主要是为了解决随着轧件壁厚的减薄，尾端出现开裂和形成"尾三角"，并导致轧卡问题。D/S 越大，越容易产生尾三角。减小送进角和降低轧制速度又会使管尾温度下降，塑性降低。特朗斯瓦尔轧机是在阿塞尔轧机的基础上发展起来的，本质上还是阿塞尔轧机，其特点是轧机入口侧牌坊采用可绕轧线旋转的回转牌坊，出口侧为固定式牌坊，轧辊轴承采用球面调心轴承，轧制过程中能靠转动入口侧回转牌坊来迅速改变送进角，牌坊回转角为 0°~30°，所得的送进角为 3°~10°，可连续变化，同时孔喉直径也随之变化。在轧制薄壁管子的尾部时，靠转动入口侧回转牌坊来减小此时的送进角和放大此时的孔喉来防止"尾三角"的产生；同时采用小变形量和低转速，可消除或减轻尾三角现象。实现变送进角、变轧制速度轧制，可使轧管机在不影响生产能力的前提下，顺利地轧制薄壁管，轧后再将回转牌坊复位至原位置。采用此技术可使生产管材的径壁比扩大到 35 甚至更大。继法国之后，从 1968 年到 1980 年间，世界各国相继建成 10 余套特朗斯瓦尔型轧管机；1985 年我国江西洪都钢厂从英国引进了一台 $\phi80mm$ 特朗斯瓦尔轧机及相应配套设备。

17.4　二辊斜轧轧管机

17.4.1　狄舍尔轧管机

狄舍尔轧管机 1929 年首先问世于美国，是主动旋转导盘的二辊斜轧轧管机，主要用于生产高精度中薄壁管，外径与壁厚比可达 30，壁厚公差可控制在 ±5% 左右。主要缺点是：允许延伸系数小于 2.0，生产率低，轧制钢管短，一直发展不大。20 世纪 70 年代以来，在采用大延伸的新型狄舍尔穿孔机取得成功以后，大变形可以转移到穿孔机上，狄舍尔轧管机才重新得到重视。之后在新建机组上做了重大改进，增大导盘直径并配备三向导向调整装置，缩小轧辊和导盘间的间隙，改小辊面锥角，增大送进角到 8°~12°，采用芯棒预穿和限动芯棒，主电机功率加大，提高了生产率，毛管轧制长度达到了 14~16m，并改善了产品质量。

17.4.2　Accu-roll 轧管机

1980 年以后，美国 Aetna Standard 公司又进一步将狄舍尔轧管机改进开发了新型二辊斜轧 Accu-roll 轧管机。轧辊改为锥形，增设辗轧角，改善了变形条件，使最大伸长率达到

3.0，外径壁厚比达到40，产品的表面质量和尺寸精度均有提高，可生产的产品品种多，包括油井管、锅炉管、轴承管及机械结构管等，设备费用低，特别适合中小企业改造。图17-17为其操作过程示意图。

这种改进的二辊斜轧机产品精度高，表面质量好是其突出优点，壁厚偏差精度可达±5%以下，是一种精密轧管机。但二辊斜轧速度低，产量比同规格连轧管机组和新型顶管机组小。

17.4.2.1 Accu-roll 轧管机结构特点

特点为：（1）具有两个锥形轧辊。轧辊轴线相对于轧制线倾斜，除送进角外，还有一个辗轧角。这样的轧辊配置使轧辊直径顺轧制方向逐渐加大，有利于减少滑动，促进金属纵向延伸和减轻附加扭转变形。

（2）采用两个大直径的主动导盘。导盘圆周线速度大于荒管出口速度，提高轴向滑动系数；主动导盘垂直调整可改变孔型直径，沿轧制线调整可更好地支持毛管，沿轴向调整可得到最大程度的导向；大导盘可保持荒管尺寸稳定、减少表面划伤和压痕，并扩大 D/S 至40。

（3）采用限动芯棒：工作部分长度为 2.44～3.05m 的芯棒可轧出 18.3m 的荒管。芯棒受压小，可使用较便宜的材质，也无需镀铬。插棒操作可在线进行，也可增设线外插棒装置。

（4）轧辊无辊肩。如图 17-17 所示，这样使减壁量不至过于集中，提高了轧辊寿命和均整壁厚效果。Accu-roll 轧管机的变形区组成如图 17-18 所示，减径区的实际入口锥角为4.5°，用来引导毛管进入变形区并减径；减壁区的实际工作锥角为2°；辗轧区的轧辊母线与芯棒平行，其长度足以实现均整管壁和减小螺旋道壁厚不均；归圆区的实际出口锥角为2°，使荒管回整和便于脱棒。这样设计的轧辊辊型，充分实现了斜轧轧管机的均壁作用，提高了荒管的壁厚精度。

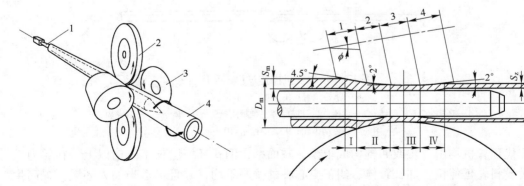

图 17-17　Accu-roll 轧机示意图
1—芯棒；2—导盘；3—轧辊；4—钢管

图 17-18　Accu-roll 轧机轧辊辊型和变形区组成

（5）后台设置长 18.3 m 的辊式定心装置可使荒管保持良好的导向，助于改善荒管壁厚不均。

17.4.2.2　Accu-roll 轧管机优点

优点为：（1）Accu-roll 轧管机组生产工序少，对于小规格机组可以不设再加热炉，布置紧凑，节省能源，缩短了生产流程；（2）所需设备少，投资费用低，建设周期短，生产能力大；（3）轧管消耗少，生产成本低，限动芯棒消耗少，金属收得率高；（4）限动芯棒长度短，这样便可轧制大直径钢管，一套机组仅用三种管坯就可生产 114～270mm 的钢管，年产量为 18～36 万吨，并可生产所有 API 钢级的管材；（5）轧制产品尺寸精度高，表面质量好。

17.4.2.3　Accu-roll 轧管机缺点

缺点为：（1）Accu-roll 轧管机轧制的荒管长度短，一般为 10～16m；

（2）轧制壁厚 4mm 以下的薄壁管还有一定困难，因为它不是全封闭孔型，金属的横向流动大，易挤入孔型间隙而造成轧卡及发生破头或使表面质量变坏。

17.5　顶　管　机

顶管机是将方形管坯在压力挤孔机上冲制成一端封闭的空心坯，在空心坯内插入芯棒，推过一系列环模而达到减径、减壁、延伸的目的，从而制成钢管。图 17-19 是顶管机的操作过程示意图。

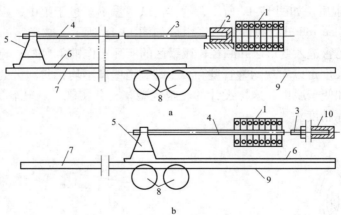

图 17-19　顶管机操作过程示意图

a—原始位置；b—加工终了位置

1—环模；2—杯形坯；3—芯棒；4—推杆；5—推杆支持器；6—齿条；7—后导轨；
8—齿条传动齿轮；9—前导轨；10—毛管

现代顶管机均由三辊或四辊构成辊模，减面率比旧式环模增长了一倍以上。在压力挤孔后增设斜轧延伸机，加长管体、纠正空心杯的壁厚不均，并且可适当加大坯重，提高生产率。目前顶管后管长为 9～16m，张力减径后长度可达 21～77m，外径范围 21～219mm，壁厚 2.5～16.0mm，年产量高达 30 万吨。这种轧机的主要优点是单位重量产品的设备轻、占地少、能耗低，可用方形坯，操作较简单易掌握，适于生产碳钢、低合金钢薄壁管。主要缺点是坯重轻，一般在 500kg 左右，生产的管径、管长都受到一定限制，杯底切头大，金属消耗系数高。

20 世纪 70 年代末，为提高坯料重量，在欧洲出现了以斜轧穿孔代替压力挤孔的顶管生产方法，即所谓 CPE（cross piercing and elongating）法。此法是将斜轧穿透的荒管，用专设的器械挤压或锻打收口，成为缩口的顶管坯。

CPE 顶管工艺采用管坯最大重量可达 1500kg，荒管最大长度可达 24m，最大管径扩大到 240mm，并大大提高了轧机产量；斜轧穿孔壁厚精度高，且毛管不带杯底，减少了切损，可使金属收得率提高约 2%～3%；简化生产流程，投资费用少，工艺成熟，技术简单易掌握。

17.6　挤压管机

挤压是金属从封闭的容器中通过模子流出而得到制品，这种压力加工的过程称为挤压。挤压分热挤压和冷挤压。此法可成批生产各种有色或黑色金属管材及型材等，用途日趋广泛。按照挤压时金属流动方向，挤压可分为正挤压和反挤压，见图 17-20。正挤压可以制造各种形状的管子和弹壳，采用实心毛坯也可制造各种形状的实心工件。反挤压法可以制造各种断面形状的杯形管，还可制造有底部突起的或者是带有肋板的管子。

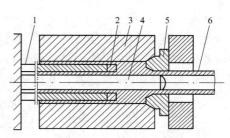

图 17-20　管材挤压过程示意图
1—挤压冲头；2—垫圈；3—挤压筒；
4—芯杆；5—模孔；6—管子

由于挤压过程金属处于三向压应力状态，所以塑性好。采用挤压方法可以制造形状非常复杂的产品，在许多情况下，这些产品是用其他压力加工方法（例如轧制）生产不出来的。挤压过程还具有很大的灵活性。在现有的挤压设备上，只要更换挤压模具的个别零件就可以从制造一种产品转变为制造另一种产品。因此，挤压方法对于小批量生产形状复杂产品是经济合理的。

思 考 题

17-1　有哪些类型的轧管机？

17-2　自动轧管机为什么壁厚不均匀，如何消除？

17-3　连轧管机分类及其工艺特点是什么？

17-4　连轧时孔型怎样才能正常充满？

17-5　轧管机芯棒操作方式有哪些，限动芯棒的优点是什么？

17-6　"竹节"缺陷怎样产生，如何克服？

17-7　阿塞尔轧管机为什么会产生"尾三角"缺陷？

17-8　Transval 轧管机特点如何？

17-9　Accu-roll 轧管机具有何结构特点？

17-10　解释各高精度轧管机原理。

18　钢管的定减径

[本章导读]

了解定减径设备，掌握定减径变形及工艺特点；分析定减径横向及纵向壁厚变化规律。

钢管的定径和减径是热轧无缝钢管生产的最后一道荒管热变形工序，是空心体不带芯棒的连轧过程。其主要作用是消除前道工序轧制过程中造成的荒管外径不一，以提高热轧成品管的外径精度和真圆度，其设备示意图见图 18-1。

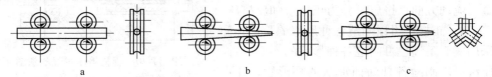

图 18-1　钢管定径、减径和张力减径

a—二辊定径；b—二辊减径；c—三辊张力减径

18.1　定　　径

18.1.1　定径变形

定径的目的是在较小的总减径率和单机架减径率条件下，将钢管轧成有一定要求的尺寸精度和真圆度，并进一步提高钢管外表面质量。经过定径后的钢管，直径偏差较小，椭圆度较小，直度较好，表面光洁。钢管在每架定径机中获得 1% ~3% 的直径压缩量，考虑轧管后钢管尺寸及温度波动，第一架给予较小的压缩；末架不给压缩而只起平整作用，以改进钢管质量。由最后一架出来的钢管即具有要求的形状和尺寸。定径机的工作机架数较少，一般为 5 ~14 架，总减径率约 3% ~35%，增加定径机架数可扩大产品规格，在一定程度上也起到减径作用。新设计车间定径机架数皆偏多。

定径是多机架的空心连续轧制过程。定径时仅存在一个区，即减径区，其变形过程也是首先产生压扁变形，充满孔型，然后是延伸和壁加厚变形。每架定径机轧辊上车有一个断面顺轧制方向依次逐渐减小的椭圆孔型，椭圆度（轴长比）1.0 ~1.1，顺轧制方向逐渐减小，最后一架为 1.0，即为正圆形孔型，各机架孔型中心应在同一水平线上。

18.1.2　定径设备

定径机的形式很多，按辊数可分为二辊、三辊、四辊式定径机；按轧制方式又分为纵轧定径和斜轧定径机。斜轧旋转定径机构造与斜轧穿孔机相似，只是辊型不同。斜轧定径的钢管外径精度高，椭圆度小，更换品种规格方便，不需要换辊，只要调整轧辊间距即可；缺点是生产率低，常应用于三辊斜轧轧管机组。

二辊纵轧定径机工作机架安放在同一台架上，轧辊与地平线成45°交角，而相邻两对轧辊轴线彼此垂直，其目的在于钢管定径时轧辊辊缝互相交错，钢管在两个垂直方向受压，保证钢管横断面各部分都获得良好的定径。为使轧件正确导入定径机孔型，在第一架定径机前装有入口导管，各机架间也装有出入口导管，而最后机架出口端则安装有出口导管。

定径温度必须高于 650 ~ 700℃，过低的温度必然造成冷硬脆性，影响钢管力学性能。而对锅炉蒸汽管则必须在高于 750℃ 的温度下定径，否则易造成工艺试验不合格。定径速度应从电机能力及轧辊强度出发，并考虑机组生产率的要求进行选定，其值在 0.6 ~ 2m/s 范围内。和其他连轧一样，应遵守金属秒流量相等的原则，但是由于许多可变因素的影响，要严格保证秒流量相等是比较困难的，因此设计及调整时常采用 0.3% ~ 0.5% 的拉力，以减少调整上的困难，并防止管壁增厚。

18.2　减　　　径

18.2.1　减径变形

减径除了有定径的作用外，还能使产品规格范围向小口径发展。减径机工作机架数较多，一般为 9 ~ 24 架。减径时空心荒管在轧制过程中形成连轧，在所有方向都受到径向压缩，直至达到成品要求的外径热尺寸和横断面形状。减径不仅扩大了机组生产的品种规格，增加轧制长度，而且减少前部工序要求的毛管规格数量、相应的管坯规格和工具备品等，简化生产管理，另外还会减少前部工序更换生产规格次数，提高机组的生产能力。

在减径机上每一架上的压缩量可达 1% ~ 5%，变形量的大小除考虑生产能力等因素外，还应保证各机架直径压下量不超过规定范围，否则随着减径时的钢管外径与壁厚的比值 D/S 增加（若直径减缩率过大）将造成管壁在孔型中不稳定，管壁易于轧折使钢管成为废品。钢管在无张力减径时管壁要增厚并沿横断面增壁不均。

由于减径过程具有较大的直径压缩变形，为减少减径时的变形抗力，降低能量消耗并改善质量，减径前需将荒管直接送往加热炉中再加热到 900 ~ 1000℃，再送往减径机减径。

18.2.2　减径设备

减径机的形式很多，按辊数可分为二辊、三辊、四辊式减径机，见图18-2。二辊式前后相邻机架轧辊轴线互垂 90°，三辊式轧辊轴线互错 60°。当电机能力和轧辊强度一定时，可以加大每机架的变形量，减径机辊数愈多，轧槽深度愈浅，

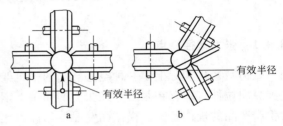

图 18-2　多辊式减径机示意图
a—四辊式；b—三辊式

各轧辊受力愈小，孔型各点速度差愈小，改善了钢管表面质量。

目前广泛采用的是单独传动的二辊式减径机，此种减径机的结构与前面的定径机一样，在每对轧辊上也车有一个与定径机孔型形状相同的椭圆孔型。减径机的数目随轧管机组的形式和减径机所需要达到的最大总直径压缩量而定，一般为9~24架。

减径机有两种形式：一是微张力减径机，减径过程中壁厚增加，横截面上的壁厚均匀性恶化，所以总减径率限制在40%~50%；二是张力减径机，减径时机架间存在张力，使得缩径的同时减壁，进一步扩大生产产品的规格范围、横截面壁厚均匀性也比同样减径率下的微张力减径好。

18.3　定减径横向壁厚不均

无论是定减径的壁厚增加，还是张力减径时的壁厚减薄，沿孔型宽度上都是不均匀分布的，如图18-3所示。定减径变形时，金属可向两个方向流动，延伸及壁厚增加，但在孔槽顶部Ⅰ—Ⅰ部分，由于向外宽展（增厚）受到孔槽壁限制，因此只能向管内流动，而在辊缝Ⅲ—Ⅲ处由于管子外表面不和孔槽壁接触，内表面又无芯棒限制，金属可向内外流动，从而增壁值要比孔槽顶部大，这是造成增壁不均的第一个原因。另外，由于在孔型顶部的摩擦力最大，而且和轧辊旋转方向一致，那么在孔型顶部的金属在轴向上就流动得多，摩擦力拉金属向前流动，导致壁减薄得多（或增壁少）；在辊缝处则相反，这样按最小阻力定律可得出，孔槽顶部的金属将向侧边斜度处横向流动，从而Ⅰ—Ⅰ断面到Ⅲ—Ⅲ断面增壁值逐渐增大，这是造成增壁不均的第二个原因。

生产中在二辊式减径机上常易出现的"内方"缺陷及三辊式减径机上出现的"六角"缺陷都是横向壁厚不均造成的。

减小这种壁厚不均可采取如下措施：选取三辊减径机，减小速度差及压力不均；使钢管产生小的旋转以错开各架辊缝，从而可以减小横向壁厚不

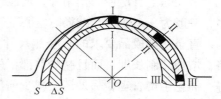

图18-3　横向壁厚不均分布

均；前后机架呈垂直布置，辊缝互错90°来减轻壁厚不均；进行小张力轧制，施加张力利于金属向纵向流动，减小壁增厚，还可改变金属和轧辊间的滑动，从而减小增壁不均。

18.4　张　力　减　径

18.4.1　张力减径特点

张力减径机实际上是一种空心轧制的多机架连轧机，荒管不仅受到径向压缩，同时还受到纵向拉伸，即存在张力。在张力的作用下钢管在减径的同时还可实现减壁，进一步扩大生产产品的规格范围。横截面壁厚均匀性也比同样减径率下的微张力减径好。总减径率最大达75%~80%，减壁率一般可达35%~45%，总延伸系数一般在6~8，最大可达9以上，因此其工作机架数更多，一般为14~24架，甚至多达28架。张力减径机具有以下

特点：

（1）张力减径后可得到各种尺寸规格的成品钢管，可大大减少减径前的钢管规格，提高轧管机组生产效率；（2）由于管坯和荒管规格减少，工具、备品备件数量减少，更换时间大大减少，生产更加稳定，从而提高机组作业率；（3）可扩大品种规格，通过张力减径可以直接生产小口径无缝钢管；（4）延伸大，可生产长达180m的钢管。

现代张力减径机后成品长度一般在120~180m，再进入冷床前由飞锯或飞剪切成定尺。

现代化的管理及过程控制计算机使张力减径机管端增厚控制得以实现，为张力减径实现高产、优质、低消耗生产开拓了更加广阔的前景。在连续轧管机后面配置一台张力减径机作为成型机组，可用一种或两种连轧荒管即可生产几百种不同规格的热轧管，既满足了产量要求，又解决了产品规格的要求，这标志着钢管生产的最新发展方向，实现大型化、高速化和连续化生产。张力减径机已经在几乎各类轧管机组和中小型焊管机组上得到广泛的应用。

近年来张力减径的发展趋势是：

（1）三辊式张力减径机采用日渐普遍，二辊式只用于壁厚大于10~20mm的厚壁管；（2）减径率有所提高，入口荒管管径日益增大，最大直径现在已达300mm；（3）出口速度日益提高，现已到16~18m/s；（4）近年来投产的张力减径机架数不断增加，目前最多达到28~30架，总减径率高达75%~80%。

18.4.2　张力减径管端增厚现象

18.4.2.1　产生原因

张力减径机的工艺特点是利用轧制机架的速度差在钢管上形成纵向拉应力——张力，通过控制张力的大小来使钢管壁厚按要求值变化。因此现代张力减径机不仅可以减径，同时可以减壁，而且横截面上壁厚分布比较均匀。但它的最大缺点，就是首尾管壁相对中部偏厚，增加了切头损失。

造成张力减径管端偏厚的主要原因是轧件首尾轧制时都是处于过程的不稳定阶段。首先，轧件两端总有相当于机架间距的一段长度，一直都是在无张力状态下减径；其次，前端在进入机组的前3~5机架之后，轧机间的张力才逐渐增加到稳定轧制的最大值，而尾部在离开最后3~5机架时，轧机间的张力又从稳定轧制的最大值降到零，见图18-4。这样轧件相应的前端壁厚就由最厚逐渐降到稳定轧制时的最薄值，尾端又由稳定轧制的最薄值逐渐增厚到无张力减径时的最大厚度，见图18-5。

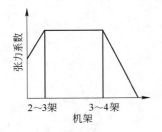

图18-4　张力系数分配

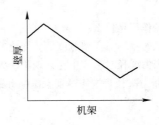

图18-5　张力减径时壁厚沿机架顺序变化示意图

另外，加大张力可以使用较厚毛管提高机组产率，所以实际生产中应当摸索合理的张力制度，以求得最佳的经济效果。实践证明，进入减径机的来料长度应在 20～28m 以上，在经济上才是合理的，因此张力减径机多用于连续轧管机、皮尔格轧机和连续焊管机组之后。

18.4.2.2　改善管端偏厚措施

为了减少张力减径机的切头损失，主要可以从下面几方面着手：

（1）增加单机架减径率、减小机架间距、增加钢管长度等，可将增厚段长度减小到钢管全长的 8%～14%；（2）采用端头厚度电控技术，即通过调整轧辊转速来增加钢管前后端不稳定状态轧制时的张力，使前、后端所受总张力与稳定阶段的张力相近，可使管端增厚长度减少 37%～53%；（3）提供两端壁厚较薄的轧管料；（4）"无头轧制"，这种轧制方法如能实现，将使偏厚端头的切损降到最低限度。但在实际生产中应用还存在一定问题，目前发展势头不大。

18.4.3　张力减径率分配

张力减径时，由于有轴向张力存在，横向壁厚不均程度大为减少，从而可大大增加单机架减径率。其总减径率最大可达 90%（28 架），单机架减径可达 12%～17%，但为保证钢管质量，单机架通常被限制在 7%～9% 范围内。减径率的分配就是把总减径率合理地分配到各个机架上。一般来讲，单机架的减径率最大值多处于中间机架，而始轧和终轧机架均匀升、降，见图 18-6。减径率分

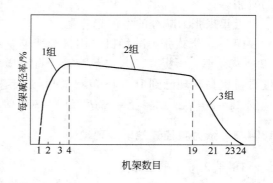

图 18-6　各机架减径率的分配

配原则如下：（1）中间机架逐渐下降或均匀分配，前者可使各架孔型磨损均匀，轧制负荷均衡；（2）开始张力升起机架的减径率相当于无张力减径机的减径率，但小于正常机架；（3）终轧机架逐渐减小，末架 $\varepsilon_{D_n} < 1\%$，成品前架 $\varepsilon_{D_{n-1}} < 3\%$，成品前架与正常机架的差值小于 3%；（4）各单机架减径率与总减径率之间必须满足如下关系：

$$1 - \varepsilon_{D_\Sigma} = D_l / D_n = (1 - \varepsilon_{D_1})(1 - \varepsilon_{D_2})(1 - \varepsilon_{D_3})\cdots(1 - \varepsilon_{D_{n-1}})(1 - \varepsilon_{D_n}) \qquad (18-1)$$

式中　　　D_l，D_n——来料和成品钢管直径，mm；

ε_{D_1}，ε_{D_2}，$\cdots$，ε_{D_n}——各架减径率，%。

思　考　题

18-1　定减径作用是什么？

18-2　定减径时壁厚沿孔型宽度如何变化？

18-3　荒管张力减径时会产生什么现象，为什么？

18-4　减径张力减径管端增厚现象措施有哪些？

19 钢管精整及其质量控制

[本章导读]

熟悉热轧无缝钢管的各个精整工序；掌握钢管质量性能保证相应措施。

19.1 钢管的精整

钢管在各生产工序中不可避免地会产生各种缺陷，因此钢管冷却后还必须进行精整和各种加工处理。所谓精整就是为了使钢管达到标准和技术条件所规定的所有技术指标而对钢管进行各种处理的工序总称。钢管的精整是保证成品钢管正确的形状，优良的表面质量，规定的力学、物理、化学、工艺性能和技术要求的最后一道重要工序。精整质量的好坏将直接影响最终钢管成品的质量，影响整个钢管生产的经济效益，可见精整工序在钢管生产中占有很重要的地位。当钢管作为成品出厂时，还要考虑用户对于商品包装、运输等要求。

钢管的精整过程要根据不同品种的技术要求选择不同的精整工序，精整工序一般包括冷却、热处理、矫直、切头尾、分段、管端加工、水压及各种无损性能检验、测外径、测壁厚、测长称重、人工检查、标识、涂油、包装入库等工序。钢管厂的精整生产车间作业工序多，设备类型多，占地面积大（一般占钢管车间的三分之二），其生产周转期也最长，主要精整工序介绍如下。

19.1.1 冷却

定减径后的钢管温度一般为 $700 \sim 900\,^\circ\mathrm{C}$。为便于后续精整，必须将其冷却到 $100\,^\circ\mathrm{C}$ 以下。钢管冷却一般在冷床上进行。钢管的冷却方式随材质及产品性能要求而不同。对于大多数钢种，采取自然冷却即可达到要求。对某些特殊用途的钢管，为保证要求的组织结构和性能，则可采用风冷、水冷等急冷后再移送至冷床进行自然冷却。例如，奥氏体不锈钢管终轧后，用水急冷进行固溶处理，再送入冷床进行自然冷却；对轴承钢管，为使其具有片状珠光体组织和防止网状碳化物析出，以利于以后的球化退火，则终轧温度应控制在 $850\,^\circ\mathrm{C}$ 以上，轧后以冷却速度 $50 \sim 70\,^\circ\mathrm{C}/\mathrm{min}$ 进行快冷，故需在冷床上采用通风或喷雾进行强迫冷却。

冷床有步进式、链式和螺旋式三种。过去多用链式冷床，其结构简单、造价低，但因为易产生链条错位致使钢管弯曲，且在冷床入口处不能自由收集钢管，故现在定减径后钢管较长（>19m）的机组中已很少使用。步进式冷床是由步进梁和固定梁组成的。被冷却钢管由步进梁托起，向前移动一定距离后再放入固定梁的齿沟中。适当调整齿条的行程，可使钢管每步进一下滚动两次，达到矫直钢管的作用。步进式冷床可有效地保证钢管冷却后的直度满足标准要求，其特点是冷却均匀，钢管表面的损伤少，管子可在同一齿内旋转以获得最大的直线度。新建的轧管机组，几乎都采用步进齿条式冷床。有的冷床的末端设有水冷装置，以冷却厚壁管，水冷后管子的温度低于80℃。螺旋式冷床是靠螺旋杆上的螺旋线推动冷床上的钢管向前移动进行冷却的。随着螺旋杆的转动，钢管除了向前的推力外，还受到一个侧向推力。因而一边前进一边横移。步进式冷床和螺旋式冷床均可保证钢管冷却后的弯曲度在±1.6mm/m 的范围内，两者相比，步进式较为优越。

19.1.2　矫直

19.1.2.1　矫直机类型

钢管在热处理后会发生变形即弯曲及椭圆度增大，矫直工序的任务是消除轧制、运送、冷却和热处理过程中产生的钢管弯曲以及减小钢管椭圆度以达到标准要求。因此，矫直工序必不可少。

钢管矫直可在热状态下或冷状态下进行，但一般多用冷矫。钢管矫直机有机械压力矫直机、斜辊矫直机和张力矫直机等几种形式。压力矫直机结构简单，生产率低，需人工辅助操作，矫直质量不高，故一般作为钢管初矫。张力矫直机是使钢管在轴向力作用下产生 1% ~ 3% 的拉伸变形，而使钢管矫直，一般用来矫直断面形状复杂的钢管，这种方法生产率较低。

目前广泛采用的是斜辊矫直机，斜辊矫直机效率高、矫直效果好。不仅使钢管的弯曲得到矫直，而且可以改善钢管的椭圆度。但斜辊矫直机对钢管的端部弯曲（鹅头弯）矫直效果不理想，通常需用压力矫直机进行端部的矫直。

19.1.2.2　斜辊矫直机

斜辊矫直机矫直辊排列形式如图 19-1 所示，图中 a、c、e 为矫直辊交错布置的矫直机，矫后加工硬化程度小，中间压下辊可给予较大压下提高矫直效果，适于小直径高强度和高弹性管材的矫直。图 19-1 中 b、d 为矫直辊相对布置的矫直机，主要用于大中口径管材和高强度套管的矫直，因而矫直时不压扁管材的横断面。

常用的斜辊矫直机有五辊和七辊等形式。七辊矫直机的结构比较简单，应用最广，按其配辊方案不同，七辊矫直机又分为 2-2-2-1 型、1-2-1-2-1 型和 3-1-3 型等几种。目前，使用最多的是 2-2-2-1 型，它具有 6 个主动辊和 1 个被

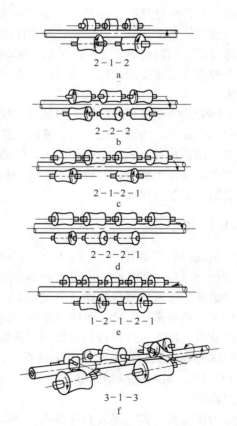

图 19-1　斜辊式矫直机的基本结构形式
a，c，e—矫直辊交错布置；b，d—矫直辊相对布置；
f—端部不加厚的石油管矫直

动辊，主要用于小口径薄壁管的矫直；3-1-3 型斜辊矫直机多用于端部不加厚的石油管矫直，它不仅可以矫直钢管，而且还可以对 σ_s 达 1190MPa 的套管进行定径。1-2-1-2-1 型斜辊矫直机多用于矫直端部加厚的石油管。

钢管由弯到直的矫直过程实际上是一个弹塑性变形过程，而变形力必须达到或超过钢管的屈服强度才能产生塑性变形。在热处理线上矫直机通常布置在回火炉后面，钢管出回火炉后，温度略加调整即进行矫直，称之为"热矫"或"温矫"。

矫直辊辊形为近似双曲线型，矫直辊和钢管轴线相交成一个交角，所以当钢管进入矫直机后，管子被矫直机带动产生螺旋运动同时做多次纵向反复弯曲，因而形成了一般矫直机所不能实现的钢管轴向对称矫直。此外，还可以利用辊型特点，调整矫直辊上、下间距，消除钢管的椭圆度。由于矫直过程是连续的，故具有较高的生产率。矫直辊轴线与钢管轴线的倾角多在 24°~25°间变化，在实际生产中多采用一种矫直辊辊型，通过改变矫直辊倾角办法来完成不同尺寸规格钢管的矫直。不同规格的钢管应有不同的矫直速度，其大小取决于机组的产量、设备能力和矫直质量。随着轧制速度的提高，矫直速度也在不断提高。

19.1.3 切断

钢管矫直后，要进行初次检查吹灰以确定切头、尾长度，也可以布置成冷床下来的钢管先切断后矫直。钢管切断的目的是切去具有裂纹、结疤、撕裂和壁厚不均的端头，以获得要求的定尺钢管，另外切除经检查不合格难以挽救的缺陷，如内折、内结疤、严重的壁厚不均等。一般前者的切断在作业线上进行，而后者离线切断。

钢管切断设备有切管机、砂轮锯和圆盘锯等，目前应用较广的切管设备是附设有自动装卸料和集料装置的各种切断机床（切管机）。有的钢管厂先采用热（冷）圆盘锯预锯切，再用切管机进行平头和倒棱。砂轮锯主要用于锯切外径小于 100mm 的薄壁管和板薄壁管。切头尾长度主要取决于生产方法和生产技术水平，一般定、减径管端切头长度为 50~100mm，后端为 50~300mm。

19.1.4 热处理

钢管作为一种产品必须具备一定的性能才能满足使用条件的需求。改善性能有两个途径：一是调整钢的化学成分，即合金化方法；另一是热处理及热处理和塑性变形相结合的办法。热处理在改善钢的性能方面仍占据着主导地位，通过加热、保温及冷却使钢获得一定的金相组织和与之相对应的各种性能，以满足产品标准及用户要求。

钢管热处理可以分为两类：一是为了满足产品使用性能要求的最终热处理；二是钢管生产过程中的工序间的热处理。常用热处理工艺主要有淬火、回火、正火及退火等。例如，石油管材的淬火加回火（调质）工艺；高压锅炉管、高压化肥管的正火加回火及奥氏体不锈钢管的固溶处理；轴承钢管的球化退火等。工序间的热处理用于冷轧、冷拔钢管的生产过程中，通常采用再结晶退火、软化退火，目的在于消除冷加工硬化效应，降低硬度、提高塑性以利于进一步冷变形工序得以实施。

19.1.5 钢管检查

钢管要根据技术要求进行质量检查。检查内容包括逐根检查钢管尺寸、弯曲度及内外表面质量，并抽样检查钢管的力学性能和工艺性能等。现代化的钢管车间采用自动尺寸检测装置如激光测径、测厚和测长来连续检测钢管的几何尺寸和弯曲度。

　　钢管外表面接触一般采用目检，而内表面除了用目检外，还可利用反射棱镜进行检查。目前，已开始采用各种无损探伤法如射线、磁力、超声波、涡流和荧光探伤等手段检测内外表面缺陷。最近又出现了超声发射全息照相、超声波频谱分析探伤、超声波显像探伤以及超声波高温探伤等新技术。近年来随着计算机技术的普及应用，无损探伤法有了很大的发展，已成为钢管生产中不可缺少的工序。

　　钢管的表面处理是指对不同用途钢管的表面进行机械、冶金或化学等方法的处理。其目的主要是提高钢管材料的抗腐蚀性（抗酸、碱、硫、大气、海水等的腐蚀），也包括使钢管在使用时具有良好的作业性、耐久性、装饰性等要求。表面质量不合格的钢管必须进行修磨，外表面多采用砂轮机修磨，内表面采用磨床修磨。

　　钢管检查的机械化和自动化是提高轧管机组生产率的关键工序之一，创建钢管检查和修磨的自动化生产线是钢管自动化亟待解决的问题。

19.1.6　水压试验

　　凡承受压力的钢管均需在液压试验机上进行液压试验，以检查钢管承受压力的情况和进一步发现隐藏的缺陷。试验压力按有关标准规定进行。压力计算公式如下：

$$P = \frac{200\delta_{cmin}[\sigma]}{d_c} \tag{19-1}$$

式中　　δ_{cmin}——成品钢管最小壁厚，mm；

　　　　d_c——成品钢管内径，mm；

　　　　$[\sigma]$——许用应力，$[\sigma] = 0.8\sigma_z$，kgf/mm^2（$1kgf/mm^2 = 10MPa$）。

19.1.7　涂油、打印、包装和特殊加工

　　经检查合格的钢管尚需进行分级、打印、涂油，然后包装入库。有些钢管根据工作条件的要求，还需进行一些特殊的加工工序，如管端加厚、管端定径、管端车丝、涂防锈剂和镀锌等。石油钻探管就是上述要求特殊加工的钢管之一。

19.2　钢管质量的保证

19.2.1　表面质量的保证

　　钢管外表面缺陷主要有：外折叠、发裂、压痕（凹坑、结疤）、划伤（清线或螺旋道）、耳子、愣面和轧折等。内表面缺陷主要有：内折叠、内裂和内划伤（直道和螺旋道）等。

　　保证钢管表面质量主要靠：（1）提高管坯质量及对管坯表面缺陷进行严格清理；（2）采用合理的加热制度、合理分配变形系数和正确调整轧机；（3）采用耐磨工具，精确加工孔型并保持工具工作面光洁。

　　缺陷产生于哪一个变形工序，可以根据缺陷分布形状来判断。在斜轧工序（如穿孔），

由于工具原因而带来的表面缺陷呈螺旋线分布，而纵轧工序（轧管和定、减径）出现的缺陷则呈直线分布。

19.2.2 几何尺寸精度的保证

钢管的几何尺寸精度主要是外径精度、真圆度和壁厚精度。内径精度一般不做规定。

（1）外径精度。影响外径精度的主要因素是：1）用纵轧定减径机定径时，外径精度可达±（0.8~1.0）%，而用斜轧定径机，其精度可达±0.5%；2）如终轧温度不稳定，或沿管长温度不均匀将因冷却不均而引起外径尺寸波动；3）轧辊孔型车削精度及轧机调整精度愈高，钢管外径精度也愈高，轧辊偏心会引起钢管外径的周期性变化；4）变形量分配不当而产生的过充满或欠充满，都会使钢管外径精度下降；5）来料尺寸波动也会使外径精度下降；6）矫直操作可使外径减小量控制在0.2%以下。如果矫直机调整不当，会使钢管外径增大或明显减小。

（2）壁厚精度。钢管壁厚精度有两个主要指标。一是壁厚均匀度，一般是指横向壁厚不均度 $\Delta\delta$，$\Delta\delta=\delta_{max}-\delta_{min}/\delta_c$，其中 δ_{max} 和 δ_{min} 是同一横截面上最大和最小壁厚，δ_c 为钢管名义壁厚，有时也考虑纵向壁厚不均；另一个是实际壁厚平均值与名义壁厚之差。后者通过稳定轧制温度和及时检查并相应重调轧机可以解决。

热轧生产中最关键的还是壁厚均匀度，特别是横向均匀度问题，它与整个工艺过程有关。根据实践，提高钢管横向壁厚均匀度的主要措施是：1）管坯正确定心；2）管坯及中间管均匀加热；3）增加各轧机顶杆系统的刚度；4）提高各轧机调整的对称性和同心度；5）在成壁道次的变形量要小以达到均壁作用；6）精确加工各轧机的工具（孔型、顶头或芯棒）；7）在连轧管机组中，前几架采用微张力轧制，并采用端头加厚电控技术；8）采用张力减径，根据实验，$Z=0.75~0.7$ 时，横向壁厚不均可降低8%~10%；9）在张力减径中采用沿孔型宽度上接触长度相等的孔型。

（3）钢管的弯曲度。钢管的弯曲主要靠矫直来消除。通常，钢管原始弯曲度小，矫直压下量大、钢管与矫直辊接触充分，矫直效果好。

19.2.3 钢管性能保证

以往均采用合金化或热处理的手段来提高钢管的力学性能。现在取而代之的是控制轧制和形变热处理的方法。例如，美国国家钢管公司对碳素钢管采用了低温形变热处理工艺。热轧后的钢管再进入加热炉内进行全长均热，而后以5%的减径率进行定径，再在冷床上空冷，表19-1为其低温形变热处理后的力学性能。又如，对36CrSi钢地质钻探管采用高温控制轧制时，定径后温度为830℃，然后急冷至室温，再经550~570℃回火，其力学性能较一般轧制工艺有明显提高，见表19-2。

表 19-1 低温形变热处理后的力学性能

性能＼工艺	热轧后	形变热处理后
σ_b/MPa	760	810
σ_s/MPa	450	670
δ/%	27	240

表 19-2　36CrSi 钢管高温控制轧制后的力学性能

工艺　　　　　性能	σ_b/MPa	$\sigma_{0.2}$/MPa	δ/%	φ/%	a_K/J·cm^{-2}	HRC
高温控制轧制	1000～1030	785～895	12～14	38～46	60～75	31
一般轧制工艺	800～850	600～640	8	40～42	40～45	—

思 考 题

19-1　无缝钢管的冷却方式有哪些?

19-2　无缝钢管精整工序有哪些?

19-3　钢管热处理目的是什么?

19-4　解释无缝钢管斜辊矫直原理。

19-5　钢管检查内容有哪些?

19-6　如何对热轧无缝钢管进行质量控制?

20　焊管生产工艺

+-+

[本章导读]

　　掌握焊管生产方法及工艺；了解相关新技术应用。

+-+

　　焊管就是将钢板或钢带采用各种成型方法卷成圆筒状，然后用各种焊接方法焊合的过程。焊管生产在钢管生产中占有重要地位，国外工业发达国家的焊管生产量一般占钢管产量的 60% ~ 70%，我国的焊管产量一般在 55% 左右。焊管生产工艺特点为：（1）产品精度高，尤其是壁厚精度；（2）主体设备简单，占地少，投资少，见效快；（3）生产上可以实现连续化作业，甚至"无头轧制"；（4）生产灵活，机组的产品范围宽。

　　焊管的生产方法种类繁多，按焊缝形态有螺旋焊管和直缝焊管；焊管按生产方法特点可分为炉焊管、电焊管、埋弧焊管和其他焊管等。炉焊管又可分为断续炉焊管和连续炉焊管，断续炉焊管已经淘汰，现在大多采用连续炉焊。电焊管又有交流焊管和直流焊管，交流焊管根据频率不同的有低频焊、中频焊、超中频焊和高频焊，低频焊已经淘汰，高频焊按电输入方法又有接触焊和感应焊。埋弧焊大多用于生产大中直径管，特殊焊接方法有钨电极惰性气体保护焊（TIG）、金属电极惰性气体保护焊（MIG）、高频焊接惰性气体保护焊、等离子体焊、电子束焊、钎焊等，用来生产有色金属管、高合金管、不锈钢管、锅炉管、石油管以及双层卷焊管等。从成型手段来看主要是辊式连续成型机、履带式成型机、螺旋成型机、UOE 成型机、排辊成型机等数种。各种焊管生产方法如表 20-1 所示。

表 20-1　焊管的主要生产方法

类　别	生产方法	基本工序	
		成　型	焊　接
直缝焊管	连续炉焊机组	在连续加热炉中加热管坯，出炉后用连续成型机成型、焊接	
	连续成型电焊机组	辊式连续成型机	高频电阻与感应焊、惰性气体保护电弧焊
		连续排辊成型机	高频电阻与感应焊、埋弧焊、惰性气体保护电弧焊
		履带式连续成型机	高频电阻与感应焊、埋弧焊、惰性气体保护电弧焊
	UOE 电焊机组	UOE 压力成型机	埋弧焊、惰性气体保护电弧焊
	辊式弯板电焊机组	辊式弯板成型机	埋弧焊、惰性气体保护电弧焊
螺旋焊管	螺旋成型电焊机组	连续螺旋成型机	埋弧焊、高频电阻焊、惰性气体保护电弧焊

274

20.1 连续成型电焊机组

高频直缝连续电焊管通常称为 ERW（Electric Resistance Welding Pipe）。目前可生产 $\phi(5\sim660)\,mm\times(0.5\sim15)\,mm$ 的水煤气管道用管、锅炉管、油管、石油钻探管和机械工业用管等中小口径管，钢种主要有低碳钢、低合金高强度钢，在连续式电焊管机组上生产的几种典型产品的工艺流程如图 20-1 所示。

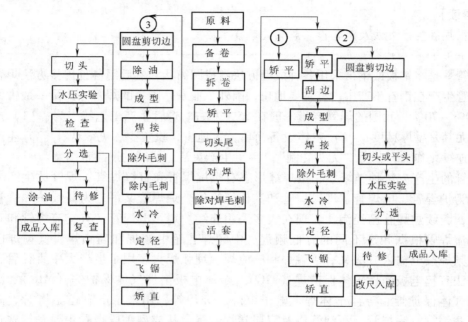

图 20-1　连续式电焊管机组上生产的几种典型产品的工艺流程
1—水煤气管；2——般结构管和输油管；3—汽车传动轴管

对不同钢种应根据不同工艺特性在成型、焊接、冷却等工序上采用不同的工艺规范，以保证焊接管质量。电焊管生产无论有色和黑色都得到较大的发展，技术上也提高很快。如发展了螺旋式水平活套装置；机组上采用了双半径组合孔型；高频频率多在 350～450kHz，近年来又采用了 50kHz 超中频生产厚壁钢管；焊接速度最高达到了 130～150m/min；内毛刺清除工艺可用于内径为 15～20mm 的钢管生产中；冷张力减径机组也日益引起重视；在作业线上和线外实行了多种无损探伤检验；如有需要（像厚壁管）在作业线上还设置了焊缝热处理设备；为提高焊缝质量和适应一些合金材料的焊接要求，还采用了直流焊、方波焊、钨电极惰性气体保护焊、等离子体焊以及电束焊等。在后部工序中不少机组均设有微氧化还原热镀锌、连续镀锌和表面涂层等工艺，并相应设有环保措施，控制污染。

20.1.1 不同成型方式分类

20.1.1.1 连续辊式成型

连续辊式成型是将管坯在具有一定孔型轧辊的多机架轧机上进行连续塑性弯曲而成管筒，是优质高效的中小口径电焊管成型方法。成型机一般由 6～10 架二辊式水平机架组成，各水平机架间设有被动的导向立辊，作用是防止管坯串动，使之正确导向并防止带钢回弹。水平机架数目取决于钢管规格。连续辊式成型过程相当于连续板冲压过程，管坯进入轧辊孔型时，管坯边缘逐步被升起，此时管坯边部不可避免地要产生拉伸，并因此而受拉力作用。

20.1.1.2 排辊成型

排辊成型生产电焊管方法实质是由辊式连续成型机演变而来，在焊管连续辊式成型中利用三点弯曲原理，在导向片辊前采用一组或多组位置可调、成排的被动小辊机架代替若干主动水平机架和被动立辊机架，管坯按照所设计的孔型系统变形，即钢带通过大量小直径被动排辊使钢带逐渐形成圆状。

这种生产方法可生产直径 457～1270mm、最大壁厚 22.2mm 的钢管。它的生产工艺流程如下：送进钢板或拆带卷→超声波检查→对焊→刨边或切边→排辊成型→高频预焊接→定径→切定尺→脱脂→内焊（埋弧焊）→外焊→超声波检查全部焊接→扩径→水压测验→超声波检查→管端平头→成品检查→打印涂保护层→出厂。

排辊成型最大的缺点是生产厚壁管时机组刚性不足。为了解决这个问题，有些机组采用立辊和排辊结构，以适应厚壁管和薄壁管成型的不同要求。

20.1.1.3 履带式成型

履带式成型机用于生产壁厚 0.5～3.20mm、外径 20～150 mm 的各种薄壁管和一般用管。图 20-2a 是它的成型过程示意图，图 20-2b 是它的一般成型原理图。

履带式成型机不需要成型辊，主要部分是两个侧面的 V 形槽 2 和三角模板 1。当带材进入倾斜的三角板和 V 形槽构成的孔型后，在Ⅰ段带材比三角板窄，未接触 V 形槽面。进入Ⅱ段带材开始宽于三角板压出弯边。而后依次通过各段形成管材，如图 20-2b 所示。

履带式成型机是较新的成型工艺。我国银河仪表厂于 1978 年首次研制成功，生产了 85mm×1mm 的喷灌薄壁管。这种成型机的优点是：（1）变换管径方便，只要调整 V 形槽的开口度和角度，三角板的位置

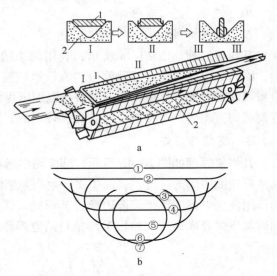

图 20-2　履带式成型机的工作示意图
a——一般成型过程；b——一般成型原理图
1—三角板；2—V 形板

和相应的形状即可，适于多品种生产；（2）可生产辊式连续成型机不能生产的较大直径的薄壁管；（3）变形区可以短一些，设备简单、轻巧，维修容易，占地面积小，消耗动力小，成本低廉；（4）成型后管材本身残余应力小；（5）可用于锥形管成型焊接。

20.1.2　不同焊接方法分类

电阻焊接法是一种压力焊接法，它利用通过成型后管筒边缘 V 形缺口的电流产生的热

量，将焊缝处金属加热至焊接温度，然后靠挤压辊施加挤压力而使金属焊合。根据通电电流频率，电阻焊可分为低频电阻焊（50~360Hz）和高频电阻焊（200~450kHz）两种，高频焊又可分为高频接触焊和高频感应焊两种。高频焊接法近年来获得迅速发展，新建设的焊管厂全部采用高频焊接法。中小直径高频焊管机的电源容量一般为30~600kW，频率为200~450kHz。

20.1.2.1　低频电阻焊

其焊接钢管原理如图20-3所示。用铜合金制造的两个大电极轮分别与管筒两边缘接触，电流由变压器次级线圈供给，电流从一个电极轮通过管筒边缘V形缺口流向另一个电极轮。由于管筒边缘的自身电阻发热使V形缺口处的金属被加热到焊接温度，并靠挤压辊的挤压作用，使金属原子迅速扩散，产生再结晶而焊合成钢管，电极轮采用导电性好，高温强度高的Cu-Cd或Cu-Cr合金制造。

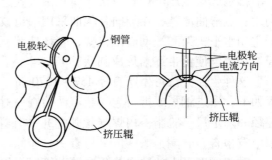

图 20-3　低频电阻焊焊接钢管原理示意图

20.1.2.2　高频电阻焊

A　高频接触焊

其焊接原理如图20-4a所示，利用两个接触片（电极或焊脚）分别与管筒两边缘接触，因高频电流产生的集肤效应和临近效应使焊接电流集中于V形缺口，将V形缺口处金属瞬间加热到焊接温度，同时挤压辊加压焊合成钢管。另一部分电流从一个接触片经过管筒圆周流向另一个接触片（称为循环电流）作为热损失而消耗掉。

B　高频感应焊

其焊接原理如图20-4b所示，感应圈中通过高频电流时产生高频磁场，当成型后的管筒从感应圈中间通过时，管筒中将产生高频感应涡电流。同样，由于集肤效应和临近效应的作用使涡电流密集于管筒边缘的V形缺口，管筒因自身阻抗而迅速被加热到焊接温度，同时加压焊合成钢管。加热V形缺口的电焊称高频感应焊接电流，而沿管筒横截面外圆周

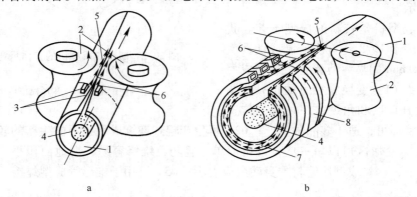

a   b

图 20-4　高频电阻焊原理示意图

a—高频电阻焊；b—高频感应焊

1—钢管；2—挤压辊；3—接触电极；4—磁棒；5—焊接点；6—焊接电流；7—循环电流；8—感应圈

向内层流动的是循环电流，加热管筒周身是一种热损失。为了增大焊接电流、减小循环电流，一般在感应圈（或接触片）下部位置空心体的管筒中心放置一个磁棒，以增加内表面的感抗。实践表明，焊接小口径钢管时放置磁棒后焊接速度可提高 2 倍。

20.2　几种大口径钢管的生产方法

20.2.1　螺旋焊接管

螺旋焊管法是目前生产大直径焊管的有效方法之一，生产直径 $\phi(89 \sim 2450)\,mm \times (0.5 \sim 25.4)\,mm$，长度为 $6 \sim 35m$ 的输送管道用管、管桩和某些机械结构用管。它的优点是设备费用少，用一种宽度的带钢可生产多种规格的焊管。目前美国、德国已生产出直径 3m 以上厚度 25.4mm 的螺旋焊管。图 20-5 为螺旋焊管机组流程图。

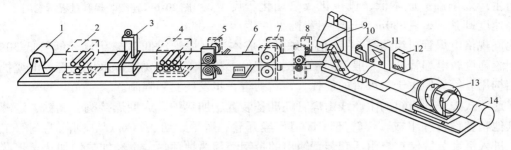

图 20-5　螺旋焊管机组工艺流程图

1—拆卷机；2—端头矫平机；3—对焊机；4—矫平机；5—切边机；6—刮边机；7—主递送辊；8—弯边机；
9—成型机；10—内焊机；11—外焊机；12—超声波探伤机；13—切断机；14—焊管

螺旋焊设备简单，设备费用也少，在钢管的真圆度和直度方面也比直缝焊管好。它的缺点是由于以热轧带钢作原料，因此在厚度方面和低温韧性方面也受到一定限制；钢管外表面焊缝处有突出的尖峰，在焊缝高度和外观形状方面，不如直缝焊管。

螺旋焊管机组的生产方式分为连续和间断式两种。螺旋焊管生产新的工艺是采用分段焊接，先在一台螺旋焊机上进行成型和预焊，再在最终焊管上进行内外埋弧焊接。其产量相当于四台普通的螺旋焊管设备，是很有发展的新工艺。

20.2.2　UOE 焊管

UOE 法电焊管生产是以厚钢板作原料，经刨边、开坡口和预弯边，先在 U 形压力机上压成 U 形，后在 O 形压力机上压成圆形管，然后预焊、内外埋弧焊，最后扩径以矫正焊接造成的管体变形，达到要求的真圆度和平直度，消除焊接热影响区的残余应力。UOE 焊管可生产直径为 406 ~ 1620mm，壁厚 6.0 ~ 40mm、长达 18m 的钢管。这种方法可能生产的最大直径受到板材能够生产的最大宽度的限制，设备投资也较大。但生产率高，适于大批量少品种专用管生产，是高压线输送管的主要生产方法。

UOE 焊管的生产工艺流程如下：

送进钢板→刨边→预弯板→U 成型→O 成型→高压水清洗→干燥→预焊→管端平头→

焊引弧板→内焊→外焊→超声波检查→除掉引弧板→修磨管端焊缝→中间检查→X 光检查
→清除焊渣→扩径→水压→干燥→超声波检查焊缝→超声波检查管端→X 光检查→管端倒
棱→车间检查→磁力检查管端→X 光检查→用户检查→称重、测长→打印→涂层→包装入
库→出厂。

20.2.3　连续炉焊管

炉焊法生产钢管是将带钢加热至 1350 ~
1400℃的焊接温度，然后通过如图 20-6 所示的成
型焊接机受压成型并焊接成钢管。连续式炉焊管
机组是高生产率生产焊管设备，按生产的产品规
格范围可将机组分为大型（$\phi 25 ~ 100mm$）、中型
（$\phi 15 ~ 75mm$）和小型（$\phi 5 ~ 40mm$）三种。这种
机组生产效率高、成本低、机械化及自动化程度
高，速度高达 420 ~ 680m/min，一套机组的生产

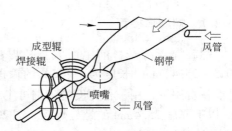

图 20-6　连续炉焊管过程示意图

率比同规格电焊管机组约高 6 ~ 7 倍。炉焊管成本比电焊管约低 20%，比无缝管低 30%。
但焊缝强度较电焊管低，一般仅限于焊接低碳的沸腾钢管，主要用作水煤气管、电缆护管
及结构用管等。但由于炉焊管的能耗大，它的进一步发展受到限制。

连续式炉焊管机组的生产线由焊管坯准备装置、加热炉、成型焊接机、飞锯、定减径
及其他精整设备等组成。焊管坯（带钢）经开卷、矫平、切头、对焊和刮除毛刺等工序
后，进入活套装置储存。由活套装置输出的带钢经预热炉预热，再经加热炉加热至焊接温
度。加热炉为细长形式的通道，即隧道三段式或四段式加热炉，其有效长度为 30 ~ 60m，
宽度为 730 ~ 830mm。带钢在炉内加热的特点是边部温度比中部温度高 40 ~ 50℃。这一温
度是保证稳定的焊接压力、焊缝质量的一个重要因素。出炉后的带钢由两侧喷嘴对带钢侧
边进行第一次喷吹空气以提高带钢边缘温度，同时去掉带钢侧表面的氧化铁皮。随后带钢
经过由 6 ~ 14 机架组成的成型焊接机进行成型、焊接。成型焊接机为二辊式，第一架为立
辊，第二架为水平辊。依次交替布置，在第一对立辊机架孔型中带钢弯曲成近似于马蹄形
管坯，其圆心角为 270°，开口应朝下以防止熔渣掉入管内。在第 1 ~ 2 机架间设有喷嘴，
喷嘴上部钻有小孔使空气喷到管坯边缘上，借助铁氧化时放出的热量使管坯边缘温度升
温，以便第二机架进行锻接。喷吹还可清除管坯边缘氧化铁皮及其他杂质，并对带钢进行
导向和定位，防止焊缝扭曲。第二架以后各架均起到减径作用，每机架的减径率约为
5% ~ 8%。经减径后的钢管进行锯切、定径、冷却，依次进行精整、试验、检查、打印、
涂油等工序，即可出厂。

思 考 题

20-1　焊管按生产方法可分为哪几类？
20-2　焊管生产工艺有什么特点？
20-3　有哪几种焊管成型工艺？
20-4　焊管的焊接有哪几种方法？

21 钢管冷加工

[本章导读]

掌握钢管冷加工方法特点、分类及其工艺流程。

21.1 管材冷加工概述

钢管冷加工包括冷轧、冷拔、冷张力减径和旋压。因为旋压的生产效率低、成本高，主要用于生产外径与壁厚比在 2000 以上的极薄壁高精度管材，冷轧、冷拔是目前管材加工的主要手段。

冷轧的突出优点是减壁能力强，如二辊式周期冷轧机一道次可减壁 75% ~85% 及减径 65%，可显著地改善来料的性能、尺寸精度和表面质量。冷拔一道次的断面收缩率不超过 40%，但它与冷轧相比，设备简单，工具费用少，生产灵活性大，产品的形状规格范围也较广，所以冷轧、冷拔联用被认为是合理的工艺方案。

近年来冷张力减径工艺日益得到推广，与电焊管生产联用，可以大幅度减少焊管机组生产的规格，节省更换工具的时间，提高机组的产量，扩大品种规格范围，改善焊缝质量。它也可为冷轧、冷拔提供尺寸合适的毛管料，有利于这些轧机产量和质量的提高。目前在冷张减机上碳钢管的总减径约为 23% ~60%，不锈钢管约为 35%，可能生产的最小直径为 3~4mm。

在冷加工设备上进行温加工近年来引起普遍重视。一般用感应加热器将工件在进入变形区前加热到 200~400℃，使金属塑性大为提高，温轧的最大伸长率约为冷轧的 2~3 倍；温拔的断面收缩率提高 30%，使一些塑性低、强度高的金属也有可能得到精加工，关键在使用合适的润滑剂。但对温加工温度范围内塑性反而降低的材料不能使用。图 21-1 是碳钢管和合金钢管的冷轧、冷拔生产工艺流程图。

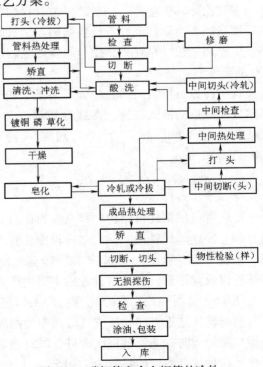

图 21-1 碳钢管和合金钢管的冷轧、冷拔生产工艺流程图

21.2　冷加工方法分类

21.2.1　冷拔

冷拔可以生产直径 0.2～765mm，壁厚 0.015～50mm 的钢管，是毛细管、小直径厚壁管以及部分异形管的主要生产方式。目前直线运动冷拔机的最大拔制长度已达 50m。图 21-2 所示为现有冷拔管材的主要方法。

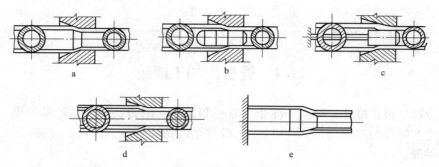

图 21-2　各种冷拔管材方法的示意图
a—空拔；b—浮动芯头拔制；c—短芯头拔制；d—长芯棒拔制；e—冷扩管

冷拔钢管的生产特点为：每道次变形量较小，一般压缩率小于 40%，壁厚的压缩较小，多道次循环性生产。一般的工艺过程如图 21-1 所示。冷拔生产灵活性大、尺寸精确、表面质量高、力学性能好、设备结构与工具简单、调整方便、制造容易、造价低，但工序多、生产周期长、消耗大，受金属强度限制。一般不能冷拔直径与壁厚之比（D/S）大于 100 的薄壁管。

管材冷拔目前发展的总趋势是多条、快速、长行程和拔制操作连续化。如曼乃斯曼－米尔公司制造的链式高速、多线冷拔管机，拔制速度达到 120m/min，同时可拔 5 根，最大拔制长度 60m。该厂生产的履带式冷拔机可实现连续拔制，最大拔制速度为 100～300 m/min。

21.2.2　冷轧

冷轧管机根据轧机结构的特点分为：（1）二辊式冷轧管机；（2）LD 型多辊式冷轧管机；（3）冷连续轧管机；（4）多排辊冷轧管机。目前生产中应用最广的还是周期式冷轧管机，该机 1928 年研制，1932 年在美国首先使用。冷轧可生产高精度薄壁管、厚壁管和特厚壁管以及异形管、变断面管等的主要生产方法。

图 21-3 是两辊式周期冷轧管机的工作过程示意图。此轧机操作特点是锻轧，轧辊旋转方向与轧件送进方向相反，轧辊孔型沿圆周为变断面，轧制时轧件反送进方向运行。当轧辊轧制一周时，毛管被再次送进，同时被翻转 90°，送料由做往复运动的芯棒送进机构完成。这种轧制的延伸系数为 7～15，可用钢锭直接生产。目前主要用于生产大直径厚壁管、异形管，利用锻轧的特点还可生产合金钢管。生产的规格范围外径为 114～660mm；

壁厚 2.5 ~ 100mm；轧后长度可达 40m。该轧机的主要缺点是：效率低，辅助操作时间占整个周期的 25%；孔型不易加工；芯棒长，生产规格不宜过多。可采用线外插芯棒，再送往轧机轧制，以减少辅助操作时间；常配以张力减径来满足机组生产规格范围的要求。

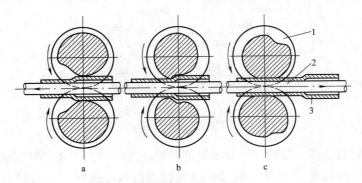

图 21-3　周期式轧管机的工作过程示意图
a—送进坯料阶段；b—咬入阶段；c—轧制阶段
1—轧辊；2—芯棒；3—毛管

　　周期式轧管机是一台带有送料机构的二辊式不可逆轧机。在周期式轧管机的上下轧辊上对称地刻有变断面的轧槽。整个轧槽的孔型纵截面由两个主要区域组成：空轧区（非工作带）和辗轧区。空轧区属于非工作带，相当于轧辊的所谓"开口"。这一段轧槽保证未经过轧管机轧制的毛管不与轧辊接触，使毛管顺利通过由两个轧辊所构成的孔型，以便于毛管翻转送进或后退。辗轧区是一段轧管工作带，由工作锥、压光（定径）段和出口区等所组成。毛管主要在辗轧区中进行变形，工作锥担负着周期式轧管机的主要变形任务，依靠变直径，变断面的轧槽将带长芯棒的毛管进行辗轧，随着孔型半径的减小，管壁受到压缩增大，从而达到减径减壁的工艺目的。工作锥约占整个轧槽的六分之一至四分之一。压光（定径）段的主要作用是把工作锥压缩过的毛管进一步研磨压光，使钢管达到接近于成品的尺寸要求，这一段轧槽底部直径是不变的，约占整个轧槽的四分之一至三分之一。出口区的作用是使轧辊的表面逐渐而平稳地脱开钢管。

　　两辊式周期冷轧管机的孔型沿工作弧由大向小变化，入口比来料外径略大，出口与成品管直径相同，轧后孔型略有放大，以便管体在孔内转动。轧辊随机架的往复运动在轧件上左右滚轧。如以曲拐转角为横坐标，操作过程如图 21-4 所示。开始 50° 将坯料送进，然后在 120° 范围内轧制，轧辊辗至右端后，再用 50° 间隙轧件转动 60°，芯棒也做相应旋转，只是转角略异，以求芯棒能均匀磨损。回轧轧辊向左滚辗，消除壁厚不均提高精度，直至左端止。如此反复。

21.2.3　旋压

　　旋压工艺是在 20 世纪 60 年代中期发展起来的一种生产极薄壁管材的新工艺。近年来越来越被人们重视，各国都广泛采用这种方法，制造重量轻、强度高的各种合金型件、锥形件、喇叭口型件，用于军工和民建。

21.2.3.1　优缺点

　　旋压是一种优质、精密、经济、灵活的成型方法。它以板材或管材为坯料，将坯料固

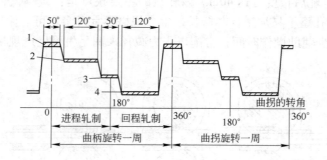

图 21-4 周期冷轧管机的操纵示意图

定在芯棒上，使它与芯棒一起转动，旋压辊沿芯棒滚压前进，把坯料辗压成与芯棒形状相同的壳体。由于旋压时变形只发生在与旋压辊接触的极小区域内，所以变形力很小。这样，不仅可以提高产品精度，而且可以采用吨位较小的设备，来加工较大的各种材质的产品，这一特点引起研究者的浓厚兴趣和重视，并使旋压成型法获得不断的发展。旋压成型法优点如下：

（1）产品表面光洁，精度高。例如直径 150mm 的壳体，精度可达 ±0.005mm；宇航器外壳的公差为 ±0.4mm，用旋压法很容易满足要求。通常在强力旋压条件下，金属回弹量极小。只要选用适当的旋压辊型和一定黏度的润滑剂，产品表面精度几乎可以与经过表面研磨的产品表面质量相媲美。

（2）旋压可使金属流动方向上的晶粒重新分布，大大提高材料的疲劳强度；且其屈服点、强度和硬度也都有所提高，但塑性指标有所下降。

（3）旋压法可生产铅、铜、镁、钛、锆、钨、钼等各种金属及其合金产品，亦可生产不锈钢，合金钢和各种低塑性材料产品。

（4）旋压法可生产各种复杂、规格广泛的薄壁产品，把它用来制造结构件或机械零件，如飞机和火箭的壳体或引擎部件，可大大减轻机器重量并节约金属材料。

（5）旋压工具消耗低，与深冲成型相比，其工具消耗仅为深冲成型的十分之一。

（6）金属消耗低，是无切屑加工，提高材料利用率，加工周期短，生产成本低。

（7）容易实现自动化操作，因工具和加工件的相对运动与普通机床相似，可采用相似的数控和自动化技术。

（8）生产过程灵活，便于小批量多品种生产。

旋压法的缺点是只能生产回转、对称的壳形产品，产品塑性降低，内应力较大，特别是将旋压产品焊接成组合件时，更要注意。

21.2.3.2 旋压分类

按照旋压的变形特征，分为成型旋压和强力旋压两大类。成型旋压如图 21-5 所示，将板坯通过旋压加工成圆筒形产品。强力旋压如图 21-6 所示，将坯料在成型的同时进行强力压下，以减小其壁厚。

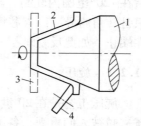

图 21-5 成型旋压
1—芯棒；2—产品；
3—板坯；4—旋压辊

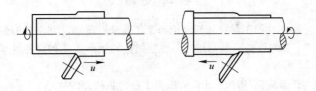

图 21-6 强力旋压

思 考 题

21-1 钢管冷加工的方法及特点如何?

21-2 钢管冷拔有几种方法?

21-3 钢管冷轧、冷拔生产的一般工艺流程是什么?

参 考 文 献

[1] 王廷溥, 齐克敏. 金属塑性加工学: 轧制理论与工艺 [M]. 3 版. 北京: 冶金工业出版社, 2012.

[2] 《小型型钢连轧生产工艺与设备》编写组. 小型型钢连轧生产工艺与设备 [M]. 北京: 冶金工业出版社, 1999.

[3] 王先进. 冷弯型钢生产及应用 [M]. 北京: 冶金工业出版社, 1994.

[4] 董志洪. 世界 H 型钢与钢轨生产技术 [M]. 北京: 冶金工业出版社, 1999.

[5] 赵松筠, 唐文林, 赵静. 棒线材轧机计算机辅助孔型设计 [M]. 北京: 冶金工业出版社, 2011.

[6] 白光润. 型钢孔型设计 [M]. 北京: 冶金工业出版社, 1995.

[7] 王有铭, 李曼云, 韦光. 钢材的控制轧制和控制冷却 [M]. 2 版. 北京: 冶金工业出版社, 2009.

[8] 赵志业, 等. 金属塑变与轧制理论 [M]. 北京: 冶金工业出版社, 1980.

[9] 杨守三, 等. 有色金属塑性加工学 [M]. 北京: 冶金工业出版社, 1982.

[10] 王廷溥, 等. 轧钢工艺学 [M]. 北京: 冶金工业出版社, 1981.

[11] 王廷溥, 等. 板带材生产原理与工艺 [M]. 北京: 冶金工业出版社, 1995.

[12] 许云祥. 钢管生产 [M]. 北京: 冶金工业出版社, 1993.

[13] 张才安. 无缝钢管生产技术 [M]. 重庆: 重庆大学出版社, 1997.

[14] 严泽生. 现代热连轧无缝钢管生产 [M]. 北京: 冶金工业出版社, 2009.

[15] 李群. 钢管生产 [M]. 北京: 冶金工业出版社, 2008.

冶金工业出版社部分图书推荐

书　　名	定价（元）
中国中厚板轧制技术与装备	180.00
型钢生产知识问答	29.00
小型型钢连轧生产工艺与设备	75.00
小型连轧机的工艺与电气控制	49.00
高温合金断口分析图谱	118.00
低倍检验在连铸生产中的应用和图谱	70.00
铝合金材料组织与金相图谱	120.00
中厚板生产与质量控制	99.00
中厚板生产实用技术	58.00
中厚板生产知识问答	29.00
高精度板带材轧制理论与实践	70.00
板带冷轧生产	42.00
板带材生产原理与工艺	28.00
板带冷轧机板形控制与机型选择	59.00
高精度板带钢厚度控制的理论与实践	65.00
冷热轧板带轧机的模型与控制	59.00
板带材生产工艺及设备	35.00
中国热轧宽带钢轧机及生产技术	75.00
热轧薄板生产技术	35.00
热轧带钢生产知识问答	35.00
冷轧带钢生产问答	45.00
热轧生产自动化技术	52.00
冷轧薄钢板生产（第2版）	69.00
板带冷轧生产	42.00
冷轧生产自动化技术	45.00
冷轧薄钢板精整生产技术	30.00